普通高等教育"十四五"化学系列教材

# 无机及分析化学
## 学习指导与习题解析

WUJI JI FENXI HUAXUE
XUEXI ZHIDAO YU XITI JIEXI

第二版

**2**
THE SECOND EDITION

马凤霞
王秀彦 | 主编

董宪武 | 主审

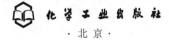

化学工业出版社
· 北京 ·

## 内容简介

《无机及分析化学学习指导与习题解析》（第二版）是《无机及分析化学》（第三版）（王秀彦，马凤霞主编）的配套教学参考书。全书分14章，每章包括内容提要、例题、习题和习题参考答案四个部分，书后附有综合自测练习题及参考答案。

本书能够帮助学生有效地复习教学内容，掌握解题的方法和技巧，提高学生的学习效率。

本书可作为高等院校农、林、牧、渔、生物、食品等专业及其他相关专业的教学用书，也可作为考研人员的参考资料，还可供其他相关读者阅读参考。

**图书在版编目（CIP）数据**

无机及分析化学学习指导与习题解析 / 马凤霞，王秀彦主编. -- 2 版. -- 北京：化学工业出版社，2024.8. -- ISBN 978-7-122-45831-5

Ⅰ. O61；O65

中国国家版本馆 CIP 数据核字第 2024EF9539 号

---

责任编辑：蔡洪伟　旷英姿　　　文字编辑：邢苗苗
责任校对：李露洁　　　　　　　装帧设计：王晓宇

---

出版发行：化学工业出版社
　　　　　（北京市东城区青年湖南街 13 号　邮政编码 100011）
印　　装：大厂聚鑫印刷有限责任公司
787mm×1092mm　1/16　印张 14¼　彩插 1　字数 360 千字
2024 年 10 月北京第 2 版第 1 次印刷

---

购书咨询：010-64518888　　　售后服务：010-64518899
网　　址：http://www.cip.com.cn
凡购买本书，如有缺损质量问题，本社销售中心负责调换。

---

定　　价：45.00 元　　　　　　　版权所有　违者必究

# 编审人员名单

主　　编　马凤霞　王秀彦

副 主 编　李秀花　李　凯　范秀明

编写人员　（按姓氏笔画排序）

马凤霞　王　丰　王立波　王秀彦

孙世清　李　凯　李秀花　范秀明

主　　审　董宪武

# 前言

本书第一版自 2017 年出版以来，得到较多使用学校的认可。 在多年的教学实践过程中，各高校积累了许多有益的经验，也提出了一些宝贵的建议。 此次修订，为了使学生能尽快掌握知识要点，灵活运用所学知识，提高学习效率，对教材习题内容做了适当的调整和补充，着重将"四大平衡"和"四大滴定"分析习题进行整合，便于教师教学和学生学习使用。

本书是依据应用型本科学生的培养目标，按照"知识-能力-素质"的"三位一体"总体原则，在习题中有机融入典型的思政事例，如物质结构简介的习题介绍了"中国稀土之父"——徐光宪，酸碱平衡和滴定法的习题介绍了侯氏联合制碱法创始人——侯德榜，通过这些事例，弘扬爱国情怀，树立民族自信。 同时在习题中广泛收集、精心筛选近年来与无机及分析化学有关的"新材料、新技术、新工艺"等实际应用题，向学生传递绿色低碳、节约资源、保护环境的可持续发展理念，培养学生分析问题和解决问题的能力，帮助学生在学习专业知识的同时，树立正确的世界观和价值观。

本书是王秀彦、马凤霞主编《无机及分析化学》（第三版）教材的配套教学与学习参考书。 本书各章节与主教材一致，全书共计 14 章，各章内容分为内容提要、例题、习题和习题参考答案四个部分。 书后附有综合自测练习题及参考答案，供学生检查学习效果。 此次修订增加了附录，方便师生快速查阅。

本书由马凤霞、王秀彦任主编，李秀花、李凯、范秀明任副主编。 全书由马凤霞定稿，由董宪武教授主审。 具体修订安排是：王秀彦编写第一至第三章，马凤霞编写第四章、第七章和第八章，李秀花编写第五章和第九章，范秀明编写第六章和第十三章，李凯编写第十章和第十四章，王丰编写第十一章、综合自测练习题及参考答案，孙世清编写第十二章，王立波编写附录。

本书是全体教研室教师多年教学经验的总结，是全体参编人员共同努力的成果。

本书在编写过程中，参考了国内同行的优秀教材和习题指导书，在此我们表示衷心的感谢！

由于编者水平有限，疏漏和不当之处在所难免，恳请读者提出宝贵的意见，以便在重印或再版时，得以更正。

编者

2024 年 6 月

# 第一版前言

　　无机及分析化学是应用型本科高等院校制药工程、药物制剂、生物工程、生物技术、植物保护、植物科学与技术、动物医学、动植物检疫、中药学、中药资源与开发、食品科学与工程、食品质量与安全等专业的一门必修基础课，是培养高素质、创新型人才的基础课程，在人才培养方面起着举足轻重的作用。课程教学的目的是使学生学习和掌握无机及分析化学的基本理论、基本知识，了解基本分析方法，建立准确的"量"的概念，注重培养和提高学生的自学能力、思维能力、动手能力、表达能力以及分析与解决问题的能力，为学习后续课程和进行科学研究打下坚实的基础。由于学时数少，教学内容多，学生经常会出现教材看得懂，讲授内容听得懂，遇到习题却无从下手的情况，为了使学生能尽快掌握知识要点，灵活运用所学知识，提高学习效率，在化学工业出版社的指导下，组织编写了这本《无机及分析化学学习指导与习题解析》。

　　本书是《无机及分析化学》（王秀彦、马凤霞主编）教材的配套教材与学习参考书。本书各章节与主教材一致，各章内容分为四个部分。

　　（1）内容提要：介绍每章教学内容的基本要求和重点、难点。

　　（2）例题：通过对例题解题思路的分析和给出具体的解题步骤，帮助学生进行科学思维方法和表达能力的训练，引导学生深入思考，提高分析问题和解决问题的能力。

　　（3）习题：包括主教材的课后习题和增选的大量练习题，主要包括填空题、选择题、判断题、简答题和计算题五种题型，通过练习加强对基本理论、基本知识的理解和应用。

　　（4）习题参考答案：供学生自我检查参考，填空题和选择题的难题、简答题和计算题都给出了详细的解题过程。

　　另外书后附有综合自测练习题及参考答案，供学生参考检查学习效果。

　　本教材由马凤霞、王秀彦任主编，李秀花、李凯、范秀明任副主编。具体编写安排是王秀彦（第一至第三章）、马凤霞（第四、第六、第八章）、李秀花（第五、第七章）、范秀明（第九、第十三章）、李凯（第十、第十四章）、王丰（第十一章、综合自测练习题参考答案）、孙世清（第十二章）、王铁成（综合自测练习题）。

　　本书由马凤霞统稿，董宪武教授主审。本书是化学系全体教师多年教学、教材改革与实践的经验总结，是全体参加编写工作的同仁共同辛苦努力的成果。本书的编写得到吉林农业科技学院领导和化学系同志们的大力支持与帮助，在此表示衷心的感谢。

　　本书编写过程中参阅了一些兄弟院校的教材和习题指导书并吸取了部分内容，对此我们表示深深的谢意！

　　限于我们水平，书中不妥之处在所难免，恳请批评指正！

编者

2017 年 5 月

CONTENTS
目录

## 综合自测练习题及参考答案 …………………………………………………… 181

## 附录 …………………………………………………………………………… 208

## 参考文献 ……………………………………………………………………… 220

## 元素周期表

# 第一章

**Chapter 01**

# 溶液和胶体

# 内容提要

## 一、分散系的分类及其特点

一种（或几种）物质分散在另一种物质中构成混合体系称为分散系，在分散系中，被分散了的物质称为分散质，它是不连续的；容纳分散质的物质称为分散剂，它是连续的。

按分散质粒子直径的大小，常把分散系分为三类：低分子或离子分散系（也称均相掺和物）、胶体分散系和粗分散系，见表 1-1。

表 1-1　分散系按分散质粒子直径大小的分类

| 项目 | 低分子或离子分散系<br>（溶液） | 胶体分散系<br>（溶胶、高分子溶液） | 粗分散系<br>（乳浊液、悬浊液） |
|---|---|---|---|
| 粒子直径 | <1nm | 1～100nm | >100nm |
| 分散质 | 低分子或离子 | 大分子、分子的小聚集体 | 分子的大聚集体 |
| 主要特点 | 透明,均匀,最稳定;能透过滤纸与半透膜 | 透明,不均匀,较稳定;能透过滤纸但不能透过半透膜 | 不透明,不稳定;不能透过滤纸和半透膜 |

## 二、溶液浓度的表示方法

在一定量的溶液或溶剂中所含溶质的量叫溶液的浓度。用 A 表示溶剂，用 B 表示溶质，在化学上常用的浓度表示法有物质的量浓度、质量摩尔浓度、摩尔分数、质量分数等，见表 1-2。

表 1-2　溶液浓度的表示方法

| 浓度的类型 | 表达式 | 说　　明 |
|---|---|---|
| 1. 物质的量浓度（$c_B$） | $c_B = \dfrac{n_B}{V}$ | 式中，$n_B$ 为溶质的物质的量，mol；$V$ 为溶液体积，L 或 $dm^3$；$c_B$ 为物质 B 的浓度，$mol \cdot L^{-1}$ 或 $mol \cdot dm^{-3}$；B 是溶质的基本单元 |
| 2. 质量摩尔浓度（$b_B$） | $b_B = \dfrac{n_B}{m_A}$ | 式中，$n_B$ 为溶质的物质的量，mol；$m_A$ 为溶剂的质量，kg。所以，质量摩尔浓度的单位为 $mol \cdot kg^{-1}$。由于物质的质量不受温度的影响，常用于稀溶液依数性的研究 |
| 3. 摩尔分数（$x_A$） | $x_A = \dfrac{n_A}{\sum n_i}$ | 对于多组分系统溶液来说，某组分 A 的摩尔分数为：$x_A = \dfrac{n_A}{\sum n_i}$。$n_i$ 为系统中物质 $i$ 的物质的量 |
| 4. 质量分数（$\omega_B$） | $\omega_B = \dfrac{m_B}{m}$ | 质量分数以前常称为质量百分浓度（用百分率表达则再乘以 100%） |

## 三、稀溶液的依数性

稀溶液一般是指溶液的摩尔分数≤0.02的溶液，相同溶剂的溶质摩尔分数相同的溶液，必定具有一系列相同的性质。即与纯溶剂比较，稀溶液的蒸气压下降、沸点升高、凝固点降低和渗透压等，与溶质的性质无关，只与溶液的浓度（即溶液中溶质的粒子数）有关的性质称为稀溶液的依数性，见表1-3。

表 1-3  稀溶液的依数性

| 依数性 | 表达式 | 说　　明 |
|---|---|---|
| 1. 溶液的蒸气压下降 | $p = p^* x_A$ | 式中，$p^*$为纯溶剂的饱和蒸气压；$p$为溶液的蒸气压；$x_A$为溶剂的摩尔分数。对二组分的稀溶液，上式又可表示为：$\Delta p = p^* - p = p^* x_B$ |
| 2. 溶液的沸点升高 | $\Delta t_b = K_b b_B$ | 式中，$K_b$为溶剂摩尔沸点升高常数，$K \cdot kg \cdot mol^{-1}$。$K_b$只取决于溶剂本身的性质，而与溶质无关 |
| 3. 溶液的凝固点降低 | $\Delta t_f = K_f b_B$ | 式中，$K_f$为摩尔凝固点下降常数，$K \cdot kg \cdot mol^{-1}$，$K_f$只取决于溶剂本身的性质，而与溶质无关 |
| 4. 溶液的渗透压 | $\Pi = c_B RT$ | 式中，$\Pi$为溶液的渗透压；$R$为气体常数，$R = 8.314 kPa \cdot L \cdot mol^{-1} \cdot K^{-1}$；$T$为热力学温度，K。对于很稀的水溶液，$c_B \approx b_B$，因此 $\Pi = b_B RT$ |

稀溶液依数性定律（或称拉乌尔-范托夫定律）即难挥发的非电解质稀溶液的某些性质（蒸气压下降、沸点升高、凝固点降低及渗透压）与一定量的溶剂中所含溶质的物质的量成正比，而与溶质的本性无关。

值得注意的是，稀溶液依数性定律所表达的与溶液浓度的定量关系不适用于浓溶液或电解质溶液。这是因为在浓溶液中，粒子之间作用较为复杂，简单的依数性的定量关系不再适用；而相同浓度的电解质溶液会解离产生正负离子，因此它的总的溶质的粒子数目就要多。此时稀溶液的依数性取决于溶质分子、离子的总数目，但稀溶液通性所指的定量关系不再存在。

电解质类型不同，同浓度溶液的沸点高低或渗透压大小的顺序为：

$AB_2$（$BaCl_2$）或 $A_2B$（$Na_2SO_4$）型强电解质溶液＞AB（NaCl）型强电解质溶液＞弱电解质溶液＞非电解质溶液

而蒸气压或凝固点的顺序则相反：

非电解质溶液＞弱电解质溶液＞AB（NaCl）型强电解质溶液＞$AB_2$（$BaCl_2$）或 $A_2B$（$Na_2SO_4$）型强电解质溶液

## 四、胶体

胶体是颗粒直径为1~100nm的分散质分散到分散剂中形成的多相系统（高分子溶液除外），也称为溶胶。

### 1. 溶胶的性质

溶胶的性质见表1-4。

表 1-4  溶胶的性质

| 类型 | 现象 | 说　　明 |
|---|---|---|
| （1）光学性质 | 丁铎尔现象 | 将一束强光射入胶体溶液时，从光束的侧面可以看到一条发亮的光柱，这种现象是英国科学家丁铎尔(J. Tyndall)在1869年发现的，故称为丁铎尔现象 |

| 类型 | 现象 | 说　明 |
|---|---|---|
| (2)动力学性质 | 布朗运动 | 在超显微镜下可以观察到胶体中分散质的颗粒在不断地作无规则运动,这是英国植物学家布朗(Brown)在1827年观察花粉悬浮液时首先看到的,故称这种运动为布朗运动 |
| (3)电学性质 | 电泳和电渗现象 | 在外加电场的作用下,胶体的微粒在分散剂里向阴极(或阳极)作定向移动的现象,称为电泳。在外电场作用下胶体溶液中的液相的定向移动现象称为电渗。电泳和电渗现象统称为电动现象。电动现象说明胶体粒子是带电荷的 |

### 2. 胶团的结构

胶团的结构可表示如下:

$$AgNO_3 + KI(过量) \Longrightarrow AgI(胶体) + KNO_3$$

双电层

内层(吸附层)　　　　　　　　　外层(扩散层)

$$\{(AgI)_m \cdot nI^- \cdot (n-x)K^+\}^{x-} \cdot xK^+$$

胶核　　电位离子　反离子　　　反离子

吸附层　　扩散层(带电荷)

胶粒(带电荷)

胶团(电中性)

胶团的结构说明见表1-5。

**表1-5　胶团的结构说明**

| 项目 | 说　明 |
|---|---|
| 胶核 | 组成胶粒的核心部分,胶核就要优先选择吸附溶液中与其组成有关的某种离子,因而使胶核表面带电 |
| 电位离子 | 决定胶体带电的离子称为电位离子 |
| 反离子 | 带有电位离子的胶核,由于静电引力的作用,还能吸引溶液中带有相反电荷的离子,称为反离子 |
| 胶粒 | 由胶核和吸附层构成的部分 |
| 胶团 | 由胶粒和扩散层组成 |

### 3. 溶胶的稳定性和聚沉

(1) 溶胶的稳定性　溶胶是相当稳定的,溶胶的稳定性因素有两方面,一是动力稳定因素,另外一种是聚集稳定因素。

(2) 溶胶的聚沉　如果设法减弱或消除胶体稳定的因素,就能使胶粒聚集成较大的颗粒而沉降。这种使胶粒聚集成较大颗粒而沉降的过程叫作溶胶的聚沉。

胶体聚沉的方法一般有三种:加电解质、加入相反电荷的胶体、加热。

# 例　题

【例1】将7.00g结晶草酸($H_2C_2O_4 \cdot 2H_2O$)溶于93.0g水中,所得溶液的密度为 1.025g·cm$^{-3}$,求该溶液的:(1)物质的量浓度;(2)质量摩尔浓度;(3)溶质摩尔分数;

（4）质量分数。

已知：$M(H_2C_2O_4 \cdot 2H_2O) = 126.07 \text{g} \cdot \text{mol}^{-1}$，$M(H_2C_2O_4) = 90.04 \text{g} \cdot \text{mol}^{-1}$。

**【分析】**本题考察的是溶液浓度的计算公式，关键点有两个：一是计算出 7.00g 结晶草酸（$H_2C_2O_4 \cdot 2H_2O$）中的草酸（$H_2C_2O_4$）的质量；二是通过溶液的密度求出溶液的体积。

**【解】**

（1）由题意知溶质的质量为：

$$m(H_2C_2O_4) = 7.00\text{g} \times \frac{90.04 \text{g} \cdot \text{mol}^{-1}}{126.07 \text{g} \cdot \text{mol}^{-1}} = 5.00\text{g}$$

由题意知溶液的体积为：

$$V(H_2C_2O_4) = \frac{m_{溶液}}{\rho} = \frac{7.00\text{g} + 93.0\text{g}}{1.025 \text{g} \cdot \text{cm}^{-3}} = 97.6 \text{cm}^3$$

溶液的物质的量浓度为：

$$c(H_2C_2O_4) = \frac{n(H_2C_2O_4)}{V} = \frac{5.00\text{g}/90.04 \text{g} \cdot \text{mol}^{-1}}{97.6 \text{cm}^3 \times 10^{-3}} = 0.569 \text{mol} \cdot \text{L}^{-1}$$

（2）质量摩尔浓度为：

$$b(H_2C_2O_4) = \frac{n(H_2C_2O_4)}{m(H_2O)} = \frac{5.00\text{g}/90.04 \text{g} \cdot \text{mol}^{-1}}{(93.0 + 7.00 - 5.00) \times 10^{-3} \text{kg}} = 0.585 \text{mol} \cdot \text{kg}^{-1}$$

（3）溶质物质的量分数：

$$n(H_2C_2O_4) = 5.00\text{g}/90.04 \text{g} \cdot \text{mol}^{-1} = 0.0555 \text{mol}$$

$$n(H_2O) = (93.0 + 7.00 - 5.00)\text{g}/18.00 \text{g} \cdot \text{mol}^{-1} = 5.28 \text{mol}$$

$$x(H_2C_2O_4) = \frac{n(H_2C_2O_4)}{n(H_2C_2O_4) + n(H_2O)} = \frac{0.0555 \text{mol}}{0.0555 \text{mol} + 5.28 \text{mol}} = 1.04 \times 10^{-2}$$

（4）质量分数为：

$$w(H_2C_2O_4) = \frac{m(H_2C_2O_4)}{m_{溶液}} = \frac{5.00\text{g}}{(7.00 + 93.0)\text{g}} = 0.0500 = 5.00\%$$

**【例2】**与纯溶剂相比，溶液的蒸气压（　　　）。

A. 一定降低　　　　　B. 一定升高　　　　　C. 不变　　　　　D. 不一定

**【分析】**如果溶质是挥发性较大的化合物的溶液的蒸气压就不一定降低，所以答案是 D。

**【例3】**取下列物质各 2g，分别溶于 1000g 苯中，溶液的凝固点最高的是（　　　）。

A. $CH_3Cl$　　　　　B. $CH_2Cl_2$　　　　　C. $CHCl_3$　　　　　D. $CCl_4$

**【分析】**物质的分子量越大，溶液的质量摩尔浓度越小，凝固点降低得小，所以答案是 D。

**【例4】**将 4.5g 葡萄糖溶于 100g 水中，求该葡萄糖水溶液的沸点。已知：水的沸点升高常数 $K_b = 0.512 \text{K} \cdot \text{kg} \cdot \text{mol}^{-1}$，葡萄糖的摩尔质量为 180 $\text{g} \cdot \text{mol}^{-1}$。

**【分析】**本题考察的是稀溶液依数性的计算公式，先计算出葡萄糖水溶液的质量摩尔浓度 $b_B$，再由公式 $\Delta t_b = K_b b_B$ 计算出沸点升高值，进而求得葡萄糖水溶液的沸点。

**【解】**葡萄糖水溶液的质量摩尔浓度为：

$$b(葡萄糖) = \frac{n(葡萄糖)}{m(H_2O)} = \frac{4.5\text{g}/180 \text{g} \cdot \text{mol}^{-1}}{100 \times 10^{-3} \text{kg}} = 0.250 \text{mol} \cdot \text{kg}^{-1}$$

葡萄糖水溶液的沸点升高值为：

$\Delta t_b = K_b b(葡萄糖) = 0.512 K \cdot kg \cdot mol^{-1} \times 0.250 mol \cdot kg^{-1} = 0.13 K$

葡萄糖水溶液的沸点为：$T_b = 373.15 K + 0.13 K = 373.28 K$

【例5】为了使溶液的凝固点为 $-2.00 ℃$，需要向 $1000g$ 水中加入多少克尿素 $[CO(NH_2)_2]$？已知：水的凝固点降低常数 $K_f = 1.86 K \cdot kg \cdot mol^{-1}$，尿素的摩尔质量为 $60.1 g \cdot mol^{-1}$。

【分析】本题考察的也是稀溶液依数性的计算公式，先由公式 $\Delta t_f = K_f b_B$ 计算出溶液的质量摩尔浓度 $b_B$，再由公式 $b_B = \dfrac{n_B}{m_A}$ 求出 $n_B$，进而求尿素的质量。

【解】$\Delta t_f = 273.15 K - 271.15 K = 2 K$

由凝固点降低公式 $\Delta t_f = K_f b_B$ 得：

$$b_B = \frac{\Delta t_f}{K_f} = \frac{2K}{1.86 K \cdot kg \cdot mol^{-1}} = 1.08 mol \cdot kg^{-1}$$

由公式 $b_B = \dfrac{n_B}{m_A}$ 求出尿素物质的量 $n_B$：

$$n_B = b_B m_A = 1.08 mol \cdot kg^{-1} \times 1 kg = 1.08 mol$$

所以尿素的质量为 $m_B = n_B M_B = 1.08 mol \times 60.1 g \cdot mol^{-1} = 64.9 g$

【例6】将 $1.00g$ 胰岛素溶于 $100g$ 水中，所配成的溶液在 $25℃$ 时的渗透压为 $4.32 kPa$，求胰岛素的摩尔质量。

【分析】本题考察的也是稀溶液依数性的计算公式，对于很稀的水溶液，$c_B \approx b_B$，所以由公式 $\Pi = b_B RT$ 及公式 $b_B = \dfrac{n_B}{m_A}$，而求胰岛素的摩尔质量。

【解】设胰岛素的摩尔质量为 $M(g \cdot mol^{-1})$

$$\Pi = b_B RT = \frac{n_B}{m_A} RT = \frac{m_B}{M m_A} RT$$

$$M = \frac{m_B}{\Pi m_A} RT = \frac{1.00g \times 8.314 kPa \cdot L \cdot mol^{-1} \cdot K^{-1} \times 298K}{4.32 kPa \times 100 \times 10^{-3} L}$$
$$= 5735 g \cdot mol^{-1}$$

胰岛素的摩尔质量为 $5735 g \cdot mol^{-1}$。

【例7】某溶胶在电渗时向阳极移动，说明胶粒带（　　）电。

【分析】电渗过程中是扩散层在移动，扩散层和胶粒带相反电荷，因此溶胶电渗时向阳极移动，说明扩散层带负电荷，则胶粒带正电荷。答案是正电。

【例8】通 $H_2S$ 气体到 $As_2O_3$ 溶液中以制备 $As_2S_3$ 胶体时：
$$As_2O_3 + 3H_2S == As_2S_3 + 3H_2O$$

溶液中过量的 $H_2S$ 会电离出 $H^+$ 和 $HS^-$，试写出 $As_2S_3$ 胶团结构。

【分析】本题考察的是胶团结构的书写。$As_2S_3$ 固体颗粒是溶胶的胶核，根据离子选择性吸附规则，胶核优先吸附与自身有关的 $HS^-$，$HS^-$ 成为电位离子，$H^+$ 为反离子，所以胶团的结构为：

$$\{[As_2S_3]_m \cdot nHS^- \cdot (n-x)H^+\}^{x-} \cdot xH^+$$

【例9】将 $AgNO_3$ 溶液和 $KI$ 溶液混合制得 $AgI$ 溶胶，测得该溶胶的聚沉值为：$Na_2SO_4$，$140 mmol \cdot L^{-1}$；$Mg(NO_3)_2$，$6.0 mmol \cdot L^{-1}$。该溶胶的胶团结构式为（　　）。

A. $[(AgI)_m \cdot nI^- (n-x)K^+]^{x-} \cdot xK^+$　　　　B. $[(AgI)_m \cdot nI^- (n-x)NO_3^-]^{x-} \cdot xNO_3^-$

C. $[(AgI)_m \cdot nAg^+ (n-x)NO_3^-]^{x+} \cdot xNO_3^-$      D. $[(AgI)_m \cdot nAg^+ (n-x)I^-]^{x+} \cdot xI^-$

【分析】离子所带电荷越高，其对带相反电荷溶胶的聚沉能力越强；聚沉值越小，表示该电解质对溶胶的聚沉能力越大。故该溶胶应为负电溶胶，答案 A 正确。答案 B 的胶团结构式错误。

【解】答案 A。

# 习　题

**1. 填空题**

(1) 溶液的沸点升高是由于其蒸气压（　　）的结果。

(2) 丁铎尔效应能够证明溶胶具有（　　）性质，其动力学性质可以由（　　）实验证明，电泳和电渗实验证明溶胶具有（　　）性质。

(3) 在常压下将固体 NaCl 撒在冰上，冰将（　　）。

(4) 1mol H 所表示的基本单元是（　　），1mol $H_2SO_4$、1mol $\frac{1}{2}H_2SO_4$ 所表示的基本单元分别是（　　）、（　　）。

(5) ① $1mol \cdot kg^{-1}$ 的 $H_2SO_4$；② $1mol \cdot kg^{-1}$ 的 NaCl；③ $1mol \cdot kg^{-1}$ 的葡萄糖 ($C_6H_{12}O_6$)；④ $0.1mol \cdot kg^{-1}$ 的 HAc；⑤ $0.1mol \cdot kg^{-1}$ 的 NaCl；⑥ $0.1mol \cdot kg^{-1}$ 的 $CaCl_2$ 水溶液，其蒸气压的大小顺序为（　　　　　　）；沸点高低顺序为（　　　　　　）；凝固点高低顺序为（　　　　　　）；渗透压大小顺序为（　　　　　　）。

(6) 由 $AgNO_3$ 溶液和 NaBr 溶液制备 AgBr 胶体，如果 NaBr 加过量，回答下表中问题：

| 问　题 | 回　答 |
| --- | --- |
| (1)判断胶粒带正电荷还是负电荷？ | |
| (2)判断胶粒在电场中向阴极还是阳极移动？ | |
| (3)写出电位离子。 | |
| (4)写出反离子。 | |
| (5)写出胶团结构式 | |

(7) 将物质的量浓度相同的 60mL KI 稀溶液与 40mL $AgNO_3$ 稀溶液混合制得 AgI 溶胶，该溶胶进行电泳时，胶粒向（　　）极移动。

(8) 正溶胶 $Fe(OH)_3$、$Na_3PO_4$、NaCl、$MgCl_2$、$Na_2SO_4$ 中聚沉能力最大的是（　　）。

(9) 要使乙二醇水溶液的凝固点为 $-12℃$，须向 100g 水中加入乙二醇（　　）g。已知 $K_f(H_2O) = 1.86K \cdot kg \cdot mol^{-1}$，$M(C_2H_6O_2) = 62.08g \cdot mol^{-1}$。

**2. 选择题**

(1) 等压下加热下列溶液最先沸腾的是（　　）。

A. 5% $C_6H_{12}O_6$ 溶液              B. 5% $C_{12}H_{22}O_{11}$ 溶液

C. 5% $(NH_4)_2CO_3$ 溶液            D. 5% $C_3H_8O_3$ 溶液

(2) 下列溶液凝固点最低的是（　　）

A. $0.01mol \cdot L^{-1}$ $KNO_3$             B. $0.01mol \cdot L^{-1}$ $NH_3 \cdot H_2O$

C. $0.01\text{mol}\cdot L^{-1}BaCl_2$                      D. $0.01\text{mol}\cdot L^{-1}C_6H_{12}O_6$

（3）当 2mol 难挥发的非电解质溶于 3mol 溶剂时，溶液的蒸气压与纯溶剂的蒸气压之比是（　　　）。

    A. 2：3             B. 3：2             C. 3：5             D. 5：3

（4）将 0℃的冰放进 0℃盐水中，则（　　　）。

    A. 冰-水平衡

    B. 水会结冰

    C. 冰会融化

    D. 与加入冰的量有关，因而无法判断发生何种变化

（5）测定分子量较大化合物的分子量的最好方法是（　　　）。

    A. 凝固点下降       B. 沸点升高        C. 蒸气压下降        D. 渗透压

（6）以下关于溶胶的叙述正确的是（　　　）。

    A. 均相，稳定，粒子能通过半透膜

    B. 多相，比较稳定，粒子不能通过半透膜

    C. 均相，比较稳定，粒子能通过半透膜

    D. 多相，稳定，粒子不能通过半透膜

（7）土壤胶粒带负电荷，对它凝结能力最强的电解质是（　　　）。

    A. $AlCl_3$           B. $MgCl_2$          C. $Na_2SO_4$         D. $K_3[Fe(CN)_6]$

（8）AgBr 溶胶在电场作用下，向正极移动的是（　　　）。

    A. 胶核             B. 胶粒             C. 胶团             D. 电位离子

（9）将浓度为 $0.006\text{mol}\cdot L^{-1}$ 的 KCl 水溶液和浓度为 $0.005\text{mol}\cdot L^{-1}$ 的 $AgNO_3$ 水溶液等体积混合，所得 AgCl 溶液胶团的结构为（　　　）。

    A. $\{(AgCl)_m \cdot nCl^- \cdot (n-x)K^+\}^{x-} \cdot xK^+$

    B. $\{(AgCl)_m \cdot nAg^+ \cdot (n-x)NO_3^-\}^{x+} \cdot xNO_3^-$

    C. $\{(AgCl)_m \cdot nNO_3^- \cdot (n-x)Ag^+\}^{x-} \cdot xAg^+$

    D. $\{(AgCl)_m \cdot nK^+ \cdot (n-x)Cl^-\}^{x+} \cdot xCl^-$

（10）胶体溶液中，决定溶胶电性的物质是（　　　）。

    A. 胶团             B. 电位离子          C. 反离子           D. 胶粒

**3. 简答题**

（1）为什么水中加入乙二醇可以防冻？为什么氯化钙和五氧化二磷可作为干燥剂？为什么食盐和冰的混合物可以作为冷冻剂？

（2）人在河水中长时间游泳睁开眼睛会感到疼痛，在海水里则无明显不适之感，为什么？

（3）溶胶稳定的原因是什么？有什么方法可以使胶体粒子凝结？为什么在江河入海口，流水所携带的大量泥沙会在海口形成三角洲？

（4）由 $AgNO_3$ 和 KI 制备 AgI 胶体的时候，如果 $AgNO_3$ 加过量，那么胶团结构式如何表示？

（5）为什么施肥过多会将作物"烧死"？为什么盐碱地上栽种植物难以生长？试以渗透现象解释。

**4.** 从一瓶氯化钠溶液中取出 50g 溶液，蒸干后得到 4.5g 热氯化钠固体，试确定这瓶溶

液中溶质的质量分数及该溶液的质量摩尔浓度。

**5.** 一种防冻溶液为 40g 乙二醇（$HOCH_2CH_2OH$）与 60g 水的混合物，计算该溶液的质量摩尔浓度及乙二醇的质量分数。已知乙二醇的摩尔质量为 $62.12g \cdot mol^{-1}$。

**6.** 已知浓 $H_2SO_4$ 的质量分数为 96%，密度为 $1.84g \cdot mL^{-1}$，如何配制 500mL 物质的量浓度为 $0.20mol \cdot L^{-1}$ 的 $H_2SO_4$ 溶液？

**7.** 计算 5% 的蔗糖（$C_{12}H_{22}O_{11}$）水溶液与 5% 的葡萄糖（$C_6H_{12}O_6$）水溶液的沸点。

**8.** 有一质量分数为 1.0% 的水溶液，测得其凝固点为 273.05K，计算溶质的分子量。

**9.** 在严寒的季节里，为了防止仪器内的水结冰，欲使其凝固点下降到 $-3.0℃$，试问在 500g 水中应加甘油（$C_3H_8O_3$）多少克？

**10.** 将 15.6g 苯溶于 400g 环己烷（$C_6H_{12}$）中，该溶液的凝固点比纯溶剂的低 10.1℃，试求环己烷的凝固点下降常数。

**11.** 现有两种溶液，一种为 3.6g 葡萄糖溶于 200g 水中；另一种为未知物 20g 溶于 500g 水中，这两种溶液在同一温度下结冰，求算未知物的摩尔质量。

**12.** 医学上用的葡萄糖（$C_6H_{12}O_6$）注射液是血液的等渗溶液，测得其凝固点下降为 0.543℃。（1）计算葡萄糖溶液的质量分数；（2）如果血液的温度为 37℃，血液的渗透压是多少？

**13.** 在 20℃ 时，将 5g 血红素溶于适量水中，然后稀释到 500mL，测得渗透压为 0.366kPa，计算血红素的分子量。

# 习题参考答案

**1. 填空题**

（1）下降

（2）光学，布朗运动，电学

（3）融化

（4）H，$H_2SO_4$，$\frac{1}{2}$ $H_2SO_4$

（5）④⑤⑥③②①，①②③⑥⑤④，④⑤⑥③②①，①②③⑥⑤④

（6）

| 问　题 | 回　答 |
|---|---|
| (1)判断胶粒带正电荷还是负电荷？ | 负电荷 |
| (2)判断胶粒在电场中向阴极还是阳极移动？ | 阳极 |
| (3)写出电位离子 | $Br^-$ |
| (4)写出反离子 | $Na^+$ |
| (5)写出胶团结构式 | $\{(AgBr)_m \cdot nBr^- \cdot (n-x)Na^+\}^{x-} \cdot xNa^+$ |

（7）阳

【分析】先通过计算，得出 KI 过量。$AgNO_3 + KI(过量) \xrightarrow{\quad\quad} AgI(胶体) + KNO_3$，AgI 胶核优先选择吸附溶液中与其组成有关的过量的 $I^-$，因而使胶核表面带负电。

（8）$Na_3PO_4$

（9）40

**2.** 选择题

(1) B　(2) C　(3) C　(4) C　(5) D　(6) B　(7) A　(8) B　(9) A　(10) B

**3.** 简答题

(1) **答**　乙二醇是一种无色微黏的液体，能与水任意比例混合，混合后的溶液蒸气压下降，因此凝固点降低。

氯化钙和五氧化二磷可作为干燥剂，是利用了由它们形成的水溶液的蒸气压下降，所以可以吸收水分。

在冰的表面撒上食盐，盐就溶解在冰表面上少量的水中，形成溶液，此时溶液的蒸气压下降，凝固点降低，冰就要融化，吸收大量的热，故盐冰混合物的温度降低，温度可降至251K（−22℃），故可以作为冷冻剂。

(2) **答**　人眼睛里有半透膜。河水是淡水。眼睛里的液体浓度高，为了保持内外渗透压平衡，眼睛会调节，这时候，水会进到眼球中，就会胀痛。而海水是咸的，与眼睛里的液体浓度差不多，就没那么多水进来了，也就不胀痛了。

(3) **答**　溶胶的稳定性因素有两方面：一是动力稳定因素，另外一种是聚集稳定因素。从动力学角度看，胶体粒子质量较小，其受重力的作用也较小，而且由于胶体粒子不断地在做无规则的布朗运动，克服了重力的作用从而阻止了胶粒的下沉。此外溶胶聚集稳定因素是由于胶核选择性地吸附了溶液中的离子，导致同一胶体的胶粒带有相同电荷，当带同种电荷的胶体粒子由于不停地运动而相互接近时，彼此间就会产生斥力，这种斥力将使胶体微粒很难聚集成较大的粒子而沉降，有利于溶胶的稳定；此外，电位离子与反离子在水中能吸引水分子形成水合离子，所以胶核外面就形成了一层水化层，当胶粒相互接近时，将使水化层受到挤压而变形，并有力图恢复原来形状的趋向，即水化层表现出弹性，成为胶粒接近的机械阻力。

胶体聚沉的方法一般有三种：加电解质、加入相反电荷的胶体、加热。

江河的水携带有大量的泥沙形成的胶体，在入海口处遇到了海水中大量的电解质，造成了胶体的聚沉，久而久之就形成了三角洲。

(4) **答**　$\{(AgI)_m \cdot nAg^+ \cdot (n-x)NO_3^-\}^{x+} \cdot xNO_3^-$

(5) **答**　当土壤中溶液浓度大于作物细胞液浓度时，细胞将向土壤渗透失水，因此，过多肥料使细胞严重失水，导致"烧死"。盐碱地土壤中溶液浓度大，导致作物细胞易渗透失水，因此，栽种植物难以生长。

**4. 解**　$w(NaCl) = \dfrac{m(NaCl)}{m(溶液)} = \dfrac{4.5g}{50g} = 0.09 = 9\%$

$$b(NaCl) = \dfrac{n(NaCl)}{m(H_2O)} = \dfrac{4.5g/58.44g \cdot mol^{-1}}{(50-4.5) \times 10^{-3}kg} = 1.70 mol \cdot kg^{-1}$$

**5. 解**　乙二醇的摩尔质量为62.12g·mol$^{-1}$。

$$b(C_2H_6O_2) = \dfrac{n(C_2H_6O_2)}{m(H_2O)} = \dfrac{m(C_2H_6O_2)}{M(C_2H_6O_2)m(H_2O)}$$

$$= \dfrac{40g}{62.12g \cdot mol^{-1} \times 60g \times 10^{-3}} = 10.73 mol \cdot kg^{-1}$$

$$w(C_2H_6O_2) = \dfrac{m(C_2H_6O_2)}{m(C_2H_6O_2)+m(H_2O)} = \dfrac{40g}{40g+60g} = 0.4 = 40\%$$

**6. 解**　浓$H_2SO_4$的物质的量浓度为：

$$c(\text{浓 } H_2SO_4) = \frac{n(\text{浓 } H_2SO_4)}{V}$$

$$= \frac{1000\text{mL} \times 1.84\text{g} \cdot \text{mL}^{-1} \times 96\% / 98\text{g} \cdot \text{mol}^{-1}}{1\text{L}}$$

$$= 18.02\text{mol} \cdot \text{L}^{-1}$$

设取浓 $H_2SO_4$ $x$ mL，则有

$$c(\text{浓 } H_2SO_4)x = 0.20\text{mol} \cdot \text{L}^{-1} \times 500\text{mL}$$

$$x = 5.55\text{mL}$$

取浓 $H_2SO_4$ 5.55mL 加水稀释至 500mL，就得到了 $0.20\text{mol} \cdot \text{L}^{-1}$ 的 $H_2SO_4$ 溶液。

**7. 解** 水的沸点升高常数 $K_b = 0.512\text{K} \cdot \text{kg} \cdot \text{mol}^{-1}$，蔗糖的摩尔质量为 $342\text{g} \cdot \text{mol}^{-1}$，葡萄糖的摩尔质量为 $180\text{g} \cdot \text{mol}^{-1}$。

5%的蔗糖 $(C_{12}H_{22}O_{11})$ 水溶液的质量摩尔浓度为：

$$b(\text{蔗糖}) = \frac{n(\text{蔗糖})}{m(H_2O)} = \frac{5\text{g}/342\text{g} \cdot \text{mol}^{-1}}{95 \times 10^{-3}\text{kg}} = 0.15\text{mol} \cdot \text{kg}^{-1}$$

5%的蔗糖 $(C_{12}H_{22}O_{11})$ 水溶液的沸点升高值为：

$$\Delta t_b = K_b b_B = 0.512\text{K} \cdot \text{kg} \cdot \text{mol}^{-1} \times 0.15\text{mol} \cdot \text{kg}^{-1} = 0.077\text{K}$$

其沸点为：$T_b = 373.15\text{K} + 0.077\text{K} = 373.23\text{K}$

5%的葡萄糖 $(C_6H_{12}O_6)$ 水溶液的质量摩尔浓度为：

$$b(\text{葡萄糖}) = \frac{n(\text{葡萄糖})}{m(H_2O)} = \frac{5\text{g}/180\text{g} \cdot \text{mol}^{-1}}{95 \times 10^{-3}\text{kg}} = 0.29\text{mol} \cdot \text{kg}^{-1}$$

5%的葡萄糖 $(C_6H_{12}O_6)$ 水溶液的沸点升高值为：

$$\Delta t_b = K_b b_B = 0.512\text{K} \cdot \text{kg} \cdot \text{mol}^{-1} \times 0.29\text{mol} \cdot \text{kg}^{-1} = 0.15\text{K}$$

其沸点为：$T_b = 373.15\text{K} + 0.15\text{K} = 373.3\text{K}$。

**8. 解** 水的凝固点降低常数 $K_f = 1.86\text{K} \cdot \text{kg} \cdot \text{mol}^{-1}$，设溶质的摩尔质量为 $M$。

$$\Delta t_f = 273.15\text{K} - 273.05\text{K} = 0.1\text{K}$$

由凝固点降低公式 $\Delta t_f = K_f b_B$ 得：

$$b_B = \frac{\Delta t_f}{K_f} = \frac{0.1\text{K}}{1.86\text{K} \cdot \text{kg} \cdot \text{mol}^{-1}} = 0.054\text{mol} \cdot \text{kg}^{-1}$$

由公式 $b_B = \dfrac{n_B}{m_A}$ 求出溶质的摩尔质量 $M$：

$$b_B = \frac{n_B}{m_A} = \frac{m_B/M}{m_A}$$

$$M = \frac{m_B}{m_A b_B} = \frac{1\text{g}}{99 \times 10^{-3}\text{kg} \times 0.054\text{mol} \cdot \text{kg}^{-1}}$$

$$M = 187.1\text{g} \cdot \text{mol}^{-1}$$

溶质的分子量为 187.1。

**9. 解** 水的凝固点降低常数 $K_f = 1.86\text{K} \cdot \text{kg} \cdot \text{mol}^{-1}$，甘油的摩尔质量为 $92\text{g} \cdot \text{mol}^{-1}$。

$$\Delta t_f = 273.15\text{K} - (273.15 - 3)\text{K} = 3\text{K}$$

由凝固点降低公式 $\Delta t_f = K_f b_B$ 得：

$$b_B = \frac{\Delta t_f}{K_f} = \frac{3\text{K}}{1.86\text{K} \cdot \text{kg} \cdot \text{mol}^{-1}} = 1.61\text{mol} \cdot \text{kg}^{-1}$$

由公式 $b_B = \dfrac{n_B}{m_A}$ 求出甘油的物质的量 $n_B$：

$$n_B = b_B m_A = 1.61 \text{mol} \cdot \text{kg}^{-1} \times 0.5 \text{kg} = 0.81 \text{mol}$$

所以加甘油的质量为 $m_B = n_B M_B = 0.81 \text{mol} \times 92 \text{g} \cdot \text{mol}^{-1} = 74.5 \text{g}$。

**10. 解**　苯的摩尔质量为 $78 \text{g} \cdot \text{mol}^{-1}$。

$$\Delta t_f = 10.1 \text{K}$$

$$b_B = \dfrac{n_B}{m_A} = \dfrac{m_B/M_B}{m_A} = \dfrac{15.6 \text{g}/78 \text{g} \cdot \text{mol}^{-1}}{400 \times 10^{-3} \text{kg}} = 0.5 \text{mol} \cdot \text{kg}^{-1}$$

由凝固点降低公式 $\Delta t_f = K_f b_B$ 得：

$$K_f = \dfrac{\Delta t_f}{b_B} = \dfrac{10.1 \text{K}}{0.5 \text{mol} \cdot \text{kg}^{-1}} = 20.2 \text{K} \cdot \text{kg} \cdot \text{mol}^{-1}$$

所以环己烷的凝固点下降常数为 $20.2 \text{K} \cdot \text{kg} \cdot \text{mol}^{-1}$。

**11. 解**　葡萄糖的摩尔质量为 $180 \text{g} \cdot \text{mol}^{-1}$，设未知物的摩尔质量为 $M(\text{g} \cdot \text{mol}^{-1})$。
两种溶液在同一温度下结冰，所以 $\Delta t_f$ 相等。
由凝固点降低公式 $\Delta t_f = K_f b_B$ 得：

$$K_f b(\text{葡萄糖}) = K_f b(\text{未知物}) \qquad 即 \quad b(\text{葡萄糖}) = b(\text{未知物})$$

$$\dfrac{m(\text{葡萄糖})/M(\text{葡萄糖})}{m_{\text{水}}} = \dfrac{m(\text{未知物})/M(\text{未知物})}{m_{\text{水}}}$$

$$\dfrac{3.6 \text{g}/180 \text{g} \cdot \text{mol}^{-1}}{200 \times 10^{-3} \text{kg}} = \dfrac{20 \text{g}/M_{\text{未知物}}}{500 \times 10^{-3} \text{kg}}$$

$$M = 400 \text{g} \cdot \text{mol}^{-1}$$

所以未知物的摩尔质量为 $400 \text{g} \cdot \text{mol}^{-1}$。

**12. 解**　(1) 水的凝固点降低常数 $K_f = 1.86 \text{K} \cdot \text{kg} \cdot \text{mol}^{-1}$，葡萄糖的摩尔质量为 $180 \text{g} \cdot \text{mol}^{-1}$。

$$\Delta t_f = 0.543 \text{K}$$

由凝固点降低公式 $\Delta t_f = K_f b_B$ 得：

$$b(\text{葡萄糖}) = \dfrac{\Delta t_f}{K_f} = \dfrac{0.543 \text{K}}{1.86 \text{K} \cdot \text{kg} \cdot \text{mol}^{-1}} = 0.292 \text{mol} \cdot \text{kg}^{-1}$$

在 $1000 \text{g}$ 水中有：$n(\text{葡萄糖}) = b(\text{葡萄糖}) m(\text{葡萄糖}) = 0.292 \text{mol} \cdot \text{kg}^{-1} \times 1 \text{kg} = 0.292 \text{mol}$

$$m(\text{葡萄糖}) = n(\text{葡萄糖}) M(\text{葡萄糖}) = 0.292 \text{mol} \times 180 \text{g} \cdot \text{mol}^{-1} = 52.56 \text{g}$$

$$w(\text{葡萄糖}) = \dfrac{m(\text{葡萄糖})}{m(\text{葡萄糖}) + m(\text{H}_2\text{O})} = \dfrac{52.56 \text{g}}{52.56 \text{g} + 1000 \text{g}} = 4.99\%$$

葡萄糖溶液的质量分数为 $4.99\%$。

(2) $\Pi = b(\text{葡萄糖}) RT = 0.292 \text{mol} \cdot \text{L}^{-1} \times 8.314 \text{kPa} \cdot \text{L} \cdot \text{mol}^{-1} \cdot \text{K}^{-1} \times (273.15 + 37) \text{K} = 752.95 \text{kPa}$

所以如果血液的温度为 $37 \text{℃}$，血液的渗透压是 $752.95 \text{kPa}$。

**13. 解**　设血红素的摩尔质量为 $M \text{ g} \cdot \text{mol}^{-1}$

$$\Pi = c_B RT = \dfrac{n_B}{V} RT = \dfrac{m_B}{MV} RT \quad 知：$$

$$M = \dfrac{m_B}{\Pi V} RT = \dfrac{5 \text{g} \times 8.314 \text{kPa} \cdot \text{L} \cdot \text{mol}^{-1} \cdot \text{K}^{-1} \times (273.15 + 20) \text{K}}{0.366 \text{kPa} \times 500 \times 10^{-3} \text{L}}$$

$$= 66591.5 \text{g} \cdot \text{mol}^{-1}$$

血红素的分子量为 $66591.5$。

# 第二章 化学动力学基础

Chapter 02

# 内容提要

## 一、化学反应速率

### 1. 平均速率

平均速率等于任意物质的浓度随时间的变化率除以相应的化学计量系数（$\nu_i$），因此任意反应的平均速率为：

$$\overline{v} = \pm \frac{1}{\nu_i} \times \frac{\Delta c_i}{\Delta t}$$

式中　$\nu_i$——（$\nu_i = a$，$b$，$d$，$e$）反应物或生成物的化学计量系数，对反应物取负数，对生成物取正数；

　　　$\overline{v}$——平均速率，只取正值，$mol \cdot L^{-1} \cdot s^{-1}$；

　　　$\Delta c_i$——某物质在 $\Delta t$ 时间内的浓度的变化量，$mol \cdot L^{-1} \cdot s^{-1}$。

对于任意反应 $a\text{A} + b\text{B} \Longrightarrow d\text{D} + e\text{E}$ 有下列关系：

$$-\frac{1}{a} \times \frac{\Delta c(\text{A})}{\Delta t} = -\frac{1}{b} \times \frac{\Delta c(\text{B})}{\Delta t} = \frac{1}{d} \times \frac{\Delta c(\text{D})}{\Delta t} = \frac{1}{e} \times \frac{\Delta c(\text{E})}{\Delta t}$$

### 2. 瞬时速率

代表化学反应真正速率的是某一时刻的瞬时速率（$v$），对于任意反应，其瞬时速率可用导数表示为：

$$v = \pm \frac{1}{\nu_i} \lim_{\Delta t \to 0} \frac{\Delta c_i}{\Delta t} = \pm \frac{1}{\nu_i} \times \frac{\mathrm{d}c_i}{\mathrm{d}t}$$

对于反应 $a\text{A} + b\text{B} \Longrightarrow d\text{D} + e\text{E}$ 有下列关系

$$-\frac{1}{a} \times \frac{\mathrm{d}c(\text{A})}{\mathrm{d}t} = -\frac{1}{b} \times \frac{\mathrm{d}c(\text{B})}{\mathrm{d}t} = \frac{1}{d} \times \frac{\mathrm{d}c(\text{D})}{\mathrm{d}t} = \frac{1}{e} \times \frac{\mathrm{d}c(\text{E})}{\mathrm{d}t}$$

## 二、化学反应速率理论

### 1. 碰撞理论

碰撞理论的基本要点：①发生化学反应的首要条件是反应物分子必须相互碰撞。反应速率与单位时间、单位体积内分子间的碰撞次数成正比。②只有极少数分子在碰撞时发生了反应，大多数的碰撞都没有发生反应，把能够发生反应的碰撞称为有效碰撞。③碰撞理论把那些具有足够高的能量、彼此间的取向适当，能够发生有效碰撞的分子称为活化分子。④通常把活化分子所具有的最低能量与反应物分子的平均能量之差称为反应的活化能 $E_a$，单位是 $kJ \cdot mol^{-1}$。活化能是影响反应速率的内在因素。

应用碰撞理论能够较好地说明浓度、温度和催化剂对化学反应速率的影响：增加反应物的浓度，使单位体积内活化分子的总数增加，有效碰撞次数增多，反应速率加快；升高反应温度，主要使单位体积内活化分子百分数增加，反应速率明显加快；温度不变时，使用催化剂，可以通过改变反应路径，降低反应活化能，使活化分子的百分数提高，反应速率大幅加快。

但碰撞理论存在一定的缺陷，它只是简单地将反应物分子看成是没有内部结构和内部运动的刚性球体，特别是无法揭示活化能 $E_a$ 的真正的本质，更不能提供活化能 $E_a$ 的计算方法。

**2. 过渡态理论**

过渡态理论的基本要点：①发生化学反应的过程就是反应物分子逐渐接近，旧的化学键逐步削弱以至断裂，新的化学键逐步形成的过程。在此过程中，反应物分子必须经过一个过渡状态。例如：对于一般反应 $A+BC \longrightarrow AB+C$，其实际过程为：

$$A+BC \longrightarrow [A \cdots B \cdots C] \longrightarrow AB+C$$
（始态：反应物）（过渡态：活化配合物）（终态：生成物）

②这时系统中旧的化学键尚未完全断裂，新的化学键也未完全生成，这个中间状态的物质称为活化配合物。活化配合物处于高能状态，极不稳定，很快分解，但活化配合物分解为产物的趋势大于重新变为反应物的趋势。③在过渡态理论中，反应的活化能是指反应物经过渡态转化为生成物所需要的最低能量，即等于活化配合物的最低能量与反应物分子的平均能量的差值。④系统的能量关系：$\Delta H = E_a - E_a'$，$E_a$ 表示正反应的活化能，$E_a'$ 表示逆反应的活化能，两者之差为反应的焓变 $\Delta H$（$\Delta H$ 为定压热 $Q_p$）。若 $\Delta H < 0$ 反应是放热的，若 $\Delta H > 0$ 反应是吸热的。

## 三、化学反应速率的影响因素

**1. 浓度对化学反应速率的影响——速率方程**

（1）基本概念

① 基元反应——由反应物分子一步就能直接转化为产物分子的反应。

② 简单反应——一个基元反应构成的化学反应称为简单反应。

③ 复杂反应——由两个或两个以上的基元反应构成的化学反应称为复杂反应。一个化学反应是简单反应还是复杂反应，不能简单地从反应方程式来判断，需要通过实验来确定。

（2）质量作用定律 在一定温度下，基元反应的化学反应速率与反应物浓度（以化学反应方程式中相应物质的化学计量数为指数）的乘积成正比。这个结论称为质量作用定律。

在一定温度下，任一基元反应：

$$aA+bB = dD+eE$$
$$则 \quad v = kc^a(A)c^b(B)$$

式中，$k$ 为反应速率常数。这是该反应的质量作用定律的数学表达式，又称为反应速率方程式。$k$ 的物理意义是反应物浓度为单位物质的量浓度时的反应速率。$k$ 的大小主要由反应物的本性决定，其次与温度及催化剂等因素有关，与浓度无关。速率常数 $k$ 的值一般由实验测定。

（3）反应级数 速率方程式 $v = kc^a(A)c^b(B)$ 中，各浓度的指数 $a$、$b$ 分别称为各反应组分 A、B 的级数。各浓度的指数之和 $n=a+b\cdots$ 称为总反应级数，又称反应级数。当 $n=0$ 时称为零级反应，$n=1$ 时称为一级反应，$n=2$ 时称为二级反应，依此类推。反应级数的大小反映了反应物的浓度或分压对反应速率的影响，反应级数越大，反应物浓度或分压对反应速率的影响越大。反应级数通常是利用实验确定的，不是由化学方程式直接写出的。

反应级数可以是整数、分数或零。

（4）速率方程式　反映化学反应速率与反应物浓度间关系式。对任一反应：

$$a\mathrm{A}+b\mathrm{B}=\!\!=\!\!=d\mathrm{D}+e\mathrm{E}$$

$$则\quad v=kc^m(\mathrm{A})c^n(\mathrm{B})$$

通常 $m\neq a$，$n\neq b$；但对于基元反应一定有 $m=a$，$n=b$。

**2. 温度对化学反应速率的影响——阿伦尼乌斯公式**

（1）范托夫规则　反应物浓度不变时，一般而言，温度每升高 $10℃$，反应速率就增大到原来的 $2\sim4$ 倍。

$$\frac{k_{t+10}}{k_t}=\gamma\qquad\gamma=2\sim4$$

在温度变化不大或不需精确数值时，可用范托夫规则粗略地估计温度对反应速率的影响。

（2）阿伦尼乌斯（Arrhenius）公式

$$k=A\mathrm{e}^{-\frac{E_a}{RT}}$$

式中　$A$——指前因子（也叫频率因子），它与碰撞的频率（$Z$）和碰撞的取向（$p$）有关，它与浓度无关，不同反应 $A$ 值不同；

$\quad\quad T$——热力学温度；

$\quad\quad E_a$——反应的活化能，一般情况，$A$ 和 $E_a$ 在一定温度内为定值；

$\quad\quad R$——气体常数。

将上式两边取自然对数

$$\ln k=\ln A-\frac{E_a}{RT}$$

$$\lg k=\lg A-\frac{E_a}{2.303RT}$$

$$E_a=2.303RT(\lg A-\lg k)$$

若对于同一反应，在 $T_1$ 时速率常数为 $k_1$，$T_2$ 时速率常数为 $k_2$，从阿伦尼乌斯公式可得：

$$\lg\frac{k_2}{k_1}=\frac{E_a}{2.303R}\left(\frac{T_2-T_1}{T_2T_1}\right)$$

利用此式可由两个不同温度时的速率常数，求反应的活化能 $E_a$；或已知活化能及某温度下的速率常数，求出另一温度时的速率常数。

**3. 催化剂对化学反应速率的影响**

催化剂是一种只要少量存在就能显著改变反应速率，而本身的质量、组成和化学性质在反应前后保持不变的物质。能加快反应速率的催化剂称为正催化剂。能降低反应速率的催化剂称为负催化剂或阻化剂。通常没有特别强调都指的是正催化剂。催化剂通过改变反应的历程降低反应的活化能，使活化分子的百分数增加，加快反应速率。催化剂只能对热力学上可能发生的反应（$\Delta_r G_m^{\ominus} < 0$）起加速作用，热力学上不可能发生的反应（$\Delta_r G_m^{\ominus} > 0$），催化剂对它并不起作用。催化剂只能改变反应机理，不能改变反应的始态和终态。它同时改变正、逆反应速率，且改变的倍数相同，所以催化剂可以缩短达到平衡所需的时间，但不能改变平衡状态。

# 例　题

【例 1】根据实验 NO 和 $Cl_2$ 的反应为基元反应：$2NO + Cl_2 \longrightarrow 2NOCl$

（1）求该反应的速率方程式。

（2）求反应级数。

（3）其他条件不变，如果将容器的体积增加到原来的 2 倍，反应速率如何变化？

（4）如果容器的体积不变，将 NO 浓度增加到原来的 3 倍，反应速率又如何变化？

【分析】本题是有关速率方程的书写和计算的综合题，基元反应的速率方程由方程式直接写出，再根据体积或浓度的变化计算反应速率。

【解】（1）速率方程为：$v = kc^2(NO)c(Cl_2)$

（2）反应的总级数为：$2 + 1 = 3$

（3）容器的体积增加到原来的 2 倍，则 $c(NO)$ 和 $c(Cl_2)$ 均为原来的 $\frac{1}{2}$

$$v' = k\left[\frac{1}{2}c(NO)\right]^2 \frac{1}{2}c(Cl_2) = \frac{1}{8}v$$

（4）将 NO 浓度增加到原来的 3 倍，则

$$v'' = k[3c(NO)]^2 c(Cl_2) = 9v$$

【例 2】反应按下式进行：$2NO + 2H_2 \Longrightarrow 2H_2O + N_2$，实验测得下列数据：

| 实验序号 | 初始浓度/($mol \cdot L^{-1}$) | | 生成 $N_2$ 初始速率 /($mol \cdot L^{-1} \cdot s^{-1}$) |
|---|---|---|---|
| | NO | $H_2$ | |
| 1 | $6.00 \times 10^{-3}$ | $1.00 \times 10^{-3}$ | $3.19 \times 10^{-3}$ |
| 2 | $6.00 \times 10^{-3}$ | $2.00 \times 10^{-3}$ | $6.38 \times 10^{-3}$ |
| 3 | $1.00 \times 10^{-3}$ | $6.00 \times 10^{-3}$ | $0.53 \times 10^{-3}$ |
| 4 | $2.00 \times 10^{-3}$ | $6.00 \times 10^{-3}$ | $2.13 \times 10^{-3}$ |

（1）求该反应的速率方程式。

（2）求反应级数。

（3）求反应速率常数。

【分析】本题考察的是不知反应历程的复杂反应，其速率方程只能由实验得到，而不可由总反应方程式直接写出。

【解】（1）反应的速率方程式

设速率方程为 $v = kc^m(NO)c^n(H_2)$

将实验 3、4 数值代入速率方程得到的两式相比可求出 $m = 2$

将实验 1、2 数值代入速率方程得到的两式相比可求出 $n = 1$

因此，该反应的速率方程式为 $v = kc^2(NO)c(H_2)$

（2）反应级数 $2+1=3$

（3）反应速率常数

由 $v = kc^2(NO)c(H_2)$ 知：$k = \dfrac{v}{c^2(NO)c(H_2)}$，将表中任一号实验数据代入，即可求得

速率常数 $k = 8.86 \times 10^4 \, mol^{-2} \cdot L^2 \cdot s^{-1}$

反应速率方程式为 $v = kc^2(NO)c(H_2)$；级数为 3 级；速率常数为 $k = 8.86 \times 10^4 \, mol^{-2} \cdot L^2 \cdot s^{-1}$。

**【例3】** 已知某酸在水溶液中发生分解反应。当温度为 650K 时，反应速率常数为 $2.0 \times 10^{-5} \, s^{-1}$；670K 时，反应速率常数为 $7.0 \times 10^{-5} \, s^{-1}$，试计算这个反应的活化能。

**【分析】** 本题考察的是阿伦尼乌斯公式导出式的应用。

**【解】** 根据公式

$$\lg \frac{k_2}{k_1} = \frac{E_a}{2.303R}\left(\frac{T_2 - T_1}{T_2 T_1}\right)$$

代入相应的数值 $\lg \dfrac{7.0 \times 10^{-5} \, s^{-1}}{2.0 \times 10^{-5} \, s^{-1}} = \dfrac{E_a}{2.303 \times 8.314 \, J \cdot K^{-1} \cdot mol^{-1}}\left(\dfrac{670K - 650K}{670K \times 650K}\right)$

$$E_a = 227 \, kJ \cdot mol^{-1}$$

该反应的活化能为 $227 \, kJ \cdot mol^{-1}$。

**【例4】** 某反应，$A + B =\!\!= 2C$，在 400K 时的活化能为 $190 \, kJ \cdot mol^{-1}$，加入催化剂后，活化能降至 $136 \, kJ \cdot mol^{-1}$，试计算使用催化剂后可使反应速率提高的倍数。

**【分析】** 本题考察的是阿伦尼乌斯公式导出式的应用，应用公式：

$$\lg k = \lg A - \frac{E_a}{2.303RT}$$

分别将两种情况的温度和活化能代入上式：$\lg k_{有} = \lg A - \dfrac{E_{a(有催化剂)}}{2.303RT}$；

$$\lg k_{无} = \lg A - \frac{E_{a(无催化剂)}}{2.303RT}$$

将两式相减有 $\lg \dfrac{k_{有}}{k_{无}} = \dfrac{E_{a(无催化剂)} - E_{a(有催化剂)}}{2.303RT}$，代入数据就可求得反应速率提高的倍数。

**【解】** 根据阿伦尼乌斯公式导出式：$\lg k = \lg A - \dfrac{E_a}{2.303RT}$，则有：

$$\lg \frac{k_{有}}{k_{无}} = \frac{E_{a(无催化剂)} - E_{a(有催化剂)}}{2.303RT}$$

$$\lg \frac{k_{有}}{k_{无}} = \frac{190 \times 10^3 \, J \cdot mol^{-1} - 136 \times 10^3 \, J \cdot mol^{-1}}{2.303 \times 8.314 \, J \cdot K^{-1} \cdot mol^{-1} \times 400K} = 7.05$$

$$k_{有}/k_{无} = 1.1 \times 10^7$$

**【例5】** 质量作用定律只适用于（　　）。

A. 化学方程式中各物质计量系数均为 1 的反应

B. 一步完成的简单反应

C. 实际进行的反应

D. 非基元反应

【分析】本题考察的是质量作用定律适用的条件——基元反应。一个基元反应构成的化学反应就是简单反应，所以答案为 B。

【例 6】化学反应中加入催化剂的作用是（　　　）。

A. 促使反应正向进行

B. 增大反应的活化能

C. 改变反应的途径

D. 增大反应的平衡常数

【分析】本题考察的是对催化剂可以改变反应速率本质的理解。催化剂通过改变反应的历程来改变反应的活化能，从而加快或减慢反应速率。答案是 C。

【例 7】已知 $2NO+2H_2 \rightleftharpoons N_2+2H_2O$ 的反应历程为：
$$2NO+H_2 \rightleftharpoons N_2+H_2O_2（慢），H_2O_2+H_2 \rightleftharpoons 2H_2O（快）$$

该反应对 NO 的反应级数为（　　　）。

A. 零级　　　B. 一级　　　C. 二级　　　D. 三级

【分析】速率方程根据 $2NO+H_2 \rightleftharpoons N_2+H_2O_2$（慢）书写，所以为 $v=kc^2(NO)c(H_2)$，该反应对 NO 的反应级数为二级，答案 C 正确。

【例 8】某反应的速率方程是 $v=kc^m(A)\cdot c^n(B)$，当 $c(B)$ 不变，$c(A)$ 减少 $50\%$ 时，$v$ 为原来的 $\dfrac{1}{4}$；当 $c(A)$ 不变，$c(B)$ 增大至原来的 2 倍时，$v$ 为原来的 1.41 倍，则 $m$ 等于（　　　），$n$ 等于（　　　）。

【分析】由 $v=kc^m(A)\cdot c^n(B)$ 知：

当 $c(B)$ 不变，$c(A)$ 减少 $50\%$ 时 $\dfrac{1}{4}v=k\left[\dfrac{1}{2}c(A)\right]^m\cdot c^n(B)$，两式相除 $m=2$，同理 $n=0.5$。

【解】$m=2$，$n=0.5$。

# 习　题

1. 填空题

（1）若某反应为 $aA+bB \rightleftharpoons cC$，试用 A、B、C 三种物质的浓度变化量来表示该反应的瞬时速率：（　　　　　　　　　）。

（2）在化学反应中凡（　　　）完成的反应称基元反应；基元反应是通过（　　　　）确定的。

（3）增加反应物的浓度，反应速率加快的主要原因是（　　　　　）增加；升高温度，反应速率加快的主要原因是（　　　　　）增加。

（4）已知基元反应 $CO(g)+NO_2(g) \rightleftharpoons NO(g)+CO_2(g)$，该反应的速率方程式为（　　　　），此速率方程为（　　　）定律的数学表达式，此反应对 $NO_2$ 是（　　　）级反应，总反应是（　　　）级反应。

（5）已知反应 $2NO(g)+2H_2(g) \rightleftharpoons N_2(g)+2H_2O(g)$ 的反应历程为：

① $2NO(g)+H_2(g) \longrightarrow N_2(g)+H_2O_2(g)$（慢反应）

② $H_2O_2(g)+H_2(g) \rightleftharpoons 2H_2O(g)$（快反应）

则此反应称为（　　　）反应。此两步反应均称为（　　　）反应，而反应①称为总反应的（　　　　），总反应的速率方程式为（　　　　　），此反应为（　　　）级反应。

(6) 在相同温度下，三个基元反应的活化能如下：

$$E_{a正} / (kJ \cdot mol^{-1}) \qquad\qquad E_{a逆} / (kJ \cdot mol^{-1})$$

| | $E_{a正}$ | $E_{a逆}$ |
|---|---|---|
| ① | 18 | 40 |
| ② | 80 | 25 |
| ③ | 40 | 57 |

A. 正向反应速率最大的是（　　）反应。

B. 第一个反应的热效应为（　　）$kJ \cdot mol^{-1}$。

C. 逆反应为放热反应的是（　　）反应。

(7) 若某反应为二级反应，则该反应的速率常数的量纲应为（　　）。

(8) 催化剂能提高许多反应的速率，其原因是（　　　　　　　）。

(9) 对于一个确定的化学反应，化学反应速率常数只与（　　）有关，而与（　　）无关。

(10) 某化学反应的速率方程表达式为 $v = kc^{1/2}$（A）$c^2$（B），若将反应物 A 的浓度增加到原来的 4 倍，则反应速率为原来的（　　）倍；若将反应的总体积增加到原来的 4 倍，则反应速率为原来的（　　）。

**2. 选择题**

(1) 下面关于反应速率方程表达式说法正确的是（　　）。

A. 质量作用定律可以用反应物的分压表示

B. 化学反应速率方程的表达式中幂次之和即为反应的级数

C. 反应速率方程表达式中幂次出现分数的反应一定不是基元反应

D. 凡化学反应速率方程的表达式与质量作用定律的书写方式相符的反应必为基元反应

(2) 某反应速率常数为 $0.83 L \cdot mol^{-1} \cdot s^{-1}$，该反应为（　　）。

A. 零级反应　　　　　B. 一级反应　　　　　C. 二级反应　　　　　D. 三级反应

(3) 由实验测定，反应 $H_2(g) + Cl_2(g) \Longrightarrow 2HCl(g)$ 的速率方程为：$v = kc^{\frac{1}{2}}(Cl_2)c(H_2)$。在其他条件不变的情况下，将每一种反应物的浓度加倍，此时反应速率为（　　）。

A. $2v$　　　　　B. $4v$　　　　　C. $2.8v$　　　　　D. $2.4v$

(4) 已知反应 $H_2 + I_2 \Longrightarrow 2HI$，其速率方程为 $v = kc(H_2)c(I_2)$，该反应（　　）。

A. 一定是简单反应　　　B. 一定是复杂反应　　　C. 无法确定

(5) 基元反应 $2A(g) + B(g) \longrightarrow C(g)$，将 2mol A（g）和 1mol B（g）在一容器中混合，A 与 B 开始反应的速率是 A、B 都消耗一半时的（　　）。

A. 0.25 倍　　　　　B. 4 倍　　　　　C. 8 倍　　　　　D. 相等

(6) 已知反应 $A \Longrightarrow B$ 在 298K 时 $k_正 = 100k_逆$，正逆反应活化能的关系为（　　）。

A. $E_{a正} < E_{a逆}$　　　　　　　　　　　　B. $E_{a正} > E_{a逆}$

C. $E_{a正} = E_{a逆}$　　　　　　　　　　　　D. 不确定

**3. 判断题**（正确的在括号中填"√"号，错的填"×"号）

(1) 正、逆反应的活化能，数值相等，符号相反。（　　）

(2) 反应级数等于反应方程式中各反应物的计量系数之和。（　　）

(3) 催化剂加快反应速率的原因是催化剂参与了反应，改变了反应的历程，降低了反应所需的活化能。（　　）

(4) 活化能是指能够发生有效碰撞的分子所具有的平均能量。（　　）

(5) 反应物的浓度增大，则反应速率加快，所以反应速率常数增大。（　　）

**4.** 简答题

（1）影响化学反应速率的外界因素主要有哪些？并以活化能、活化分子等概念说明之。

（2）试述碰撞理论与过渡态理论的基本要点。

（3）什么是质量作用定律？它和速率方程有何关系？

**5.** 下列化学反应：$NO_2(g) + O_3(g) \Longrightarrow NO_3(g) + O_2(g)$

在 298K 时，测得的数据如下表：

| 实验序号 | 初始浓度/(mol·L$^{-1}$) | | 初始速率/(mol·L$^{-1}$·s$^{-1}$) |
| --- | --- | --- | --- |
| | $NO_2$ | $O_3$ | |
| 1 | $5.0 \times 10^{-5}$ | $1.0 \times 10^{-5}$ | 0.022 |
| 2 | $5.0 \times 10^{-5}$ | $2.0 \times 10^{-5}$ | 0.044 |
| 3 | $2.5 \times 10^{-5}$ | $2.0 \times 10^{-5}$ | 0.022 |

（1）求反应速率方程的表达式。

（2）求总反应的级数。

（3）求该反应的反应速率常数。

**6.** 已知某反应的活化能为 70kJ·mol$^{-1}$，300K 时的速率常数为 0.1s$^{-1}$，试计算

（1）400K 时，反应的速率为原来的多少倍？

（2）温度由 1000K 升高到 1100K 时，反应速率为 1000K 时的多少倍？

**7.** 已知反应 $2ICl + H_2 \longrightarrow I_2 + 2HCl$，230℃时速率常数为 0.163L·mol$^{-1}$·s$^{-1}$，240℃时速率常数为 0.348L·mol$^{-1}$·s$^{-1}$，求 $E_a$ 和 $A$ 值。

**8.** 在 773K 时合成氨反应，未采用催化剂时的活化能为 254kJ·mol$^{-1}$，采用铁催化剂后活化能降为 146kJ·mol$^{-1}$。试计算反应速率提高了多少？

**9.** 在 301K 时，鲜牛奶大约 4h 变酸，但在 278K 的冰箱中可保存 48h，假定牛奶变酸的反应速率与所需时间成反比，试求牛奶变酸过程的活化能。

# 习题参考答案

**1.** 填空题

（1）$-\dfrac{1}{a} \times \dfrac{\mathrm{d}c(A)}{\mathrm{d}t} = -\dfrac{1}{b} \times \dfrac{\mathrm{d}c(B)}{\mathrm{d}t} = \dfrac{1}{c} \times \dfrac{\mathrm{d}c(C)}{\mathrm{d}t}$

（2）一步，实验

（3）活化分子总数，活化分子百分数

（4）$v = kc(CO)c(NO_2)$，质量作用，一，二

（5）复杂，基元，控速步骤，$v = kc^2(NO)c(H_2)$，三

（6）A. ①　B. —22　C. ②

（7）L·mol$^{-1}$·s$^{-1}$

（8）催化剂通过改变反应的历程降低反应的活化能，使活化分子的百分数增加，加快反应速率

（9）温度，浓度

（10）2，$\dfrac{1}{32}$

**2.** 选择题

（1）B （2）C （3）C （4）C （5）C （6）A

**3.** 判断题

（1）× （2）× （3）√ （4）× （5）×

**4.** 简答题

（1）**答** 影响化学反应速率的外界因素主要有浓度、温度、催化剂。

增加反应物的浓度，使单位体积内活化分子的总数增加，有效碰撞次数增多，反应速率加快；升高反应温度，主要使单位体积内活化分子百分数增加，反应速率明显加快；温度不变时，使用催化剂，可以通过改变反应路径，降低反应活化能，使活化分子的百分数提高，反应速率大幅加快。

（2）**答** 碰撞理论的基本要点：

① 发生化学反应的首要条件是反应物分子必须相互碰撞。反应速率与单位时间、单位体积内分子间的碰撞次数成正比。

② 只有极少数分子在碰撞时发生了反应，大多数的碰撞都没有发生反应，把能够发生反应的碰撞称为有效碰撞。

③ 碰撞理论把那些具有足够高的能量、彼此间的取向适当，能够发生有效碰撞的分子称为活化分子。

④ 通常把活化分子所具有的最低能量与反应物分子的平均能量之差称为反应的活化能 $E_a$，单位是 $kJ \cdot mol^{-1}$。活化能是影响反应速率的内在因素。

过渡态理论的基本要点：

① 发生化学反应的过程就是反应物分子逐渐接近，旧的化学键逐步削弱以至断裂，新的化学键逐步形成的过程。在此过程中，反应物分子必须经过一个过渡状态。

② 这时系统中旧的化学键尚未完全断裂，新的化学键也未完全生成，这个中间状态的物质称为活化配合物。

③ 在过渡态理论中，反应的活化能是指反应物经过渡态转化为生成物所需要的最低能量，即等于活化配合物的最低能量与反应物分子的平均能量的差值。

④ 系统的能量关系：$\Delta H = E_a - E_a'$，$E_a$ 表示正反应的活化能，$E_a'$ 表示逆反应的活化能，两者之差为反应的焓变 $\Delta H$（$\Delta H$ 为定压热 $Q_p$）。若 $\Delta H < 0$ 反应是放热的，若 $\Delta H > 0$ 反应是吸热的。

（3）**答** 在一定温度下，基元反应的化学反应速率与反应物浓度（以化学反应方程式中相应物质的化学计量数为指数）的乘积成正比。这个结论称为质量作用定律。质量作用定律的数学表达式是速率方程，但速率方程仅仅在反应是基元反应时才符合质量作用定律。

**5.** **解** （1）反应的速率方程式

设速率方程为 $v = kc^m(NO_2)c^n(O_3)$

将实验 1、2 数值代入速率方程得到的两式相比可求出 $n = 1$

将实验 2、3 数值代入速率方程得到的两式相比可求出 $m = 1$

因此，该反应的速率方程为 $v = kc(NO_2)c(O_3)$

（2）反应级数 $1 + 1 = 2$

（3）反应速率常数

由 $v = kc(NO_2)c(O_3)$ 知：$k = \dfrac{v}{c(NO_2)c(O_3)}$。将表中任一号实验数据代入，即可求得

速率常数 $k = 4.4 \times 10^7 \, \mathrm{mol}^{-1} \cdot \mathrm{L} \cdot \mathrm{s}^{-1}$。

**6. 解** （1）设 $T_1 = 300\mathrm{K}$ 时速率常数为 $k_1$，设 $T_2 = 400\mathrm{K}$ 时速率常数为 $k_2$

根据公式

$$\lg \frac{k_2}{k_1} = \frac{E_a}{2.303R} \left( \frac{T_2 - T_1}{T_2 T_1} \right)$$

代入相应的数值 $\quad \lg \dfrac{k_2}{k_1} = \dfrac{70 \times 10^3 \, \mathrm{J} \cdot \mathrm{mol}^{-1}}{2.303 \times 8.314 \, \mathrm{J} \cdot \mathrm{K}^{-1} \cdot \mathrm{mol}^{-1}} \left( \dfrac{400\mathrm{K} - 300\mathrm{K}}{400\mathrm{K} \times 300\mathrm{K}} \right)$

$$\lg \frac{k_2}{k_1} = 3.047 \qquad \frac{k_2}{k_1} = 1.1 \times 10^3$$

反应的速率为原来的 $1.1 \times 10^3$ 倍。

（2）设 $T_1 = 1000\mathrm{K}$ 时速率常数为 $k_1$，设 $T_2 = 1100\mathrm{K}$ 时速率常数为 $k_2$

根据公式

$$\lg \frac{k_2}{k_1} = \frac{E_a}{2.303R} \left( \frac{T_2 - T_1}{T_2 T_1} \right)$$

代入相应的数值 $\quad \lg \dfrac{k_2}{k_1} = \dfrac{70 \times 10^3 \, \mathrm{J} \cdot \mathrm{mol}^{-1}}{2.303 \times 8.314 \, \mathrm{J} \cdot \mathrm{K}^{-1} \cdot \mathrm{mol}^{-1}} \left( \dfrac{1100\mathrm{K} - 1000\mathrm{K}}{1100\mathrm{K} \times 1000\mathrm{K}} \right)$

$$\lg \frac{k_2}{k_1} = 0.332 \qquad \frac{k_2}{k_1} = 2.15$$

反应的速率为原来的 $2.15$ 倍。

**7. 解** 根据公式

$$\lg \frac{k_2}{k_1} = \frac{E_a}{2.303R} \left( \frac{T_2 - T_1}{T_2 T_1} \right)$$

代入相应的数值

$$\lg \frac{0.348}{0.163} = \frac{E_a}{2.303 \times 8.314 \, \mathrm{J} \cdot \mathrm{K}^{-1} \cdot \mathrm{mol}^{-1}} \left[ \frac{(240 + 273.15)\mathrm{K} - (230 + 273.15)\mathrm{K}}{(240 + 273.15)\mathrm{K} \times (230 + 273.15)\mathrm{K}} \right]$$

$$E_a = 162.84 \, \mathrm{kJ} \cdot \mathrm{mol}^{-1}$$

该反应的活化能为 $162.84 \, \mathrm{kJ} \cdot \mathrm{mol}^{-1}$。

根据公式

$$\lg k = \lg A - \frac{E_a}{2.303RT}$$

将 $T_1 = (230 + 273.15)\mathrm{K}$ 时速率常数 $k_1 = 0.163$ 代入上式

$$\lg 0.163 = \lg A - \frac{162.84 \times 10^3 \, \mathrm{J} \cdot \mathrm{mol}^{-1}}{2.303 \times 8.314 \, \mathrm{J} \cdot \mathrm{K}^{-1} \cdot \mathrm{mol}^{-1} \times 503.15\mathrm{K}}$$

$$A = 1.30 \times 10^{16}$$

**8. 解** 根据阿伦尼乌斯公式导出式：$\lg k=\lg A-\dfrac{E_a}{2.303RT}$。则有：

$$\lg \frac{k_{有}}{k_{无}}=\frac{E_{a(无催化剂)}-E_{a(有催化剂)}}{2.303RT}$$

$$\lg \frac{k_{有}}{k_{无}}=\frac{254\times10^3 J\cdot mol^{-1}-146\times10^3 J\cdot mol^{-1}}{2.303\times8.314 J\cdot K^{-1}\cdot mol^{-1}\times773K}=7.30$$

$$k_{有}/k_{无}=2.00\times10^7$$

反应速率提高了 $2.00\times10^7$ 倍。

**9. 解** 设 $T_1=301K$ 时，时间 $t_1=4h$，速率为 $v_1$，速率常数为 $k_1$；设 $T_2=278K$ 时，时间 $t_2=48h$，速率为 $v_2$，速率常数为 $k_2$。则有：

$$\frac{k_2}{k_1}=\frac{v_2}{v_1}=\frac{t_1}{t_2}=\frac{4h}{48h}$$

根据公式 $\lg \dfrac{k_2}{k_1}=\dfrac{E_a}{2.303R}\left(\dfrac{T_2-T_1}{T_2 T_1}\right)$ 求 $E_a$

$$\lg \frac{4h}{48h}=\frac{E_a}{2.303\times8.314 J\cdot K^{-1}\cdot mol^{-1}}\left(\frac{278K-301K}{278K\times301K}\right)$$

$$E_a=75.18kJ\cdot mol^{-1}$$

该反应的活化能为 $75.18kJ\cdot mol^{-1}$。

# 第三章 化学热力学基础及化学平衡

Chapter 03

# 内容提要

## 一、基本概念

### 1. 系统和环境

系统——被划分出来作为研究对象的那一部分物质和空间称为系统（也称为体系）。

环境——系统以外与系统密切相关的其余的部分称为环境。

敞开系统——在系统和环境之间既有物质交换，又有能量交换。

封闭系统——在系统和环境之间没有物质交换，只有能量交换。

隔离系统——（也称孤立体系）在系统和环境之间既没有物质交换，也没有能量交换。

### 2. 状态和状态函数

状态——系统所有物理性质和化学性质的综合表现称为系统的状态。

状态函数——热力学上把表征系统状态的宏观性质称为系统的状态函数。

状态函数的改变量，只与系统的始态和终态有关，而与系统具体变化的途径无关。

### 3. 过程和途径

过程——系统状态发生一个任意变化时，系统就经历了一个过程。

途径——完成某一过程所经过的具体步骤（方法）。

过程分为如下几类：

等温过程：系统的始态温度与终态温度相等，并且过程中始终保持这个温度。

等压过程：系统的始态压强与终态压强相等，并且过程中始终保持这个压强。

等容过程：系统的始态体积与终态体积相等，并且过程中始终保持这个体积。

绝热过程：系统状态发生变化过程中，系统和环境之间没有热交换，即 $Q=0$。

循环过程：系统从某一状态出发，经过一系列变化又回到原来状态的过程。

### 4. 热和功

热——系统和环境之间由于温度差的存在而传递的能量称为热，用符号 $Q$ 表示，其国际单位制 SI，单位为 J。并规定系统从环境吸热，$Q$ 为正值；系统放热给环境，$Q$ 为负值。热与途径相联系，所以热是非状态函数。

功——除热之外，在系统与环境之间传递的其他各种形式的能量统称为功，用符号 $W$ 表示，其 SI 单位为 J。并规定系统对环境做功，$W$ 为负；环境对系统做功，$W$ 为正。功和热一样也与途径有关，所以也是非状态函数。

热力学通常将功分为体积功和非体积功两类。体积功又称膨胀功，$W=-p\Delta V$，$\Delta V$ 为系统状态变化中终态与始态的气体体积之差；或 $W = -\Delta nRT$，$\Delta n$ 为系统状态变化中终态与始态气体的物质的量的差。除了体积功外，其他形式的功称为非体积功（也称有用功），用符号 $W_f$（$W'$）表示，如电功、机械功等。

**5. 热力学能**

热力学能——热力学能也叫内能，是系统内各种形式的能量的总和，用符号 $U$ 表示，具有能量的单位。

热力学能是状态函数，它的改变量只与始态和终态有关，与具体的途径无关。热力学能是温度的函数，系统的温度越高，系统所具有的热力学能就越大。热力学能的绝对值还不能确定，只需要知道在系统状态发生改变时，热力学能的改变量（$\Delta U$）就足够了。

**6. 热力学的标准状态**

热力学的标准状态，是在指定的温度 $T$ 和标准压力 $p^\ominus$（100kPa）下物质的状态，简称标准态，用右上标"$\ominus$"表示。相应的标准态如下。

（1）气体物质的标准状态　纯理想气体物质的标准状态是该气体处于标准压力 $p^\ominus$（100kPa）下的状态，混合理想气体的标准状态是指任一组分气体的分压均为 $p^\ominus$ 时的状态（在无机及分析化学中把气体均近似看成是理想气体）。

（2）液体或固体物质的标准状态　纯液体（或纯固体）物质的标准状态是标准压力 $p^\ominus$ 下的纯液体（或纯固体）。

（3）溶液中溶质的标准状态　是指标准压力 $p^\ominus$ 下溶质的质量摩尔浓度 $b^\ominus = 1\text{mol}\cdot\text{kg}^{-1}$ 的状态。因为压力对液体和固体的体积影响很小，所以可将溶质的标准状态改用 $c^\ominus = 1\text{mol}\cdot\text{L}^{-1}$ 来代替。

由于标准态只规定了压力 $p^\ominus$，而没有指定温度，处于标准状态和不同温度下系统的热力学函数有不同值。一般的热力学函数值均为 298.15K 时的数值，298.15K 为国际纯粹与应用化学联合会（IUPAC）推荐选择温度，若非 298.15K 须特别指明。

**7. 反应进度**

反应进度是用来描述某一化学反应进行程度的物理量，用符号 $\xi$ 表示，它的 SI 单位是 mol。

对一般的化学反应：
$$a\text{A} + b\text{B} = d\text{D} + e\text{E}$$

反应进度的定义为：
$$\xi = \frac{\Delta n}{\nu}$$

式中，$\nu$ 是反应物或生成物的化学计量系数，对反应物它是负数，对生成物它是正数。化学计量系数的量纲为1。其中 $\nu(\text{A}) = -a$、$\nu(\text{B}) = -b$、$\nu(\text{D}) = d$、$\nu(\text{E}) = e$，$\Delta n$ 是反应物的物质的量的减少，或生成物物质的量的增加。

**8. 化学反应热**

化学反应热是指化学反应发生后，使产物的温度回到反应物的温度，且系统不做非体积功时，系统所吸收或放出的热量。

## 二、热力学第一定律

将能量守恒与转化定律应用于热力学系统，就是热力学第一定律。其数学表达式为：
$$\Delta U = Q + W \text{（封闭系统）}$$

式中，$\Delta U$ 为系统的热力学能变化；$Q$ 和 $W$ 分别表示变化过程中系统与环境之间传递或交换的热和功。

## 三、化学反应过程的热效应

### 1. 定容热

在非体积功等于零的条件下，若系统在变化过程中保持体积恒定，此时的热称为定容热。用符号 $Q_V$ 表示。因为系统的体积不变，$\Delta V=0$，$W=-p\Delta V=0$。则有：

$$\Delta U=Q+W=Q_V+0=Q_V$$

### 2. 定压热

在非体积功等于零的条件下，若系统在变化过程中保持作用于系统的外压恒定，此时的热称为定压热。用符号 $Q_p$ 表示。在定压的过程中，$p_环=p_系=p$，因为不做非体积功，所以总功就是体积功，$W=-p\Delta V$，$Q_p=\Delta(U+pV)$。

### 3. 焓

由于 $U$、$p$、$V$ 均为系统的状态函数，则 $U$、$p$、$V$ 的组合 $(U+pV)$ 也是状态函数。热力学上将 $(U+pV)$ 定义为一个新的状态函数，称为焓，用 $H$ 表示。

$$H=U+pV$$

则：
$$Q_p=H_2-H_1=\Delta H$$

上式表示，对于封闭系统，等温定压不做非体积功时，系统的定压热在数值上等于系统的焓变。

### 4. 焓的性质

① 焓是一组合的状态函数，具有状态函数的性质。其改变量只与始态和终态有关，与具体途径无关。其 SI 单位为 J 或 kJ。焓的绝对值无法求，但其变化量可由 $\Delta_r H_m=Q_p$ 确定。其中 $\Delta_r H_m$ 的"r"表示化学反应，"m"表示反应进度 $\xi=1\text{mol}$。

② 焓具有广度性质，其数值的大小与系统的物质的量有关，具有加和性。

## 四、热化学方程式

热化学方程式是表示化学反应与反应热效应关系的方程式。必须注意以下几点：①标明反应的温度和压力等条件，若在标准压力 $p^\ominus$，298.15K 时可以省略。②明确写出反应的计量方程式。③各种物质化学式右侧用圆括弧（　　）表明物质的聚集状态。④标明反应热。

例如：$H_2(g)+I_2(g)\Longrightarrow 2HI(g)$　　　$\Delta_r H_m^\ominus=-9.40\text{kJ}\cdot\text{mol}^{-1}$

## 五、化学反应热的求算方法

### 1. 热化学定律（盖斯定律）

在非体积功等于零，定压或定容的条件下，任意化学反应，不论是一步完成的还是几步完成的，其总反应所放出的热或吸收的热总是相同的。其实质是，化学反应的焓变只与始态和终态有关，而与具体的途径无关。这一规律被称为盖斯（Hess）定律。

### 2. 标准摩尔生成焓

热力学规定，在指定温度标准压力下，由元素的稳定单质生成 1mol 某物质时反应的热效应称为该物质的标准摩尔生成焓。用符号 $\Delta_f H_m^\ominus(T)$ 表示。298.15K 时温度 $T$ 可以省略。其 SI 单位为 $J\cdot\text{mol}^{-1}$，常用 $kJ\cdot\text{mol}^{-1}$。

对于在标准状态和 298.15K 下的任意反应：

$$a\,A+b\,B\Longrightarrow d\,D+e\,E$$
$$\Delta_r H_m^\ominus=[d\Delta_f H_m^\ominus(D)+e\Delta_f H_m^\ominus(E)]-[a\Delta_f H_m^\ominus(A)+b\Delta_f H_m^\ominus(B)]$$

## 六、化学反应的方向

### 1. 自发过程

在一定条件下不需要外界对系统做功就能自动进行的过程或反应称为自发过程或自发反应。相反，它们的逆过程或逆反应是非自发的。

### 2. 焓判据

自发反应的方向是系统的焓减少的方向（$\Delta_r H_m^\ominus < 0$），即自发反应的方向是放热反应的方向。但进一步研究发现，有些吸热反应（$\Delta_r H_m^\ominus > 0$）也能自发进行。研究表明，除了焓这一重要因素，还有其他因素。系统混乱度增大的过程往往可以自发进行。

### 3. 熵和热力学第三定律

（1）熵　熵是系统内组成物质的微观粒子的混乱度（或无序度）的量度，用符号 $S$ 表示，其 SI 单位为 $J \cdot K^{-1}$。系统内的微观粒子的混乱度越大，系统的熵值越大。系统的状态一定时，其内部的混乱程度就一定，此时熵值就是一个定值。因此，熵也是一个状态函数，其改变量 $\Delta S$ 只决定于系统的始、终态，而与具体途径无关。

（2）热力学第三定律　在绝对零度（0K）时，一切纯物质的完美晶体的熵值都等于零。其数学表达式为：

$$S(0\mathrm{K}) = 0$$

$S(T)$ 为纯物质在 $T\mathrm{K}$ 时的熵值。在标准状态、指定温度下，1mol 纯物质的熵值称为该物质的标准摩尔熵（简称标准熵），用符号 $S_m^\ominus(T)$ 表示，其 SI 单位为 $J \cdot mol^{-1} \cdot K^{-1}$。298.15K 时，$S_m^\ominus(298.15\mathrm{K})$ 可简写为 $S_m^\ominus$。物质的标准摩尔熵值大小的一般规律见表 3-1。

表 3-1　物质的标准摩尔熵值大小的一般规律

| 项目 | 说　明 |
|---|---|
| 同一物质，聚集状态不同时 | 气态时的熵值大于液态时的熵值，而液态时的熵值大于固态时的熵值。即 $S_m^\ominus(\mathrm{g}) > S_m^\ominus(\mathrm{l}) > S_m^\ominus(\mathrm{s})$ |
| 同一物质，聚集状态相同时 | 温度越高，熵值越大，即 $S_m^\ominus(T_高) > S_m^\ominus(T_低)$ |
| 分子结构相似，分子量相近的物质，熵值相近 | 如 $S_m^\ominus(\mathrm{CO},\mathrm{g}) = 197.6\mathrm{J} \cdot \mathrm{mol}^{-1} \cdot \mathrm{K}^{-1}$，$S_m^\ominus(\mathrm{N_2},\mathrm{g}) = 192.0\mathrm{J} \cdot \mathrm{mol}^{-1} \cdot \mathrm{K}^{-1}$ |
| 分子结构相似，熵值随分子量增大而增大 | 如 HF、HCl、HBr、HI 的标准摩尔熵逐渐增大 |

（3）化学反应标准摩尔熵变的计算　任意反应

$$a\mathrm{A} + b\mathrm{B} = d\mathrm{D} + e\mathrm{E}$$

$$\Delta_r S_m^\ominus = [dS_m^\ominus(\mathrm{D}) + eS_m^\ominus(\mathrm{E})] - [aS_m^\ominus(\mathrm{A}) + bS_m^\ominus(\mathrm{B})]$$

### 4. 熵判据——热力学第二定律

在孤立系统中发生的任何变化或化学反应，总是向着熵值增大的方向进行，即向着 $\Delta S_{孤立} > 0$ 的方向进行。这就是热力学第二定律，也称熵增原理或熵判据。

熵增原理作为自发过程或自发反应判据有如下规律：

$$\Delta S_{孤立} > 0 \qquad 自发过程$$

$$\Delta S_{孤立} = 0 \qquad 平衡状态$$

$$\Delta S_{孤立} < 0 \qquad 非自发过程$$

而非孤立系统，可以把系统和环境作为一个整体看成一个孤立系统，热力学第二定律仍然适用。规律如下：

$$\Delta S_{系统} + \Delta S_{环境} > 0 \qquad 自发过程$$
$$\Delta S_{环境} + \Delta S_{系统} = 0 \qquad 平衡状态$$
$$\Delta S_{环境} + \Delta S_{系统} < 0 \qquad 非自发过程$$

**5. 吉布斯自由能**

（1）吉布斯自由能概述

$$G = H - TS$$

其 SI 单位为 J，常用 kJ。由于 $H$、$S$、$T$ 都是状态函数，所以，它们的组合也是状态函数。它具有加和性，因此，$\Delta G$ 只与始、终态有关，与具体途径无关。

（2）吉布斯-亥姆霍兹（Gibbs-Helmholtz）公式 由于过程在等温条件下进行，所以有 $T = T_1 = T_2$，则有 $\Delta G = \Delta H - T\Delta S$。

（3）吉布斯自由能判据 由热力学原理证明得：对于等温等压且系统不做非体积功的过程，有

$$\Delta G < 0 \qquad 自发进行,过程能向正方向进行$$
$$\Delta G = 0 \qquad 处于平衡状态$$
$$\Delta G > 0 \qquad 不能自发进行,其逆过程可自发进行$$

化学反应大多数都是在等温等压且不做非体积功（有用功）的条件下进行，则：

$$\Delta_r G < 0 \qquad 化学反应自发进行$$
$$\Delta_r G = 0 \qquad 化学反应系统处于平衡状态,达到化学反应的限度$$
$$\Delta_r G > 0 \qquad 化学反应不可能自发进行,其逆反应自发$$

自发过程的特点之一是可以对外做非体积功 $W'$，热力学实验证明，系统在等温等压下，对外做的最大非体积功等于系统的吉布斯自由能的减少，即：$W'_{max} = \Delta G$。无论人们采用什么样的方法，系统对外做的最大非体积功永远小于 $\Delta G$。

（4）标准摩尔生成吉布斯自由能 在指定温度标准压力下，由元素的最稳定单质生成 1mol 某物质时的吉布斯自由能变叫作该物质的标准摩尔生成吉布斯自由能，用符号 $\Delta_f G_m^\ominus(T)$ 表示，298.15K 时温度 $T$ 可以省略。

（5）化学反应吉布斯自由能 $\Delta_r G_m^\ominus$ 的计算方法 利用标准生成吉布斯自由能 $\Delta_f G_m^\ominus$ 计算、利用盖斯定律计算、利用吉布斯-亥姆霍兹公式计算。

（6）转换温度 通过上述实例计算表明，有些反应在常温下 $\Delta_r G_m^\ominus > 0$，不能正向自发进行。但由于 $\Delta_r H_m^\ominus$ 和 $\Delta_r S_m^\ominus$ 受温度的影响不大，而 $\Delta_r G_m^\ominus$ 受温度的影响却不能忽略，常常因此使化学反应的方向发生逆转。一个化学反应由非自发（$\Delta_r G_m^\ominus > 0$）转变到自发（$\Delta_r G_m^\ominus < 0$），要经过一个平衡状态（$\Delta_r G_m^\ominus = 0$），因此把平衡状态时的温度称为化学反应的转换温度。用符号 $T_转$ 表示。

$$T_转 = \Delta_r H_m^\ominus / \Delta_r S_m^\ominus$$

式中，$\Delta_r H_m^\ominus$ 和 $\Delta_r S_m^\ominus$ 均为在标准状态下，298.15K 时的数据，所以 $T_转$ 为估算温度。若反应是高温自发，求得的 $T_转$ 为最低温度；若反应是低温自发，求得的 $T_转$ 为最高温度。

# 七、化学反应的限度——化学平衡

**1. 可逆反应**

在一定反应条件下，一个化学反应既能从反应物转变为生成物，在相同条件下也能由生

成物变为反应物，即在同一条件下既能向正方向进行又能向逆方向进行的化学反应称为可逆反应。

### 2. 化学平衡

在一定条件下，对于一个可逆反应，正、逆反应速率相等，反应系统中各物质的浓度不随时间而发生变化的状态，称为化学平衡状态。在化学平衡状态，$\Delta_r G_m = 0$，反应达到了最大限度。在平衡状态下，各物质的浓度叫平衡浓度。用符号 $c_{eq}$ 表示。

### 3. 平衡常数

（1）实验平衡常数　对于一般的可逆反应：

$$a A + b B \Longleftrightarrow d D + e E$$

$$K_c = \frac{c_{eq}^d(D) c_{eq}^e(E)}{c_{eq}^a(A) c_{eq}^b(B)}$$

式中，$K_c$ 为浓度平衡常数；$c_{eq}(A)$、$c_{eq}(B)$、$c_{eq}(D)$、$c_{eq}(E)$ 为各物质平衡浓度，$mol \cdot L^{-1}$。

对于气体反应，由于气体的分压与浓度成正比，所以平衡常数可用气体相应的分压表示，称为压力平衡常数。

$$a A(g) + b B(g) \Longleftrightarrow d D(g) + e E(g)$$

$$K_p = \frac{p_{eq}^d(D) p_{eq}^e(E)}{p_{eq}^a(A) p_{eq}^b(B)}$$

式中，$K_p$ 为压力平衡常数；$p_{eq}(A)$、$p_{eq}(B)$、$p_{eq}(D)$、$p_{eq}(E)$ 为各物质的平衡分压。

（2）标准平衡常数　标准平衡常数又称热力学平衡常数，用符号 $K^{\ominus}$ 表示。

对于任一溶液中的反应 $a A + b B \Longleftrightarrow d D + e E$，在一定温度标准状态下，达到平衡时，平衡常数的表达式为：

$$K^{\ominus} = \frac{[c_{eq}(D)/c^{\ominus}]^d [c_{eq}(E)/c^{\ominus}]^e}{[c_{eq}(A)/c^{\ominus}]^a [c_{eq}(B)/c^{\ominus}]^b}$$

式中，$c_{eq}(A)/c^{\ominus}$、$c_{eq}(B)/c^{\ominus}$、$c_{eq}(D)/c^{\ominus}$、$c_{eq}(E)/c^{\ominus}$ 分别为各物质平衡时相对浓度。它等于组分的浓度除以标准浓度 $c^{\ominus}$（$1 mol \cdot L^{-1}$），因此量纲为 1，故 $K^{\ominus}$ 也是量纲为 1 的量。

对于反应物和生成物都是气体的可逆反应 $a A(g) + b B(g) \Longleftrightarrow d D(g) + e E(g)$，在一定温度标准状态下，达到平衡，平衡常数的表达式为：

$$K^{\ominus} = \frac{[p_{eq}(D)/p^{\ominus}]^d [p_{eq}(E)/p^{\ominus}]^e}{[p_{eq}(A)/p^{\ominus}]^a [p_{eq}(B)/p^{\ominus}]^b}$$

式中，$p_{eq}(A)/p^{\ominus}$、$p_{eq}(B)/p^{\ominus}$、$p_{eq}(D)/p^{\ominus}$、$p_{eq}(E)/p^{\ominus}$ 分别为各物质平衡时相对分压。它等于组分的分压除以标准压力 $p^{\ominus}$（100kPa），因此量纲为1，故 $K^{\ominus}$ 也是量纲为1的量。

显然，标准平衡常数（或实验平衡常数）是衡量可逆反应限度的一种数量标志，$K^{\ominus}$ 越大，可逆反应进行得越完全，反之，$K^{\ominus}$ 越小，可逆反应进行的程度越小。平衡常数 $K^{\ominus}$ 的大小，首先决定于化学反应的性质，其次是温度。即平衡常数 $K^{\ominus}$ 是温度的函数，温度不变平衡常数不变，与浓度和压力无关。在使用平衡常数 $K^{\ominus}$ 时，须注意以下几点。

① 平衡常数 $K^{\ominus}$ 是温度的函数，因此在使用平衡常数时，必须注明反应温度。

② 平衡常数的表达式要与一定的化学方程式相对应。同一反应，若方程式的书写形式不同，则平衡常数的表达式也不相同。

③ 若有纯固体、纯液体参加化学反应，则纯固体、纯液体的浓度在平衡常数表达式中不写出来。

④ 在非水溶液中的反应，若有水参加，则水的浓度必须在平衡常数的表达式中写出。例如：

$$C_2H_5OH + CH_3COOH \rightleftharpoons CH_3COOC_2H_5 + H_2O$$

$$K^\ominus = \frac{[c_{eq}(CH_3COOC_2H_5)/c^\ominus][c_{eq}(H_2O)/c^\ominus]}{[c_{eq}(C_2H_5OH)/c^\ominus][c_{eq}(CH_3COOH)/c^\ominus]}$$

（3）多重平衡规则　如果某化学反应是几个反应相加而成，则该反应的平衡常数等于各分反应的标准平衡常数之积；如果相减而成，则该反应的标准平衡常数等于各分反应的标准平衡常数相除，这种关系称为多重平衡规则。应用多重平衡规则时要注意所有的平衡常数必须是相同温度时的值，否则不能使用该规则。

**4. 化学反应的等温方程式**

对于任意反应：

$$aA(g) + bB(g) \rightleftharpoons dD(g) + eE(g)$$

在等温定压下，$\Delta_r G_m^\ominus$ 和 $\Delta_r G_m$ 存在如下关系的等温方程式：

$$\Delta_r G_m = \Delta_r G_m^\ominus + RT\ln Q$$

式中，$Q$ 称为反应商，是任意态生成物与反应物的相对浓度或相对分压的比值，在气相或液相中有：

$$Q = \frac{[p(D)/p^\ominus]^d[p(E)/p^\ominus]^e}{[p(A)/p^\ominus]^a[p(B)/p^\ominus]^b} \quad 或 \quad Q = \frac{[c(D)/c^\ominus]^d[c(E)/c^\ominus]^e}{[c(A)/c^\ominus]^a[c(B)/c^\ominus]^b}$$

体系处于平衡状态时，$\Delta_r G_m$ 和 $K^\ominus$ 有如下关系：

$$\Delta_r G_m = -RT\ln K^\ominus + RT\ln Q$$
$$= 2.303RT\lg Q/K^\ominus$$

根据 $Q/K^\ominus$ 判断反应自发方向

当 $Q/K^\ominus < 1$ 时，$Q < K^\ominus$，则 $\Delta_r G_m < 0$，反应正向自发。

当 $Q/K^\ominus = 1$ 时，$Q = K^\ominus$，则 $\Delta_r G_m = 0$，反应达到平衡状态。

当 $Q/K^\ominus > 1$ 时，$Q > K^\ominus$，则 $\Delta_r G_m > 0$，反应逆向自发。

这就是化学反应进行方向的判据。

**5. 化学平衡的移动**

（1）浓度对化学平衡的影响　对于已经达到平衡的系统，如果增加反应物的浓度或减少生成物的浓度，则 $Q < K^\ominus$，$\Delta_r G_m < 0$，反应正向进行，平衡向正反应方向移动；当增加平衡系统中生成物的浓度或减小反应物的浓度时，则 $Q > K^\ominus$，$\Delta_r G_m > 0$，反应逆向进行，平衡向逆反应方向移动。

（2）压力对化学平衡的影响　在一定温度下，有气体参加的可逆反应，压力变化并不影响标准平衡常数，但可能改变反应商 $Q$，使 $Q \neq K^\ominus$，化学平衡就会发生移动。

在等温下增加系统的总压力，平衡向气体计量系数减小的方向移动；减小总压力，平衡向气体计量系数增大的方向移动；若反应前后气体的计量系数不变，改变总压力平衡不发生移动。

若向反应系统中通入不参加反应的惰性气体时，总压力对化学平衡的影响有如下两种情况。

① 在定温定容的条件下，平衡后尽管通入惰性气体使总压力增大，但各组分的分压不变，$Q = K^\ominus$，无论反应前后气体的计量系数之和相等或是不相等，都不会引起平衡移动。

② 在定温定压的条件下，反应达到平衡后通入惰性气体，为了维持定压，必须增大系统的体积，这时各组分的分压下降，若 $\Delta n \neq 0$，平衡要向气体计量系数之和增加的方向移动。对于 $\Delta n > 0$ 的反应，此时平衡向正反应方向移动；对于 $\Delta n < 0$ 的反应，此时平衡向逆反应方向移动。

（3）温度对化学平衡的影响　对某一化学反应，平衡常数和标准吉布斯自由能有如下关系：

$$\Delta_r G_m^{\ominus} = -RT \ln K^{\ominus}$$

又知吉布斯-亥姆霍兹公式

$$\Delta_r G_m^{\ominus} = \Delta_r H_m^{\ominus} - T \Delta_r S_m^{\ominus}$$

两式联立导出：

$$\ln \frac{K_2^{\ominus}}{K_1^{\ominus}} = \frac{\Delta_r H_m^{\ominus}}{R} \left( \frac{T_2 - T_1}{T_1 T_2} \right)$$

或

$$\lg \frac{K_2^{\ominus}}{K_1^{\ominus}} = \frac{\Delta_r H_m^{\ominus}}{2.303R} \left( \frac{T_2 - T_1}{T_1 T_2} \right)$$

上式为范托夫公式。它清楚地表明了温度对平衡常数的影响。对于放热反应，$\Delta_r H_m^{\ominus} < 0$，温度升高时（$T_2 > T_1$），$K_2^{\ominus} < K_1^{\ominus}$，即平衡常数随温度的升高而减小，反应逆向移动。

对于吸热反应，$\Delta_r H_m^{\ominus} > 0$，温度升高时（$T_2 > T_1$），则 $K_2^{\ominus} > K_1^{\ominus}$，即平衡常数随温度的升高而增大，反应正向移动。

# 例　题

【例1】一定条件下，某系统对环境做功 100kJ，同时从环境吸热 80kJ，则这一变化过程中系统的热力学能改变为多少？

【分析】本题考察的是热力学第一定律应用、功和热及符号问题。系统对环境做功，$W$ 为负，系统从环境吸热，$Q$ 为正值。

【解】根据 $\Delta U = Q + W$ 有

$$\Delta U = Q + W = 80kJ - 100kJ = -20kJ$$

这一变化过程中系统的热力学能改变为 $-20kJ$。

【例2】已知 $T = 298.15K$，$p = 100kPa$，$\xi = 1mol$ 时，$SO_2(g) + \frac{1}{2}O_2(g) \rightleftharpoons SO_3(g)$ 反应的 $\Delta_r H_m = -98.9 kJ \cdot mol^{-1}$。计算在同样的条件下，下列反应的 $\Delta_r H_m$。

（1）　$2SO_2(g) + O_2(g) \rightleftharpoons 2SO_3(g)$
（2）　$2SO_3(g) \rightleftharpoons 2SO_2(g) + O_2(g)$

【分析】本题考察的是焓具有广度性质，其数值的大小与系统的物质的量有关，具有加和性，过程的 $\Delta H$ 的数值大小与系统的物质的量成正比。因此对于同一反应，用不同的化学方程式表示时，其 $\Delta H$ 不同。

【解】焓值与物质的量成正比，所以：

（1）　$2SO_2(g) + O_2(g) \rightleftharpoons 2SO_3(g)$

$$\Delta_r H_m(1) = 2 \times \Delta_r H_m = 2 \times (-98.9 kJ \cdot mol^{-1}) = -197.8 kJ \cdot mol^{-1}$$

（2）　$2SO_3(g) \rightleftharpoons 2SO_2(g) + O_2(g)$

$$\Delta_r H_m(2) = -\Delta_r H_m(1) = -(-197.8kJ \cdot mol^{-1}) = 197.8kJ \cdot mol^{-1}$$

**【例3】** 在 79℃ 和 100kPa 压力下，将 1mol 乙醇完全汽化，求此过程的 $W$, $\Delta_r H_m$, $\Delta U$, $Q_p$。已知该反应的 $Q_V = 40.6kJ$。

**【分析】** 本题是热力学计算较综合的题。考察的是体积功 $(W = -p\Delta V = -\Delta nRT)$、定压热 $(\Delta H = Q_p)$、定容热 $(\Delta H = Q_V)$、热力学第一定律 $(\Delta U = Q + W)$、反应的摩尔焓变和反应的焓变的关系 $\left(\Delta_r H_m = \dfrac{\Delta_r H}{\xi}\right)$。

**【解】**
$$C_2H_5OH(l) = C_2H_5OH(g)$$

$$W = -p\Delta V = -\Delta nRT = -(1mol - 0mol) \times (273 + 79)K \times 8.314J \cdot K^{-1} \cdot mol^{-1}$$
$$= -2.93kJ$$

$$\Delta U = Q_V = 40.6kJ$$

$$\Delta U = Q_p + W$$

所以 $\Delta H = Q_p = \Delta U - W = 40.6kJ - (-2.93kJ) = 43.5kJ$

$$\Delta_r H_m = \Delta_r H / \xi = 43.5kJ/1mol = 43.5kJ \cdot mol^{-1}$$

**【例4】** (1)　　$N_2(g) + O_2(g) = 2NO(g)$　　　　$\Delta_r H_m^{\ominus} = 180.5kJ \cdot mol^{-1}$

(2)　　$2NO(g) + O_2(g) = 2NO_2(g)$　　　　$\Delta_r H_m^{\ominus} = -114.1kJ \cdot mol^{-1}$

(3)　　$2NO_2(g) = N_2O_4(g)$　　　　$\Delta_r H_m^{\ominus} = -57.24kJ \cdot mol^{-1}$

计算下列反应：(4) $N_2(g) + 2O_2(g) = N_2O_4(g)$ 的 $\Delta_r H_m^{\ominus}$。

**【分析】** 本题考察的是盖斯定律：在非体积功等于零，定压或定容的条件下，任意化学反应，不论是一步完成的还是几步完成的，其总反应所放出的热或吸收的热总是相同的。

**【解】** 反应 (4) = 反应 (1) + 反应 (2) + 反应 (3)
$$\Delta_r H_m^{\ominus}(4) = \Delta_r H_m^{\ominus}(1) + \Delta_r H_m^{\ominus}(2) + \Delta_r H_m^{\ominus}(3)$$
$$= (+180.5kJ \cdot mol^{-1}) + (-114.1kJ \cdot mol^{-1}) + (-57.24kJ \cdot mol^{-1})$$
$$= 9.16kJ \cdot mol^{-1}$$

**【例5】** 已知 (1)　　$MnO_2(s) = MnO(s) + \dfrac{1}{2}O_2(g)$　　$\Delta_r H_m^{\ominus}(1) = 134.8kJ \cdot mol^{-1}$

(2)　　$MnO_2(s) + Mn(s) = 2MnO(s)$　　　　$\Delta_r H_m^{\ominus}(2) = -250.18kJ \cdot mol^{-1}$

试求 $MnO_2(s)$ 的标准摩尔生成焓。

**【分析】** 本题考察的是标准摩尔生成焓的概念、盖斯定律内容及应用。标准摩尔生成焓的三个要素：其一是反应物和生成物处于标准状态；其二是反应物是各元素最稳定（或指定）单质；其三是生成物为 1mol（在反应方程式中计量系数为1）。利用盖斯定律，由已知的热化学方程式，经代数运算得到要求反应的方程式（满足标准摩尔生成焓的概念的方程式），进而求出题解。

**【解】** 式 (2) - 2×式 (1) 得式 (3)：
$$(3)\quad Mn(s) + O_2(g) = MnO_2(s)\qquad \Delta_r H_m^{\ominus}(3)$$

由盖斯定律得：
$$\Delta_r H_m^{\ominus}(3) = \Delta_r H_m^{\ominus}(2) - 2 \times \Delta_r H_m^{\ominus}(1)$$
$$= (-250.18kJ \cdot mol^{-1}) - 2 \times (134.8kJ \cdot mol^{-1})$$
$$= -519.8kJ \cdot mol^{-1}$$

**【例6】** 钢铁处理中常用 $BaCl_2$ 做高温盐熔剂，长期使用会产生 BaO 有害成分，能否用 $MgCl_2$ 脱除 BaO?

已知 $\qquad$ $BaO(s)+MgCl_2(s)\!\!=\!\!=\!\!BaCl_2(s)+MgO(s)$

$\Delta_f G_m^{\ominus}(298K)/(kJ\cdot mol^{-1})$ $\qquad$ $-525.1$ $\quad$ $-591.79$ $\qquad$ $-810.4$ $\qquad$ $-596.43$

【分析】本题考察的是用 $\Delta_f G_m^{\ominus}$ 求 $\Delta_r G_m^{\ominus}$，并根据吉布斯自由能判据，判断反应可否发生。

【解】$\Delta_r G_m^{\ominus}(298K)=[1\times\Delta_f G_m^{\ominus}(BaCl_2,s)+1\times\Delta_f G_m^{\ominus}(MgO,s)]-[1\times\Delta_f G_m^{\ominus}(BaO,s)+1\times\Delta_f G_m^{\ominus}(MgCl_2,s)]$

$\qquad =[(-810.4kJ\cdot mol^{-1})+(-596.43kJ\cdot mol^{-1})]-[(-525.1kJ\cdot mol^{-1})+(-591.79kJ\cdot mol^{-1})]$

$\qquad =-289.94kJ\cdot mol^{-1}$

由 $\Delta_r G_m^{\ominus}(298K)<0$ 可见，常温下即可用 $MgCl_2$ 脱除 $BaO$。

【例7】根据下列数据，判断常温下（25℃）$CaCO_3$ 能不能发生分解反应？若不能，估算 $CaCO_3$ 发生分解反应的最低温度。

$\qquad\qquad\qquad CaCO_3(s)\!\!=\!\!=\!\!CaO(s)+CO_2(g)$

$\Delta_f H_m^{\ominus}/(kJ\cdot mol^{-1})$ $\qquad$ $-1206.9$ $\qquad$ $-635.1$ $\quad$ $-393.5$

$S_m^{\ominus}/(J\cdot mol^{-1}\cdot K^{-1})$ $\qquad$ $92.9$ $\qquad$ $39.7$ $\qquad$ $213.6$

【分析】本题是热力学计算又一较为综合的题，考察了如下的知识点：由 $\Delta_f H_m^{\ominus}$ 求 $\Delta_r H_m^{\ominus}$；由 $S_m^{\ominus}$ 求 $\Delta_r S_m^{\ominus}$；吉布斯-亥姆霍兹公式 $\Delta G=\Delta H-T\Delta S$；吉布斯自由能判据；转化温度。

【解】$\Delta_r H_m^{\ominus}=[1\times\Delta_f H_m^{\ominus}(CaO,s)+1\times\Delta_f H_m^{\ominus}(CO_2,g)]-[1\times\Delta_f H_m^{\ominus}(CaCO_3,s)]$

$\qquad\qquad =[(-635.1kJ\cdot mol^{-1})+(-393.5kJ\cdot mol^{-1})]-(-1206.9kJ\cdot mol^{-1})$

$\qquad\qquad =178.3kJ\cdot mol^{-1}$

$\Delta_r S_m^{\ominus}=[1\times S_m^{\ominus}(CaO,s)+1\times S_m^{\ominus}(CO_2,g)]-[1\times S_m^{\ominus}(CaCO_3,s)]$

$\qquad\qquad =(39.7J\cdot mol^{-1}\cdot K^{-1}+213.6J\cdot mol^{-1}\cdot K^{-1})-(92.9J\cdot mol^{-1}\cdot K^{-1})$

$\qquad\qquad =160.4J\cdot mol^{-1}\cdot K^{-1}$

$\Delta_r G_m^{\ominus}=\Delta_r H_m^{\ominus}-T\Delta_r S_m^{\ominus}$

$\qquad\qquad =178.3kJ\cdot mol^{-1}-298K\times160.4\times10^{-3}kJ\cdot mol^{-1}\cdot K^{-1}$

$\qquad\qquad =130.5kJ\cdot mol^{-1}$

$\Delta_r G_m^{\ominus}>0$，所以常温下（25℃）$CaCO_3$ 不能发生分解反应。

$T_{转}=\Delta_r H_m^{\ominus}/\Delta_r S_m^{\ominus}$

$\qquad\quad =178.3kJ\cdot mol^{-1}/160.4\times10^{-3}kJ\cdot mol^{-1}\cdot K^{-1}$

$\qquad\quad =1111.6K$

计算表明，$CaCO_3$ 在 1111.6K 时开始分解。

【例8】298K，标准状态下，利用热力学数据求算下列反应的 $\Delta_r H_m^{\ominus}$、$\Delta_r S_m^{\ominus}$、$\Delta_r G_m^{\ominus}$，并根据求得数据说明，此反应在净化汽车尾气中的 NO 和 CO 时，在理论上的可能性。

$\qquad\qquad\qquad NO(g)+CO(g)\!\!=\!\!=\!\!CO_2(g)+\dfrac{1}{2}N_2(g)$

【分析】本题首先通过 $\Delta_f H_m^{\ominus}$ 求 $\Delta_r H_m^{\ominus}$，由 $S_m^{\ominus}$ 求 $\Delta_r S_m^{\ominus}$，再由吉布斯-亥姆霍兹公式 $\Delta G=\Delta H-T\Delta S$ 求 $\Delta_r G_m^{\ominus}$。如果 $\Delta_r G_m^{\ominus}<0$ 反应正向自发，说明理论上可由上述反应净化汽车尾气中的 NO 和 CO，反之则不能。

【解】 $\qquad\qquad NO(g)+CO(g)\!\!=\!\!=\!\!CO_2(g)+\dfrac{1}{2}N_2(g)$

$\Delta_f H_m^{\ominus}/(kJ\cdot mol^{-1})$ $\qquad$ $90.4$ $\quad$ $-110.52$ $\quad$ $-393.5$ $\quad$ $0$

$S_m^{\ominus}/(J\cdot mol^{-1}\cdot K^{-1})$ $\qquad$ $210.65$ $\quad$ $197.56$ $\qquad$ $213.6$ $\quad$ $191.5$

$$\Delta_r H_m^{\ominus} = \left[1 \times \Delta_f H_m^{\ominus}(CO_2,g) + \frac{1}{2} \times \Delta_f H_m^{\ominus}(N_2,g)\right] - \left[1 \times \Delta_f H_m^{\ominus}(NO,g) + 1 \times \Delta_f H_m^{\ominus}(CO,g)\right]$$

$$= (-393.5kJ \cdot mol^{-1} + 0) - [90.4kJ \cdot mol^{-1} + (-110.52kJ \cdot mol^{-1})]$$

$$= -373.38kJ \cdot mol^{-1}$$

$$\Delta_r S_m^{\ominus} = \left[1 \times S_m^{\ominus}(CO_2,g) + \frac{1}{2} \times S_m^{\ominus}(N_2,g)\right] - \left[1 \times S_m^{\ominus}(NO,g) + 1 \times S_m^{\ominus}(CO,g)\right]$$

$$= (213.6J \cdot mol^{-1} \cdot K^{-1} + \frac{1}{2} \times 191.5J \cdot mol^{-1} \cdot K^{-1})$$

$$- (210.65J \cdot mol^{-1} \cdot K^{-1} + 197.56J \cdot mol^{-1} \cdot K^{-1})$$

$$= -98.9J \cdot mol^{-1} \cdot K^{-1}$$

$$\Delta_r G_m^{\ominus} = \Delta_r H_m^{\ominus} - T\Delta_r S_m^{\ominus}$$

$$= -373.38kJ \cdot mol^{-1} - 298K \times (-98.9 \times 10^{-3})kJ \cdot mol^{-1} \cdot K^{-1}$$

$$= -343.91kJ \cdot mol^{-1}$$

$\Delta_r G_m^{\ominus} < 0$，所以理论上常温下应用此反应净化汽车尾气中的 NO 和 CO 可行。

但实际上利用该反应净化汽车尾气很困难，其主要原因是化学反应速率慢，解决这个问题的办法是寻找高效、低廉的催化剂。

【例9】某温度下，反应 $A_2 + B_2 \rightleftharpoons 2AB$ 在密闭容器中进行，平衡后各物质的浓度分别为：$c(A_2) = 0.33mol \cdot L^{-1}$，$c(B_2) = 3.33mol \cdot L^{-1}$，$c(AB) = 0.67mol \cdot L^{-1}$。求：（1）此温度下达到平衡时的平衡常数 $K^{\ominus}$；（2）反应物的初始浓度；（3）$A_2$ 的转化率（是指平衡时已转化了的某反应物的量与转化前该反应物的量之比）。

【分析】本题考察的是化学平衡的基本计算：平衡常数、初始浓度、转化率的问题。

【解】（1）根据题意知：

$$K^{\ominus} = \frac{[c_{eq}(AB)/c^{\ominus}]^2}{[c_{eq}(A_2)/c^{\ominus}][c_{eq}(B_2)/c^{\ominus}]}$$

有：

$$K^{\ominus} = \frac{(0.67mol \cdot L^{-1}/1mol \cdot L^{-1})^2}{(0.33mol \cdot L^{-1}/1mol \cdot L^{-1})(3.33mol \cdot L^{-1}/1mol \cdot L^{-1})}$$

$$= 0.41$$

（2）根据方程式 $A_2 + B_2 \rightleftharpoons 2AB$ 知生成 2mol AB 要同时消耗 1mol $A_2$ 和 1mol $B_2$，所以反应物的初始浓度为：

$$c(A_2) = 0.33mol \cdot L^{-1} + \frac{0.67mol \cdot L^{-1}}{2} = 0.665mol \cdot L^{-1}$$

$$c(B_2) = 3.33mol \cdot L^{-1} + \frac{0.67mol \cdot L^{-1}}{2} = 3.665mol \cdot L^{-1}$$

（3）$A_2$ 的转化率为：

$$A_2 \text{ 的转化率} = \frac{c_{消耗}(A_2)}{c_{初始}(A_2)} \times 100\% = \frac{0.67/2}{0.665} \times 100\% = 50.4\%$$

【例10】298K 时，反应 $BaCl_2 \cdot 2H_2O(s) \rightleftharpoons BaCl_2(s) + 2H_2O(g)$ 达到平衡时，$p(H_2O) = 330Pa$，求反应的 $\Delta_r G_m^{\ominus}$。

【分析】本题考察的是 $K^{\ominus}$ 的计算，$K^{\ominus}$ 和 $\Delta_r G_m^{\ominus}$ 的关系为 $\Delta_r G_m^{\ominus} = -2.303RT\lg K^{\ominus}$，求反应的 $\Delta_r G_m^{\ominus}$。

【解】反应达到平衡时：$p(H_2O) = 330Pa$，则

$$K^{\ominus}=\frac{p(H_2O)}{p^{\ominus}}=\frac{330\times10^{-3}kPa}{100kPa}=3.3\times10^{-3}$$

$$\Delta_r G_m^{\ominus}=-2.303RT\lg K^{\ominus}$$

$$=-2.303\times8.314J\cdot mol^{-1}\cdot K^{-1}\times298K\times\lg(3.3\times10^{-3})$$

$$=14.2kJ\cdot mol^{-1}$$

反应的 $\Delta_r G_m^{\ominus}$ 为 $14.2kJ\cdot mol^{-1}$。

【例11】383K 时，反应 $Ag_2CO_3(s)\Longrightarrow Ag_2O(s)+CO_2(g)$ 的 $\Delta_r G_m^{\ominus}=14.8kJ\cdot mol^{-1}$，求反应在 383K 时的平衡常数 $K^{\ominus}$；在 383K 烘干 $Ag_2CO_3(s)$ 时，空气中的 $p(CO_2)$ 至少为多少，才能防止其受热分解。

【分析】本题考察两个知识点：其一是 $K^{\ominus}$ 和 $\Delta_r G_m^{\ominus}$ 的关系 $\Delta_r G_m^{\ominus}=-2.303RT\lg K^{\ominus}$。其二是根据 $Q/K^{\ominus}$ 判断反应自发方向：当 $Q/K^{\ominus}<1$ 时，$Q<K^{\ominus}$，则 $\Delta_r G_m<0$，反应正向自发；当 $Q/K^{\ominus}=1$ 时，$Q=K^{\ominus}$，则 $\Delta_r G_m=0$，反应达到平衡状态；当 $Q/K^{\ominus}>1$ 时，$Q>K^{\ominus}$，则 $\Delta_r G_m>0$，反应逆向自发。防止 $Ag_2CO_3(s)$ 受热分解，即是平衡逆向移动，此时 $Q>K^{\ominus}$，从而求得 $p(CO_2)$。

【解】根据 $\Delta_r G_m^{\ominus}=-2.303RT\lg K^{\ominus}$ 有：

$$\lg K^{\ominus}=\frac{-\Delta_r G_m^{\ominus}}{2.303RT}=\frac{-14.8kJ\cdot mol^{-1}}{2.303\times8.314\times10^{-3}kJ\cdot K^{-1}\cdot mol^{-1}\times383K}$$

$$=-2.018$$

$$K^{\ominus}=9.59\times10^{-3}$$

$Q=\dfrac{p(CO_2)}{p^{\ominus}}$，$Q>K^{\ominus}$ 时防止 $Ag_2CO_3(s)$ 受热分解，即 $Q=\dfrac{p(CO_2)}{p^{\ominus}}>K^{\ominus}$

$$p(CO_2)>9.59\times10^{-1}kPa$$

所以 $p(CO_2)$ 的最小压强为 $9.59\times10^{-1}kPa$。

【例12】在 298K 和标准状态时，下列反应均为非自发反应，其中在高温时仍为非自发的反应是（　　）。

A. $Ag_2O(s)\Longrightarrow 2Ag(s)+\frac{1}{2}O_2(g)$

B. $N_2O_4(g)\Longrightarrow 2NO_2(g)$

C. $6C(s)+6H_2O(g)\Longrightarrow C_6H_{12}O_6(s)$

D. $Fe_2O_3(s)+\frac{3}{2}C(s)\Longrightarrow 2Fe(s)+\frac{3}{2}CO_2(g)$

【分析】根据吉布斯方程 $\Delta_r G_m^{\ominus}=\Delta_r H_m^{\ominus}-T\Delta_r S_m^{\ominus}$，可知标准状态、任意温度下均不可能自发的过程必为 $\Delta_r S_m^{\ominus}<0$ 的过程。答案 C 中，反应为气体物质的量减少，即 $\Delta_r S_m^{\ominus}<0$ 的熵减过程，故正确。

【解】C

# 习　　题

1. 填空题

（1）状态函数的性质之一是：状态函数的变化值与系统的（　　　　　）有关，与

（　　　　　）无关。

（2）热力学规定，系统从环境吸热，$Q$ 为（　　　），系统向环境放热，$Q$ 为（　　　）。系统对环境做功，$W$ 为（　　　）；环境对系统做功，$W$ 为（　　　）。热和功都与（　　　　　）有关，所以热和功（　　　）状态函数。

（3）物理 $U$、$H$、$W$、$Q$、$S$、$G$ 中，属于状态函数的是（　　　　）。

（4）1mol 理想气体，经过等温膨胀、定容加热、定压冷却三个过程，完成一个循环后回到起始状态，系统的 $W$ 和 $\Delta U$ 等于零的是（　　　），不等于零的是（　　　）。

（5）热力学第一定律的数学表达式为（　　　　）；它只适用于（　　　）系统。

（6）$Q_V = \Delta U$ 的条件是（　　　　）；$Q_p = \Delta H$ 的条件是（　　　　）。

（7）$\Delta_r G_m$（　　　）于零时，反应是自发的。根据 $\Delta_r G_m = \Delta_r H_m - T \Delta_r S_m$，当 $\Delta_r S_m$ 为正值时，放热反应（　　　）自发，当 $\Delta_r S_m$ 为负值时，吸热反应（　　　）自发。

（8）有人利用甲醇分解来制取甲烷：$CH_3OH(l) \Longrightarrow CH_4(g) + \frac{1}{2} O_2(g)$。此反应是（　　　）热、熵（　　　）的，故在（　　　）温条件下正向自发进行。

（9）已知反应 $N_2(g) + 3H_2(g) \Longrightarrow 2NH_3(g)$ 的 $\Delta_r H_m^{\ominus}$（298.15K）$= -92.22 kJ \cdot mol^{-1}$，若升高温度，$\Delta_r G_m^{\ominus}$ 将（　　　），$\Delta_r H_m^{\ominus}$ 将（　　　），$\Delta_r S_m^{\ominus}$ 将（　　　），$K^{\ominus}$ 将（　　　）；若减小反应系统体积，平衡将（　　　）移动；若加入氢气以增加总压力，平衡将（　　　）移动；若加入氦气以增加总压力，平衡将（　　　）移动；若加入氯化氢气体，平衡将（　　　）移动。

（10）已知反应 $SnO_2(s) + 2H_2(g) \Longrightarrow Sn(s) + 2H_2O(g)$ 和 $CO(g) + H_2O(g) \Longrightarrow CO_2(g) + H_2(g)$ 的平衡常数分别为 $K_1^{\ominus}$ 和 $K_2^{\ominus}$，则反应 $SnO_2(s) + 2CO(g) \Longrightarrow 2CO_2(g) + Sn(s)$ 的 $K_3^{\ominus} = $（　　　）。

（11）306K 时，反应 $N_2O_4(g) \Longrightarrow 2NO_2(g)$ 的 $K^{\ominus} = 0.26$。在容积为 10L 的容器中加入 4.0mol $N_2O_4$ 和 1.0mol $NO_2$，则开始时 $p$（总）=（　　　）kPa，反应向（　　　）方向进行。

（12）某体系向环境放热 2000J，对环境做功 800J，该体系的热力学能（内能）变化 $\Delta U = $（　　　）

（13）下述 3 个反应：① $S(s) + O_2(g) \longrightarrow SO_2(g)$
② $H_2(g) + O_2(g) \longrightarrow H_2O_2(l)$
③ $C(s) + H_2O(g) \longrightarrow CO(g) + H_2(g)$
$\Delta_r S_m^{\ominus}$ 由小到大的顺序为（　　　　　）。

（14）标准状态下，符合 $\Delta_r G_m^{\ominus} = \Delta_f G_m^{\ominus}$（AgCl，s）的反应式为（　　　　　　）。

（15）已知某温度时，反应 $CaCO_3(s) \Longrightarrow CaO(s) + CO_2(g)$ 的 $\Delta_r G_m^{\ominus}$，该温度下反应达到平衡时，$p(CO_2)/p^{\ominus} = $（　　　）。

（16）工业上利用反应 $2H_2S(g) + SO_2(g) \Longrightarrow 3S(s) + 2H_2O(g)$ 除去废气中的剧毒气体 $H_2S$，此反应为（　　　）反应（填"吸热"或"放热"）。

**2. 选择题**

（1）25℃和标准状态下，$N_2$ 和 $H_2$ 反应生成 1g $NH_3$（g）时放出 2.71kJ 的热量，则（$NH_3$，g，298.15K）$\Delta_r H_m^{\ominus}$ 等于（　　　）$kJ \cdot mol^{-1}$。
A. $-2.71/17$　　　　B. $2.71/17$　　　　C. $-2.71 \times 17$　　　　D. $2.71 \times 17$

（2）如果一封闭体系，经过一系列变化后又回到初始状态，则体系的（　　　）。
A. $Q = 0$　　　　B. $W = 0$　　　　C. $\Delta U = 0$　　　　D. $\Delta H = 0$

B. $Q \neq 0$        $W=0$        $\Delta U=0$        $\Delta H=0$

C. $Q=-W$        $\Delta U=W+Q$        $\Delta H=0$

D. $Q \neq -W$        $\Delta U=W+Q$        $\Delta H=0$

(3) 下列分子的 $\Delta_f H_m^{\ominus}$ 值不等于零的是（　　）。

A. 石墨(s)          B. $O_2(g)$          C. $CO_2(g)$          D. $Cu(s)$

(4) $CaO(s)+H_2O(l)=\!=\!=Ca(OH)_2(s)$，在 25℃ 及 100kPa 是自发反应，高温逆向自发，说明反应属于（　　）类型。

A. $\Delta_r H_m^{\ominus}>0$      $\Delta_r S_m^{\ominus}<0$          B. $\Delta_r H_m^{\ominus}<0$      $\Delta_r S_m^{\ominus}>0$

C. $\Delta_r H_m^{\ominus}>0$      $\Delta_r S_m^{\ominus}>0$          D. $\Delta_r H_m^{\ominus}<0$      $\Delta_r S_m^{\ominus}<0$

(5) 对于一个确定的化学反应来说，下列说法中正确的是（　　）。

A. $\Delta_r G_m^{\ominus}$ 越负，反应速率越快          B. $\Delta_r S_m^{\ominus}$ 越正，反应速率越快

C. $\Delta_r H_m^{\ominus}$ 越负，反应速率越快          D. 活化能越小，反应速率越快

(6) 下列各热力学函数中，为零的是（　　）。

A. $\Delta_f G_m^{\ominus}(I_2, g, 298K)$          B. $\Delta_f H_m^{\ominus}(Br_2, l, 298K)$

C. $S_m^{\ominus}(H_2, g, 298K)$          D. $\Delta_f G_m^{\ominus}(O_3, g, 298K)$

E. $\Delta_f H_m^{\ominus}(CO_2, g, 298K)$

(7) 下列反应中，放出热量最多的反应是（　　）。

A. $CH_4(l)+2O_2(g)=\!=\!=CO_2(g)+2H_2O(g)$

B. $CH_4(g)+2O_2(g)=\!=\!=CO_2(g)+2H_2O(g)$

C. $CH_4(g)+2O_2(g)=\!=\!=CO_2(g)+2H_2O(l)$

D. $CH_4(g)+\dfrac{3}{2}O_2(g)=\!=\!=CO(g)+2H_2O(l)$

(8) 若某反应 A 的反应速率大于 B 的反应速率，则反应的热效应的关系为（　　）。

A. $\Delta_r H_m^{\ominus}(A)<\Delta_r H_m^{\ominus}(B)$          B. $\Delta_r H_m^{\ominus}(A)=\Delta_r H_m^{\ominus}(B)$

C. $\Delta_r H_m^{\ominus}(A)>\Delta_r H_m^{\ominus}(B)$          D. 不能确定

(9) 已知反应 $H_2O(g)=\!=\!=\dfrac{1}{2}O_2(g)+H_2(g)$ 在一定温度、压力下达到平衡。此后通入氮气，若保持反应的压力、温度不变，则有（　　）。

A. 平衡向左移动      B. 平衡向右移动      C. 平衡保持不变      D. 无法预测

(10) 某反应的 $\Delta_r G_m^{\ominus}(298.15K)=45kJ \cdot mol^{-1}$，$\Delta_r H_m^{\ominus}(298.15K)=90kJ \cdot mol^{-1}$，据估算该反应处于平衡时的转变温度为（　　）K。

A. 273          B. 298          C. 546          D. 596

(11) 298K，定压条件下，1mol 白磷和 1mol 红磷与足量的 $Cl_2(g)$ 完全反应生成 $PCl_5(s)$ 时，$\Delta_r H_m^{\ominus}$ 分别为 $-447.1kJ \cdot mol^{-1}$ 和 $-429.5kJ \cdot mol^{-1}$，白磷和红磷的 $\Delta_r H_m^{\ominus}(298K)$ 分别为（　　）。

A. 0，$-17.6kJ \cdot mol^{-1}$          B. 0，$17.6kJ \cdot mol^{-1}$

C. $17.6kJ \cdot mol^{-1}$，0          D. $-17.6kJ \cdot mol^{-1}$，0

(12) 下列物质中，$\Delta_f H_m^{\ominus}$ 为零的物质是（　　）。

A. C(金刚石)      B. $CO(g)$      C. $CO_2(g)$      D. $Br_2(l)$

(13) 化学反应 $N_2(g)+3H_2(g)=\!=\!=2NH_3(g)$，其定压反应热 $Q_p$ 和定容反应热 $Q_V$ 的相对大小是（　　）。

A. $Q_p < Q_V$          B. $Q_p > Q_V$          C. $Q_p = Q_V$          D. 无法确定

(14) 反应Ⅰ和Ⅱ中，$\Delta_r H_m^{\ominus}(Ⅰ) > \Delta_r H_m^{\ominus}(Ⅱ) > 0$，若升高反应温度，下列说法正确的是（    ）。

A. 两个反应的平衡常数增大相同的倍数

B. 两个反应的反应速率增大相同的倍数

C. 反应Ⅰ的平衡常数增大倍数较多

D. 反应Ⅱ的反应速率增大倍数较多

(15) 一定条件下，乙炔可自发聚合为聚乙烯，此反应有（    ）。

A. $\Delta_r H_m > 0$、$\Delta_r S_m > 0$          B. $\Delta_r H_m < 0$、$\Delta_r S_m < 0$

C. $\Delta_r H_m > 0$、$\Delta_r S_m < 0$          D. $\Delta_r H_m < 0$、$\Delta_r S_m > 0$

(16) 在一定温度时，水在饱和蒸气压下汽化，下列各函数变化为零的是（    ）。

A. $\Delta U$          B. $\Delta H$          C. $\Delta S$          D. $\Delta G$

(17) 在298K及100kPa时，基元反应 $O_3(g) + NO(g) \Longrightarrow O_2(g) + NO_2(g)$ 的活化能为 $10.7 kJ \cdot mol^{-1}$，$\Delta_r H_m^{\ominus}$ 为 $-193.8 kJ \cdot mol^{-1}$，其逆反应的活化能为（    ）。

A. $204.5 kJ \cdot mol^{-1}$          B. $183.1 kJ \cdot mol^{-1}$

C. $-183.1 kJ \cdot mol^{-1}$          D. $-204.5 kJ \cdot mol^{-1}$

(18) 标准状态下，某反应在任意温度均正向自发进行，若温度升高，该反应平衡常数（    ）。

A. 增大          B. 减小且大于1

C. 减小且趋于0          D. 不变

**3. 判断题**（正确的在括号中填"√"号，错的填"×"号）

(1) 葡萄糖转化为麦芽糖 $2C_6H_{12}O_6(s) \longrightarrow C_{12}H_{22}O_{11}(s) + H_2O(l)$ 的 $\Delta_r H_m^{\ominus}$ (298.15K) = $3.7 kJ \cdot mol^{-1}$，因此，$2mol$ $C_6H_{12}O_6(s)$ 在转化的过程中吸收了 $3.7kJ$ 的热量。（    ）

(2) 任何纯净单质的标准摩尔生成焓都等于零。（    ）

(3) 在等温定压下，下列两个反应方程式的反应热相同。（    ）

$$Mg(s) + \frac{1}{2}O_2(g) \longrightarrow MgO(s) \qquad 2Mg(s) + O_2(g) \longrightarrow 2MgO(s)$$

(4) $\Delta_r S_m$ 为负值的反应均不能自发进行。（    ）

(5) 吸热反应也可能是自发的。（    ）

(6) 某反应的 $\Delta_r G_m > 0$，选取适宜的催化剂可使反应自发进行。（    ）

(7) $\Delta_r G_m^{\ominus} < 0$ 的反应一定自发进行。（    ）

(8) 常温下所有单质的标准摩尔熵都为零。（    ）

(9) 应用盖斯定律，不但可以计算化学反应的 $\Delta_r H_m$，还可以计算 $\Delta_r U_m$、$\Delta_r S_m$、$\Delta_r G_m$ 的值。（    ）

(10) 热是系统和环境之间因温度不同而传递的能量形式，受过程的制约，不是系统自身的性质，所以不是状态函数。（    ）

(11) 在常温常压下，将 $H_2$ 和 $O_2$ 长期混合无明显反应，表明该反应的摩尔吉布斯自由能变为正值。（    ）

(12) 热力学标准状态是指系统压力为100kPa，温度为298K时物质的状态。（    ）

(13) 在等温定压下，反应过程中若产物的分子总数比反应物分子总数增多，该反应的

$\Delta_r S_m$ 一定为正值。（　　）

（14）指定稳定单质的 $\Delta_f H_m^{\ominus}$（298.15K）、$\Delta_f G_m^{\ominus}$（298.15K）和 $S_m^{\ominus}$（298.15K）均为零。（　　）

（15）焓变、熵变受温度影响很小，可以忽略，但吉布斯自由能受温度影响较大，故不能忽略。（　　）

**4.** 下列符号代表什么意义，找出它们间有关联的符号，并写出它们之间的关系式。

$H$　$\Delta H$　$\Delta_f H_m^{\ominus}$　$\Delta_r H_m^{\ominus}$　$S$　$\Delta S$　$S_m^{\ominus}$　$\Delta_r S_m^{\ominus}$　$G$　$\Delta G$　$\Delta_f G_m^{\ominus}$　$\Delta_r G_m^{\ominus}$

**5.** 区别下列基本概念，并举例说明之。

（1）系统和环境

（2）状态和状态函数

（3）过程和途径

（4）热和功

（5）热和温度

（6）标准摩尔生成焓和标准摩尔反应焓

（7）标准状况和标准状态

**6.** 某理想气体在恒定外压（100kPa）下吸收热膨胀，其体积从 80L 变到 160L，同时吸收 25kJ 的热量，试计算系统的内能变化。

**7.** 已知乙醇（$C_2H_5OH$）在 351K 和 100kPa 大气压下正常沸点温度（351K）时的蒸发热为 $39.2kJ \cdot mol^{-1}$，试估算 $1mol$ $C_2H_5OH$（l）在该蒸发过程中的 $\Delta U$。

**8.** 下列过程是熵增还是熵减？

（1）固体 KBr 溶解在水中

（2）干冰汽化

（3）过饱和溶液析出沉淀

（4）大理石烧制生石灰

（5）$CH_4(g) + 2O_2(g) = CO_2(g) + 2H_2O(l)$

**9.** 当下述反应 $2SO_2(g) + O_2(g) = 2SO_3(g)$ 达到平衡后，在反应系统中加入一定量的惰性气体，对于平衡系统有何影响？试就加入惰性气体后系统的体积保持不变或总压力保持不变这两种情况加以讨论。

**10.** 已知下列热化学方程式：

（1）$Fe_2O_3(s) + 3CO(g) = 2Fe(s) + 3CO_2(g)$ $\qquad \Delta_r H_m^{\ominus} = -27.6kJ \cdot mol^{-1}$

（2）$3Fe_2O_3(s) + CO(g) = 2Fe_3O_4(s) + CO_2(g)$ $\qquad \Delta_r H_m^{\ominus} = -58.6kJ \cdot mol^{-1}$

（3）$Fe_3O_4(s) + CO(g) = 3FeO(s) + CO_2(g)$ $\qquad \Delta_r H_m^{\ominus} = 38.1kJ \cdot mol^{-1}$

计算下列反应：$FeO(s) + CO(g) = Fe(s) + CO_2(g)$ 的 $\Delta_r H_m^{\ominus}$。

**11.** 人体靠下列一系列反应去除体内的酒精（乙醇）：

$$CH_3CH_2OH \xrightarrow{O_2} CH_3CHO \xrightarrow{O_2} CH_3COOH \xrightarrow{O_2} CO_2$$

计算人体去除 $1mol$ $C_2H_5OH$ 时各步反应的 $\Delta_r H_m^{\ominus}$ 及总反应的 $\Delta_r H_m^{\ominus}$（假设 $T = 298.15K$）。

**12.** 写出下列各化学反应的标准平衡常数 $K^{\ominus}$ 表达式。

（1）$2SO_2(g) + O_2(g) \Longrightarrow 2SO_3(g)$

（2）$Cr_2O_7^{2-}(aq) + 6Fe^{2+}(aq) + 14H^+(aq) \Longrightarrow 2Cr^{3+}(aq) + 6Fe^{3+}(aq) + 7H_2O(l)$

（3）$MgCO_3(s) \Longrightarrow MgO(s) + CO_2(g)$

（4）$HAc(aq) \rightleftharpoons H^+(aq) + Ac^-(aq)$

（5）$2MnO_4^-(aq) + 5H_2O_2(aq) + 6H^+(aq) \rightleftharpoons 2Mn^{2+}(aq) + 5O_2(g) + 8H_2O(l)$

**13.** 计算下列反应在 298.15K 下的 $\Delta_r H_m^\ominus$、$\Delta_r S_m^\ominus$ 和 $\Delta_r G_m^\ominus$，并判断哪些反应能自发向右进行。

（1）$Zn(s) + 2HCl(aq) \longrightarrow ZnCl_2(aq) + H_2(g)$

（2）$4NH_3(g) + 5O_2(g) \longrightarrow 4NO(g) + 6H_2O(g)$

（3）$Fe_2O_3(s) + 3CO(g) \longrightarrow 2Fe(s) + 3CO_2(g)$

（4）$CaCO_3(s) \longrightarrow CaO(s) + CO_2(g)$

**14.** 植物在光合作用中合成葡萄糖的反应可以近似表示为：

$$6CO_2(g) + 6H_2O(l) \rightleftharpoons C_6H_{12}O_6(s) + 6O_2(g)$$

计算反应的标准摩尔吉布斯自由能，判断反应在 298K 及标准状态下能否自发进行。已知葡萄糖的 $\Delta_f G_m^\ominus$（$C_6H_{12}O_6$，s）$= -910.5kJ \cdot mol^{-1}$。

**15.** 已知反应 $C(石墨) + CO_2(g) \rightleftharpoons 2CO(g)$ 的 $\Delta_r G_m^\ominus$（298K）$= 120kJ \cdot mol^{-1}$，$\Delta_r G_m^\ominus$（1000K）$= -3.4kJ \cdot mol^{-1}$，计算（1）在标准状态及温度分别为 298K 和 1000K 时的标准平衡常数；（2）当 1000K 时，$p(CO) = 200kPa$，$p(CO_2) = 800kPa$，判断该反应方向。

**16.** 已知反应 $CO_2(g) + H_2(g) \rightleftharpoons CO(g) + H_2O(g)$ 在 973K 时的 $K^\ominus = 0.618$。若系统中各组分气体分压为 $p(CO_2) = p(H_2) = 127kPa$，$p(CO) = p(H_2O) = 76kPa$，计算此时 $\Delta_r G_m$（973K）时值并判断反应进行的方向。

**17.** 已知尿素 $CO(NH_2)_2$ 的 $\Delta_f G_m^\ominus$ $[CO(NH_2)_2，s] = -197.15kJ \cdot mol^{-1}$，求下列尿素合成反应在 298.15K 时的 $\Delta_r G_m^\ominus$ 和 $K^\ominus$。

$$2NH_3(g) + CO_2(g) \rightleftharpoons CO(NH_2)_2(s) + H_2O(g)$$

**18.** 密闭容器中的反应 $CO(g) + H_2O(g) \rightleftharpoons CO_2(g) + H_2(g)$ 在 750K 时其 $K^\ominus = 2.6$，试计算：

（1）当原料气中 $H_2O(g)$ 和 $CO(g)$ 的物质的量之比为 1∶1 时，$CO(g)$ 的转化率为多少？

（2）当原料气中 $H_2O(g)$ 和 $CO(g)$ 的物质的量之比为 4∶1 时，$CO(g)$ 的转化率为多少？说明什么问题？

**19.** $Ag_2O$ 遇热分解：$Ag_2O(s) \rightleftharpoons 2Ag(s) + \frac{1}{2}O_2(g)$。

已知 $Ag_2O$ 的 $\Delta_f H_m^\ominus = -31.0kJ \cdot mol^{-1}$，$\Delta_f G_m^\ominus = -11.2kJ \cdot mol^{-1}$，试估算 $Ag_2O$ 的最低分解温度及 298K 时该系统中 $p(O_2)$。

**20.** 大力神火箭的发动机采用液态 $N_2H_4$ 和气体 $N_2O_4$ 作为燃料，反应放出大量的热和气体可以推动火箭升高。

$$2N_2H_4(l) + N_2O_4(g) \rightleftharpoons 3N_2(g) + 4H_2O(g)$$

根据教材附录中的数据，计算反应在 298K 时的标准摩尔熔变 $\Delta_r H_m^\ominus$。若反应的热能完全转化为势能，可将 100kg 的重物垂直升高多少？已知 $\Delta_f H_m^\ominus$（$N_2H_4$，l）$= 50.63kJ \cdot mol^{-1}$。

**21.** 将空气中的单质氮变成各种含氮化合物叫固氮反应。根据教材附录中的 $\Delta_f G_m^\ominus$ 的数据计算下述三种固氮反应的 $\Delta_r G_m^\ominus$，从热力学的角度判断选择哪个反应最好。

（1）$N_2(g) + O_2(g) \rightleftharpoons 2NO(g)$

（2）$2N_2(g) + O_2(g) \rightleftharpoons 2N_2O(g)$

(3) $N_2(g) + 3H_2(g) \Longrightarrow 2NH_3(g)$

**22.** 汽车内的内燃机工作时温度高达 1573K，估算在此温度下反应 $\frac{1}{2}N_2(g) + \frac{1}{2}O_2(g) \Longrightarrow NO(g)$ 的 $\Delta_r G_m^\ominus$ 和 $K^\ominus$，并说明对大气有无污染。

**23.** 298K 时，6.50g 苯在弹式量热计中完全燃烧，放热 272.3kJ。求该反应的 $\Delta_r U_m^\ominus$ 和 $\Delta_r H_m^\ominus$。已知：$M(C_6H_6) = 78g \cdot mol^{-1}$。

**24.** 根据以下热力学数据，判断在 298K，标准状态下，如下反应能否进行？

$$N_2(g) + H_2O(l) \longrightarrow NH_3(g) + O_2(g)$$

| | $N_2(g)$ | $H_2O(l)$ | $NH_3(g)$ | $O_2(g)$ |
|---|---|---|---|---|
| $\Delta_f H_m^\ominus/(kJ \cdot mol^{-1})$ | 0 | $-285.8$ | $-46.1$ | 0 |
| $S_m^\ominus/(J \cdot mol^{-1} \cdot K^{-1})$ | 191.5 | 69.9 | 192.3 | 205 |

**25.** 已知 298K 时，$\Delta_r H_m^\ominus(NO) = 90.4kJ \cdot mol^{-1}$，反应 $N_2(g) + O_2(g) \Longrightarrow 2NO(g)$ 的 $K^\ominus = 4.5 \times 10^{-31}$。

(1) 计算 500K 时该反应的 $K^\ominus$；

(2) 汽车内燃机中汽油的燃烧温度可达 1575K，根据平衡移动原理说明该温度是否有利于 NO 的生成。

# 习题参考答案

**1.** 填空题

(1) 始态和终态，系统具体变化途径

(2) 正值；负值，负值，正值，途径，不是

(3) $U$、$H$、$S$、$G$

(4) $\Delta U$，$W$

(5) $\Delta U = Q + W$，封闭

(6) 封闭系统，$W_f = 0$，定温等容；封闭系统，$W_f = 0$，等温定压

(7) 小，任意温度正向，任意温度正向非

(8) 吸，增，高

(9) 增大，几乎不变，几乎不变，减少，正向，正向，不，正向

(10) $K_1^\ominus(K_2^\ominus)^2$

(11) $1.3 \times 10^3$，反

(12) $-2800J$

(13) $\Delta_r S_m^\ominus(2) < \Delta_r S_m^\ominus(1) < \Delta_r S_m^\ominus(3)$

【说明】反应 (2)、(1)、(3) 分别为气体物质的量减少、不变、增加的反应。

(14) $Ag(s) + \frac{1}{2}Cl_2(g) \Longrightarrow AgCl(s)$

(15) $e^{-\Delta_r G_m^\ominus/RT}$

【分析】反应 $CaCO_3(s) \Longrightarrow CaO(s) + CO_2(g)$，$K^\ominus = p(CO_2)/p^\ominus$。

(16) 放热

**2.** 选择题

(1) C  (2) C  (3) C  (4) D  (5) D  (6) B  (7) C  (8) D

(9) B  (10) D  (11) A  (12) D  (13) A  (14) C  (15) B  (16) D

(17) A  (18) B

**3. 判断题**

(1) √  (2) ×  (3) ×  (4) ×  (5) √  (6) ×  (7) ×  (8) ×

(9) √  (10) √  (11) ×  (12) ×  (13) ×  (14) ×  (15) √

**4. 解**  $H$——焓；$\Delta H$——焓变；$\Delta_f H_m^{\ominus}$——标准摩尔生成焓；$\Delta_r H_m^{\ominus}$——标准摩尔反应焓变；$S$——熵；$\Delta S$——熵变；$S_m^{\ominus}$——标准摩尔熵；$\Delta_r S_m^{\ominus}$——标准摩尔反应熵变；$G$——吉布斯自由能；$\Delta G$——吉布斯自由能变；$\Delta_f G_m^{\ominus}$——标准摩尔生成吉布斯自由能；$\Delta_r G_m^{\ominus}$——标准摩尔反应吉布斯自由能变。

对于任意反应，$\Delta_f H_m^{\ominus}$ 与 $\Delta_r H_m^{\ominus}$，$S_m^{\ominus}$ 与 $\Delta_r S_m^{\ominus}$，$\Delta_f G_m^{\ominus}$ 与 $\Delta_r G_m^{\ominus}$ 关系如下：

$$a\text{A}+b\text{B}\Longrightarrow d\text{D}+e\text{E}$$

$$\Delta_r H_m^{\ominus} = [d\Delta_f H_m^{\ominus}(\text{D})+e\Delta_f H_m^{\ominus}(\text{E})] - [a\Delta_f H_m^{\ominus}(\text{A})+b\Delta_f H_m^{\ominus}(\text{B})]$$

$$\Delta_r S_m^{\ominus} = [dS_m^{\ominus}(\text{D})+eS_m^{\ominus}(\text{E})] - [aS_m^{\ominus}(\text{A})+bS_m^{\ominus}(\text{B})]$$

$$\Delta_r G_m^{\ominus} = [d\Delta_f G_m^{\ominus}(\text{D})+e\Delta_f G_m^{\ominus}(\text{E})] - [a\Delta_f G_m^{\ominus}(\text{A})+b\Delta_f G_m^{\ominus}(\text{B})]$$

**5. 区别下列基本概念，并举例说明之。**

(1) 被划分出来作为研究对象的那一部分物质和空间称为系统（也称为体系），系统以外与系统密切相关的其余的部分称为环境。系统和环境之间相互依存、相互制约。例如：要研究 NaOH 溶液和 HCl 溶液之间的化学反应，那么研究的对象溶液就是系统，盛放溶液的烧杯和它周围的空气即为环境。

(2) 系统所有物理性质和化学性质的综合表现称为系统的状态。当系统的各种性质如温度、体积、压强、物质的量等，都有确定的数值时，就确定了系统的各方面的宏观表现，系统就处于一定的热力学状态；热力学上把表征系统状态的宏观性质称为系统的状态函数，如 $T$、$V$、$p$、$H$、$S$ 等，这些性质的总体表现就是系统的一个状态。

(3) 系统状态发生一个任意变化时，系统就经历了一个过程。完成某一过程所经过的具体步骤（方法）称为途径。如等温过程、等压过程等。

(4) 热和功是系统发生状态变化时与环境之间进行能量传递的两种形式。系统和环境之间由于温度差的存在而传递的能量称为热；除热之外，在系统与环境之间传递的其他各种形式的能量统称为功。如系统体积变化时反抗外力做功而与环境之间交换的能量，称为体积功。

(5) 热是系统发生状态变化时与环境之间进行能量传递的形式，对应具体过程；温度是表示物体冷热程度的物理量，微观上来讲是物体分子热运动的剧烈程度，不对应过程。

(6) 热力学规定，在指定温度标准压力下，由元素的稳定单质生成 1mol 某物质时反应的热效应称为该物质的标准摩尔生成焓。用符号 $\Delta_f H_m^{\ominus}$（$T$）表示，对应具体物质。标准摩尔反应焓 $\Delta_r H_m^{\ominus}$（$T$）由反应中的具体物质，反应物和生成物的 $\Delta_f H_m^{\ominus}$（$T$）求得。

(7) 标准状况通常指温度为 0℃（273.15K）和压强为 101.325kPa（1atm，760mmHg）的情况。标准状态是在指定的温度 $T$ 和标准压力 $p^{\ominus}$（100kPa）下物质的状态，简称标准态。

**6. 解**  $\Delta U = Q+W = Q+(-p\Delta V)=25\text{kJ}+[-100\text{kPa}\times(160\text{L}-80\text{L})]\times10^{-3}$
$=17\text{kJ}$

**7. 解**  $\Delta U=Q+W=Q+(-\Delta nRT)=39.2\text{kJ}+[-1\text{mol}\times8.314\times10^{-3}\text{kJ}\cdot\text{K}^{-1}\cdot\text{mol}^{-1}\times351\text{K}]$
$=36.28\text{kJ}$

**8. 答** （1）熵增，（2）熵增，（3）熵减，（4）熵增，（5）熵减。

**9. 答** 加入惰性气体后系统的体积保持不变，平衡不移动；总压力保持不变，平衡向气体体积数增大的方向移动，即逆向移动。

**10. 解** $\Delta_r H_m^{\ominus} = \frac{1}{2}\Delta_r H_m^{\ominus}(1) - \frac{1}{6}\Delta_r H_m^{\ominus}(2) - \frac{1}{3}\Delta_r H_m^{\ominus}(3)$

$$= \frac{1}{2} \times (-27.6 \text{kJ} \cdot \text{mol}^{-1}) - \frac{1}{6} \times (-58.6 \text{kJ} \cdot \text{mol}^{-1}) - \frac{1}{3} \times 38.1 \text{kJ} \cdot \text{mol}^{-1}$$

$$= -16.7 \text{kJ} \cdot \text{mol}^{-1}$$

**11. 解**
$$CH_3CH_2OH(l) + \frac{1}{2}O_2(g) = CH_3CHO(l) + H_2O(l) \tag{1}$$

$\Delta_f H_m^{\ominus}/(\text{kJ} \cdot \text{mol}^{-1})$ 　　 $-276.98$ 　　　 $0$ 　　　 $-192.0$ 　　 $-285.8$

$\Delta_r H_m^{\ominus}(1) = [(-192.0 \text{kJ} \cdot \text{mol}^{-1}) + (-285.8 \text{kJ} \cdot \text{mol}^{-1})] - (-276.98 \text{kJ} \cdot \text{mol}^{-1} + 0)$

$$= -200.82 \text{kJ} \cdot \text{mol}^{-1}$$

$$CH_3CHO(l) + \frac{1}{2}O_2(g) = CH_3COOH(l) \tag{2}$$

$\Delta_f H_m^{\ominus}/(\text{kJ} \cdot \text{mol}^{-1})$ 　　　 $-192.0$ 　　　　 $0$ 　　　 $-484.09$

$\Delta_r H_m^{\ominus}(2) = (-484.09 \text{kJ} \cdot \text{mol}^{-1}) - (-192.0 \text{kJ} \cdot \text{mol}^{-1} + 0)$

$$= -292.09 \text{kJ} \cdot \text{mol}^{-1}$$

$$CH_3COOH(l) + 2O_2(g) = 2CO_2(g) + 2H_2O(l) \tag{3}$$

$\Delta_f H_m^{\ominus}/(\text{kJ} \cdot \text{mol}^{-1})$ 　　 $-484.09$ 　　　 $0$ 　　　 $-393.5$ 　　 $-285.8$

$\Delta_r H_m^{\ominus}(3) = [2 \times (-393.5 \text{kJ} \cdot \text{mol}^{-1}) + 2 \times (-285.8 \text{kJ} \cdot \text{mol}^{-1})] - (-484.09 \text{kJ} \cdot \text{mol}^{-1} + 0)$

$$= -874.51 \text{kJ} \cdot \text{mol}^{-1}$$

$\Delta_r H_m^{\ominus} = \Delta_r H_m^{\ominus}(1) + \Delta_r H_m^{\ominus}(2) + \Delta_r H_m^{\ominus}(3)$

$$= (-200.82 \text{kJ} \cdot \text{mol}^{-1}) + (-292.09 \text{kJ} \cdot \text{mol}^{-1}) + (-874.51 \text{kJ} \cdot \text{mol}^{-1})$$

$$= -1367.42 \text{kJ} \cdot \text{mol}^{-1}$$

$$CH_3CH_2OH(l) + 3O_2(g) = 2CO_2(g) + 3H_2O(l)$$

$\Delta_f H_m^{\ominus}/(\text{kJ} \cdot \text{mol}^{-1})$ 　　 $-276.98$ 　　　 $0$ 　　　 $-393.5$ 　　 $-285.8$

$\Delta_r H_m^{\ominus} = [2 \times (-393.5 \text{kJ} \cdot \text{mol}^{-1}) + 3 \times (-285.8 \text{kJ} \cdot \text{mol}^{-1})] - (-276.98 \text{kJ} \cdot \text{mol}^{-1} + 0)$

$$= -1367.42 \text{kJ} \cdot \text{mol}^{-1}$$

从以上计算结果看出，化学反应，不论是一步完成的还是几步完成的，其总反应所放出的热或吸收的热总是相同的。符合盖斯定律。

**12. 解**

(1) $K^{\ominus} = \dfrac{[p_{eq}(SO_3)/p^{\ominus}]^2}{[p_{eq}(SO_2)/p^{\ominus}]^2[p_{eq}(O_2)/p^{\ominus}]}$

(2) $K^{\ominus} = \dfrac{[c_{eq}(Cr^{3+})/c^{\ominus}]^2[c_{eq}(Fe^{3+})/c^{\ominus}]^6}{[c_{eq}(Cr_2O_7^{2-})/c^{\ominus}][c_{eq}(Fe^{2+})/c^{\ominus}]^6[c_{eq}(H^+)/c^{\ominus}]^{14}}$

(3) $K^{\ominus} = p_{eq}(CO_2)/p^{\ominus}$

(4) $K^{\ominus} = \dfrac{[c_{eq}(Ac^-)/c^{\ominus}][c_{eq}(H^+)/c^{\ominus}]}{[c_{eq}(HAc)/c^{\ominus}]}$

(5) $K^{\ominus} = \dfrac{\left[ c_{eq}(Mn^{2+})/c^{\ominus} \right]^2 \left[ p_{eq}(O_2)/p^{\ominus} \right]^5}{\left[ c_{eq}(MnO_4^-)/c^{\ominus} \right]^2 \left[ c_{eq}(H_2O_2)/c^{\ominus} \right]^5 \left[ c_{eq}(H^+)/c^{\ominus} \right]^6}$

**13. 解**　(1) 其离子方程式为：　　　　　$Zn(s) + 2H^+(aq) \longrightarrow Zn^{2+}(aq) + H_2(g)$

$\Delta_f H_m^{\ominus}/(kJ \cdot mol^{-1})$　　　　　　　　　　0　　　　　0　　　　　$-153.9$　　　　0

$S_m^{\ominus}/(J \cdot mol^{-1} \cdot K^{-1})$　　　　　　　　41.6　　　　0　　　　　$-112$　　　　130

$\Delta_r H_m^{\ominus} = [1 \times \Delta_f H_m^{\ominus}(Zn^{2+},aq) + 1 \times \Delta_f H_m^{\ominus}(H_2,g)] - [1 \times \Delta_f H_m^{\ominus}(Zn,s) + 2 \times \Delta_f H_m^{\ominus}(H^+,aq)]$

$\qquad = (-153.9 kJ \cdot mol^{-1} + 0) - (0 + 0)$

$\qquad = -153.9 kJ \cdot mol^{-1}$

$\Delta_r S_m^{\ominus} = [1 \times S_m^{\ominus}(Zn^{2+},aq) + 1 \times S_m^{\ominus}(H_2,g)] - [1 \times S_m^{\ominus}(Zn,s) + 2 \times S_m^{\ominus}(H^+,aq)]$

$\qquad = (-112 J \cdot mol^{-1} \cdot K^{-1} + 130 J \cdot mol^{-1} \cdot K^{-1}) - (41.6 J \cdot mol^{-1} \cdot K^{-1} + 0)$

$\qquad = -23.6 J \cdot mol^{-1} \cdot K^{-1}$

$\Delta_r G_m^{\ominus} = \Delta_r H_m^{\ominus} - T\Delta_r S_m^{\ominus} = -153.9 kJ \cdot mol^{-1} - 298.15K \times (-23.6 \times 10^{-3} kJ \cdot mol^{-1} \cdot K^{-1})$

$\qquad = -146.86 kJ \cdot mol^{-1}$

$\Delta_r G_m^{\ominus} < 0$ 反应能自发向右进行。

所以 $\Delta_r H_m^{\ominus} = -153.9 kJ \cdot mol^{-1}$，$\Delta_r S_m^{\ominus} = -23.6 J \cdot mol^{-1} \cdot K^{-1}$，$\Delta_r G_m^{\ominus} < 0$ 反应能自发向右进行。

同理计算 (2)(3)(4)

(2) $\Delta_r H_m^{\ominus} = -890.36 kJ \cdot mol^{-1}$，$\Delta_r S_m^{\ominus} = 177.85 J \cdot mol^{-1} \cdot K^{-1}$，$\Delta_r G_m^{\ominus} = -837.34 kJ \cdot mol^{-1}$，$\Delta_r G_m^{\ominus} < 0$ 反应能自发向右进行。

(3) $\Delta_r H_m^{\ominus} = 2447 kJ \cdot mol^{-1}$，$\Delta_r S_m^{\ominus} = -247 J \cdot mol^{-1} \cdot K^{-1}$，$\Delta_r G_m^{\ominus} = 2373.4 kJ \cdot mol^{-1}$，$\Delta_r G_m^{\ominus} > 0$ 反应不能自发向右进行。

(4) $\Delta_r H_m^{\ominus} = 178.3 kJ \cdot mol^{-1}$，$\Delta_r S_m^{\ominus} = 160.4 J \cdot mol^{-1} \cdot K^{-1}$，$\Delta_r G_m^{\ominus} = 130.5 kJ \cdot mol^{-1}$，$\Delta_r G_m^{\ominus} > 0$ 反应不能自发向右进行。

**14. 解**　　　　　　　　$6CO_2(g) + 6H_2O(l) \Longrightarrow C_6H_{12}O_6(s) + 6O_2(g)$

$\Delta_f G_m^{\ominus}/(kJ \cdot mol^{-1})$　　　　　$-394.4$　　$-237.2$　　　　$-910.5$　　　　0

$\Delta_r G_m^{\ominus} = -910.5 kJ \cdot mol^{-1} - [6 \times (-394.4 kJ \cdot mol^{-1}) + 6 \times (-237.2 kJ \cdot mol^{-1})]$

$\qquad = 2879.1 kJ \cdot mol^{-1}$

反应在 298K 及标准状态下 $\Delta_r G_m^{\ominus} > 0$ 不能自发进行。

**15. 解**　(1) 据 $\Delta_r G_m^{\ominus} = -2.303 RT \lg K^{\ominus}$ 有：

$$\lg K^{\ominus}(298K) = \frac{-\Delta_r G_m^{\ominus}}{2.303 RT} = \frac{-120 kJ \cdot mol^{-1}}{2.303 \times 8.314 \times 10^{-3} kJ \cdot K^{-1} \cdot mol^{-1} \times 298K}$$

$$= -21.03$$

$$K^{\ominus}(298K) = 9.3 \times 10^{-22}$$

$$\lg K^{\ominus}(1000K) = \frac{-\Delta_r G_m^{\ominus}}{2.303 RT} = \frac{-(-3.4 kJ \cdot mol^{-1})}{2.303 \times 8.314 \times 10^{-3} kJ \cdot K^{-1} \cdot mol^{-1} \times 1000K}$$

$$= 0.178$$

$$K^{\ominus}(1000K) = 1.507$$

(2) $Q = \dfrac{\left(\dfrac{p(CO)}{p^{\ominus}}\right)^2}{\left(\dfrac{p(CO_2)}{p^{\ominus}}\right)} = \dfrac{\left(\dfrac{200 kPa}{100 kPa}\right)^2}{\left(\dfrac{800 kPa}{100 kPa}\right)} = 0.5$

$Q < K^{\ominus}$ 反应正向进行。

**16. 解** 因为 $\Delta_r G_m = \Delta_r G_m^{\ominus} + RT\ln Q$     $\Delta_r G_m^{\ominus} = -2.303RT\lg K^{\ominus}$

所以 $\Delta_r G_m = -2.303RT\lg K^{\ominus} + 2.303RT\lg Q$

$$Q = \frac{\left(\dfrac{p_{(CO)}}{p^{\ominus}}\right)\left(\dfrac{p_{(H_2O)}}{p^{\ominus}}\right)}{\left(\dfrac{p_{(CO_2)}}{p^{\ominus}}\right)\left(\dfrac{p_{(H_2)}}{p^{\ominus}}\right)}$$

$\Delta_r G_m = -2.303 \times 8.314 \times 10^{-3} kJ\cdot K^{-1}\cdot mol^{-1} \times 973K \times \lg 0.618 +$

$2.303 \times 8.314 \times 10^{-3} kJ\cdot K^{-1}\cdot mol^{-1} \times 973K \times \lg \dfrac{\left(\dfrac{76kPa}{100kPa}\right)\left(\dfrac{76kPa}{100kPa}\right)}{\left(\dfrac{127kPa}{100kPa}\right)\left(\dfrac{127kPa}{100kPa}\right)}$

$= -4.41 kJ\cdot mol^{-1}$

$\Delta_r G_m < 0$，反应正向进行。

**17. 解**           $2NH_3(g) + CO_2(g) \Longrightarrow CO(NH_2)_2(s) + H_2O(g)$

$\Delta_f G_m^{\ominus}/kJ\cdot mol^{-1}$           $-16.5$   $-394.4$     $-197.15$       $-228.6$

$\Delta_r G_m^{\ominus} = [-197.15 kJ\cdot mol^{-1} + (-228.6 kJ\cdot mol^{-1})] - [2\times(-16.5 kJ\cdot mol^{-1}) + (-394.4 kJ\cdot mol^{-1})]$

$= 1.65 kJ\cdot mol^{-1}$

$$\lg K^{\ominus} = \frac{-\Delta_r G_m^{\ominus}}{2.303RT} = \frac{-(1.65 kJ\cdot mol^{-1})}{2.303 \times 8.314 \times 10^{-3} kJ\cdot K^{-1}\cdot mol^{-1} \times 298.15K} = -0.29$$

$$K^{\ominus} = 0.51$$

$\Delta_r G_m^{\ominus} = 1.65 kJ\cdot mol^{-1}, K^{\ominus} = 0.51$。

**18. 解** (1) $CO(g) + H_2O(g) \Longrightarrow CO_2(g) + H_2(g)$

根据题意可设原料气中 $H_2O(g)$ 和 $CO(g)$ 的浓度为 $a\,mol\cdot L^{-1}$，设平衡时 $H_2O(g)$ 和 $CO(g)$ 为 $x\,mol\cdot L^{-1}$，则：

$$K^{\ominus} = \frac{x^2}{(a-x)(a-x)} = 2.6$$

$$x = 0.61a$$

$$CO\text{ 的转化率} = \frac{c_{消耗}(CO)}{c_{初始}(CO)} \times 100\% = \frac{0.61a}{a} \times 100\% = 61\%$$

同理求得 (2) $CO(g)$ 的转化率为 $90\%$。说明增加一种反应物的浓度可使平衡正向移动，增加了另外一种反应物的转化率。

**19. 解** 根据题意知：

$$Ag_2O(s) \Longrightarrow 2Ag(s) + \frac{1}{2}O_2(g)$$

$$\Delta_r H_m^{\ominus}(298K) = 31.0 kJ\cdot mol^{-1}, \Delta_r G_m^{\ominus}(298K) = 11.2 kJ\cdot mol^{-1}$$

因为：$\Delta_r G_m^{\ominus} = \Delta_r H_m^{\ominus} - T\Delta_r S_m^{\ominus}$

所以 $\Delta_r S_m^{\ominus}(298K) = \dfrac{\Delta_r H_m^{\ominus}(298K) - \Delta_r G_m^{\ominus}(298K)}{T}$

$$\Delta_r S_m^{\ominus}(298K) = \frac{31.0 kJ\cdot mol^{-1} - 11.2 kJ\cdot mol^{-1}}{298K}$$

$$\Delta_r S_m^{\ominus}(298K) = 0.066 kJ\cdot mol^{-1}\cdot K^{-1}$$

$$T=\frac{\Delta_r H_m^\ominus(298K)}{\Delta_r S_m^\ominus(298K)}=\frac{31.0kJ\cdot mol^{-1}}{0.066kJ\cdot mol^{-1}\cdot K^{-1}}=469.7K$$

$$\lg K^\ominus=\frac{-\Delta_r G_m^\ominus}{2.303RT}=\frac{-(11.2kJ\cdot mol^{-1})}{2.303\times8.314\times10^{-3}kJ\cdot K^{-1}\cdot mol^{-1}\times298K}=-1.963$$

$$K^\ominus=0.01$$

$$K^\ominus=\frac{[p(O_2)]^{\frac{1}{2}}}{(p^\ominus)^{\frac{1}{2}}}=0.01$$

$$p(O_2)=1.0kPa$$

$Ag_2O$ 的最低分解温度为 469.7K，298K 时该系统中 $p(O_2)$ 为 100kPa。

**20. 解**
$$2N_2H_4(l)+N_2O_4(g)=\!=\!=3N_2(g)+4H_2O(g)$$
$\Delta_f H_m^\ominus/(kJ\cdot mol^{-1})$          50.63      9.16        0      −241.8

$$\Delta_r H_m^\ominus=\{0+[4\times(-241.8kJ\cdot mol^{-1})]\}-[(2\times50.63kJ\cdot mol^{-1})+9.16kJ\cdot mol^{-1}]$$
$$=-1077.6kJ\cdot mol^{-1}$$

$$\Delta_r H_m^\ominus=mgh$$

$$h=\frac{\Delta_r H_m^\ominus}{mg}=\frac{1077.6\times10^3J}{100kg\times10m\cdot s^{-2}}=1077.6(m)$$

反应在 298K 时的标准摩尔焓变 $\Delta_r H_m^\ominus=-1077.6kJ\cdot mol^{-1}$，若反应的热能完全转化为势能，可将 100kg 的重物垂直升高 1077.6m。

**21. 解** （1）
$$N_2(g)+O_2(g)=\!=\!=2NO(g)$$
$\Delta_f G_m^\ominus/(kJ\cdot mol^{-1})$        0      0      86.6
$$\Delta_r G_m^\ominus(1)=173.2kJ\cdot mol^{-1}$$

（2）
$$2N_2(g)+O_2(g)=\!=\!=2N_2O(g)$$
$\Delta_f G_m^\ominus/(kJ\cdot mol^{-1})$        0      0      103.6
$$\Delta_r G_m^\ominus(2)=207.2kJ\cdot mol^{-1}$$

（3）
$$N_2(g)+3H_2(g)=\!=\!=2NH_3(g)$$
$\Delta_f G_m^\ominus/(kJ\cdot mol^{-1})$        0      0      −16.5
$$\Delta_r G_m^\ominus(3)=-33kJ\cdot mol^{-1}$$

只有反应的 $\Delta_r G_m^\ominus$（3）<0，反应正向进行，所以从热力学的角度判断反应（3）最好。

**22. 解**
$$\frac{1}{2}N_2(g)+\frac{1}{2}O_2(g)\Longleftrightarrow NO(g)$$
$\Delta_f H_m^\ominus/(kJ\cdot mol^{-1})$        0      0      90.4
$S_m^\ominus/(J\cdot mol^{-1}\cdot K^{-1})$       0      0      210

$$\Delta_r H_m^\ominus=90.4kJ\cdot mol^{-1}$$

$$\Delta_r S_m^\ominus=210J\cdot mol^{-1}\cdot K^{-1}$$

$$\Delta_r G_m^\ominus=\Delta_r H_m^\ominus-T\Delta_r S_m^\ominus$$

$$\Delta_r G_m^\ominus=90.4kJ\cdot mol^{-1}-1573K\times210\times10^{-3}kJ\cdot mol^{-1}\cdot K^{-1}$$

$$\Delta_r G_m^\ominus=-239.93kJ\cdot mol^{-1}$$

$$\lg K^\ominus=\frac{-\Delta_r G_m^\ominus}{2.303RT}=\frac{-(-239.93kJ\cdot mol^{-1})}{2.303\times8.314\times10^{-3}kJ\cdot K^{-1}\cdot mol^{-1}\times1573K}=7.97$$

$$K^\ominus=9.33\times10^7$$

在 1573K 的温度下反应的 $\Delta_r G_m^\ominus = -239.93 \text{kJ} \cdot \text{mol}^{-1}$，$K^\ominus = 9.33 \times 10^7$，说明对大气有污染。

**23. 解**　$C_6H_6(l) + \dfrac{15}{2}O_2(g) \Longrightarrow 6CO_2(g) + 3H_2O(l)$

$$\sum \nu_B(g) = 6 - 7.5 = -1.5$$

$$\Delta \xi = \frac{m}{M} = \frac{6.50\text{g}}{78\text{g} \cdot \text{mol}^{-1}} = 0.0833\text{mol}$$

$$\Delta U = Q_V = \Delta \xi \Delta_r U_m^\ominus$$

$$\Delta_r U_m^\ominus = \frac{Q_V}{\Delta \xi} = \frac{-272.3\text{kJ}}{0.0833\text{mol}} = -3269\text{kJ} \cdot \text{mol}^{-1}$$

$$\Delta_r H_m^\ominus = \Delta_r U_m^\ominus + \sum \nu_B(g)RT$$

$$= -3269\text{kJ} \cdot \text{mol}^{-1} + (-1.5) \times 0.00831\text{kJ} \cdot \text{mol}^{-1} \cdot \text{K}^{-1} \times 298\text{K}$$

$$= -3273\text{kJ} \cdot \text{mol}^{-1}$$

（对写法不同的反应方程式，其计算结果合理的也给分）

**24. 解**　$\qquad\qquad 2N_2(g) + 6H_2O(l) \Longrightarrow 4NH_3(g) + 3O_2(g)$

$\Delta_f H_m^\ominus / (\text{kJ} \cdot \text{mol}^{-1}) \qquad\quad 0 \qquad\qquad -285.8 \qquad\quad -46.1 \qquad\quad 0$

$S_m^\ominus / (\text{J} \cdot \text{mol}^{-1} \cdot \text{K}^{-1}) \qquad 191.5 \qquad\quad 69.9 \qquad\qquad 192.3 \qquad\quad 205$

$\Delta_r H_m^\ominus = [4 \times \Delta_f H_m^\ominus(NH_3, g) + 3 \times \Delta_f H_m^\ominus(O_2, g)] - [2 \times \Delta_f H_m^\ominus(N_2, g) + 6 \times \Delta_f H_m^\ominus(H_2O, l)]$

$\qquad = 1530.4\text{kJ} \cdot \text{mol}^{-1}$

$\Delta_r S_m^\ominus = [4 \times S_m^\ominus(NH_3, g) + 3 \times S_m^\ominus(O_2, g)] - [2 \times S_m^\ominus(N_2, g) + 6 \times S_m^\ominus(H_2O, l)]$

$\qquad = 581.8\text{J} \cdot \text{mol}^{-1} \cdot \text{K}^{-1}$

$\Delta_r G_m^\ominus = \Delta_r H_m^\ominus - T\Delta_r S_m^\ominus$

$\qquad = 1530.4\text{kJ} \cdot \text{mol}^{-1} - 298\text{K} \times 581.8 \times 10^{-3}\text{kJ} \cdot \text{mol}^{-1} \cdot \text{K}^{-1}$

$\qquad = 1357\text{kJ} \cdot \text{mol}^{-1}$

$\Delta_r G_m^\ominus > 0$，所以在 298K，标准状态下，反应不能正向进行。

**25. 解**　（1）$N_2(g) + O_2(g) \Longrightarrow 2NO(g)$；$\Delta_r H_m^\ominus = 2\Delta_r H_m^\ominus(NO) = 180.8\text{kJ} \cdot \text{mol}^{-1}$

因为 $\qquad\qquad\qquad \ln \dfrac{K_2^\ominus}{K_3^\ominus} = \dfrac{\Delta_r H_m^\ominus}{R}\left(\dfrac{1}{T_1} - \dfrac{1}{T_2}\right)$

故 $\qquad\quad \ln \dfrac{K^\ominus(500\text{K})}{4.5 \times 10^{-31}} = \dfrac{180.8\text{kJ} \cdot \text{mol}^{-1}}{0.00831\text{kJ} \cdot \text{mol}^{-1} \cdot \text{K}^{-1}}\left(\dfrac{1}{298\text{K}} - \dfrac{1}{500\text{K}}\right)$

$\qquad\qquad\qquad K^\ominus(500\text{K}) = 2.9 \times 10^{-18}$

（2）因反应的 $\Delta_r H_m^\ominus > 0$，是吸热反应，温度升高平衡向右移动，有利于产物生成。

# 物质结构简介

**C**hapter 04

第四章

# 内容提要

## 一、核外电子运动的特殊性

### 1. 微观粒子的波粒二象性

德布罗意（L. De Broglie）提出大胆的假设：一切实物微粒（如分子、电子、质子、中子等）都具有波粒二象性。德布罗意的假设被戴维逊（C. J. Davisson）和革尔麦（L. H. Germer）的电子衍射实验所证实。

### 2. 不确定原理（测不准原理）

海森堡（W. Heisenberg）从理论上证明对于具有波粒二象性的微观粒子，因为没有固定的轨迹，在一确定的时间没有一确定的位置，要同时准确确定运动微粒的位置和动量是不可能的。

## 二、核外电子运动状态的描述

### 1. 薛定谔方程

薛定谔（E. Schrödinger）提出了描述微观粒子运动规律的波动方程——薛定谔方程：

$$\frac{\partial^2 \boldsymbol{\Psi}}{\partial x^2}+\frac{\partial^2 \boldsymbol{\Psi}}{\partial y^2}+\frac{\partial^2 \boldsymbol{\Psi}}{\partial z^2}+\frac{8\pi^2 m}{h^2}(E-V)\boldsymbol{\Psi}=0$$

$\boldsymbol{\Psi}$ 是包含三个常数项（$n$，$l$，$m$）和三个变量（$r$，$\theta$，$\varphi$）的函数式，其通式为：

$$\boldsymbol{\Psi}_{n,l,m}(r,\theta,\varphi)=R_{n,l}(r)Y_{l,m}(\theta,\varphi)$$

式中，$R_{n,l}(r)$ 为径向波函数，它只随电子离核的距离 $r$ 而变化，并含有 $n$，$l$ 两个量子数；$Y_{l,m}(\theta,\varphi)$ 为角度波函数，它随 $\theta$，$\varphi$ 变化，含有 $l$，$m$ 两个量子数。当 $n$，$l$，$m$ 的数值一定，就有一个波函数的具体表达式，电子在空间的运动状态也就确定了。

### 2. 四个量子数

求解薛定谔方程可得到 $n$，$l$，$m$ 三个量子数。还有一个描述电子自旋运动特征的量子数 $m_s$。原子中每一个电子的运动状态可以用四个量子数（$n$，$l$，$m$，$m_s$）来描述。

（1）主量子数（$n$）　$n$ 的取值是 1，2，3 等正整数。用符号 K，L，M，N，O，P，Q…表示。

$n$ 的大小表示原子中电子所在的层数。$n$ 值越大，电子的主要活动区域离核的平均距离越远，能量越高。

（2）角量子数（$l$）　$l$ 的取值为 0，1，2，3，…，$(n-1)$，是正整数，当 $n$ 值确定后，$l$ 共有 $n$ 个值，其相应的光谱学符号为：

角量子数 $l$　　　0　　1　　2　　3　　4　　…

光谱符号　　　　s　　p　　d　　f　　g　　…

原子轨道的形状　球形　哑铃形　四瓣梅花形

（3）磁量子数（$m$）　$m=0$，$\pm1$，$\pm2$，…，$\pm l$，$m$ 值的取值受 $l$ 限制，给定 $l$ 值，则 $m$ 取值共有 $(2l+1)$ 个。

磁量子数是决定同一亚层中的原子轨道在空间伸展方向的。

$l$ 相同但 $m$ 取值不同的轨道能量相同，这些能量相同的轨道称为简并（等价）轨道。$l=1$，$m=0$、$\pm1$，在空间有三种取向，表示 p 亚层有三条轨道：$p_x$，$p_y$，$p_z$；$l=2$，$m=0$、$\pm1$、$\pm2$，在空间有五种取向，表示 d 亚层有五条轨道，即 $d_{xy}$，$d_{xz}$，$d_{yz}$，$d_{z^2}$，$d_{x^2-y^2}$；$l=3$，$m=0$、$\pm1$、$\pm2$、$\pm3$，在空间有七种取向，表示 f 亚层有七条轨道。

（4）自旋量子数（$m_s$）　$m_s$ 取值为 $+\dfrac{1}{2}$ 和 $-\dfrac{1}{2}$，用以表示两种不同的自旋状态，通常用正、反箭头（↑和↓）表示。就其物理意义可将自旋量子数理解为电子自旋的两个不同方向。通常用"↑↑"表示自旋平行状态的两个电子，用"↑↓"表示自旋反平行状态的两个电子。

量子数与原子轨道的关系列于表 4-1。

表 4-1　量子数与原子轨道的关系

| 主量子数 $n$ | 角量子数 $l$ | 磁量子数 $m$ | 亚层或能级 | 轨道数 | 轨道总数 | 自旋量子数 $m_s$ | 最多可容纳的电子数 |
|---|---|---|---|---|---|---|---|
| 1 | 0 | 0 | 1s | 1 | 1 | $+\dfrac{1}{2}$，$-\dfrac{1}{2}$ | 2 |
| 2 | 0 | 0 | 2s | 1 | 4 | $+\dfrac{1}{2}$，$-\dfrac{1}{2}$ | 8 |
|  | 1 | $-1,0,+1$ | 2p | 3 |  |  |  |
| 3 | 0 | 0 | 3s | 1 | 9 | $+\dfrac{1}{2}$，$-\dfrac{1}{2}$ | 18 |
|  | 1 | $-1,0,+1$ | 3p | 3 |  |  |  |
|  | 2 | $-2,-1,0,+1,+2$ | 3d | 5 |  |  |  |
| 4 | 0 | 0 | 4s | 1 | 16 | $+\dfrac{1}{2}$，$-\dfrac{1}{2}$ | 32 |
|  | 1 | $-1,0,+1$ | 4p | 3 |  |  |  |
|  | 2 | $-2,-1,0,+1,+2$ | 4d | 5 |  |  |  |
|  | 3 | $-3,-2,-1,0,+1,+2,+3$ | 4f | 7 |  |  |  |

## 三、原子核外电子排布和元素周期律

元素周期表反映了元素性质随原子序数递增而呈现的周期性变化规律，这种规律称为元素周期律。

### 1. 核外电子的排布原理

核外电子排布要遵循三个原则：能量最低原理、泡利不相容原理、洪德定则。另外，作为洪德定则的特例，等价轨道处于全充满（$p^6$、$d^{10}$、$f^{14}$）或半充满（$p^3$、$d^5$、$f^7$）或全空（$p^0$、$d^0$、$f^0$）的状态时一般比较稳定。

## 2. 多电子原子轨道能级

多电子原子的原子轨道能级顺序为：

$$E_{1s}<E_{2s}<E_{2p}<E_{3s}<E_{3p}<E_{4s}<E_{3d}<E_{4p}<\cdots$$

依据我国化学家徐光宪教授提出的 $(n+0.7l)$ 规则进行计算，其值越大轨道能量越高，并将 $n+0.7l$ 值的整数部分相同的轨道分为一个能级组。同一能级组的轨道能量相近，而相邻能级组之间能量相差较大。能级组的划分如下：

1s；2s2p；3s3p；4s3d4p；5s4d5p；6s4f5d6p；$\cdots$

这种能级组的划分是造成元素周期表中元素划分为周期的本质原因。

## 3. 基态原子核外电子排布 （见表 4-2）

表 4-2　基态原子核外电子排布的表示方法

| 表示方法 | 举例（以 C 元素为例） |
| --- | --- |
| 电子排布式 | $1s^2 2s^2 2p^2$ |
| 轨道表示式 | |
| 量子数表示法 | $2s^2$ 电子：$\left(2,0,0,\dfrac{1}{2}\right),\left(2,0,0,-\dfrac{1}{2}\right)$ |
| "原子实＋价层组态"表示法 | $[He]2s^2 2p^2$ |

## 4. 原子的电子结构和元素周期律

（1）原子的电子结构与周期的关系　周期表中的横行叫周期，一共有七个周期，一个周期相当于一个能级组。周期与原子的电子层结构的关系为：

周期＝最大 $n$ 值＝电子层数＝能级组

（2）原子的电子结构与族的关系　将元素周期表的纵行称为族，外层电子结构相同或相似的元素构成一族。共 18 个纵行分为 16 个族，I～ⅧA 族（A 族也称主族）、I～ⅧB 族（B 族也称副族）。元素在周期表中所占的族数决定于原子的价电子层结构（电子构型例外的元素除外）。元素的族数和元素的价电子结构关系如下。

① 主族元素的族数等于 $ns+np$ 电子数，主族元素的族数等于价电子数，也等于元素的最高氧化数（O、F 和除 Xe 等元素的稀有气体除外）。非金属元素最低氧化数等于族数减 8。

② 副族元素的族数有三种情况：IB、ⅡB 族数等于 $ns$ 电子数；ⅢB～ⅦB 族数等于 $(n-1)d+ns$ 电子数（镧系、锕系元素除外）；ⅧB 族的 $(n-1)d+ns$ 电子数等于 8、9、10。

（3）元素的分区　根据元素原子的价电子构型，把周期表中的元素分为六个区，即 s、p、d、ds、f 区及稀有气体区。原子的价电子构型与区的关系见表 4-3。

表 4-3　各区元素与原子的价电子构型

| 区 | 原子价电子构型 | 最后一个电子的填充 | 族 |
| --- | --- | --- | --- |
| s | $ns^{1\sim2}$ | 填充在最外层的 s 轨道上，其余各层均已充满 | ⅠA，ⅡA |
| p | $ns^2 np^{1\sim5}$ | 填充在最外层的 p 轨道上，其余各层均已充满 | ⅢA～ⅦA |

| 区 | 原子价电子构型 | 最后一个电子的填充 | 族 |
|---|---|---|---|
| d | $(n-1)d^{1\sim10}ns^{1\sim2}$ | 填充在次外层的 d 轨道上,最外层、次外层尚未充满 | ⅢB~ⅧB(Pd 为 $4d^{10}$)(过渡元素) |
| ds | $(n-1)d^{10}ns^{1\sim2}$ | 次外层的 d 轨道已充满,最外层的 s 轨道未满 | ⅠB,ⅡB(过渡元素) |
| f | $(n-2)f^{0\sim14}(n-1)d^{0\sim2}ns^2$ | 填充在倒数第三层即第$(n-2)$层的 f 轨道上(有个别例外) | 镧系和锕系(内过渡元素) |
| 稀有气体 | $ns^2np^6$ | 填充在最外层的 p 轨道上,各层均已充满 | ⅧA 族(He 例外) |

常将第四、五、六周期的 d 区和 ds 区元素分别称为第一、二、三过渡系元素。

## 四、元素重要性质的周期性变化

随着核电荷数的递增,原子的电子层结构呈周期性变化,元素的一些基本性质,如原子半径、电离能、电子亲和能和电负性等,也呈现周期性的变化。

## 五、离子键理论

### 1. 离子键的形成和特点

(1) 离子键的形成  由正、负离子间的静电作用形成的化学键称为离子键。由离子键形成的化合物叫离子型化合物。它们以离子晶体形式存在。

(2) 离子键的特点

① 离子键的本质是正、负离子间的静电引力。离子电荷越高,离子间距离越小,正、负离子间的静电引力越大,离子键强度越大。

② 离子键没有方向性和饱和性。

③ 键的离子性与元素的电负性有关。

离子键形成时,正、负离子间的电负性差值 $\Delta\chi$ 越大,它们之间形成化学键的离子性也越大。

### 2. 离子的特征

离子半径、离子电荷和离子的电子构型是离子的三个特征,是影响离子化合物性质的重要因素。离子半径越小,正、负离子间的引力越大,离子键强度越大,熔点越高;离子的电荷越高,与异号电荷离子的吸引力越大,其化合物的熔、沸点也越高;对单原子正离子来说,可有 6 种电子构型,对物质的溶解性等性质有一定的影响。

### 3. 离子键的强度

在离子晶体中用晶格能 $U$ 衡量离子键强度。晶格能是 1mol 气态正离子和 1mol 气态负离子结合形成 1mol 离子晶体时所释放的能量,其单位为 $kJ \cdot mol^{-1}$。对于相同类型的离子晶体来说,离子电荷越高,正、负离子间的核间距越短,晶格能越大,离子键强度越强,该晶体熔沸点越高,硬度越大。

## 六、共价键理论

### 1. 价键理论(又称电子配对法,简称 VB 法)

(1) 价键理论基本要点

① 自旋方向相反的未成对电子相互接近时相互配对,可形成共价键。

② 自旋方向相反的电子配对之后,就不再与另一个原子中未成对电子配对了。这就是

共价键的饱和性。

③ 成键电子的原子轨道重叠越多，两核间概率密度就越大，体系能量降低得越多，共价键就越稳定，这就是共价键的方向性。

（2）共价键的类型

① σ键。成键两原子沿着键轴（两个原子核的连线）方向，以"头碰头"的方式发生轨道重叠形成的共价键为σ键。

② π键。两个原子轨道的 $p_x$ 轨道重叠形成π键后，相互平行的两个 $p_y$ 或两个 $p_z$ 轨道只能以"肩并肩"的方式重叠，形成的共价键为π键。由于π键不是沿原子轨道最大重叠方向形成的，原子轨道重叠程度小，所以π键键能较小。

共价单键一般为σ键，在共价双键（或三键）中，除一个σ键，其余为π键。多原子分子的空间构型主要由σ键的方向决定，π键只改变键角。π键是化学反应的积极参加者，如烯烃、炔烃中π键易断裂发生加成反应。

**2. 杂化轨道理论与分子的空间构型**

（1）杂化轨道理论基本要点

① 原子间相互作用形成分子时，同一原子中能量相近的不同类型的原子轨道（即波函数）可以相互叠加，重新组合成一组新的原子轨道，从而改变了原有轨道的状态。这个过程叫杂化，所形成的新轨道叫杂化轨道。

② 杂化轨道的数目等于参加杂化的原子轨道数目，但杂化轨道在空间的伸展方向发生变化。由于杂化轨道相互排斥，在空间取得最大键角，因此杂化轨道的空间伸展方向决定了分子的空间构型。

③ 原子轨道经过杂化，可使成键能力增强。因为杂化轨道的电子云分布集中，成键时轨道重叠程度大，形成的分子更稳定。

应当注意，原子轨道的杂化，只是在形成分子时才发生，孤立的原子不可能发生杂化。

（2）杂化轨道的类型　sp 型杂化根据参加杂化的 p 轨道数目不同又可分为 sp、$sp^2$ 和 $sp^3$ 三种杂化类型。

在甲烷分子碳的四个 $sp^3$ 杂化轨道中，每一个 $sp^3$ 杂化轨道含有 $\frac{1}{4}$ s 和 $\frac{3}{4}$ p 成分，这种杂化叫等性杂化。而在氨和水分子中氮、氧的杂化轨道中，由于孤对电子的存在，使各杂化轨道所含的成分不同的杂化叫不等性杂化。氨和水分子都是不等性的 $sp^3$ 杂化。

由 s 轨道和 p 轨道形成的杂化轨道和分子的空间构型见表 4-4。

表 4-4　由 s 轨道和 p 轨道形成的杂化轨道和分子的空间构型

| 杂化轨道类型 | sp | $sp^2$ | $sp^3$ | 不等性 $sp^3$ | |
|---|---|---|---|---|---|
| 参加杂化的轨道 | 1个 s,1个 p | 1个 s,2个 p | 1个 s,3个 p | 1个 s,3个 p | |
| 杂化轨道数 | 2 | 3 | 4 | 4 | |
| 成键轨道夹角 | 180° | 120° | 109°28′ | 90°~109°28′ | |
| 空间构型 | 直线形 | 平面三角形 | 正四面体形 | 三角锥 | "V"字形 |
| 实例 | $BeCl_2$、$HgCl_2$ | $BF_3$、$BCl_3$ | $CH_4$、$SiCl_4$ | $NH_3$、$PH_3$ | $H_2O$、$H_2S$ |

# 七、分子轨道理论

**1. 分子轨道理论的基本观点**

① 分子中每一个电子都是围绕在整个分子范围内运动，每一个电子的运动状态可以用

波函数 $\Psi$ 来描述。

② 分子轨道是由组成分子的原子轨道线性组合而成的。组合前原子轨道总数等于组合后分子轨道的总数。

③ 各原子轨道组合必须符合对称性原则、最大重叠原则和能量近似原则。

④ 电子在分子轨道上填充，遵循能量最低原理、泡利不相容原理和洪德定则。

⑤ 键的牢固程度用键级表示，键级是指成键轨道上的电子数与反键轨道上的电子数之差的一半。键级越大，键越牢固，分子越稳定。

**2. 分子轨道中电子的排布**

按照分子轨道对称性不同，可将分子轨道分为 $\sigma$ 轨道和 $\pi$ 轨道。

$O_2$ 分子的电子排布式为：$KK(\sigma_{2s})^2(\sigma_{2s}^*)^2(\sigma_{2p})^2(\pi_{2p})^4(\pi_{2p}^*)^2$，键级为 2。

$N_2$ 分子的电子排布式为：$KK(\sigma_{2s})^2(\sigma_{2s}^*)^2(\pi_{2p_y})^2(\pi_{2p_z})^2(\sigma_{2p_x})^2$，键级为 3。

## 八、分子间力和氢键

**1. 分子的极性**

正电荷重心和负电荷重心互相重合的分子叫作非极性分子。两个电荷重心不互相重合的分子叫作极性分子。分子的极性用分子的偶极矩 $\mu$ 来衡量。分子的偶极矩是各键矩的矢量之和。偶极矩 $\mu=0$ 的分子，是非极性分子。偶极矩 $\mu$ 常被用来判断分子的空间构型。根据 $BCl_3$ 的 $\mu=0$，判断分子是平面三角形，而 $NH_3$ 的 $\mu>0$，分子构型为不对称的三角锥型。

**2. 分子间力**

分子间力一般包括取向力、诱导力和色散力。取向力发生在极性分子和极性分子之间。极性分子与非极性分子之间以及极性分子之间都存在诱导力。所有分子间都存在色散力。大多数分子间的作用力以色散力为主。分子间力作用范围在 $300\sim500pm$，分子间力较弱，为 $2\sim20kJ\cdot mol^{-1}$。分子间力没有方向性和饱和性。

**3. 氢键**

氢键是指电负性大而半径小的元素的原子与以共价键成键的氢原子和另一个带孤对电子、电负性大而原子半径小的元素的原子之间的作用力。氢键可分为分子间氢键和分子内氢键。氢键具有方向性和饱和性，所以它是一种特殊的分子间力。分子间存在氢键的物质沸点和熔点显著升高，溶解度和黏度增大，而分子内形成氢键时，常使其熔、沸点低于同类化合物。

# 例　题

【例 1】用四个量子数描述 $n=3$，$l=1$ 的所有电子的运动状态。

【分析】$n=3$，$l=1$，$m=0$、$\pm1$，在空间有三种取向，表示 p 亚层有三条轨道：$p_x$、$p_y$、$p_z$。因此，如果一个电子与另一个电子具有相同的 $n$、$l$ 和 $m$ 值，那么它们的 $m_s$ 值一定不同，即同一条原子轨道只能容纳两个自旋方向相反的电子，因此有 6 个电子的运动状态。

【解】

| $n$ | 3 | 3 | 3 | 3 | 3 | 3 |
|---|---|---|---|---|---|---|
| $l$ | 1 | 1 | 1 | 1 | 1 | 1 |
| $m$ | $-1$ | $-1$ | 0 | 0 | $+1$ | $+1$ |
| $m_s$ | $+\frac{1}{2}$ | $-\frac{1}{2}$ | $+\frac{1}{2}$ | $-\frac{1}{2}$ | $+\frac{1}{2}$ | $-\frac{1}{2}$ |

**【例2】** 元素的原子序数小于36，当该元素的原子失去1个电子后，它的角量子数 $l=2$ 的轨道的电子数恰好全充满。

(1) 写出该元素原子的电子排布式；

(2) 该元素属于哪一周期、哪一族、哪一区？元素符号是什么？

**【分析】** 本题的关键是正确书写核外电子排布式。由原子的价电子构型，确定该元素所属的周期、族、所在区和元素符号。

**【解】** (1) 元素的原子序数小于36，且该元素的原子失去1个电子后，角量子数 $l=2$ 的轨道的电子数恰好全充满，说明 $M^+$ 核外有10个3d电子。可知该元素原子最外层还有1个4s电子，因此该元素原子的电子排布式为 $1s^2 2s^2 2p^6 3s^2 3p^6 3d^{10} 4s^1$。

(2) 由原子的价电子构型 $3d^{10} 4s^1$，可知该元素属于第四周期、第ⅠB族、ds区，该元素原子核外有29个电子，元素符号是Cu。

**【例3】** 有A、B、C、D元素，试按下列条件推断各元素的元素符号。

(1) A、B、C为同一周期活泼金属元素，原子半径满足 A＞B＞C，已知C有3个电子层；

(2) D为金属元素，它有4个电子层并有6个单电子。

**【分析】** (1) C有3个电子层，说明C元素处于第三周期。A、B、C为同一周期，可得A、B也位于第三周期，元素原子半径逐渐减小，活泼金属元素为Na、Mg、Al。

(2) D为金属元素，有4个电子层，位于第四周期。有6个单电子，d亚层有5条轨道，半充满有5个单电子，s亚层有1个单电子，元素原子的价电子构型 $3d^5 4s^1$，可推知是24号元素Cr。

**【解】** A Na，B Mg，C Al，D Cr

**【例4】** 在某一周期，其零族元素的原子的序数为36，其中A、B、C、D四种元素，已知它们的最外层电子分别是1、2、2、7，并且A、C元素的原子次外层电子数为8，B、D元素的原子的次外层电子数为18，推断各元素在周期表中的位置、元素符号。

**【分析】** 零族元素的原子的序数为36，可知是第四周期元素。由最外层电子分别是1、2、2、7，A、C元素的最外层电子分别是1、2，次外层电子数为8，可知为ⅠA和ⅡA元素，分别为K和Ca。B、D元素的最外层电子分别是2、7，次外层电子数为18，可知为ⅡB和ⅦA元素，分别为Zn和Br。

**【解】** A K，第四周期，ⅠA

B Zn，第四周期，ⅡB

C Ca，第四周期，ⅡA

D Br，第四周期，ⅦA

# 习 题

**1. 填空题**

(1) $n=2$ 电子层内可能有的原子轨道数是（　　　　）。

(2) $n=4$ 电子层内可能有的运动状态数是（　　　　）。

(3) $l=3$ 能级的简并轨道数是（　　　　）。

(4) $n=3$，$m=0$，可允许的最多电子数为（　　　　）。

(5) 微观粒子具有的特征是（　　　　）。

(6) 写出下列各种情况的合理量子数。

① $n$ 为（　　　　　　），$l=2$，$m=0$，$m_s=-\dfrac{1}{2}$

② $n=2$，$l=0$，$m=$（　　　　　　），$m_s=+\dfrac{1}{2}$

③ $n=2$，$l=$（　　　　　　），$m=0$，$m_s=+\dfrac{1}{2}$

④ $n=3$，$l=0$，$m=$（　　　　　　），$m_s=-\dfrac{1}{2}$

⑤ $n=4$，$l=1$，$m=0$，$m_s=$（　　　　　　）

(7) 某元素的原子序数比氩小，当它失去一个电子后，最外层 $l=2$ 的轨道内电子为全充满状态，则该元素的基态原子价层电子构型为（　　　　　　）。

(8) 周期表可按（　　　　　　）分为（　　　　　　）个区。s 区，其外层电子构型的通式是（　　　　　　）；（　　　　　　）区，其外层电子构型的通式是 $n s^2 n p^{1\sim6}$；d 区，其外层电子构型的通式是（　　　　　　）；ds 区，其外层电子构型的通式是（　　　　　　）。

(9) 某 +1 价金属离子有 10 个价电子，价电子的主量子数 $n=3$、角量子数 $l=2$，该元素位于周期表中第（　　）周期（　　）族。

(10) 具有下列原子外层电子构型的五种元素：① $2s^2$　② $2s^2 2p^1$　③ $2s^2 2p^2$　④ $2s^2 2p^3$　⑤ $2s^2 2p^4$。以元素符号表示第一电离能最小的是（　　　　　　），最大的是（　　　　　　），电子亲和能大小发生反常的两种元素是（　　　　　　）。

(11) 对于① $H_2$　② $CH_4$　③ $CHCl_3$　④氨水　⑤溴与水之间，只存在色散力的是（　　　　　　）；只有色散力和诱导力的是（　　　　　　）；既有色散力又有诱导力的是（　　　　　　）；不仅有分子间力，还有氢键的是（　　　　　　）。

(12) $H_2O$，$H_2S$，$H_2Se$ 三物质，色散力按（　　　　　　）顺序递增，沸点按（　　　　　　）顺序递增。

(13) 某元素基态原子，有量子数 $n=4$、$l=0$、$m=0$ 的一个电子，有 $n=3$、$l=2$ 的 5 个电子，该原子的价层电子构型为（　　　　　　），位于周期表第（　　　　　　）周期、第（　　　　　　）族，元素名称（　　　　　　），元素符号（　　　　　　）。

(14) $NCl_3$ 的中心原子的杂化轨道类型是（　　　　　　），分子构型为（　　　　　　）。

(15) $PF_3$ $\mu=3.44\times10^{-30}$ C·m，$BF_3$ $\mu=0$，故 $PF_3$ 分子的空间构型为（　　　　　　），是（　　　　　　）分子；$BF_3$ 分子的空间构型为（　　　　　　），是（　　　　　　）分子。

(16) 元素周期表在学习研究中有很重要的作用。市场上流行一种"富硒鸡蛋"，其中的硒是人体必需的微量元素，推断原子序数为 34 的元素硒在元素周期表中的位置：位于第（　　）周期，第（　　）族，（　　）区。

**2. 选择题**

(1) 下列各组量子数 $(n, l, m, m_s)$ 取值合理的是（　　）。

A. $\left(2, 1, -1, -\dfrac{1}{2}\right)$ 　　　　　　　　B. $\left(2, 3, 0, -\dfrac{1}{2}\right)$

C. $(3, 1, 1, 0)$ 　　　　　　　　　　　　D. $\left(0, 0, -2, +\dfrac{1}{2}\right)$

(2) 用原子轨道光谱学符号表示下列各套量子数为 5p 的是（　　）。

A. $n=5$，$l=0$，$m=0$ 　　　　　　　B. $n=5$，$l=2$，$m=1$

C. $n=5$，$l=1$，$m=0$          D. $n=5$，$l=3$，$m=-1$

（3）具有下列价电子构型的基态原子中，第一电离能最小的是（　　　）。

A. $2s^2 2p^2$          B. $2s^2 2p^3$

C. $2s^2 2p^4$          D. $2s^2 2p^5$

（4）下列分子中，属于极性分子的是（　　　）。

A. $CCl_4$          B. $BF_3$

C. $BeF_2$          D. $H_2O$

（5）原子序数为 24 的元素，其基态原子的价层电子构型应是（　　　）。

A. $3d^4 4s^2$          B. $3d^5 4s^1$

C. $3d^3 4s^3$          D. $3d^9 4s^1$

（6）原子序数为 29 的元素，其基态原子核外电子的排布应是（　　　）。

A. $[Ar]\, 3d^{10} 4s^2$          B. $[Ar]\, 3d^{10} 4s^1$

C. $[Ar]\, 3d^9 4s^2$          D. $[Ar]\, 3d^9 4s^1$

（7）下列各组分子中，中心原子均采取 $sp^3$ 不等性杂化的是（　　　）。

A. $H_2O$ 和 $NH_3$          B. $BCl_3$ 和 $NH_3$

C. $CH_4$ 和 $H_2S$          D. $H_2O$ 和 $BF_3$

（8）$CH_4$ 分子中 C 原子是采取（　　　）杂化轨道成键的。

A. sp          B. $sp^2$

C. $sp^3$          D. $d^2 sp^3$

（9）下列物质存在氢键的是（　　　）。

A. $H_2O$          B. $CH_4$

C. $H_2S$          D. HCl

（10）下列分子中，偶极矩等于 0 的为（　　　）。

A. $H_2S$          B. $PCl_3$

C. $CS_2$          D. $NH_3$

**3.** 判断题（正确的在括号中填"√"号，错的填"×"号）

（1）电子具有波粒二象性，故每个电子都既是粒子又是波。（　　　）

（2）电子的波动性是大量电子运动表现出的统计规律的结果。（　　　）

（3）波函数 $\psi$，即原子轨道，是描述电子空间运动状态的数学函数式。（　　　）

（4）两原子以共价键结合时，化学键为 σ 键；以共价多重键结合时，化学键均为 π 键。（　　　）

（5）所谓 $sp^3$ 杂化，是指 1 个 s 电子与 3 个 p 电子的混杂。（　　　）

（6）色散力不仅存在于非极性分子间。（　　　）

（7）碳-碳双键的键能大于碳-碳单键的键能，小于 2 倍的碳-碳单键键能。（　　　）

（8）非极性分子中只有非极性共价键。（　　　）

（9）共价键有两个基本特征：饱和性和方向性。（　　　）

（10）一般说来，分子间力越大，物质的熔点、沸点越高。（　　　）

**4.** 简答题

（1）什么叫波粒二象性？证明电子有波粒二象性的实验基础是什么？

（2）已知甲元素是第三周期 p 区元素，其最低氧化态为 −1，乙元素是第四周期 d 区元素，其最高氧化态为 +4。试填下表：

| 元素 | 外层电子构型 | 族 | 金属或非金属 | 电负性相对高低 |
|---|---|---|---|---|
| 甲 | | | | |
| 乙 | | | | |

（3）用原子轨道光谱学符号表示下列各套量子数

① $n=2$，$l=1$，$m=-1$

② $n=3$，$l=2$，$m=1$

③ $n=5$，$l=0$，$m=0$

④ $n=4$，$l=2$，$m=0$

⑤ $n=2$，$l=0$，$m=0$

（4）符合下列每一种情况的各是哪一族或哪一种元素？

① 最外层有 6 个 p 电子。

② +3 价离子的电子构型与氩原子实 [Ar] 相同。

③ 3d 轨道全充满，4s 轨道只有 1 个电子。

④ 电负性相差最大的两种元素。

⑤ 在 $n=4$，$l=0$ 轨道上的两个电子和 $n=3$，$l=2$ 轨道上的 5 个电子是价电子。

（5）第四能级组包含哪几个能级？有几条原子轨道？该能级组是第几周期？可含有多少种元素？

（6）已知四种元素的原子的价电子层结构分别为：① $4s^1$　② $3s^2 3p^4$　③ $3d^5 4s^2$　④ $3d^{10} 4s^1$。试指出：它们在周期系中各处于哪一区？哪一周期？哪一族？它们的最高正氧化态各是多少？

（7）第四周期某元素，其原子失去 2 个电子，在 $l=2$ 的轨道内电子全充满，试推断该元素的原子的价电子层结构、原子序数，并指出位于周期表中哪一族？哪一区？

（8）元素钛的电子构型是 [Ar] $3d^2 4s^2$，试问这 22 个电子①属于哪几个电子层？哪几个亚层？②填充了几个能级组的多少个能级？③占据着多少条原子轨道？④其中单电子轨道有几条？

（9）指出下列分子中心原子的杂化方式，判断是极性分子还是非极性分子并说明其空间构型。

$BCl_3$、$CH_3Cl$、$PF_3$、$CS_2$

（10）根据下列条件确定元素在周期表中的位置，并指出元素原子序数、元素名称及符号。

①基态原子中有 $3d^6$ 电子；②基态原子的电子构型为 [Ar] $3d^{10} 4s^1$；③ $M^{2+}$ 型阳离子的 3d 能级为半充满；④ $M^{3+}$ 型阳离子和 $F^-$ 的电子构型相同；⑤ [Ar] $3d^6 4s^2$

（11）徐光宪先生被誉为"中国稀土之父"。稀土元素被称为"工业维生素"和"工业黄金"。他提出了适于稀土溶剂萃取分离的"串级萃取理论"，引导稀土分离技术的全面革新，使中国稀土分离技术和产业化水平跃居世界首位，促进了中国从稀土资源储量大国向生产和应用大国的飞跃。回答稀土元素的组成，写出元素名称和符号。

（12）我国提出争取在 2030 年前实现碳达峰，2060 年前实现碳中和，这对于改善环境、实现绿色发展至关重要。"碳中和"是指 $CO_2$ 的排放总量和减少总量相当。为了实现"碳达峰"和"碳中和"的目标，将 $CO_2$ 转化成可利用的化学能源的"负碳"技术是世界各国关注的焦点。回答问题：① 已知 $CO_2$ 分子构型为直线型，指出 $CO_2$ 分子中心碳原子的杂化轨道类型？判断 $CO_2$ 分子是极性分子还是非极性分子？② 通过研发催化剂将 $CO_2$ 还原为甲醇能否实现碳中和，说出理由。

（13）我国药学家屠呦呦获得了 2015 年诺贝尔生理学或医学奖。她从中医药古典文献中获取灵感，发现了青蒿素，开创疟疾治疗新方法，挽救了全球数百万人的生命。请你说出青蒿素（结构式如下图，化学式为 $C_{15}H_{22}O_5$）结构中碳原子有几种杂化方式？

# 习题参考答案

**1. 填空题**

（1）4

（2）32

（3）7

（4）6

（5）波粒二象性

（6）①≥3 的正整数；②0；③0、1；④0；⑤$\pm\frac{1}{2}$

（7）$3d^{10}4s^1$

（8）元素原子的价电子构型，六，$ns^{1\sim2}$，p，$(n-1)d^{1\sim10}ns^{1\sim2}$（Pd 为 $4d^{10}$），$(n-1)d^{10}ns^{1\sim2}$

（9）四，IB

（10）B，N，Be 和 N

（11）①②，⑤，③④，④

（12）$H_2O$，$H_2S$，$H_2Se$；$H_2S$，$H_2Se$，$H_2O$

（13）$3d^5 4s^1$，四，ⅥB，铬，Cr

（14）$sp^3$ 不等性杂化，三角锥

（15）三角锥型，极性；平面三角形，非极性

（16）四，VIA，p

**2. 选择题**

（1）A　　（2）C　　（3）A　　（4）D　　（5）B　　（6）B　　（7）A

（8）C　　（9）A　　（10）C

**3. 判断题**

（1）×　　（2）√　　（3）√　　（4）×　　（5）×　　（6）√　　（7）√

（8）×　　（9）√　　（10）√

**4. 简答题**

（1）**答**　波粒二象性：光在传播时表现出波动性，具有波长、频率，出现干涉、衍射等

现象；光在与其他物体作用时表现出粒子性，如光电效应就是粒子性的表现。即光具有波粒二象性。德布罗意提出一切实物微粒都具有波粒二象性。

证明电子有波粒二象性的实验基础是戴维逊和革尔麦的电子衍射实验。

（2）答

| 元素 | 外层电子构型 | 族 | 金属或非金属 | 电负性相对高低 |
|------|------|------|------|------|
| 甲 | $3s^2 3p^5$ | ⅦA | 非金属 | 高 |
| 乙 | $3d^2 4s^2$ | ⅣB | 金属 | 低 |

（3）答　①2p　②3d　③5s　④4d　⑤2s

（4）答　①ⅧA（He 除外）　②Sc　③Cu　④F、Cs　⑤Mn

（5）答　第四能级组包含 4s、3d、4p 能级，有 9 条原子轨道，该能级组是第四周期，含有 18 种元素。

（6）答　①$4s^1$　s 区，第四周期，ⅠA　　＋1

②$3s^2 3p^4$　p 区，第三周期，ⅥA　　＋6

③$3d^5 4s^2$　d 区，第四周期，ⅦB　　＋7

④$3d^{10} 4s^1$　ds 区，第四周期，ⅠB　　＋3

【说明】Cu 的最高正氧化态是＋3，Cu（Ⅲ）化合物很少，如 $K_3[CuF_6]$、$KCuO_2$。比较常见氧化态是＋1 和＋2。

（7）答　价电子层结构 $3d^{10} 4s^2$，原子序数 30，位于周期表中ⅡB，ds 区。

（8）答　钛的电子构型是 $[Ar]3d^2 4s^2$，这 22 个电子①属于 K、L、M、N 四个电子层，1s、2s、2p、3s、3p、3d、4s 共 7 个亚层。②填充了 4 个能级组的 7 个能级。③占据着 12 条原子轨道。④其中单电子轨道有 2 条。

（9）答　$BCl_3$，$sp^2$ 杂化，非极性分子，平面正三角形构型。

$CH_3Cl$，$sp^3$ 杂化，极性分子，四面体构型。

$PF_3$，$sp^3$ 不等性杂化，极性分子，三角锥型。

$CS_2$，sp 杂化，非极性分子，直线型构型。

（10）答　① 原子序数 26；元素名称铁，符号 Fe；第四周期，第ⅧB。

② 原子序数 29；元素名称铜，符号 Cu；第四周期，第ⅠB。

③ 原子序数 25；元素名称锰，符号 Mn；第四周期，第ⅦB。

④ 原子序数 13；元素名称铝，符号 Al；第四周期，第ⅢA。

⑤ 原子序数 26；元素名称铁，符号 Fe；第四周期，第ⅧB。

（11）答　15 种镧系元素（用 Ln 表示），加上钪（Sc）和钇（Y），共 17 种元素，称为稀土元素，用 RE 表示。其中镧系元素包括镧 La、铈 Ce、镨 Pr、钕 Nd、钷 Pm、钐 Sm、铕 Eu、钆 Gd、铽 Tb、镝 Dy、钬 Ho、铒 Er、铥 Tm、镱 Yb、镥 Lu。

（12）答　①$CO_2$ 中心碳原子的杂化轨道类型是 sp 杂化。是非极性分子。

② $CO_2$ 还原为甲醇能实现碳中和。"碳中和"是指 $CO_2$ 的排放总量和减少总量相当。为促进碳中和，最直接有效的方式应该是将排放出的 $CO_2$ 转化为可以利用的燃料。通过研发催化剂将 $CO_2$ 还原为甲醇的反应中消耗 $CO_2$，可以有效促进碳中和。

（13）答　青蒿素分子中碳原子采取 $sp^2$、$sp^3$ 杂化。青蒿素分子中碳氧双键中的碳原子采取 $sp^2$ 杂化，饱和碳原子采用 $sp^3$ 杂化。

# 第五章

## 元素选论

Chapter 05

# 内容提要

## 一、元素的通性

### 1. s 区元素

s 区元素包括 IA 族（碱金属：锂、钠、钾、铷、铯、钫）和 ⅡA 族（碱土金属：铍、镁、钙、锶、钡、镭）元素。

(1) 价电子构型　$ns^1$ 和 $ns^2$。

(2) 氧化态　氧化数分别为 +1 和 +2。

(3) 规律　同族元素自上而下原子半径、离子半径逐渐增大，电离能、电负性逐渐减小，金属性、还原性逐渐增强。均为典型的金属元素，碱金属和碱土金属元素的金属性很强，只能以化合态存在于自然界中。

### 2. p 区元素

p 区元素包括 ⅢA～ⅦA 主族，目前共有 30 种元素。它包括金属、非金属、准金属三类元素。

(1) 价电子构型　$ns^2np^{1\sim5}$。

(2) 氧化态　经常出现两种或两种以上的氧化态。

(3) 规律　对于同周期元素由于 p 轨道上电子数不同而呈现出明显的不同性质，如 13 号元素铝是两性金属，而 17 号元素氯却是典型的非金属。对于同一族元素，原子半径从上到下逐渐增大，而有效核电荷只是略有增加。因此金属性逐渐增强，而非金属性逐渐减弱。

### 3. d 区元素

d 区元素包括 ⅢB～ⅧB 族所有元素。

(1) 价电子构型　$(n-1)d^{1\sim10}ns^{1\sim2}$。

(2) 氧化态　氧化值多变。

(3) 规律　d 区元素均为金属元素，元素单质的金属性很强。d 区元素具有较强的配位性。此外，d 区元素的多数元素的中性原子能形成羰基配合物，如 $Fe(CO)_5$、$Ni(CO)_4$ 等。这是该区元素的一大特性。由于电子发生了 d-d 跃迁，使得 d 区元素的许多水合离子、配离子都呈现颜色。具有 $d^0$、$d^{10}$ 构型的离子，不能发生 d-d 跃迁，因此是无色的。

### 4. ds 区元素

ds 区元素包括 ⅠB、ⅡB 族元素，主要指铜副族（Cu、Ag、Au、Rg）和锌副族（Zn、

Cd、Hg、Cn）的八种元素。

（1）价电子构型　$(n-1)d^{10}ns^{1\sim2}$，ds 区元素的最外层 s 电子和次外层部分的 d 电子都是价电子。

（2）氧化态　常见的氧化数为 +1 和 +2。

（3）规律　ds 区元素都具有特征的颜色，铜呈紫色，银呈白色，金呈黄色，锌呈微蓝色，镉和汞都呈白色。由于 ds 区元素的 $(n-1)d$ 轨道处于全充满的状态，不参与成键，单质内的金属键较弱，因此与 d 区元素比较，ds 区元素有相对较低的熔点、沸点。此外，ds 区元素大多具有较高的延展性、导电性和导热性。金是所有金属中延展性最好的，银是所有金属中导电性、导热性最好的。

## 二、重要元素及其化合物

### 1. s 区元素

（1）钠和钾

① 氢氧化钠（钾）。氢氧化钠（钾）俗称苛性钠（钾），也称烧碱。NaOH（KOH）的水溶液呈强碱性，可以与酸和许多金属氧化物、非金属氧化物生成钠（钾）盐。碱金属的氢氧化物碱性强弱的次序为：

$$\text{LiOH} \quad < \quad \text{NaOH} \quad < \quad \text{KOH} \quad < \quad \text{RbOH} \quad < \quad \text{CsOH}$$
　　中强碱　　　　强碱　　　　强碱　　　　强碱　　　　强碱

② 碳酸钠与碳酸氢钠。碳酸钠俗称纯碱或苏打，是最重要的化工原料之一，是制备其他钠盐和碳酸盐的原料。碳酸氢钠又称小苏打，白色粉末，可溶于水，但溶解度不大，其水溶液呈碱性。

③ 氯化钠和氯化钾。氯化钠俗称食盐，它是透明晶体，味咸，易溶于水，其溶解度受温度影响较小。氯化钾是白色晶体，易溶于水，是制取金属钾和其他钾化合物的基本原料，是酸性钾肥。

（2）镁和钙　碱土金属的氢氧化物碱性强弱的次序为：

$$\text{Be(OH)}_2 \quad < \quad \text{Mg(OH)}_2 \quad < \quad \text{Ca(OH)}_2 \quad < \quad \text{Sr(OH)}_2 \quad < \quad \text{Ba(OH)}_2$$
　　两性　　　　中强碱　　　　强碱　　　　强碱　　　　强碱

① 氧化镁和氧化钙。氧化镁俗称苦土，是一种白色粉末，难溶于水，具有碱性氧化物的通性，熔点约为 2852℃。氧化钙俗称生石灰，是一种白色块状或粉末状的固体，熔点约为 2613℃，具有碱性氧化物的通性。

② 氯化镁和氯化钙。氯化镁是重要的碱金属氯化物，是生产金属镁的重要原料。氯化钙极易溶于水，也溶于乙醇。无水 $CaCl_2$ 有很强的吸水性，实验室常用其作干燥剂，但不能用于干燥氨气及乙醇。

③ 硫酸钙和碳酸钙。硫酸钙在自然界中以二水合物石膏矿（$CaSO_4 \cdot 2H_2O$）的形式存在。将其加热到 150℃ 左右时，就会变成半水合物熟石膏（$CaSO_4 \cdot \frac{1}{2}H_2O$）。碳酸钙天然存在的有石灰石、白垩石、大理石等。石灰石在地壳中的含量仅次于硅酸盐岩石。碳酸钙微溶于水，但却易溶解在含有 $CO_2$ 的水中。

$$CaCO_3 + CO_2 + H_2O \Longrightarrow Ca(HCO_3)_2$$

### 2. p 区元素

（1）铝　第ⅢA族元素，价电子构型为 $3s^23p^1$，是典型的两性金属，铝的电离能较小，电负性为 1.5。铝的标准电极电势为 $-1.66V$。铝不能从水中置换出氢气，在冷的浓 $H_2SO_4$ 和浓 $HNO_3$ 中呈钝化状态。

$$2Al+6HCl \xrightarrow{\phantom{xx}} 2AlCl_3+3H_2\uparrow$$
$$2Al+3H_2SO_4 \xrightarrow{\phantom{xx}} Al_2(SO_4)_3+3H_2\uparrow$$
$$2Al+2NaOH+2H_2O \xrightarrow{\phantom{xx}} 2NaAlO_2+3H_2\uparrow$$

① 氧化铝。$Al_2O_3$ 俗称矾土，是离子型晶体，具有很高的熔点和硬度。

② 氢氧化铝。两性氢氧化物，溶于盐酸、硫酸生成相应的铝盐，溶于强碱生成铝酸盐。不溶于水及有机溶剂。

(2) 碳和硅　第 ⅣA 族元素，价电子构型为 $ns^2np^2$，生成氧化数为 $+4$ 和 $+2$ 的化合物。

① 二氧化碳。$CO_2$ 是一种无色无味的气体，很容易液化。固态 $CO_2$ 俗称"干冰"，属于分子晶体。

$CO_2$ 可溶于水，溶于水的 $CO_2$ 部分与水作用生成碳酸。

$CO_2$ 分子的几何构型为直线型，C 原子除了与两个 O 原子形成两个 $\sigma$ 键外，与两个氧原子还形成两个三原子四电子的大 $\pi$ 键。分子的结构为：

$$:\overset{\cdot\cdot}{O}—C—\overset{\cdot\cdot}{O}:$$

② 碳酸。$CO_2$ 溶于水形成碳酸。$H_2CO_3$ 仅存在于水溶液中，而且浓度很小，浓度增大时立即分解放出 $CO_2$。

③ 二氧化硅。二氧化硅是一种坚硬、脆性、难溶的无色晶体。二氧化硅是原子晶体。

$$SiO_2+6HF(aq) \xrightarrow{\phantom{xx}} H_2SiF_6+2H_2O$$
$$SiO_2+2OH^- \xrightarrow{\phantom{xx}} SiO_3^{2-}+H_2O$$
$$SiO_2+Na_2CO_3 \xrightarrow{\phantom{xx}} Na_2SiO_3+CO_2\uparrow$$

④ 硅酸。硅酸的种类很多，它的组成因条件不同而不同，常用通式 $xSiO_2 \cdot yH_2O$ 表示。常用化学式 $H_2SiO_3$ 来表示硅酸。

(3) 氮和磷　第 ⅤA 族元素，它们的价电子构型为 $ns^2np^3$。氮分子是双原子分子，两个氮原子以三键结合。氮气无色、无味、无臭，微溶于水。常温下，氮气的化学性质不活泼，不与任何单质化合。白磷 $P_4$ 是四面体构型，化学性质很活泼，容易被氧化，在空气中能自燃，因此必须把它保存在冷水中。$P_4$ 是非极性分子，溶于非极性溶剂中。红磷的结构比较复杂，其化学性质不如白磷活泼。红磷不溶于有机溶剂。黑磷也不溶于有机溶剂。黑磷具有导电性。

① 氨。氨是一种无色易溶于水有强刺激味的气体。它的熔点和沸点都高于同族元素的氢化物。$NH_3$ 的几何构型为三角锥型，N 原子采取不等性 $sp^3$ 杂化。化学性质较活泼，能与许多物质发生反应。可以作为路易斯碱与一些路易斯酸发生反应。

② 硝酸。纯硝酸是无色液体，具有强氧化性，很多金属元素单质（如碳、磷、硫等）都可被硝酸氧化生成相应的氧化物或含氧酸。

③ 磷的含氧酸。磷的含氧酸按其氧化值的不同可分为：次磷酸（$H_3PO_2$）、亚磷酸（$H_3PO_3$）和磷酸（$H_3PO_4$）等。次磷酸（$H_3PO_2$）极易溶于水，常温下比较稳定，

是较强的还原剂，是一元中强酸。亚磷酸（$H_3PO_3$）为二元酸，亚磷酸及其盐都是较强还原剂。磷酸（$H_3PO_4$）是磷的含氧酸中最稳定的酸，是三元酸，具有很强的配位能力。

（4）氧和硫　第ⅥA族元素，它们的价电子构型为 $ns^2np^4$。氧单质有两种同素异形体：氧气（$O_2$）和臭氧（$O_3$）。氧气是无色、无味的气体，非极性分子。$O_3$ 是淡蓝色的气体，有一种鱼腥味。分子的构型为 V 型，中心氧原子采取 $sp^2$ 杂化，三原子四电子的大 π 键 $\pi_3^4$。$O_3$ 的氧化性比 $O_2$ 强。硫在自然界中以单质或化合物的状态存在。单质硫俗称硫黄，是分子晶体，不溶于水。硫的化学性质较活泼，能与许多金属直接化合生成硫化物，也能与氢、氧、卤素（碘除外）、碳、磷等非金属直接作用生成相应的共价化合物。

① 过氧化氢。过氧化氢（$H_2O_2$）的水溶液一般称为双氧水。2 个氧原子都是以 $sp^3$ 杂化轨道成键。

② 硫酸。纯硫酸是无色的油状液体，是一个二元酸，具有强的吸水性和脱水性，是一种相当强的氧化剂。

（5）卤族元素及其化合物　第ⅦA族元素称卤族元素，简称卤素。由氟（F）、氯（Cl）、溴（Br）、碘（I）、砹（At）、鿬（Ts）六种元素组成。价电子构型为 $ns^2np^5$，氧化数为 $-1$。同主族，自上而下，卤素的原子半径逐渐增大，电负性逐渐减小，非金属性逐渐减弱。卤素单质的氧化性依次减弱：$F_2>Cl_2>Br_2>I_2$；而卤素离子的还原能力的大小顺序为：$F^-<Cl^-<Br^-<I^-$。卤素单质熔、沸点顺序：$F_2<Cl_2<Br_2<I_2$。

① 卤化氢。卤化氢的水溶液称为氢卤酸。卤化氢都是极性分子，卤化氢的极性按 HF>HCl>HBr>HI 的顺序递减。氢卤酸的酸性按 HF<HCl<HBr<HI 的顺序依次增强。卤化氢和氢卤酸的还原性按 HF<HCl<HBr<HI 的顺序依次增强。

② 卤素的含氧酸。卤素含氧酸及其盐都具有较强的氧化性。次卤酸（HXO）酸性变化次序是 HClO>HBrO>HIO，其氧化性的次序也是 HClO>HBrO>HIO。卤酸（$HXO_3$）的酸性按 $HClO_3>HBrO_3>HIO_3$ 次序依次减弱。高卤酸（$HXO_4$，$HIO_4$ 称偏高碘酸。$H_5IO_6$ 称正高碘酸）的酸性强弱次序是 $HClO_4>HBrO_4>H_5IO_6$，氧化性则以 $HBrO_4>H_5IO_6>HClO_4$ 次序减弱。同种成酸原子的卤素含氧酸的酸性强弱次序（以 Cl 的含氧酸为例）是 $HClO_4>HClO_3>HClO_2>HClO$。

**3. d 区元素**

（1）重铬酸钾　重铬酸钾（$K_2Cr_2O_7$）是铬的重要盐类，俗称红钾矾，为橙红色晶体。重铬酸钾在酸性溶液中有强氧化性，能氧化 KI、$H_2S$、$H_2SO_3$、$FeSO_4$ 等许多物质，本身被还原为 $Cr^{3+}$，是分析化学中常用的氧化剂之一。

（2）高锰酸钾　高锰酸钾是紫黑色固体，易溶于水，受热或见光易分解。高锰酸钾具有氧化性，其氧化能力随介质酸性增强而增强，其还原产物也因介质的酸碱性不同而不同。

**4. ds 区元素**

（1）硫酸铜　硫酸铜（$CuSO_4 \cdot 5H_2O$）俗称胆矾、蓝矾。$CuSO_4 \cdot 5H_2O$ 可逐步失去水，在 250 ℃时可失去水变为无水硫酸铜。无水硫酸铜为白色粉末，不溶于乙醇和乙醚，它具有很强的吸水性，吸水后即呈蓝色。

（2）硝酸银　固体硝酸银或其溶液都是氧化剂，即使在室温条件下，许多有机物都能将它还原成黑色银粉。

（3）氯化锌　无水氯化锌（$ZnCl_2$）是白色晶体，极易溶于水，也易溶于酒精、丙酮等有机溶剂。它的吸水性很强，在有机化学中常用作除水剂和催化剂。

# 例　题

【例 1】如何鉴别纯碱、烧碱和小苏打？

【分析】首先应该明确这些俗名的化学式，纯碱是碳酸钠 $Na_2CO_3$，烧碱是氢氧化钠 $NaOH$，小苏打是 $NaHCO_3$；然后根据它们与酸的反应，最后用水溶液的 pH 值判断即可。

【解】(1) 与盐酸作用放出气体的是 $Na_2CO_3$ 或 $NaHCO_3$，没有气体生成的是 $NaOH$；

$$NaOH+HCl=\!\!=\!\!=NaCl+H_2O$$
$$Na_2CO_3+2HCl=\!\!=\!\!=2NaCl+H_2O+CO_2\uparrow$$
$$NaHCO_3+HCl=\!\!=\!\!=NaCl+H_2O+CO_2\uparrow$$

(2) 将少量 $Na_2CO_3$ 和 $NaHCO_3$ 分别溶于水中，用 pH 试纸检验。溶液的 pH>11 的是 $Na_2CO_3$，溶液的 pH<9 的是 $NaHCO_3$。

【例 2】写出下列反应的离子方程式。

(1) 锌与氢氧化钠的反应

(2) 铜与稀硝酸的反应

(3) 高锰酸钾在酸性溶液中与亚硫酸钠反应

(4) 铝和盐酸的反应

【分析】首先写出反应方程式，其次把易溶于水、易电离的物质拆写成离子形式，再次删去方程式两边不参加反应的离子，最后检查方程式两边的元素和电荷是否守恒。(1) 锌是两性金属，可以溶于强碱中形成配合物；(2) 铜与稀硝酸反应生成一氧化氮；(3) 酸性高锰酸钾是很强的氧化剂；(4) 铝与稀盐酸反应，在冷的浓 $H_2SO_4$ 和浓 $HNO_3$ 中呈钝化状态。

【解】(1) $Zn+2OH^-+2H_2O=\!\!=\!\!=[Zn(OH)_4]^{2-}+H_2\uparrow$

(2) $3Cu+8H^++2NO_3^-=\!\!=\!\!=3Cu^{2+}+2NO\uparrow+4H_2O$

(3) $2MnO_4^-+5SO_3^{2-}+6H^+=\!\!=\!\!=2Mn^{2+}+5SO_4^{2-}+3H_2O$

(4) $2Al+6H^+=\!\!=\!\!=2Al^{3+}+3H_2\uparrow$

【例 3】解释下列现象

(1) 银器在含有 $H_2S$ 空气中变黑

(2) 铜器在潮湿的空气中会生成"铜绿"

(3) 焊接金属时，常用浓氯化锌溶液处理金属表面

【分析】(1) 银在空气中稳定，在室温下不与氧气和水反应，即使在高温下也不与氢气、氮气或碳等作用。但在室温下银与含硫化氢的空气接触时，表面会生成一层黑色的 $Ag_2S$。(2) 铜在干燥的空气中很稳定，有 $CO_2$ 及潮湿的空气时，则在其表面生成绿色的碱式碳酸铜 $[Cu_2(OH)_2CO_3]$，俗称铜绿。(3) 氯化锌的浓溶液通常称为焊药水，俗名"熟镪水"，在焊接金属时用它溶解、清除金属表面上的氧化物而不损坏金属表面，便于焊接。

【解】(1) 在室温下，银与含硫化氢的空气接触时，表面会生成一层黑色的 $Ag_2S$：

$$4Ag+2H_2S+O_2=\!\!=\!\!=2Ag_2S+2H_2O$$

(2) 铜在有 $CO_2$ 及潮湿的空气时，则在其表面生成绿色的碱式碳酸铜 $[Cu_2(OH)_2CO_3]$，俗称铜绿。

$$2Cu+O_2+H_2O+CO_2=\!\!=\!\!=Cu_2(OH)_2CO_3$$

*（3）氯化锌的浓溶液通常称为焊药水，俗名"熟镪水"，在焊接金属时用它溶解、清除金属表面上的氧化物而不损坏金属表面，便于焊接。

$$ZnCl_2 \cdot H_2O \Longrightarrow H[ZnCl_2(OH)]$$
$$2H[ZnCl_2(OH)] + FeO \Longrightarrow H_2O + Fe[ZnCl_2(OH)]_2$$

**【例 4】** 化合物 A 溶于水得一浅蓝色溶液，在 A 溶液中加入 NaOH 溶液可得浅蓝色沉淀 B。B 能溶于 HCl 溶液，也能溶于氨水。A 溶液中通入 $H_2S$ 有黑色沉淀 C 生成。C 难溶于 HCl 溶液，而溶于热 $HNO_3$ 溶液中。在 A 溶液中加入 $Ba(NO_3)_2$ 溶液，没有沉淀生成，而加入 $AgNO_3$ 溶液，有白色沉淀 D 生成。D 溶于氨水。试判断 A、B、C、D 为何物质，并写出有关反应式。

**【分析】** $CuCl_2$ 溶于水后水合铜离子是浅蓝色；在 $CuCl_2$ 中加入 NaOH 得到浅蓝色 $Cu(OH)_2$ 沉淀，$Cu(OH)_2$ 既能溶于盐酸，也能溶于氨水生成铜氨配离子。$CuCl_2$ 通入 $H_2S$ 有黑色沉淀 CuS 生成，CuS 难溶于 HCl 溶液，而溶于热 $HNO_3$ 溶液中。$CuCl_2$ 中加入 $Ba(NO_3)_2$ 溶液，没有沉淀生成，而加入 $AgNO_3$ 溶液，有白色沉淀 AgCl 生成。AgCl 溶于氨水生成银氨配离子。

**【解】** A：$CuCl_2$　　　　B：$Cu(OH)_2$　　　　C：CuS　　　　D：AgCl

有关反应式如下：$Cu^{2+} + 2OH^- \Longrightarrow Cu(OH)_2 \downarrow$
$$Cu(OH)_2 + 2H^+ \Longrightarrow Cu^{2+} + 2H_2O$$
$$Cu^{2+} + H_2S \Longrightarrow CuS \downarrow + 2H^+$$
$$3CuS + 8H^+ + 2NO_3^- \Longrightarrow 3Cu^{2+} + 2NO \uparrow + 4H_2O + 3S \downarrow$$
$$Ag^+ + Cl^- \Longrightarrow AgCl \downarrow$$
$$AgCl(s) + 2NH_3 \cdot H_2O \Longrightarrow [Ag(NH_3)_2]Cl + 2H_2O$$

# 习　题

**1. 填空题**

（1）碱金属和碱土金属的氢氧化物中只有（　　　　　　　）呈两性。

（2）实验室将金属钠存放在（　　　　　）中。

（3）$H_2O_2$ 分子中存在（　　　　　　）键，氧原子采取（　　　　　　　　）杂化。

（4）卤化氢中还原性最强的是（　　　　　）。

（5）氧单质有两种同素异形体是（　　　　）和（　　　　　　）。

（6）$K_2Cr_2O_7$ 中 Cr 的氧化数是（　　　　　　　　）。

（7）比较酸性的大小（在括弧内填＜或＞）：$HClO_4$（　　）$HBrO_4$（　　）$H_5IO_6$。

（8）医学上常用作钡餐的化合物是（　　　　　　）。

（9）在 ds 区元素中，（　　）是所有金属中延展性最好的，（　　）是所有金属中导电性、导热性最好的。

（10）在 d 区元素中，（　　　）的熔点最高。

**2. 选择题**

（1）下列物质中热稳定性最高的是（　　）。

A. $BeCO_3$　　　　　B. $MgCO_3$　　　　　C. $CaCO_3$　　　　　D. $BaCO_3$

（2）下列物质加入水中有气体放出的是（　　）。

A. Na          B. $Na_2O$          C. $Na_2CO_3$          D. $NaHCO_3$

(3) 下列物质中碱性最强的是（　　）。

A. $K_2O$          B. $MgO$          C. $CaO$          D. $Al_2O_3$

(4) 在卤化氢中沸点最高的是（　　）。

A. $HCl$          B. $HBr$          C. $HI$          D. $HF$

(5) 下列物质不能盛放在玻璃瓶中的酸是（　　）。

A. $H_2SO_4$          B. $HCl$          C. $HF$          D. $HNO_3$

(6) 下列酸的酸性强弱正确的是（　　）。

A. $HNO_3 < HNO_2$          B. $H_2SO_4 > H_2SO_3$

C. $HI < HCl$          D. $HIO_3 < HClO_3$

(7) 把铁片插入下列溶液中，铁片能溶解并且能使溶液质量减轻的是（　　）。

A. $CuSO_4$          B. $Fe_2(SO_4)_3$

C. $ZnSO_4$          D. 稀 $H_2SO_4$

(8) 用来干燥氨气的干燥剂是（　　）。

A. 浓硫酸          B. 五氧化二磷          C. $NaOH$ 水溶液          D. 氯化钙

**3.** 判断题（正确的在括号中填"√"号，错的填"×"号）

(1) 碱金属的碳酸盐均易溶于水，碱土金属的碳酸盐均难溶于水。（　　）

(2) 碱金属元素是最活泼的金属元素。（　　）

(3) 盐酸具有强的还原性。（　　）

(4) 双氧水在酸性介质中既有氧化性，又有还原性。（　　）

(5) 硼酸是三元酸。（　　）

(6) 含有 d 电子的原子都应该是 d 区元素。（　　）

(7) 高锰酸钾溶液应该盛放在棕色的玻璃瓶中。（　　）

(8) 酸雨是由于二氧化硫气体污染造成的。（　　）

**4.** 简答题

(1) 简述碱金属元素的基本性质及其变化规律。

(2) p 区元素有什么通性？

(3) "温室效应"加剧的原因和后果是什么？

(4) 大气层上的臭氧层对人类生存有何重要性？

(5) 卤素单质的氧化性有何递变规律？与原子结构有何关系？

(6) 浓硫酸具有哪些性质？

(7) 为什么 $O_2$ 分子具有顺磁性？

**5.** 完成并配平下列反应的反应方程式。

(1) $NaH + H_2O \longrightarrow$          (2) $SiO_2 + HF \longrightarrow$

(3) $Au + HNO_3 + 4HCl \longrightarrow$          (4) $MnO_4^{2-} + H_2O \longrightarrow$

(5) $Cr_2O_7^{2-} + H_2S + H^+ \longrightarrow$          (6) $Fe^{3+} + H_2S \longrightarrow$

**6.** 碱金属 A 与水反应激烈，生成的产物 B 溶液呈碱性，B 与 C 反应可得到中性溶液 D，D 在无色火焰中的焰色反应呈黄色。在 D 中加入 $AgNO_3$ 溶液有白色沉淀 E 生成，E 可溶于氨水中。淡黄色粉末状物质 F 可以和金属 A 反应生成 G，G 溶于水得到 B 溶液。F 溶于水则得到 B 和 H 的混合溶液，H 的酸性溶液可使高锰酸钾溶液褪色，并放出气体 I。试确定各字母所代表物质的化学式，写出有关的化学方程式。

# 习题参考答案

**1. 填空题**

(1) $Be(OH)_2$ 　　(2) 煤油 　　　(3) —O—O—，$sp^3$

(4) HI 　　　　(5) $O_2$，$O_3$ 　　(6) +6

(7) >，> 　　　(8) $BaSO_4$ 　　　(9) 金，银 　　(10) 钨

**2. 选择题**

(1) D 　(2) A 　(3) A 　(4) D 　(5) C 　(6) B 　(7) A 　(8) C

**3. 判断题**

(1) × 　(2) √ 　(3) × 　(4) √ 　(5) × 　(6) × 　(7) √ 　(8) √

**4. 简答题**

(1) **答** 碱金属元素（IA族）包括：锂、钠、钾、铷、铯、钫。其原子的价电子构型 $ns^1$，均为典型的金属元素，容易失去 $ns$ 电子因而具有还原性，稳定氧化态的氧化数为+1。碱金属元素自上而下性质的变化是有规律的。碱金属元素自上而下原子半径、离子半径逐渐增大，电离能、电负性逐渐减小，金属性、还原性逐渐增强。碱金属元素的金属性很强，只能以化合态存在于自然界中。

(2) **答** p区元素原子的价电子构型为 $ns^2np^{1\sim5}$，因此它们与其他元素化合时，常常出现两种情况：一种是仅有 p 电子参与反应，另一种是 s、p 电子都参与反应。所以经常出现两种或两种以上的氧化态。对于同周期元素由于 p 轨道上电子数不同而呈现出明显的不同性质，如 13 号元素铝是两性金属，而 17 号元素氯却是典型的非金属。对于同一族元素，原子半径从上到下逐渐增大，而有效核电荷只是略有增加。因此金属性逐渐增强，而非金属性逐渐减弱。

(3) **答** "温室效应"加剧的原因是空气中 $CO_2$ 的浓度逐渐增多。随之带来的后果是全球温度升高，海平面上升；地球上的病虫害增加；气候反常，海洋风暴增多；土地干旱，沙漠化面积增大。

(4) **答** $O_3$ 在地面附近的大气层中含量极少，但在距地球表面 25km 处有一层臭氧层存在，它可以吸收太阳光的紫外辐射，成为保护地球上生命免受太阳强辐射的天然屏障。但由于大气污染的日益严重，臭氧层正在逐渐被破坏，因此保护臭氧层已经成为全球性的战略任务。

(5) **答** 卤素单质的氧化性顺序：$F_2>Cl_2>Br_2>I_2$。这种递变规律是与原子结构有关系的，随着原子半径的增大，卤素单质的氧化性自上而下依次减弱。

(6) **答** 浓硫酸是一个二元酸，具有强的吸水性和脱水性，是一种相当强的氧化剂。

(7) **答** 由于 $O_2$ 的结构为：$O \overset{\cdots}{\underset{\cdots}{-}} O$，有两个未成对电子，具有顺磁性。

**5. 解** 　(1) $NaH + H_2O \Longrightarrow NaOH + H_2\uparrow$

(2) $SiO_2 + 4HF \Longrightarrow SiF_4\uparrow + 2H_2O$

(3) $Au + HNO_3 + 4HCl \Longrightarrow H[AuCl_4] + NO\uparrow + 2H_2O$

(4) $3MnO_4^{2-} + 2H_2O \Longrightarrow 2MnO_4^- + MnO_2\downarrow + 4OH^-$

(5) $Cr_2O_7^{2-} + 3H_2S + 8H^+ \Longrightarrow 2Cr^{3+} + 3S\downarrow + 7H_2O$

(6) $2Fe^{3+} + H_2S = 2Fe^{2+} + S\downarrow + 2H^+$

**6. 解** A：Na     B：NaOH     C：HCl     D：NaCl     E：AgCl     F：$Na_2O_2$

G：$Na_2O$  H：$H_2O_2$   I：$O_2$

反应方程式表示如下：

$$2Na + 2H_2O = 2NaOH + H_2\uparrow$$

$$NaOH + HCl = NaCl + H_2O$$

$$NaCl + AgNO_3 = AgCl\downarrow + NaNO_3$$

$$AgCl(s) + 2NH_3\cdot H_2O = [Ag(NH_3)_2]Cl + 2H_2O$$

$$Na_2O_2 + 2Na = 2Na_2O$$

$$Na_2O + H_2O = 2NaOH$$

$$Na_2O_2 + 2H_2O = H_2O_2 + 2NaOH$$

$$5H_2O_2 + 6H^+ + 2MnO_4^- = 2Mn^{2+} + 5O_2\uparrow + 8H_2O$$

第六章

# 分析化学概论

Chapter 06

# 内容提要

## 一、分析方法的分类

① 根据分析目的不同分为定性分析、定量分析和结构分析。

② 根据分析对象不同分为无机分析和有机分析。

③ 根据分析时所需试样量的多少可分为常量分析、半微量分析、微量分析和超微量分析。

④ 根据分析原理的不同分为化学分析法和仪器分析法。

## 二、误差的分类

（1）系统误差　系统误差是在分析过程中由于某些固定的、经常性的因素所引起的，对测定结果的影响比较恒定。系统误差具有单向性、重现性、可测性。

系统误差可分为：方法误差、仪器误差、试剂误差和操作误差。

（2）随机误差　随机误差是由于测量过程中许多偶然性的、某些随机因素而造成的误差，又称为偶然误差，也叫不可测误差。

偶然误差的分布特点：遵循一般的统计规律。即绝对值大小相等的正、负误差出现的概率相等；小误差出现的概率大，大误差出现的概率小；特别大的误差出现的机会非常小。

减小偶然误差的方法：消除系统误差后，多次测定结果的算术平均值接近真实值。

## 三、误差和偏差的表示方法

### 1. 误差的表征——准确度和精密度

（1）真实值（$x_T$）　某一物质本身具有的客观存在的真实数值，即为该量的真实值。

（2）准确度　表示分析结果与真实值相接近的程度称为准确度。

（3）精密度　化学分析工作要求在同一条件下进行多次平行测定，得到一组数值不等的测量结果，测量结果之间接近的程度称为精密度。

（4）准确度和精密度两者间的关系　准确度表示测量值的平均值与真实值之间的一致程度。精密度是测量值在平均值附近的分散度。

只有在消除了系统误差后，精密度越高，准确度才越高，分析结果才是可信的。

### 2. 误差的表示——误差和偏差

（1）误差（$E$）　准确度的高低用误差来衡量。

绝对误差（$E_a$）是表示测定结果（$x_i$）与真实值（$x_T$）之差。$E_a = x_i - x_T$。

相对误差（$E_r$）是指绝对误差 $E_a$ 在真实值中所占的比率，通常用百分率表示。即：

$$E_r = \frac{E_a}{x_T} \times 100\%$$

（2）偏差　精密度的高低用偏差（$d$）来衡量。

绝对偏差（$d_i$）是个别测定值与相应算术平均值之差。即：

$$d_i = x_i - \overline{x} (i = 1, 2, \cdots, n)$$

相对偏差（$d_r$）是绝对偏差占平均值的比率。即：

$$d_r = \frac{d_i}{\overline{x}} \times 100\%$$

绝对平均偏差（$\overline{d}$）是各次测量结果偏差绝对值的平均值，即：

$$\overline{d} = \frac{|d_1| + |d_2| + \cdots + |d_n|}{n} = \frac{|x_1 - \overline{x}| + |x_2 - \overline{x}| + \cdots + |x_n - \overline{x}|}{n}$$

相对平均偏差（$\overline{d_r}$）是平均偏差在平均值中所占的比率，即：

$$\overline{d_r} = \frac{\overline{d}}{\overline{x}} \times 100\%$$

（3）相差　对于只做两次平行测定的实验数据，可用相差表示精密度。

$$相差 = |x_2 - x_1|$$

$$相对相差 = \left| \frac{x_2 - x_1}{\overline{x}} \right|$$

（4）极差　一组平行测量数据中最大值（$x_{max}$）与最小值（$x_{min}$）之差称为极差，用字母 $R$ 表示。

$$R = x_{max} - x_{min}$$

$$相对极差 = \frac{R}{\overline{x}}$$

## 四、减少分析过程中误差的方法

**1. 选择合适的分析方法**

**2. 减小测量误差**

$$相对误差 = \frac{绝对误差}{试样质量}$$

**3. 消除测量过程中的系统误差**

（1）对照试验　与标准样品作对照、与标准方法作对照、与标准实验室作对照、加入回收法。

（2）空白试验　检验所用试剂、水中有无待测组分。

（3）校准仪器　消除仪器系统误差。

（4）分析结果的校正　将分析结果进行校正。

**4. 增加平行测定次数，减小随机误差**

## 五、有效数字及运算规则

**1. 有效数字**

"有效数字"是指定量分析工作中能测量到的有实际意义的数字。有效数字包括所有的准确数字和最后一位"可疑数字（估读数字）"。

分析化学中常用的一些数据的有效数字位数如下：

| | | |
|---|---|---|
| 试样的质量 | 0.2080（分析天平称量） | 四位 |
| 滴定液的体积 | 10.25mL（滴定管读取） | 四位 |
| 试剂的体积 | 12.1mL（量筒量取） | 三位 |
| 标准溶液的浓度 | $0.1025mol \cdot L^{-1}$ | 四位 |
| 被测组分的质量分数 | 25.08% | 四位 |
| 解离常数 | $K_a^{\ominus} = 1.8 \times 10^{-5}$ | 二位 |
| pH | 4.30，11.02 | 二位 |

### 2. 数字的修约

修约规则是"四舍六入五成双：五后非零就进一，五后皆零视奇偶，五前为偶应舍去，五前为奇则进一"。

## 六、滴定分析概述

### 1. 滴定分析法的定义

滴定分析法是指将一种已知准确浓度的试剂溶液即标准溶液，通过滴定管滴加到一定量的待测组分的溶液中，或将待测溶液滴加到标准溶液中，直到所加试剂与待测组分按化学计量关系恰好完全定量反应为止。

### 2. 滴定分析类型

①酸碱滴定法；②氧化还原滴定法；③配位滴定法；④沉淀滴定法。

### 3. 滴定方式

①直接滴定法；②返滴定法；③置换滴定法；④间接滴定法。

### 4. 标准溶液的配制和基准物质

已知准确浓度的溶液称为标准溶液。一般有两种配制方法，即直接法和间接法。

（1）直接配制法　根据所需溶液的浓度和体积，准确称取一定质量的基准物质，将其溶解后定量转移至容量瓶中，并定容至刻度，通过计算得出标准溶液的准确浓度。

能用于直接配制标准溶液的物质称为基准物质。

在分析化学中，常用的基准物质有纯金属或纯化合物，必须符合下列条件：

① 基准物质必须具有足够的纯度，一般要求其纯度为99.9%以上，所含杂质量应少到不影响分析结果的准确度。

② 基准物质的组成与化学式相符，若含结晶水，结晶水的数量应严格符合化学式，例如 $H_2C_2O_4 \cdot 2H_2O$、$Na_2B_4O_7 \cdot 10H_2O$ 等。

③ 基准物质性质稳定，在配制和贮存过程中应不易发生变化。如烘干时不易分解、称量时不吸湿、不风化、不挥发、不氧化、不还原等。

④ 基准物质应具有较大的摩尔质量，以减少称量的相对误差。

（2）间接配制法（或标定法）　对于不符合基准物质条件的试剂，不能直接配制成标准溶液，可采用间接法。即先配制成近似于所需浓度的溶液，然后选用能与所配溶液定量反应的基准物质或另一种标准溶液测定所配溶液的准确浓度。这种测定所配溶液准确浓度的过程称为标定。

# 例    题

【例1】用分析天平称量 A、B 两物质的质量分别为 0.3558g 和 3.5578g，A、B 的真实值分别为 0.3559g、3.5579g，计算称量的绝对误差和相对误差。

【分析】从上面的结果可知，绝对误差均为 −0.0001g，但相对误差却相差 10 倍。相对误差更能准确地反映测定结果与真实值接近的程度，对于比较在各种情况下测定结果的准确度更为方便。称量质量较大，相对误差较小，称量的准确度较高。所以，在分析化学中，取样量一般不能太少，也没有必要太多，造成浪费。

【解】对于物体 A：

$$E_a = 0.3558g - 0.3559g = -0.0001g$$

$$E_r = \frac{E_a}{x_T} = \frac{-0.0001g}{0.3559g} = -0.028\%$$

对于物体 B：

$$E_a = 3.5578g - 3.5579g = -0.0001g$$

$$E_r = \frac{E_a}{x_T} = \frac{-0.0001g}{3.5579g} = -0.0028\%$$

【例2】称取邻苯二甲酸氢钾基准物质 0.4092g，标定 NaOH 溶液，终点时消耗 NaOH 溶液 25.00mL，计算 NaOH 溶液的浓度。已知 $M(KHC_8H_4O_4) = 204.2g \cdot mol^{-1}$。

【分析】邻苯二甲酸氢钾与 NaOH 按照 1∶1 的化学计量比发生反应，求出邻苯二甲酸氢钾的物质的量，也就求得 NaOH 的物质的量，NaOH 溶液的浓度等于 NaOH 的物质的量和终点时消耗 NaOH 溶液的体积之比。

【解】

$$c(NaOH) = \frac{n(NaOH)}{V(NaOH)} = \frac{m(KHC_8H_4O_4)}{M(KHC_8H_4O_4)V(NaOH)}$$

$$= \frac{0.4092g}{204.2g \cdot mol^{-1} \times 25.00 \times 10^{-3}L}$$

$$= 0.08016 mol \cdot L^{-1}$$

【例3】某分析工作者在实验中得到的测定值为：46.16%、46.17% 和 46.18%。计算平均值、绝对偏差、绝对平均偏差和相对平均偏差。

【分析】绝对平均偏差和相对平均偏差均可表示一组测定值的离散趋势。所测的平行数据越接近，绝对平均偏差或相对平均偏差就越小，分析精密度就越高；反之亦然。由于相对平均偏差是指绝对平均偏差在平均值中所占的百分比，因此更能反映测定结果的精密度。

【解】
$$\overline{x} = \frac{46.16\% + 46.18\% + 46.17\%}{3} = 46.17\%$$

$$d_1 = 46.16\% - 46.17\% = -0.01\%$$

$$d_2 = 46.18\% - 46.17\% = 0.01\%$$

$$d_3 = 46.17\% - 46.17\% = 0$$

$$\overline{d} = \frac{|-0.01\%| + |0.01\%| + |0|}{3} = 0.0067\%$$

$$\overline{d_r} = \frac{0.0067\%}{46.17\%} \times 100\% = 0.015\%$$

# 习　题

1. 填空题

（1）定性分析的任务是（　　　　　　　　）。

（2）定量分析的任务是（　　　　　　　　）。

（3）定量分析结果的优劣，通常用（　　　　　　）和（　　　　　　）表示。

（4）准确度表示（　　　　）与（　　　　）的接近程度。准确度的高低可用（　　　　）表示。

（5）精密度是指在（　　　）下操作，多次重复测定同一样品所得测定结果间的（　　　　）。它体现了测定结果的（　　　　）。精密度的高低用（　　　　）来衡量。

（6）（　　　　）试验是检验分析方法中是否存在系统误差的有效方法。

（7）（　　　　）试验可消除试剂、纯水及器皿引入杂质或待测组分而造成的系统误差。

（8）标定 HCl 溶液的浓度时，可用 $Na_2CO_3$ 或硼砂（$Na_2B_4O_7 \cdot 10H_2O$）为基准物质。若两者均保存妥当，则选（　　　）作为基准物质更好。原因是（　　　　　　）。若 $Na_2CO_3$ 吸水，则标定结果（　　　　　　）；若硼砂结晶水部分失去，则标定结果（　　　　）（以上两项填"无影响""偏高"或"偏低"）。

（9）pH＝4.30 则其有效数字的位数为（　　　　）；0.05040 是（　　　　）位有效数字。

（10）只有在消除了（　　　　）误差之后，精密度越高，准确度才越高，分析结果才是可信的。

（11）在分析过程中，通过（　　　）可以减少随机误差对分析结果的影响。

（12）$1.020 \times 10^{-2}$ 是（　　　）位有效数字。

（13）用 25mL 移液管移出的溶液体积应记录为（　　　）mL。

（14）滴定分析法要求相对误差为 ±0.1%，若使用灵敏度为 0.0001g 的天平称取试样时，至少应称取（　　　）。

（15）由计算器算得（$2.236 \times 1.1124$）/（$1.03590 \times 0.2000$）的结果为 12.00562989，按有效数字运算规则应将结果修约为（　　　　　）。

（16）EDTA 测定 $Al^{3+}$ 可用的滴定方式是（　　　）。

（17）将 $Ca^{2+}$ 沉淀为 $CaC_2O_4$ 沉淀，然后用酸溶解，再用 $KMnO_4$ 标准溶液直接滴定生成的 $H_2C_2O_4$，从而求得 Ca 的含量。所采用的滴定方式是（　　　）。

（18）标准溶液的重要性是影响测定结果的准确度。其浓度通常要求用（　　　）位有效数字表示。

（19）已知浓度的标准 NaOH 溶液，因保存不当吸收了二氧化碳。若用此 NaOH 溶液滴定 HCl 溶液，则分析结果（　　　　）。

（20）已知邻苯二甲酸氢钾（$KHC_8H_4O_4$）的摩尔质量为 204.2g·$mol^{-1}$，用它作基准物质来标定 0.1mol·$L^{-1}$ NaOH 溶液时，如果要使消耗的 NaOH 溶液体积为 25mL 左右，每份宜称取邻苯二甲酸氢钾（　　　）左右。

（21）某分析计算式为 $\dfrac{0.1278 \times \left(\dfrac{22.0-15.39}{100.00}\right) \times \dfrac{171.204}{3}}{1.6154} \times 100\%$，其计算结果的有效

数字位数应为（　　　）位。

（22）已经标定好的氢氧化钠标准溶液，因保存不当吸收了 $CO_2$，如果用它测定苹果中果酸的总量，将产生（　　　）误差（填"正"或"负"）。

（23）磷酸的 $pK_{a_3}^{\ominus} = 12.35$，该数值的有效数字是（　　　）位。

（24）用万分之一的分析天平称量时，要使试样的称量误差≤0.1%，至少要称取试样（　　　）g。

（25）用差减法称取基准物质 $K_2Cr_2O_7$ 时，有少量 $K_2Cr_2O_7$ 掉在地面上，那么配得的标准溶液浓度将偏（　　　）（填"低"或"高"）。用此溶液测定试样中铁时，将会引起（　　　）误差（填"正"或"负"）。

**2. 选择题**

（1）下面表述中不是分析化学任务的是（　　　）。

A. 确定物质的化学组成　　　　　　　B. 测定各组成的含量

C. 表征物质的化学结构　　　　　　　D. 研究化学反应的转化率

（2）根据分析的目的不同，分析方法可分为（　　　）。

A. 定性分析、定量分析和结构分析　　B. 有机分析和无机分析

C. 痕量分析、微量分析和常量分析　　D. 化学分析和仪器分析

（3）下列论述中不正确的是（　　　）。

A. 偶然误差具有随机性　　　　　　　B. 偶然误差服从正态分布

C. 偶然误差具有单向性　　　　　　　D. 偶然误差是由不确定的因素引起的

（4）下列可以减小测定过程中的偶然误差的方法是（　　　）。

A. 进行对照实验　　　B. 进行空白实验　　　C. 增加平行测定次数　　D. 校正仪器

（5）检验和消除系统误差的方法是（　　　）。

A. 对照试验　　　　　　　　　　　　B. 空白试验

C. 校准仪器　　　　　　　　　　　　D. A、B、C 都可以

（6）下列物质中，可用于直接配制标准溶液的是（　　　）。

A. 固体 NaOH　　　　　　　　　　　B. 固体 $Na_2S_2O_3$

C. 固体硼砂　　　　　　　　　　　　D. 固体 $KMnO_4$

（7）某试样含 Cu 的质量分数的平均值的置信区间为 36.45%±0.10%（置信度为95%），对此结果应理解为（　　　）。

A. 有 95% 的测定结果落在 36.35%～36.55% 范围内

B. 总体平均值 $\mu$ 落在此区间的概率为 95%

C. 若再测定一次，落在此区间的概率为 95%

D. 在此区间内包括总体平均值 $\mu$ 的把握为 95%

（8）在滴定分析中，通常借助指示剂的颜色的突变来判断化学计量点的到达，在指示剂变色时停止滴定，这一点称为（　　　）。

A. 化学计量点　　　B. 滴定　　　　　C. 滴定终点　　　　D. 标定

（9）测定 $CaCO_3$ 的含量时，加入一定量过量的 HCl 标准溶液与其完全反应，过量部分 HCl 用 KOH 溶液滴定，此滴定方式属（　　　）。

A. 直接滴定方式　　　B. 返滴定方式　　　C. 置换滴定方式　　　D. 间接滴定方式

（10）标定 HCl 和 NaOH 溶液常用的基准物质是（　　　）。

A. 硼砂和 EDTA　　　　　　　　　　B. 草酸和 $K_2Cr_2O_7$

C. $CaCO_3$ 和草酸          D. 硼砂和邻苯二甲酸氢钾

(11) 下列论述中正确的是 (　　)。

A. 准确度高，一定需要精密度高

B. 精密度高，准确度一定高

C. 分析工作中，要求分析误差为零

D. 精密度高，系统误差一定小

(12) 下列有关随机误差的论述中不正确的是 (　　)。

A. 随机误差在分析中是无法避免的

B. 随机误差的数值大小，正负出现的机会是均等的

C. 随机误差是随机的

D. 随机误差是由一些不确定的偶然因素造成的

(13) 在滴定分析中，化学计量点与滴定终点的关系是 (　　)。

A. 两者愈接近，滴定误差愈小

B. 两者含义相同

C. 两者互不相干

D. 两者必须吻合

(14) 以下关于偏差的叙述正确的是 (　　)。

A. 测量值与平均值之差

B. 测量值与真实值之差

C. 由于不恰当分析方法造成的误差

D. 操作不符合要求所造成的误差

(15) 分析测定中出现的下列情况，属于随机误差的是 (　　)。

A. 某学生几次读取同一滴定管的读数不能取得一致

B. 滴定时发现有少量溶液溅出

C. 甲乙学生用同样的方法测定，但结果总不能一致

D. 某学生读取滴定管读数时总是偏高或偏低

(16) 下列各数中，有效数字位数为四位的是 (　　)。

A. $c(H^+)=0.0004\,mol\cdot L^{-1}$      B. $pH=10.12$

C. $w(NaOH)=22.86\%$      D. $0.0500$

(17) 下列情况引起的误差不是系统误差的是 (　　)。

A. 砝码被腐蚀

B. 试剂里含有微量的被测组分

C. 天平的零点突然有变动

D. 重量法测定 $SiO_2$ 含量，试液中硅酸沉淀不完全

(18) 下列物质中可用于直接配制标准溶液的是 (　　)。

A. 固体 $K_2Cr_2O_7$(G. R.)      B. 浓 HCl(C. P.)

C. 固体 NaOH(G. R.)      D. 固体 $Na_2S_2O_3\cdot 5H_2O$ (A. R.)

(19) 进行某种离子的鉴定时，怀疑所用试剂已变质，则进行 (　　)。

A. 分离试验      B. 对照试验

C. 反复试验      D. 空白试验

(20) 滴定分析法对化学反应有严格的要求，因此下列说法中不正确的是 (　　)。

A. 反应有确定的化学计量关系　　　　B. 反应速率必须足够快

C. 反应产物必须能与反应物分离　　　　D. 有适当的指示剂可选择

（21）下列 $0.1000mol \cdot L^{-1}$ 酸性溶液中，能用 $0.1000mol \cdot L^{-1}$ NaOH 溶液直接准确滴定的是（　　）。

A. $NH_4Cl$（$NH_4^+$ 的 $pK_a^{\ominus}=9.24$）　　　　B. $H_3BO_3$（$pK_a^{\ominus}=9.24$）

C. $ClCH_2COOH$（$pK_a^{\ominus}=2.86$）　　　　D. $H_2O_2$（$pK_a^{\ominus}=11.65$）

（22）下列浓度为 $0.1mol \cdot L^{-1}$ 的溶液中，能用酸碱滴定法直接准确滴定的是（　　）。

A. $Na_2CO_3$（$H_2CO_3$ 的 $pK_{a_1}^{\ominus}=6.35$，$pK_{a_2}^{\ominus}=10.33$）　B. $NH_4Cl$（$NH_4^+$ 的 $pK_a^{\ominus}=9.24$）

C. $NaAc$（$CH_3COOH$ 的 $pK_a^{\ominus}=4.76$）　　　　D. $H_3BO_3$（$pK_a^{\ominus}=9.24$）

（23）试样质量大于 0.1g 的分析，称为（　　）。

A. 微量分析　　　　B. 半微量分析　　　　C. 痕量分析　　　　D. 常量分析

（24）下列分析纯试剂中，可作基准物质的是（　　）。

A. $KMnO_4$　　　　B. $Na_2S_2O_3$　　　　C. $K_2Cr_2O_7$　　　　D. KI

（25）用 $Na_2C_2O_4$ 标定 $KMnO_4$ 溶液时，滴定开始前不慎将溶液加热至沸，如果继续滴定，则标定结果将会（　　）。

A. 偏低　　　　B. 偏高　　　　C. 无影响　　　　D. 无法确定

（26）定量分析中，对照试验的目的是（　　）。

A. 检验蒸馏水纯度　　　　　　　　B. 检验系统误差

C. 检验操作的精密度　　　　　　　　D. 检验偶然误差

（27）用 NaOH 标准溶液标定 HCl 溶液，由于滴定管读数时最后一位数字估测不准而产生误差，为减少这种误差可以采用的方法是（　　）。

A. 增加平行测定次数　　　　　　　　B. 对照试验

C. 空白试验　　　　　　　　　　　　D. 设法读准每一次读数

**3.** 判断题（正确的在括号中填"√"号，错的填"×"号）

（1）系统误差是可测误差，因此总能用一定的方法加以消除。（　　）

（2）酸式滴定管的活塞和碱式滴定管的玻璃珠下端有气泡。（　　）

（3）酸式滴定管活塞尾端接触在手心的皮肤表面。（　　）

（4）系统误差是大小和正负可测定的误差，可通过增加测定次数，取平均值加以消除。（　　）

（5）精密度是指测定值与真实值之间的符合程度。（　　）

（6）用 $Q$ 检验法进行数据处理时，若 $Q_计 \leqslant Q_{0.90}$ 时，该可疑值应舍去。（　　）

（7）在分析测定中，测定的精密度越高，则分析结果的准确度越高。（　　）

（8）指示剂的选择原则是：变色敏锐、用量少。（　　）

（9）可疑值通常是指所测得的数据中的最大值或最小值。（　　）

（10）滴定时眼睛应当观察滴定管体积变化。（　　）

**4.** 简答题

（1）准确度和精密度有何区别和联系？如何衡量精密度、准确度的高低？

（2）什么叫基准物质？基准物质应具备哪些条件？

（3）滴定分析对化学反应的要求有哪些？

（4）举例说明标准溶液的配制方法有哪些？应如何配制？

（5）下列情况引起什么误差？若是系统误差，如何减免或消除？

A. 蒸馏水中含微量被测离子　　　B. 滴定管未校正

C. 滴定时溅出溶液　　　　　　D. 用失去部分结晶水的硼砂为基准物质标定盐酸浓度

E. 天平砝码被轻微腐蚀　　　　F. 试样未充分混匀

G. 称量试样时吸收了水分　　　H. 读数时最后一位数字估计不准

（6）如果 $H_2C_2O_4 \cdot 2H_2O$ 长期保存在装有干燥剂的干燥器中，用此基准物质标定 NaOH 溶液的浓度，结果是偏低还是偏高？为什么？

（7）标定浓度约为 $0.040\text{mol} \cdot \text{L}^{-1}$，体积为 $20 \sim 30\text{mL}$ 的 $KMnO_4$ 标准溶液时。基准物 $Na_2C_2O_4$ 的称量范围应是多少？已知 $M(Na_2C_2O_4) = 134.0\text{g} \cdot \text{mol}^{-1}$。

**5.** 测定镍合金的含量，六次平行测定的结果是 $34.25\%$、$34.35\%$、$34.22\%$、$34.18\%$、$34.29\%$、$34.40\%$。计算：（1）平均值；平均偏差；相对平均偏差；标准偏差；平均值的标准偏差。（2）若已知镍的标准含量为 $34.33\%$，计算以上结果的绝对误差和相对误差。

**6.** 5 次测定试样中 CaO 的质量分数分别为（%）：46.00，45.95，46.08，46.04 和 46.28。试用 $Q$ 检验法判断 46.28 这一数值是否为可疑值（$Q_{0.90} = 0.64$，$Q_{0.95} = 0.73$）。

**7.** 用某法分析汽车尾气中 $SO_2$ 含量（%），得到下列结果：4.88，4.92，4.90，4.87，4.86，4.84，4.71，4.86，4.89，4.99。用 $Q$ 检验法判断有无异常值需舍弃？

**8.** 分析某试样中某一主要成分的含量，重复测定 6 次，其结果为 $49.69\%$、$50.90\%$、$48.49\%$、$51.75\%$、$51.47\%$、$48.80\%$，求置信度分别为 90% 和 95% 时总体平均值的置信区间。

**9.** 按运算规则计算下列各式：

（1）$25.1 + 2.6 + 155.33$

（2）$1.6535 - 0.0226$

（3）$3.6342 \times 0.0161 \times 0.012$

（4）$0.3525 \times 18.00 + 0.3186 \times 4.22$

**10.** 欲配制 $0.1000\text{mol} \cdot \text{L}^{-1}$ 的 $Na_2CO_3$ 标准溶液 500.0mL，应称取基准物质 $Na_2CO_3$ 多少克？已知 $M(Na_2CO_3) = 106.0\text{g} \cdot \text{mol}^{-1}$。

**11.** 用 $0.2550\text{g}\ Na_2CO_3$ 基准物质标定 HCl 溶液，用甲基橙作指示剂，终点时恰好消耗 HCl 25.40mL，求 $c(\text{HCl})$。已知 $M(Na_2CO_3) = 106.0\text{g} \cdot \text{mol}^{-1}$。

**12.** 称取邻苯二甲酸氢钾基准物质 0.5125g，标定 NaOH 溶液，终点时消耗 NaOH 溶液 25.00mL，计算 NaOH 溶液的浓度。已知 $M(KHC_8H_4O_4) = 204.2\text{g} \cdot \text{mol}^{-1}$。

**13.** 欲配制 $0.02000\text{mol} \cdot \text{L}^{-1} K_2Cr_2O_7$ 标准溶液 1000mL，问应称取 $K_2Cr_2O_7$ 多少克？已知 $M(K_2Cr_2O_7) = 294.2\text{g} \cdot \text{mol}^{-1}$。

**14.** 分析不纯的 $CaCO_3$（不含干扰物质）时，称取试样 0.3000g，加入浓度为 $0.2500\text{mol} \cdot \text{L}^{-1}$ 的 HCl 标准溶液 25.00mL。煮沸除去 $CO_2$，用浓度为 $0.2012\text{mol} \cdot \text{L}^{-1}$ 的 NaOH 溶液返滴过量的酸，消耗了 5.84mL。计算试样中 $CaCO_3$ 的质量分数。已知 $M(CaCO_3) = 100.1\text{g} \cdot \text{mol}^{-1}$。

**15.** 用硼砂标定盐酸溶液时，准确称取硼砂 0.3564g，用甲基红为指示剂，滴定时消耗 HCl 溶液 18.28mL，溶液由黄色变橙红色，达到滴定终点。计算盐酸溶液的物质的量浓度。已知 $M(Na_2B_4O_7 \cdot 10H_2O) = 381.4\text{g} \cdot \text{mol}^{-1}$。

**16.** 用氧化还原法测得的质量分数为 $20.01\%$、$20.03\%$、$20.04\%$、$20.05\%$。计算平均值、平均偏差、相对平均偏差、极差、标准偏差和相对标准偏差。

# 习题参考答案

**1. 填空题**

(1) 确定物质是由哪些基本单元组成

(2) 测定有关基本单元的含量

(3) 准确度，精密度

(4) 分析结果，真实值，误差

(5) 同一条件，接近的程度，精密度，偏差

(6) 对照

(7) 空白

(8) 硼砂；硼砂摩尔质量大，称量误差小；偏高；偏低

(9) 二，四

(10) 系统

(11) 增加平行测定次数

(12) 四

(13) 25.00

(14) 0.2g

(15) 12.01

(16) 返滴定法

(17) 间接滴定法

(18) 四

(19) 偏低

(20) 0.5g

(21) 三

(22) 正

(23) 二

(24) 0.2

(25) 低，正

**2. 选择题**

(1) D
(2) A
(3) C
(4) C
(5) D

(6) C
(7) D
(8) C
(9) B
(10) D

(11) A
(12) B
(13) A
(14) A
(15) A

(16) C
(17) C
(18) A
(19) D
(20) C

(21) C
(22) A
(23) D
(24) C

(25) B【分析】温度超过 $90℃$，草酸发生分解 $H_2C_2O_4 \stackrel{}{=\!=\!=} CO_2\uparrow + CO\uparrow + H_2O$，标定时所用 $KMnO_4$ 的体积偏小，结果偏高。

(26) B
(27) A

**3. 判断题**

(1) √
(2) ×
(3) √
(4) ×
(5) ×
(6) √
(7) ×
(8) ×

(9) √
(10) ×

**4. 简答题**

(1) **答**：准确度表示测量值的平均值与真实值之间的一致程度。精密度是测量值在平均值附近的分散度。定量分析工作中要求测量值或分析结果应达到一定的准确度与精密度。但是，并非精密度高者准确度就高。

评价定量分析结果的优劣，应从准确度和精密度两个方面来衡量。精密度高是保证准确度高的先决条件，准确度高，一定需要精密度高，精密度低说明所测结果不可靠，其准确度无从谈起。因此如果一组测量数据的精密度很差，自然失去了衡量准确度的前提。但在系统误差存在时，精密度高，准确度不一定高，只有在消除了系统误差后，精密度越高，准确度才越高，分析结果才是可信的。

(2) **答**：能用于直接配制标准溶液的物质称为基准物质。在分析化学中，常用的基准物质有纯金属或纯化合物，必须符合下列条件：

① 基准物质必须具有足够的纯度，一般要求其纯度为 99.9％ 以上，所含杂质量应少到不影响分析结果的准确度。

② 基准物质的组成与化学式相符，若含结晶水，结晶水的数量应严格符合化学式，例如 $H_2C_2O_4 \cdot 2H_2O$、$Na_2B_4O_7 \cdot 10H_2O$ 等。

③ 基准物质性质稳定，在配制和贮存过程中应不易发生变化。如烘干时不易分解、称量时不吸湿、不风化、不挥发、不氧化、不还原等。

④ 基准物质应具有较大的摩尔质量，以减少称量的相对误差。

（3）答：滴定分析法是以化学反应为基础的，并不是所有的化学反应都可以用作滴定分析，适用于滴定分析的反应必须具备下列条件：

① 反应必须定量地完成。即反应必须按一定的化学方程式进行，而且反应进行完全（通常要求达到 99.9％ 以上），这是定量计算的基础。

② 反应必须迅速完成。对于速率较慢的反应，必须通过加热或加入催化剂等适当的方法来加快反应速率。

③ 滴定溶液中不能有副反应发生。有干扰物质必须用适当的方法分离或掩蔽。

④ 有简便合适的确定终点的方法。一般采用指示剂来确定终点。合适的指示剂应在终点附近变色敏锐清晰，且滴定误差小于 0.1％，也可采用仪器指示滴定终点。

（4）答：标准溶液一般有两种配制方法，即直接法和间接法。

① 直接配制法。根据所需溶液的浓度和体积，准确称取一定质量的基准物质，将其溶解后定量转移至容量瓶中，并定容至刻度，通过计算得出标准溶液的准确浓度。

② 间接配制法（或标定法）。对于不符合基准物质条件的试剂，不能直接配制成标准溶液，可采用间接法。即先配制成近似于所需浓度的溶液，然后选用能与所配溶液定量反应的基准物质或另一种标准溶液测定所配溶液的准确浓度。这种测定所配溶液准确浓度的过程称为标定。例如 NaOH 溶液的配制，先配制成近似浓度的溶液，然后用基准物质邻苯二甲酸氢钾直接来标定 NaOH 溶液的准确浓度，或者用已知准确浓度的盐酸溶液标定 NaOH 溶液的准确浓度。

（5）答：A. 系统误差（试剂空白）　　B. 系统误差（仪器校正）
C. 过失误差　　　　　　　　　D. 系统误差（仪器校正）
E. 系统误差（仪器校正）　　　F. 偶然误差
G. 偶然误差　　　　　　　　　H. 系统误差（对照试验）

（6）答：结果偏低。根据公式：

$$c(NaOH) = \dfrac{2 \times \dfrac{m(H_2C_2O_4 \cdot 2H_2O)}{M(H_2C_2O_4 \cdot 2H_2O)}}{V(NaOH)}$$

$H_2C_2O_4 \cdot 2H_2O$ 长期保存在盛有干燥剂的干燥器中，$H_2C_2O_4 \cdot 2H_2O$ 失水，摩尔质量降低，所以将 $M(H_2C_2O_4 \cdot 2H_2O)$ 代入公式，必使 $\dfrac{m(H_2C_2O_4 \cdot 2H_2O)}{M(H_2C_2O_4 \cdot 2H_2O)}$ 偏低，最终计算结果偏低。

（7）答：$2MnO_4^- + 5C_2O_4^{2-} + 16H^+ \xrightarrow{\quad\quad} 2Mn^{2+} + 10CO_2 \uparrow + 8H_2O$

$$m(Na_2C_2O_4) = \frac{5}{2} c(KMnO_4) V(KMnO_4) M(Na_2C_2O_4)$$

$$V(KMnO_4) = 20mL \text{ 时}: m(Na_2C_2O_4) = 0.27g$$

$$V(KMnO_4) = 30mL \text{ 时}: m(Na_2C_2O_4) = 0.40g$$

基准物 $Na_2C_2O_4$ 的称量范围是 $0.27 \sim 0.40g$。

**5. 解**

(1)
$$\overline{x} = \frac{34.25\% + 34.35\% + \cdots + 34.40\%}{6} = 34.28\%$$

$$\overline{d} = \frac{|d_1| + |d_2| + \cdots + |d_6|}{6}$$

$$= \frac{|x_1 - \overline{x}| + |x_2 - \overline{x}| + \cdots + |x_6 - \overline{x}|}{6}$$

$$= \frac{|34.25\% - 34.28\%| + |34.35\% - 34.28\%| + \cdots + |34.40\% - 34.28\%|}{6}$$

$$= 0.065\%$$

$$\overline{d_r} = \frac{\overline{d}}{\overline{x}} \times 100\% = \frac{0.065\%}{34.28\%} \times 100\% = 0.19\%$$

$$s = \sqrt{\sum_{i=1}^{n} \frac{(x_i - \overline{x})^2}{n-1}} = 8.23 \times 10^{-4}$$

$$s_r = \frac{s}{\overline{x}} \times 100\% = \frac{8.23 \times 10^{-4}}{34.28\%} \times 100\% = 0.24\%$$

(2)
$$E_a = 34.25\% - 34.33\% = -0.08\%$$

$$E_r = \frac{E_a}{x_T} \times 100\% = \frac{-0.08\%}{34.33\%} \times 100\% = -0.23\%$$

其他结果以此类推。

**6. 解** 按由小到大的顺序排列测量值：45.95、46.00、46.04、46.08、46.28，从教材表 6-2 中可知，当 $n=5$ 时，用下式计算：

$$Q_{计} = \frac{x_n - x_{n-1}}{x_n - x_1} = \frac{46.28 - 46.08}{46.28 - 45.95} = 0.606$$

查教材表 6-2，$n=5$，$\alpha = 0.05$ 时，$Q_{(5,0.05)} = 0.642$；$Q_{(5,0.01)} = 0.780$，$Q_{计} < Q_{(5,0.05)}$，故 46.28 为正常值应予保留。

**7. 解** 按由小到大的顺序排列测量值：4.71，4.84，4.86，4.86，4.87，4.88，4.89，4.90，4.92，4.99。从表 6-2 中可知，当 $n=10$ 时，用下式计算：

$$Q_{计} = \frac{x_2 - x_1}{x_{n-1} - x_1} = \frac{4.84 - 4.71}{4.92 - 4.71} = 0.619$$

$$Q_{计} = \frac{x_n - x_{n-1}}{x_n - x_2} = \frac{4.99 - 4.92}{4.99 - 4.84} = 0.467$$

查教材表 6-2，$n=10$，$\alpha = 0.05$ 时，$Q_{(5,0.05)} = 0.477$；$Q_{(5,0.01)} = 0.597$，$Q_{计} > Q_{(5,0.01)}$，故 4.71 应予舍弃；$Q_{计} < Q_{(5,0.05)}$，故 4.99 为正常值应予保留。

**8. 解** 通过计算得到：$\overline{x} = 50.18$ $s = 0.014$ $n = 6$ $f = n - 1 = 5$

查 $t$ 值分布表得到：

置信度为 90% 时，$t_{0.10,5} = 2.02$

$$\mu = 50.18 \pm \frac{2.02 \times 0.014}{\sqrt{6}} = 50.18 \pm 0.012$$

置信度为 95% 时，$t_{0.05,5}=2.57$

$$\mu=50.18\pm\frac{2.57\times0.014}{\sqrt{6}}=50.18\pm0.015$$

**9. 解** （1）$25.1+2.6+155.3=183.0$

（2）$1.654-0.0226=1.631$

（3）$3.6\times0.016\times0.012=0.00069$

（4）$0.3525\times18.00+0.319\times4.22=6.34+1.35=7.69$

**10. 解：**
$$c(\mathrm{Na_2CO_3})=\frac{n(\mathrm{Na_2CO_3})}{V(\mathrm{Na_2CO_3})}=\frac{m(\mathrm{Na_2CO_3})}{M(\mathrm{Na_2CO_3})V(\mathrm{Na_2CO_3})}$$

$$m(\mathrm{Na_2CO_3})=c(\mathrm{Na_2CO_3})M(\mathrm{Na_2CO_3})V(\mathrm{Na_2CO_3})$$

$$=0.1000\mathrm{mol\cdot L^{-1}}\times500.0\times10^{-3}\mathrm{L}\times106.0\mathrm{g\cdot mol^{-1}}$$

$$=5.300\mathrm{g}$$

**11. 解**
$$\mathrm{Na_2CO_3+2HCl=\!=\!2NaCl+H_2O+CO_2\uparrow}$$

$$c(\mathrm{HCl})=\frac{2m(\mathrm{Na_2CO_3})}{M(\mathrm{Na_2CO_3})V(\mathrm{HCl})}$$

$$=\frac{2\times0.2550\mathrm{g}}{106\mathrm{g\cdot mol^{-1}}\times25.40\times10^{-3}\mathrm{L}}$$

$$=0.1894\mathrm{mol\cdot L^{-1}}$$

**12. 解**
$$\mathrm{HOOCC_6H_4COOK+NaOH=\!=\!NaOOCC_6H_4COOK+H_2O}$$

$$c(\mathrm{NaOH})=\frac{n(\mathrm{NaOH})}{V(\mathrm{NaOH})}=\frac{m(\mathrm{KHC_8H_4O_4})}{M(\mathrm{KHC_8H_4O_4})V(\mathrm{NaOH})}$$

$$=\frac{0.5125\mathrm{g}}{204.2\mathrm{g\cdot mol^{-1}}\times25.00\times10^{-3}\mathrm{L}}$$

$$=0.1004\mathrm{mol\cdot L^{-1}}$$

**13. 解**
$$c(\mathrm{K_2Cr_2O_7})=\frac{n(\mathrm{K_2Cr_2O_7})}{V(\mathrm{K_2Cr_2O_7})}=\frac{m(\mathrm{K_2Cr_2O_7})}{M(\mathrm{K_2Cr_2O_7})V(\mathrm{K_2Cr_2O_7})}$$

$$m(\mathrm{K_2Cr_2O_7})=c(\mathrm{K_2Cr_2O_7})M(\mathrm{K_2Cr_2O_7})V(\mathrm{K_2Cr_2O_7})$$

$$=0.02000\mathrm{mol\cdot L^{-1}}\times294.2\mathrm{g\cdot mol^{-1}}\times1000\times10^{-3}\mathrm{L}$$

$$=5.884\mathrm{g}$$

**14. 解**
$$\mathrm{CaCO_3+2HCl=\!=\!CaCl_2+H_2O+CO_2\uparrow}$$

$$\mathrm{NaOH+HCl=\!=\!NaCl+H_2O}$$

$$w(\mathrm{CaCO_3})=\frac{m(\mathrm{CaCO_3})}{m_s}\times100\%$$

$$=\frac{[c(\mathrm{HCl})V(\mathrm{HCl})-c(\mathrm{NaOH})V(\mathrm{NaOH})]M(\mathrm{CaCO_3})}{2m_s}\times100\%$$

$$=\frac{(0.2500\mathrm{mol\cdot L^{-1}}\times25.00\times10^{-3}\mathrm{L}-0.2012\mathrm{mol\cdot L^{-1}}\times5.84\times10^{-3}\mathrm{L})\times100.1\mathrm{g\cdot mol^{-1}}}{2\times0.3000\mathrm{g}}\times100\%$$

$$=84.67\%$$

**15. 解** 硼砂化学式为 $\mathrm{Na_2B_4O_7\cdot10H_2O}$，$M(\mathrm{Na_2B_4O_7\cdot10H_2O})=381.4\mathrm{g\cdot mol^{-1}}$

$$Na_2B_4O_7 \cdot 10H_2O + 2HCl = 2NaCl + 4H_3BO_3 + 5H_2O$$

$$c(HCl) = \frac{2m(Na_2B_4O_7 \cdot 10H_2O)}{M(Na_2B_4O_7 \cdot 10H_2O)V(HCl)}$$

$$= \frac{2 \times 0.3564g}{381.4g \cdot mol^{-1} \times 18.28 \times 10^{-3}L}$$

$$= 0.1022mol \cdot L^{-1}$$

**16. 解** $\bar{x} = \dfrac{20.01\% + 20.03\% + 20.04\% + 20.05\%}{4} = 20.03\%$

$$\bar{d} = \frac{|x_1 - \bar{x}| + |x_2 - \bar{x}| + \cdots + |x_n - \bar{x}|}{n}$$

$$= \frac{|20.01\% - 20.03\%| + \cdots + |20.05\% - 20.03\%|}{4}$$

$$= 0.0125\%$$

$$\bar{d_r} = \frac{\bar{d}}{\bar{x}} \times 100\% = \frac{0.0125\%}{20.03\%} \times 100\% = 0.062\%$$

$$R = x_{max} - x_{min} = 20.05\% - 20.01\% = 0.04\%$$

$$s = \sqrt{\sum_{i=1}^{n} \frac{(x_i - \bar{x})^2}{n-1}} = \sqrt{\frac{0.0009}{3}} = 1.7 \times 10^{-2} = 1.7\%$$

$$s_r = \frac{s}{\bar{x}} \times 100\% = \frac{1.7\%}{20.03\%} \times 100\% = 8.5\%$$

# 第七章 酸碱平衡和酸碱滴定法

Chapter 07

# 内容提要

## 一、酸碱质子理论

### 1. 质子酸碱的定义

（1）酸　凡是能给出质子（$H^+$）的物质都是酸。例如 HAc、$NH_4^+$ 等。能给出多个质子的物质是多元酸，如 $H_2SO_4$、$H_2CO_3$ 等。

（2）碱　凡是能结合质子（$H^+$）的物质都是碱。例如 $Ac^-$、$NH_3$ 等。能接受多个质子的物质是多元碱，如 $CO_3^{2-}$、$PO_4^{3-}$ 等。

（3）两性物质　既有给出质子的能力又有结合质子的能力的物质称为两性物质。例如 $HCO_3^-$、$H_2PO_4^-$、$H_2O$ 等。

### 2. 共轭酸碱对

$$酸(HA) \Longrightarrow H^+ + 碱(A^-)$$

HA 是 $A^-$ 的共轭酸，而 $A^-$ 又是 HA 的共轭碱。HA-$A^-$ 称为共轭酸碱对。

## 二、弱酸弱碱的解离平衡

### 1. 水的解离平衡

$$H_2O \Longrightarrow H^+ + OH^-$$

$$K_w^\ominus = \frac{c_{eq}(H^+)}{c^\ominus} \times \frac{c_{eq}(OH^-)}{c^\ominus}$$

$K_w^\ominus$ 称为水的离子积，常温时（25℃），$K_w^\ominus = 1.00 \times 10^{-14}$，$K_w^\ominus$ 随温度的升高而增大。

### 2. 弱酸（碱）的解离平衡

（1）一元弱酸（碱）的解离　一元弱酸以 HAc 为例：

$$HAc \Longrightarrow H^+ + Ac^-$$

$$K_a^\ominus(HAc) = \frac{[c_{eq}(Ac^-)/c^\ominus][c_{eq}(H^+)/c^\ominus]}{c_{eq}(HAc)/c^\ominus}$$

一元弱碱，以 $NH_3$ 为例：

$$NH_3 + H_2O \Longrightarrow NH_4^+ + OH^-$$

$$K_b^\ominus(NH_3) = \frac{[c_{eq}(NH_4^+)/c^\ominus][c_{eq}(OH^-)/c^\ominus]}{c_{eq}(NH_3)/c^\ominus}$$

（2）多元弱酸（碱）的解离　例如，$H_2S$ 为二元弱酸，分两步解离。

第一步：$H_2S \rightleftharpoons H^+ + HS^-$

$$K_{a_1}^\ominus(H_2S) = \frac{[c_{eq}(HS^-)/c^\ominus][c_{eq}(H^+)/c^\ominus]}{c_{eq}(H_2S)/c^\ominus}$$

第二步：$HS^- \rightleftharpoons H^+ + S^{2-}$

$$K_{a_2}^\ominus(H_2S) = \frac{[c_{eq}(S^{2-})/c^\ominus][c_{eq}(H^+)/c^\ominus]}{c_{eq}(HS^-)/c^\ominus}$$

$H_2S$ 总解离平衡：$H_2S \rightleftharpoons 2H^+ + S^{2-}$

$$K^\ominus = K_{a_1}^\ominus(H_2S)K_{a_2}^\ominus(H_2S)$$

$$= \frac{[c_{eq}(S^{2-})/c^\ominus][c_{eq}(H^+)/c^\ominus]^2}{c_{eq}(H_2S)/c^\ominus}$$

（3）共轭酸碱对的 $K_a^\ominus$ 与 $K_b^\ominus$ 的关系

$$K_a^\ominus(HA)K_b^\ominus(A^-) = K_w^\ominus$$

（4）弱电解质的解离度　解离度（$\alpha$）就是电解质在水溶液中达到解离平衡时解离的百分率。

$$\alpha = \frac{已解离的电解质分子数}{溶液中原有电解质的分子总数} \times 100\%$$

一般来说，弱电解质浓度越小，$\alpha$ 越大。对于一元弱酸 HA，HA 的初始浓度为 $c$（HA），则 $\alpha$ 与 $K_a^\ominus$（HA）关系为：

$$K_a^\ominus(HA) = \frac{c(HA)\alpha^2}{c^\ominus}$$

### 3. 同离子效应和盐效应

（1）同离子效应　在弱电解质溶液中加入含有与该弱电解质具有相同离子的强电解质，从而使弱电解质的解离平衡向着生成弱电解质分子的方向移动，弱电解质的解离度降低的效应称为同离子效应。

（2）盐效应　如果向弱电解质溶液中加入含有与该弱电解质具有不同离子的强电解质，从而使弱电解质解离度增大，这种效应称为盐效应。产生同离子效应的同时也伴随盐效应。

## 三、酸碱平衡水溶液中 pH 计算

### 1. 质子平衡式（PBE）

酸碱反应达到平衡时，酸失去质子和碱得到质子的物质的量必然相等，其数学表达式称为质子平衡式或质子条件式。

质子条件式书写步骤：首先，从酸碱平衡系统中选取质子参考水准或称为零水准，通常是起始酸碱组分，包括溶剂分子。其次，根据零水准判断得失质子的产物及其得失质子的量。最后，根据得失质子物质的量相等的原则，即可写出质子条件式。

注意：质子条件式中不应出现零水准和与质子转移无关的组分。对于得失质子产物在质子条件式中其浓度前应乘以相应的得失质子数。

**2. 酸碱溶液中 pH 计算**

酸碱溶液中 pH 计算的最简式及使用条件见表 7-1。

表 7-1　酸碱溶液中 pH 计算的最简式及使用条件

| 溶液 | 最简式 | 最简式使用条件 |
|---|---|---|
| 一元弱酸 | $c_{eq}(H^+) = \sqrt{K_a^\ominus c^\ominus c}$ | $\dfrac{K_a^\ominus c}{c^\ominus} \geqslant 20 K_w^\ominus,\ \dfrac{c}{K_a^\ominus c^\ominus} \geqslant 500$ |
| 一元弱碱 | $c_{eq}(OH^-) = \sqrt{K_b^\ominus c^\ominus c}$ | $\dfrac{K_b^\ominus c}{c^\ominus} \geqslant 20 K_w^\ominus,\ \dfrac{c}{K_b^\ominus c^\ominus} \geqslant 500$ |
| 多元弱酸 | $c_{eq}(H^+) = \sqrt{K_{a_1}^\ominus c^\ominus c}$ | $\dfrac{K_{a_1}^\ominus c}{c^\ominus} \geqslant 20 K_w^\ominus,\ \dfrac{c}{K_{a_1}^\ominus c^\ominus} \geqslant 500$ |
| 多元弱碱 | $c_{eq}(OH^-) = \sqrt{K_{b_1}^\ominus c^\ominus c}$ | $\dfrac{K_{b_1}^\ominus c}{c^\ominus} \geqslant 20 K_w^\ominus,\ \dfrac{c}{K_{b_1}^\ominus c^\ominus} \geqslant 500$ |
| 两性物质 | $c_{eq}(H^+) = \sqrt{K_{a_1}^\ominus K_{a_2}^\ominus (c^\ominus)^2}$ | $K_{a_2}^\ominus c(HA^-) \geqslant 20 K_w^\ominus c^\ominus,\ c(HA^-) \geqslant 20 K_{a_1}^\ominus c^\ominus$ |

## 四、缓冲溶液

### 1. 缓冲溶液的组成及缓冲作用原理

能够抵抗外加少量酸、碱或适量的稀释而保持系统的 pH 基本不变的溶液称为缓冲溶液。

缓冲溶液具有缓冲作用是由于存在同离子效应，溶液中同时含有足够量的抗酸成分与抗碱成分。如 HAc-NaAc 缓冲溶液中，$Ac^-$ 为抗酸成分，HAc 为抗碱成分。

### 2. 缓冲溶液 pH 的计算

以共轭酸碱对 HA-A⁻ 组成的缓冲溶液为例。

$$pH = pK_a^\ominus - \lg \frac{c(HA)/c^\ominus}{c(A^-)/c^\ominus}$$

缓冲溶液的 pH，首先取决于 $K_a^\ominus$ 或 $K_b^\ominus$ 值，其次是缓冲对浓度的比值（缓冲比）。

缓冲溶液的缓冲范围：$pH = pK_a^\ominus \pm 1$ 或 $pOH = pK_b^\ominus \pm 1$。

## 五、酸碱滴定法

### 1. 酸碱指示剂

酸碱指示剂是指在一定 pH 范围内能够利用本身的颜色改变来指示溶液的 pH 变化的物质。常见的指示剂：甲基橙、甲基红、酚酞。

### 2. 酸碱滴定法原理

（1）滴定突跃曲线　以滴定过程中所加入的酸或碱标准溶液（也称滴定剂）的量为横坐标，所得混合溶液的 pH 为纵坐标作图，所绘制的曲线称为酸碱滴定曲线。

强碱与强酸的相互滴定具有较大的滴定突跃。滴定突跃范围的大小与滴定剂和待滴定物的浓度有关。浓度越大，滴定突跃范围也越大；浓度越稀，突跃范围越小，可供选择的指示剂越少。

一元弱酸能被强碱溶液准确滴定的判据：$\dfrac{c}{c^{\ominus}}K_a^{\ominus} \geqslant 10^{-8}$；一元弱碱被强酸准确滴定的判据为：$\dfrac{c}{c^{\ominus}}K_b^{\ominus} \geqslant 10^{-8}$。

（2）酸碱指示剂的选择　在酸碱滴定过程中，如果用指示剂指示终点，应使指示剂的变色范围全部或部分落在 pH 突跃范围内。

（3）酸碱标准溶液的配制和标定　常用标定 HCl 的基准物质是无水碳酸钠和硼砂。标定反应如下：

$$Na_2CO_3 + 2HCl \Longrightarrow 2NaCl + H_2O + CO_2 \uparrow$$

常用标定 NaOH 溶液的基准物质是邻苯二甲酸氢钾（$KHC_8H_4O_4$）和草酸（$H_2C_2O_4 \cdot 2H_2O$）。标定反应如下：

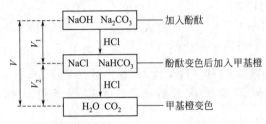

（4）混合碱的测定（双指示剂法）

```
        ┌─────────────────┐
   ┌─── │ NaOH   Na₂CO₃   │ ── 加入酚酞
   │ V₁ └─────────────────┘
   │         │ HCl
 V ├─── ┌─────────────────┐
   │    │ NaCl   NaHCO₃   │ ── 酚酞变色后加入甲基橙
   │ V₂ └─────────────────┘
   │         │ HCl
   └─── ┌─────────────────┐
        │ H₂O    CO₂      │ ── 甲基橙变色
        └─────────────────┘
```

NaOH 和 $Na_2CO_3$ 的质量分数分别为：

$$w(Na_2CO_3) = \frac{c(HCl)V_2(HCl)M(Na_2CO_3)}{m_s}$$

$$w(NaOH) = \frac{c(HCl)[V_1(HCl) - V_2(HCl)]M(NaOH)}{m_s}$$

```
        ┌─────────────────┐
   ┌─── │ Na₂CO₃  NaHCO₃  │ ── 加入酚酞
   │ V₁ └─────────────────┘
   │         │ HCl
 V ├─── ┌─────────────────┐
   │    │ NaHCO₃  NaHCO₃  │ ── 酚酞变色后加入甲基橙
   │ V₂ └─────────────────┘
   │         │ HCl
   └─── ┌─────────────────┐
        │ H₂O    CO₂      │ ── 甲基橙变色
        └─────────────────┘
```

$NaHCO_3$ 和 $Na_2CO_3$ 的质量分数分别为：

$$w(Na_2CO_3) = \frac{c(HCl)V_1(HCl)M(Na_2CO_3)}{m_s}$$

$$w(NaHCO_3) = \frac{c(HCl)[V_2(HCl) - V_1(HCl)]M(NaHCO_3)}{m_s}$$

# 例　题

【例 1】已知 $K_a^{\ominus}(HAc) = 1.75 \times 10^{-5}$，计算常温下 $0.10 mol \cdot L^{-1}$ HAc 溶液的 pH 和解

离度。

**【分析】** 一元弱酸 HA 在水溶液中达到平衡时，$c_{eq}(H^+) = c_{eq}(A^-)$，可根据条件选择相应的计算公式。当 $\dfrac{K_a^\ominus c(HA)}{c^\ominus} \geq 20 K_w^\ominus$，$\dfrac{c(HA)}{K_a^\ominus c^\ominus} \geq 500$ 时，选择最简式进行计算。求出 $c_{eq}(H^+)$ 后，利用 $c_{eq}(H^+) = c(HA) \alpha(HA)$，求 $\alpha(HA)$。

**【解】** 因为 $\dfrac{K_a^\ominus c(HAc)}{c^\ominus} = \dfrac{1.75 \times 10^{-5} \times 0.10 \, mol \cdot L^{-1}}{1 \, mol \cdot L^{-1}} = 1.75 \times 10^{-6} > 20 K_w^\ominus$

$$\dfrac{c(HAc)}{K_a^\ominus c^\ominus} = \dfrac{0.1 \, mol \cdot L^{-1}}{1.75 \times 10^{-5} \times 1 \, mol \cdot L^{-1}} = 5.7 \times 10^3 > 500$$

所以 $c_{eq}(H^+) = \sqrt{K_a^\ominus c^\ominus c(HA)}$

$$= \sqrt{1.75 \times 10^{-5} \times 1 \, mol \cdot L^{-1} \times 0.10 \, mol \cdot L^{-1}}$$

$$= 1.3 \times 10^{-3} \, mol \cdot L^{-1}$$

$$pH = 2.89$$

$$\alpha = \dfrac{c_{eq}(H^+)}{c(HAc)} \times 100\% = \dfrac{1.3 \times 10^{-3} \, mol \cdot L^{-1}}{0.1 \, mol \cdot L^{-1}} \times 100\% = 1.3\%$$

**【例2】** 已知 $K_a^\ominus(NH_4^+) = 5.70 \times 10^{-10}$，计算常温下 $0.10 \, mol \cdot L^{-1}$ 氨水溶液的 pH。

**【分析】** 水溶液中共轭酸碱对（$HA$-$A^-$）$K_a^\ominus$ 和 $K_b^\ominus$ 的关系：$K_a^\ominus(HA) K_b^\ominus(A^-) = K_w^\ominus$，计算出相应的弱碱解离平衡常数 $K_b^\ominus$，再根据条件选择相应的计算公式。当 $\dfrac{K_b^\ominus c(A^-)}{c^\ominus} \geq 20 K_w^\ominus$，$\dfrac{c(A^-)}{K_b^\ominus c^\ominus} \geq 500$ 时，选择最简式进行计算。

**【解】** $K_b^\ominus(NH_3) = \dfrac{K_w^\ominus}{K_a^\ominus(NH_4^+)} = \dfrac{1.0 \times 10^{-14}}{5.70 \times 10^{-10}} = 1.75 \times 10^{-5}$

因为 $\dfrac{K_b^\ominus c(NH_3)}{c^\ominus} = \dfrac{1.75 \times 10^{-5} \times 0.10 \, mol \cdot L^{-1}}{1 \, mol \cdot L^{-1}} = 1.75 \times 10^{-6} > 20 K_w^\ominus$

$$\dfrac{c(NH_3)}{K_b^\ominus c^\ominus} = \dfrac{0.10 \, mol \cdot L^{-1}}{1.75 \times 10^{-5} \times 1 \, mol \cdot L^{-1}} = 5.7 \times 10^3 > 500$$

所以 $c_{eq}(OH^-) = \sqrt{K_b^\ominus c^\ominus c(NH_3)}$

$$= \sqrt{1.75 \times 10^{-5} \times 1 \, mol \cdot L^{-1} \times 0.10 \, mol \cdot L^{-1}}$$

$$= 1.3 \times 10^{-3} \, mol \cdot L^{-1}$$

$$K_w^\ominus = \dfrac{c_{eq}(H^+)}{c^\ominus} \times \dfrac{c_{eq}(OH^-)}{c^\ominus}$$

$$c_{eq}(H^+) = \dfrac{K_w^\ominus (c^\ominus)^2}{c_{eq}(OH^-)}$$

$$= \dfrac{1.0 \times 10^{-14} \times (1 \, mol \cdot L^{-1})^2}{1.3 \times 10^{-3} \, mol \cdot L^{-1}}$$

$$= 7.7 \times 10^{-12} \, mol \cdot L^{-1}$$

$$pH = 11.11$$

**【例3】** 写出 $(NH_4)_2C_2O_4$ 水溶液的质子条件式。

**【分析】** 首先要确定零水准的物质，它们是溶液中大量存在并参与质子转移的物质，通常是起始酸碱组分，包括溶剂分子。然后根据质子参考水准判断得失质子的产物及其得失质子的量。最后，根据得失质子物质的量相等的原则，即可写出质子条件式。注意，质子条件式中不应出现零水准和与质子转移无关的组分。

【解】 选取 $NH_4^+$、$C_2O_4^{2-}$ 和 $H_2O$ 为零水准，它们的得失质子情况如下：

$$NH_3 \xleftarrow{-H^+} NH_4^+$$

$$C_2O_4^{2-} \xrightarrow{+H^+} HC_2O_4^-$$

$$C_2O_4^{2-} \xrightarrow{+2H^+} H_2C_2O_4$$

$$OH^- \xleftarrow{-H^+} H_2O \xrightarrow{+H^+} H_3O^+$$

质子条件式为：$c_{eq}(H^+) + c_{eq}(HC_2O_4^-) + 2c_{eq}(H_2C_2O_4) = c_{eq}(NH_3) + c_{eq}(OH^-)$

【例4】 以 $NH_3$-$NH_4Cl$ 组成的缓冲溶液为例，说明缓冲作用的原理。

【分析】 根据同离子效应，说明系统中同时存在大量的 $NH_3$ 和 $NH_4^+$。根据缓冲溶液的定义来阐述缓冲作用的原理，强调外加少量酸、碱或适量的水三种情况下保持系统的 pH 基本不变的原因，确定抗酸成分和抗碱成分。

【解】 在 $NH_3$-$NH_4Cl$ 缓冲溶液中存在下列平衡：

$$NH_3 + H_2O \Longrightarrow NH_4^+ + OH^-$$

$$NH_4Cl \Longrightarrow NH_4^+ + Cl^-$$

由于同离子效应，系统中同时存在大量的 $NH_3$ 和 $NH_4^+$。

当外加少量强酸时，$OH^-$ 与 $H^+$ 结合生成 $H_2O$，$OH^-$ 的浓度会降低，平衡向右移动，$NH_3$ 解离会产生 $OH^-$，从而保持了溶液的 pH 基本不变，$NH_3$ 即为抗酸成分。

当外加少量强碱时，平衡向左移动，$OH^-$ 与 $NH_4^+$ 结合生成 $NH_3$，从而部分抵消了外加的少量 $OH^-$，保持了溶液的 pH 基本不变，$NH_4^+$ 即为抗碱成分。

当加适量的水时，一方面降低了 $OH^-$ 的浓度，另一方面由于 $NH_3$ 的解离度增大和同离子效应的减弱（$NH_4^+$ 浓度的减小），又使平衡向右移动，补充 $OH^-$，从而使溶液的 pH 基本不变。

【例5】 将 75.0mL 0.10mol·$L^{-1}$ HAc 溶液加到 50.0mL 0.10mol·$L^{-1}$ NaOH 溶液中，计算混合溶液的 pH。$K_a^\ominus(HAc) = 1.75 \times 10^{-5}$。

【分析】 将 HAc 溶液加到 NaOH 溶液中会发生反应

$$OH^- + HAc \Longrightarrow Ac^- + H_2O$$

由于加入的 HAc 过量，NaOH 全部反应完生成 NaAc，混合溶液中剩余的 HAc 与生成的 NaAc 组成了缓冲溶液，可根据缓冲溶液 pH 的计算公式进行计算。

【解】 混合后与 NaOH 发生反应，由于 HAc 有剩余，因此剩余的 HAc 和产物 $Ac^-$ 构成了缓冲对。

$$c(HAc) = \frac{0.075L \times 0.10mol·L^{-1} - 0.05L \times 0.10mol·L^{-1}}{0.075L + 0.05L}$$

$$= 0.020mol·L^{-1}$$

$$c(Ac^-) = \frac{0.05L \times 0.10mol·L^{-1}}{0.075L + 0.05L} = 0.040mol·L^{-1}$$

$$pH = pK_a^\ominus - \lg\frac{c(HA)/c^\ominus}{c(A^-)/c^\ominus}$$

$$= -\lg(1.75 \times 10^{-5}) - \lg \frac{0.020 \text{mol} \cdot \text{L}^{-1}/1 \text{mol} \cdot \text{L}^{-1}}{0.040 \text{mol} \cdot \text{L}^{-1}/1 \text{mol} \cdot \text{L}^{-1}}$$

$$= 5.06$$

【例 6】 pH=2.50 的一元弱酸 HA 溶液 40.00mL，与 36.08mL 0.1000mol·L⁻¹ NaOH 溶液恰好中和，计算在滴定终点时溶液的 pH 并选择合适的指示剂。

【分析】 此题为强碱滴定一元弱酸的问题，到达滴定终点时，溶液的 pH 取决于生成的 NaA 浓度。

【解】
$$c(\text{HA}) = \frac{0.1000 \text{mol} \cdot \text{L}^{-1} \times 36.08 \text{mL}}{40.00 \text{mL}} = 0.09020 \text{mol} \cdot \text{L}^{-1}$$

$$K_a^\ominus(\text{HA}) = \frac{[c_{eq}(\text{A}^-)/c^\ominus][c_{eq}(\text{H}^+)/c^\ominus]}{[c_{eq}(\text{HA})/c^\ominus]}$$

$$= \frac{[c_{eq}(\text{H}^+)/c^\ominus]^2}{[c_{eq}(\text{HA})/c^\ominus]}$$

$$= \frac{(10^{-2.50} \text{mol} \cdot \text{L}^{-1}/1 \text{mol} \cdot \text{L}^{-1})^2}{0.09020 \text{mol} \cdot \text{L}^{-1}/1 \text{mol} \cdot \text{L}^{-1}}$$

$$= 1.1 \times 10^{-4}$$

滴定终点时溶液即为 NaA

$$c(\text{NaA}) = \frac{c(\text{NaOH})V_2}{V_1 + V_2}$$

$$= \frac{0.1000 \text{mol} \cdot \text{L}^{-1} \times 36.08 \text{mL}}{40.00 \text{mL} + 36.08 \text{mL}}$$

$$= 0.04742 \text{mol} \cdot \text{L}^{-1}$$

$$K_b^\ominus = \frac{K_w^\ominus}{K_a^\ominus} = \frac{1.0 \times 10^{-14}}{1.1 \times 10^{-4}} = 9.1 \times 10^{-11}$$

$$c_{eq}(\text{OH}^-) = \sqrt{K_b^\ominus c^\ominus c}$$

$$= \sqrt{9.1 \times 10^{-11} \times 1 \text{mol} \cdot \text{L}^{-1} \times 0.04742 \text{mol} \cdot \text{L}^{-1}}$$

$$= 2.1 \times 10^{-6} \text{mol} \cdot \text{L}^{-1}$$

$$\text{pH} = 14 - \text{pOH} = 14 - 5.68 = 8.32$$

选择酚酞作为指示剂。

【例 7】 称取含惰性杂质的混合碱（$Na_2CO_3 + NaOH$ 或 $Na_2CO_3 + NaHCO_3$）试样 0.600g，溶于水后，用 0.5000mol·L⁻¹ HCl 滴至酚酞褪色，用去 15.00mL。然后加入甲基橙指示剂，用 HCl 继续滴至橙色出现，又用去 2.50mL。问试样由何种碱组成？各组分的质量分数为多少？已知 $M(\text{Na}_2\text{CO}_3) = 105.99 \text{g} \cdot \text{mol}^{-1}$；$M(\text{NaOH}) = 40.00 \text{g} \cdot \text{mol}^{-1}$；$M(\text{NaHCO}_3) = 84.01 \text{g} \cdot \text{mol}^{-1}$。

【分析】 此题是用双指示剂法测定混合碱各组分的含量，$V_1 = 15.00 \text{mL}$，$V_2 = 2.50 \text{mL}$，$V_1 > V_2 > 0$，因此混合碱成分为 $Na_2CO_3 + NaOH$。

【解】
$$w(\text{Na}_2\text{CO}_3) = \frac{c(\text{HCl})V_2 M(\text{Na}_2\text{CO}_3)}{m_s}$$

$$= \frac{0.5000 \text{mol} \cdot \text{L}^{-1} \times 0.00250 \text{L} \times 105.99 \text{g} \cdot \text{mol}^{-1}}{0.600 \text{g}}$$

$$=22.08\%$$

$$w(\text{NaOH})=\frac{c(\text{HCl})(V_1-V_2)M(\text{NaOH})}{m_s}$$

$$=\frac{0.5000\text{mol·L}^{-1}\times(0.01500-0.00250)\text{L}\times40.00\text{g·mol}^{-1}}{0.600\text{g}}$$

$$=41.67\%$$

【例8】测定蛋白质中 N 的含量。称取粗蛋白质试样 3.572g，将试样中的氮转变为 $NH_3$，并以 50.00mL 0.2014mol·L$^{-1}$ 的 HCl 标准溶液吸收，剩余的 HCl 用 0.1288mol·L$^{-1}$ NaOH 标准溶液返滴定，消耗 NaOH 溶液 20.24mL，计算此粗蛋白质试样中氮的质量分数。

【分析】粗蛋白中氮的含量由滴定 $NH_3$ 过程中消耗的 HCl 决定。

【解】反应方程式：$NH_3+HCl=\!=\!=NH_4Cl$

$$NaOH+HCl（剩余）=\!=\!=NaCl+H_2O$$

$$w(\text{N})=\frac{[c(\text{HCl})V(\text{HCl})-c(\text{NaOH})V(\text{NaOH})]M(\text{N})}{m_s}$$

$$=\frac{(0.2014\text{mol·L}^{-1}\times50.00\times10^{-3}\text{L}-0.1288\text{mol·L}^{-1}\times20.24\times10^{-3}\text{L})\times14.01\text{g·mol}^{-1}}{3.572\text{g}}$$

$$=2.927\%$$

# 习　题

1. 填空题

(1) 写出各酸的共轭碱：$HS^-$（　　　　），$HCO_3^-$（　　　　），$H_2PO_4^-$（　　　　），$H_2C_2O_4$（　　　　），$H_2O$（　　　　）。

(2) 浓度均为 0.10mol·L$^{-1}$ 的 NaAc、$NH_4Ac$ 和 $NH_4Cl$ 水溶液，其 pH 由小到大的顺序为（　　　　）。

(3) 室温下，0.10mol·L$^{-1}$ HA 溶液中，已知 $K_a^{\ominus}(\text{HA})=1.0\times10^{-5}$，$c(\text{H}^+)=$（　　　　）mol·L$^{-1}$，$K_b^{\ominus}(\text{A}^-)=$（　　　　）。

(4) 在 HAc 溶液中，如果加入少量 NaAc 固体，则 HAc 的解离度将（　　　　），这一作用称（　　　　）效应。

(5) 影响缓冲溶液缓冲容量的因素主要有缓冲系统共轭酸碱对的（　　　　）和（　　　　）。

(6) 氨水溶液中，加入少量 $NH_4Cl$ 固体后，则 $NH_3$ 的解离度将（　　　　），溶液的 pH（　　　　）。

(7) 已知 $K_b^{\ominus}(\text{A}^-)=1.0\times10^{-5}$，则缓冲溶液 HA-A$^-$ 的缓冲范围的 pH 为（　　　　）。

(8) 298K 下，0.2mol·L$^{-1}$ 的 HAc 溶液与 0.2mol·L$^{-1}$ 的 NaAc 溶液等体积混合后，该溶液的 pH 为（　　　　）。已知：HAc 的 $pK_a^{\ominus}=4.76$。

(9) 酸碱滴定选择指示剂的原则是（　　　　）。

(10) 影响 pH 突跃范围的因素是（　　　　）和（　　　　）。

(11) 某混合碱先用盐酸滴至酚酞变色，耗去 $V_1$mL，继续以甲基橙为指示剂，滴至终点，耗去 $V_2 \, mL$，若 $0 < V_1 < V_2$，其组成成分是（      ）。

(12) 某混合碱先用盐酸滴至酚酞变色，耗去 $V_1 \, mL$，继续以甲基橙为指示剂，滴至终点，耗去 $V_2 \, mL$，若 $V_1 = 0$，$V_2 \neq 0$，其组成成分是（      ）。

(13) 含有相同物质的量的 $Na_2CO_3$ 和 NaOH 混合液，取相同体积的两份溶液，其中一份用酚酞作指示剂，滴定到终点用去盐酸的体积为 $V_1 \, mL$；另一份用甲基橙为指示剂，滴至终点耗去相同浓度的盐酸 $V_2 \, mL$，则 $V_1$ 与 $V_2$ 的关系是（      ）。

(14) 某混合碱先用盐酸滴至酚酞变色，耗去 $V_1 \, mL$，继续以甲基橙为指示剂，滴至终点，耗去 $V_2 \, mL$，若 $V_1 > V_2 > 0$，其组成成分是（      ）。

(15) 某混合碱先用盐酸滴至酚酞变色，耗去 $V_1 \, mL$，继续以甲基橙为指示剂，滴至终点，耗去 $V_2 \, mL$，若 $V_1 = V_2 \neq 0$，其组成成分是（      ）。

(16) 滴定过程中的突跃是选择（      ）的依据。

(17) 强碱直接准确滴定弱酸的依据为（      ）。

**2. 选择题**

(1) 下列各组物质中，全部是两性物质的是（   ）。

A. $HS^-$、$HPO_4^{2-}$、$HCO_3^-$、$H_2O$      B. $CN^-$、$H_2O$、$PO_4^{3-}$、$OH^-$

C. $Cl^-$、$NH_4^+$、$H_2O$、HAc      D. $Ac^-$、$NO_2^-$、$HSO_4^-$、$H_2PO_4^-$

(2) 同温度下，$0.02 \, mol \cdot L^{-1}$ 的 HAc 溶液比 $0.2 \, mol \cdot L^{-1}$ 的 HAc 溶液（   ）。

A. $K_a^\ominus$ 大      B. $K_a^\ominus$ 小

C. 解离度 $\alpha$ 大      D. 解离度 $\alpha$ 小

(3) 同浓度下列化合物的水溶液中，pH 最小的是（   ）。

A. $NH_4Cl$      B. $NaHCO_3$

C. $Na_2CO_3$      D. NaCl

(4) 某弱碱 $A^-$ 的 $K_b^\ominus = 5 \times 10^{-10}$，则 HA 的 $K_a^\ominus$ 为（   ）。

A. $5 \times 10^{-6}$      B. $2 \times 10^{-5}$

C. $5 \times 10^{-8}$      D. $2 \times 10^{-10}$

(5) 水的质子自递反应，已知在 18℃时 $K_w^\ominus = 6.4 \times 10^{-15}$，25℃时 $K_w^\ominus = 1.0 \times 10^{-14}$，下列说法正确的是（   ）。

A. 水的质子自递反应是放热过程

B. 水的质子自递反应是熵减反应

C. 在 18℃时，水的 pH 小于 25℃时的 pH

D. 在 18℃时，水中 $H^+$ 的浓度是 $8.0 \times 10^{-8} \, mol \cdot L^{-1}$

(6) 欲配制 pH = 9.0 的缓冲溶液，可以选择（   ）来配制。

A. HCOOH-HCOONa      $pK_a^\ominus(HCOOH) = 3.74$

B. HAc-NaAc      $pK_a^\ominus(HAc) = 4.76$

C. $NH_3$-$NH_4Cl$      $pK_a^\ominus(NH_4^+) = 9.24$

D. $NaH_2PO_4$-$Na_2HPO_4$      $pK_{a_2}^\ominus(H_3PO_4) = 7.20$

(7) 已知浓度为 $0.1 \, mol \cdot L^{-1}$，体积为 $V$ 的一元弱酸（HA）水溶液（$\alpha < 5\%$），若使其解离度增加一倍，则溶液的体积应稀释为（   ）。

A. $2V$      B. $4V$      C. $6V$      D. $10V$

(8) 弱酸能被强碱溶液准确滴定的判据是（   ）。

A. $\dfrac{c}{c^\ominus} K_a^\ominus \geq 10^{-8}$      B. $\dfrac{c}{c^\ominus} K_a^\ominus \leq 10^{-8}$

C. $\dfrac{c}{c^{\ominus}}K_a^{\ominus}\geqslant 10^6$          D. $\dfrac{c}{c^{\ominus}}K_a^{\ominus}\leqslant 10^6$

（9）在酸碱滴定中选择指示剂时可以不考虑的因素是（　　）。

A. 突跃范围           B. 指示剂变色范围

C. 要求的终点误差         D. 指示剂的结构

（10）某酸碱指示剂的 $pK_{HIn}^{\ominus}=5.0$，其理论变色范围为（　　）。

A. 2～8     B. 3～7       C. 4～6        D. 5～7

（11）用强酸或强碱滴定下列物质，只有一个滴定突跃的是（　　）。

A. $(CH_2)_6N_4$ $(K_b^{\ominus}=1.4\times 10^{-9})$

B. $H_3BO_3$ $(K_a^{\ominus}=5.8\times 10^{-10})$

C. NaOH 和 NaAc 混合溶液 $[K_a^{\ominus}(HAc)=1.8\times 10^{-5}]$

D. $NH_4Cl$ $[K_a^{\ominus}(NH_4^+)=5.7\times 10^{-10}]$

（12）将双指示剂连续滴定法用于未知碱液的定性分析，若 $V_1$ 为酚酞指示剂变色消耗 HCl 的体积，$V_2$ 为甲基橙指示剂变色消耗 HCl 的体积。当 $V_1>V_2>0$ 时，未知碱液的组成是（　　）。

A. NaOH           B. $NaHCO_3$

C. NaOH+$Na_2CO_3$        D. $Na_2CO_3$+$NaHCO_3$

（13）用 $0.1000 mol\cdot L^{-1}$ NaOH 溶液滴定 $0.1000 mol\cdot L^{-1}$ HCOOH 溶液，滴定突跃范围的 pH 为 6.74～9.70，可选用的指示剂为（　　）。

A. 甲基橙（$pK_{HIn}^{\ominus}=3.4$）      B. 甲基红（$pK_{HIn}^{\ominus}=5.0$）

C. 溴酚蓝（$pK_{HIn}^{\ominus}=4.1$）      D. 中性红（$pK_{HIn}^{\ominus}=7.4$）

（14）将双指示剂连续滴定法用于未知碱液的定性分析，若 $V_1$ 为酚酞指示剂变色消耗 HCl 的体积，$V_2$ 为甲基橙指示剂变色消耗 HCl 的体积。当 $V_1=V_2>0$ 时，未知碱液的组成是（　　）。

A. NaOH           B. $Na_2CO_3$

C. NaOH+$Na_2CO_3$        D. $Na_2CO_3$+$NaHCO_3$

（15）双指示剂法测定混合碱组成时，加入酚酞消耗盐酸的体积为 $V_1$，变色后加入甲基橙消耗盐酸的体积为 $V_2$，$V_1<V_2$ 则混合碱的组分为（　　）。

A. $NaHCO_3$          B. $Na_2CO_3$

C. NaOH+$Na_2CO_3$        D. $NaHCO_3$+$Na_2CO_3$

**3.** 判断题（正确的在括号中填"√"号，错的填"×"号）

（1）强酸水溶液中没有 $OH^-$。（　　）

（2）稀释 10mL $0.1 mol\cdot L^{-1}$ HAc 溶液至 100mL，则 HAc 的解离度增大，平衡向 HAc 解离的方向移动，$H^+$ 浓度增大。（　　）

（3）相对误差在 $\pm 0.1\%$ 的要求下，强酸滴定弱碱的条件是 $\dfrac{c}{c^{\ominus}}K_b^{\ominus}\geqslant 10^{-8}$。（　　）

（4）某二元酸能被分步滴定的条件是 $\dfrac{K_{a_1}^{\ominus}}{K_{a_2}^{\ominus}}\geqslant 10^4$，$\dfrac{c}{c^{\ominus}}K_{a_1}^{\ominus}\geqslant 10^{-8}$，$\dfrac{c}{c^{\ominus}}K_{a_2}^{\ominus}\geqslant 10^{-8}$。（　　）

（5）甲基红可作为氢氧化钠准确滴定醋酸的指示剂。（　　）

（6）指示剂的选择原则是：变色敏锐，用量少。（　　）

（7）酚酞和甲基橙都可作为强碱滴定弱酸的指示剂。（　　）

（8）影响酸碱滴定突跃范围大小的因素是 $K_a^{\ominus}$ 或 $K_b^{\ominus}$，与酸碱溶液的浓度无关。（　　）

（9）称取含惰性杂质的混合碱试样 1.200g，溶于水后，用 0.5000mol·L$^{-1}$ HCl 滴至酚酞褪色，用去 30.00mL。然后加入甲基橙，用 HCl 继续滴至橙色出现，又用去 5.00mL。则该混合碱可能是 $NaHCO_3$ 和 $Na_2CO_3$。（　　）

（10）酚酞可作为氢氧化钠准确滴定醋酸的指示剂。（　　）

（11）选择指示剂的原则：变色敏锐，最好是混合指示剂。（　　）

（12）选择指示剂的原则是应使指示剂的变色范围部分或全部落在突跃范围内。（　　）

**4. 简答题**

（1）写出下列物质水溶液的质子条件式：

① $NaAc$　② $NaH_2PO_4$　③ $NH_4Ac$　④ $NH_4H_2PO_4$　⑤ $Na_2S$

（2）向 HAc 的稀溶液中分别加入少量① HCl；②$NaAc$；③$NaCl$；④ $H_2O$；⑤$NaOH$，则 HAc 的解离度有何变化？为什么？

（3）什么叫缓冲溶液？缓冲溶液具有哪些特性？配制缓冲溶液时，如何选择合适的缓冲对？

（4）简述同离子效应和盐效应的定义。两种效应有何本质区别？

（5）以 HAc-NaAc 为例，说明缓冲溶液的缓冲原理。

（6）写出下列各碱的共轭酸：

$S^{2-}$，$H_2O$，$HCO_3^-$，$H_2PO_4^-$，$HC_2O_4^-$。

（7）酸碱滴定法指示剂选择的条件是什么？

（8）一元弱酸、弱碱被准确滴定的条件是什么？

（9）著名化学家侯德榜发明了"侯氏联合制碱法"，为我国乃至世界化学工业的发展作出了杰出贡献。①写出联合制碱法中的"碱"的化学式。②写出制碱的原理，用方程式表示。

**5.** 已知下列各种弱酸的 $K_a^{\ominus}$ 值，求它们的共轭碱的 $K_b^{\ominus}$ 值。

（1）HCOOH　　　　　　$K_a^{\ominus}=1.8\times10^{-5}$

（2）$C_6H_5OH$　　　　　$K_a^{\ominus}=1.1\times10^{-10}$

（3）$H_3BO_3$　　　　　　$K_a^{\ominus}=5.8\times10^{-10}$

（4）HCN　　　　　　　$K_a^{\ominus}=6.2\times10^{-10}$

（5）$H_2C_2O_4$　　　　　$K_{a_1}^{\ominus}=5.60\times10^{-2}$，$K_{a_2}^{\ominus}=5.42\times10^{-5}$

（6）$H_2CO_3$　　　　　　$K_{a_1}^{\ominus}=4.45\times10^{-7}$，$K_{a_2}^{\ominus}=4.69\times10^{-11}$

**6.** 求下列物质水溶液的 pH。

（1）0.2mol·L$^{-1}$ HAc　　　　　［已知 $K_a^{\ominus}(HAc)=1.75\times10^{-5}$］

（2）0.2mol·L$^{-1}$ $NH_3·H_2O$　　［已知 $K_a^{\ominus}(NH_4^+)=5.70\times10^{-10}$］

（3）0.05mol·L$^{-1}$ NaAc　　　　［已知 $K_a^{\ominus}(HAc)=1.75\times10^{-5}$］

（4）0.04mol·L$^{-1}$ $H_2CO_3$　　［已知 $H_2CO_3$ $K_{a_1}^{\ominus}=4.45\times10^{-7}$，$K_{a_2}^{\ominus}=4.69\times10^{-11}$］

（5）0.1mol·L$^{-1}$ $NH_4Cl$　　　［已知 $K_a^{\ominus}(NH_4^+)=5.70\times10^{-10}$］

（6）0.2mol·L$^{-1}$ $Na_2CO_3$　　［已知 $H_2CO_3$ $K_{a_1}^{\ominus}=4.45\times10^{-7}$，$K_{a_2}^{\ominus}=4.69\times10^{-11}$］

**7.** 298K 时，测得 0.1mol·L$^{-1}$ HAc 溶液的解离度 $\alpha=1.32\%$，求 HAc 溶液的 pH 及 HAc 的解离平衡常数。

**8.** 在 250mL 0.1mol·L$^{-1}$ HAc 溶液中加入 2.05g NaAc，求 HAc 的解离度和 HAc 溶液 pH。已知 $K_a^{\ominus}$(HAc)=1.75×10$^{-5}$。

**9.** 298K 下，10mL 0.2mol·L$^{-1}$ 的 HAc 溶液与 10mL 0.2mol·L$^{-1}$ 的 NaAc 溶液混合后：

(1) 求该溶液的 pH。

(2) 若向此溶液中加入 5mL 0.01mol·L$^{-1}$ NaOH 溶液，则溶液的 pH 又为多少？

已知 $K_a^{\ominus}$(HAc)=1.75×10$^{-5}$。

**10.** 欲配制 pH=5.0 的缓冲溶液，应在 20mL 0.1mol·L$^{-1}$ HAc 溶液中加入固体 NaAc 多少克？（忽略溶液体积的变化）。已知 $K_a^{\ominus}$(HAc)=1.75×10$^{-5}$。

**11.** 0.1mol·L$^{-1}$ 某一元弱酸（HA）溶液 50mL 与 20mL 0.1mol·L$^{-1}$ NaOH 溶液混合，将混合液稀释到 100mL，用酸度计测得溶液的 pH=5.25，求 HA 的 $K_a^{\ominus}$。

**12.** 欲配制 pH=9.50 的缓冲溶液，需要在 1L 0.1mol·L$^{-1}$ 的 NH$_3$ 溶液中加入多少克 NH$_4$Cl 固体？（设体积不变）。已知：$K_a^{\ominus}$(NH$_4^+$)=5.70×10$^{-10}$。

**13.** 在血液中，H$_2$CO$_3$-HCO$_3^-$ 缓冲对的功能之一是从细胞组织中除去运动产生的乳酸。在正常血液中，$c$(H$_2$CO$_3$)=1.4×10$^{-3}$mol·L$^{-1}$，$c$(HCO$_3^-$)=2.7×10$^{-2}$mol·L$^{-1}$，假定血液的 pH 由此缓冲对决定，求血液的 pH。已知：H$_2$CO$_3$ 的 $K_{a_1}^{\ominus}$=4.45×10$^{-7}$，$K_{a_2}^{\ominus}$=4.69×10$^{-11}$。

**14.** 将 2.000g 黄豆用浓硫酸进行消化处理，得到被测试液，然后加入过量的 NaOH 溶液，将释放出的 NH$_3$ 用 50.00mL 0.6700mol·L$^{-1}$ HCl 溶液吸收，多余的采用甲基橙指示剂，以 0.6520mol·L$^{-1}$ NaOH 30.10mL 滴定至终点。计算黄豆中氮的质量分数及蛋白质的质量分数。已知 $M$(N)=14.01g·mol$^{-1}$。

**15.** 将 0.1640g 硫酸铵样品溶于水后加入甲醛，反应 5min，再用 0.09760mol·L$^{-1}$ NaOH 溶液滴定至酚酞变色，用去 NaOH 23.09mL，计算样品中 $w$(N)和 $w$[(NH$_4$)$_2$SO$_4$]。

**16.** 称取含惰性杂质的混合碱（Na$_2$CO$_3$ 和 NaOH 或 NaHCO$_3$ 和 Na$_2$CO$_3$ 的混合物）试样 1.000g，溶于水后，用酚酞作指示剂，用 0.2500mol·L$^{-1}$ HCl 滴至终点，消耗 HCl 20.40mL。然后加入甲基橙指示剂，用 HCl 继续滴至橙色出现，又用去 28.46mL。试判断试样由何种碱组成？各组分的质量分数是多少？已知 $M$(Na$_2$CO$_3$)=106.0g·mol$^{-1}$；$M$(NaHCO$_3$)=84.01g·mol$^{-1}$；$M$(NaOH)=40.00g·mol$^{-1}$。

**17.** 用 HCl 标准溶液滴定含有 8.00%碳酸钠的 NaOH，如果用甲基橙作指示剂可用去 24.50mL HCl 溶液，若用酚酞作指示剂，问要用去该 HCl 标准溶液多少毫升？

**18.** 称取 0.4000g 某一元弱碱纯试样 BOH，加水 50.0mL 溶解后用 0.1000mol·L$^{-1}$ HCl 标准溶液滴定，当滴入 HCl 标准溶液 16.40mL 时，测得溶液 pH=7.50；滴定至化学计量点时，消耗 HCl 标准溶液 32.80mL。(1) 计算 BOH 的摩尔质量和 $K_b^{\ominus}$ 值；(2) 计算化学计量点时的 pH。

# 习题参考答案

**1. 填空题**

(1) S$^{2-}$，CO$_3^{2-}$，HPO$_4^{2-}$，HC$_2$O$_4^-$，OH$^-$　　(2) NH$_4$Cl、NH$_4$Ac、NaAc

(3) 1.0×10$^{-3}$，1.0×10$^{-9}$　　　　　　　　(4) 降低，同离子

(5) 浓度，缓冲比      (6) 降低，减小

(7) $8.0 \sim 10.0$      (8) 4.76

(9) 指示剂的变色范围全部或部分落在化学计量点附近的 pH 突跃范围内

(10) 溶液浓度，酸碱的强度

(11) $NaHCO_3$ 和 $Na_2CO_3$      (12) $NaHCO_3$

(13) $3V_1 = 2V_2$      (14) $NaOH$ 和 $Na_2CO_3$

(15) $Na_2CO_3$      (16) 适当指示剂

(17) $\dfrac{c}{c^{\ominus}} K_a^{\ominus} \geqslant 10^{-8}$

**2. 选择题**

(1) A    (2) C    (3) A    (4) B    (5) D    (6) C    (7) B    (8) A

(9) D    (10) C    (11) C    (12) C    (13) D    (14) B    (15) D

**3. 判断题**

(1) ×    (2) ×    (3) √    (4) √    (5) ×    (6) ×    (7) ×

(8) ×    (9) ×    (10) √    (11) ×    (12) √

**4. 简答题**

(1) **答** ① 选取 $Ac^-$ 和 $H_2O$ 为零水准，它们的得失质子情况如下：

$$Ac^- \xrightarrow{+H^+} HAc$$

$$OH^- \xleftarrow{-H^+} H_2O \xrightarrow{+H^+} H_3O^+$$

质子条件式为：$c_{eq}(H^+) + c_{eq}(HAc) = c_{eq}(OH^-)$

② 选取 $H_2PO_4^-$ 和 $H_2O$ 为零水准，它们的得失质子情况如下：

$$HPO_4^{2-} \xleftarrow{-H^+} H_2PO_4^- \xrightarrow{+H^+} H_3PO_4$$

$$PO_4^{3-} \xleftarrow{-2H^+} H_2PO_4^-$$

$$OH^- \xleftarrow{-H^+} H_2O \xrightarrow{+H^+} H_3O^+$$

质子条件式为：$c_{eq}(H^+) + c_{eq}(H_3PO_4) = c_{eq}(HPO_4^{2-}) + 2c_{eq}(PO_4^{3-}) + c_{eq}(OH^-)$

③ 选取 $NH_4^+$、$Ac^-$ 和 $H_2O$ 为零水准，它们的得失质子情况如下：

$$NH_3 \xleftarrow{-H^+} NH_4^+$$

$$Ac^- \xrightarrow{+H^+} HAc$$

$$OH^- \xleftarrow{-H^+} H_2O \xrightarrow{+H^+} H_3O^+$$

质子条件式为：$c_{eq}(H^+) + c_{eq}(HAc) = c_{eq}(NH_3) + c_{eq}(OH^-)$

④ 选取 $NH_4^+$、$H_2PO_4^-$ 和 $H_2O$ 为零水准，它们的得失质子情况如下：

$$NH_3 \xleftarrow{-H^+} NH_4^+$$

$$HPO_4^{2-} \xleftarrow{-H^+} H_2PO_4^- \xrightarrow{+H^+} H_3PO_4$$

$$PO_4^{3-} \xleftarrow{-2H^+} H_2PO_4^-$$

$$OH^- \xleftarrow{-H^+} H_2O \xrightarrow{+H^+} H_3O^+$$

质子条件式为：

$$c_{eq}(H^+) + c_{eq}(H_3PO_4) = c_{eq}(NH_3) + c_{eq}(HPO_4^{2-}) + 2c_{eq}(PO_4^{3-}) + c_{eq}(OH^-)$$

⑤ 选取 $S^{2-}$ 和 $H_2O$ 为零水准，它们的得失质子情况如下：

$$S^{2-} \xrightarrow{+H^+} HS^-$$

$$S^{2-} \xrightarrow{+2H^+} H_2S$$

$$OH^- \xleftarrow{-H^+} H_2O \xrightarrow{+H^+} H_3O^+$$

质子条件式为：$c_{eq}(HS^-) + 2c_{eq}(H_2S) + c_{eq}(H^+) = c_{eq}(OH^-)$

（2）**答** ① 变小　同离子效应

② 变小　同离子效应

③ 变大　盐效应

④ 变大　根据稀释定律，溶液越稀，解离度越大

⑤ 变大　NaOH 促进 HAc 的解离

（3）**答**　能够抵抗外加少量酸、碱或适量的稀释而保持系统的 pH 基本不变的溶液称为缓冲溶液。

缓冲溶液特性：缓冲溶液一般是由足够量的抗酸、抗碱成分混合而成，通常将抗酸和抗碱两种成分称为缓冲对。缓冲对浓度的比值称为缓冲比。缓冲比相同，浓度大的缓冲溶液缓冲容量大，缓冲能力强；同一缓冲对，当其总浓度不变时，两组分浓度越接近，亦即缓冲比越趋于 1，缓冲容量越大，缓冲能力越强，当缓冲比等于 1 时，缓冲溶液的缓冲能力最强。因此一般将缓冲比控制在 1∶10～10∶1 之间，此时缓冲溶液的 pH 控制在 $pK_a^{\ominus} \pm 1$ 的范围内，此范围 $[(pK_a^{\ominus}-1) \sim (pK_a^{\ominus}+1)]$ 即为缓冲溶液的缓冲范围。

选择合适的缓冲对：$pK_a^{\ominus}$ 应尽量与所需配制缓冲溶液的 pH 相接近，最大差距不能超过 1。同时，选择的缓冲对与被控制系统无副反应。

（4）**答**　同离子效应：在弱电解质溶液中加入含有与该弱电解质具有相同离子的强电解质，从而使弱电解质的解离平衡向着生成弱电解质分子的方向移动，弱电解质的解离度降低的效应称为同离子效应。

盐效应：如果向弱电解质溶液中加入含有与该弱电解质具有不同离子的强电解质，从而使弱电解质解离度增大，这种效应称为盐效应。

本质区别：产生同离子效应的同时也伴随盐效应，但同离子效应远大于盐效应，因此对稀溶液盐效应对解离度的影响可以不考虑。

（5）**答**　在 HAc-NaAc 缓冲溶液中存在下列平衡：

$$HAc \rightleftharpoons H^+ + Ac^- \qquad NaAc \Longrightarrow Na^+ + Ac^-$$

由于同离子效应，体系中存在着大量的 HAc 和 $Ac^-$。

当外加入少量强酸时，醋酸解离平衡逆向移动，$Ac^-$ 的量减少，$Ac^-$ 即为抗酸成分。

当外加入少量强碱时，醋酸解离平衡正向移动，HAc 的量减少，HAc 即为抗碱成分。

当加水稀释时，一方面降低了 $H^+$ 的浓度，另一方面由于 HAc 的解离度增大和同离子效应的减弱，又使平衡向右移动补充 $H^+$，从而溶液的 pH 也几乎没有变化。

（6）**答**　$HS^-$，$H_3O^+$，$H_2CO_3$，$H_3PO_4$，$H_2C_2O_4$。

（7）**答**　酸碱滴定的 pH 突跃范围是选择指示剂的依据，所选指示剂的 pH 变色范围应全部或部分落在滴定的 pH 突跃范围之内，酸碱指示剂变色的 pH 愈接近化学计量点的 pH，

则滴定的准确度愈高。

（8）**答** 一元弱酸能被强碱溶液准确滴定的判据：$\dfrac{c}{c^{\ominus}}K_a^{\ominus}\geqslant 10^{-8}$；一元弱碱被强酸准确滴定的判据为：$\dfrac{c}{c^{\ominus}}K_b^{\ominus}\geqslant 10^{-8}$。

（9）**答** ①联合制碱法中的"碱"化学式为 $Na_2CO_3$。

②向吸足氨气的饱和食盐水中通 $CO_2$，析出 $NaHCO_3$，加热分解 $NaHCO_3$ 得到产品 $Na_2CO_3$。

$$NH_3 + CO_2 + H_2O \Longrightarrow NH_4HCO_3$$
$$NH_4HCO_3 + NaCl \Longrightarrow NaHCO_3 + NH_4Cl$$
$$2\,NaHCO_3 \xmapsto{\triangle} Na_2CO_3 + CO_2 + H_2O$$

**5. 解** （1）$K_b^{\ominus}(HCOO^-) = \dfrac{K_w^{\ominus}}{K_a^{\ominus}(HCOOH)} = \dfrac{1.0\times10^{-14}}{1.8\times10^{-5}} = 5.6\times10^{-10}$

（2）$K_b^{\ominus}(C_6H_5O^-) = \dfrac{K_w^{\ominus}}{K_a^{\ominus}(C_6H_5OH)} = \dfrac{1.0\times10^{-14}}{1.1\times10^{-10}} = 9.1\times10^{-5}$

（3）$K_b^{\ominus}(H_2BO_3{}^-) = \dfrac{K_w^{\ominus}}{K_a^{\ominus}(H_3BO_3)} = \dfrac{1.0\times10^{-14}}{5.8\times10^{-10}} = 1.7\times10^{-5}$

（4）$K_b^{\ominus}(CN^-) = \dfrac{K_w^{\ominus}}{K_a^{\ominus}(HCN)} = \dfrac{1.0\times10^{-14}}{6.2\times10^{-10}} = 1.6\times10^{-5}$

（5）$K_{b_2}^{\ominus}(HC_2O_4{}^-) = \dfrac{K_w^{\ominus}}{K_{a_1}^{\ominus}(H_2C_2O_4)} = \dfrac{1.0\times10^{-14}}{5.60\times10^{-2}} = 1.79\times10^{-13}$

（6）$K_{b_2}^{\ominus}(HCO_3{}^-) = \dfrac{K_w^{\ominus}}{K_{a_1}^{\ominus}(H_2CO_3)} = \dfrac{1.0\times10^{-14}}{4.45\times10^{-7}} = 2.25\times10^{-8}$

**6. 解** （1）因为 $\dfrac{K_a^{\ominus}c(HAc)}{c^{\ominus}} = \dfrac{1.75\times10^{-5}\times0.2\,mol\cdot L^{-1}}{1\,mol\cdot L^{-1}} = 3.5\times10^{-6} > 20K_w^{\ominus}$

$$\dfrac{c(HAc)}{K_a^{\ominus}c^{\ominus}} = \dfrac{0.2\,mol\cdot L^{-1}}{1.75\times10^{-5}\times1\,mol\cdot L^{-1}} = 1.14\times10^4 > 500$$

所以 $c_{eq}(H^+) = \sqrt{K_a^{\ominus}c^{\ominus}c(HAc)}$
$$= \sqrt{1.75\times10^{-5}\times1\,mol\cdot L^{-1}\times0.2\,mol\cdot L^{-1}}$$
$$= 1.87\times10^{-3}\,mol\cdot L^{-1}$$
$$pH = 2.73$$

（2）$K_b^{\ominus}(NH_3) = \dfrac{K_w^{\ominus}}{K_a^{\ominus}(NH_4^+)} = \dfrac{1.0\times10^{-14}}{5.70\times10^{-10}} = 1.75\times10^{-5}$

因为 $\dfrac{K_b^{\ominus}c(NH_3)}{c^{\ominus}} = \dfrac{1.75\times10^{-5}\times0.2\,mol\cdot L^{-1}}{1\,mol\cdot L^{-1}} = 3.5\times10^{-6} > 20K_w^{\ominus}$

$$\dfrac{c(NH_3)}{K_b^{\ominus}c^{\ominus}} = \dfrac{0.2\,mol\cdot L^{-1}}{1.75\times10^{-5}\times1\,mol\cdot L^{-1}} = 1.14\times10^4 > 500$$

所以　　$c_{eq}(OH^-) = \sqrt{K_b^\ominus c^\ominus c(NH_3)}$

$$= \sqrt{1.75 \times 10^{-5} \times 1 mol \cdot L^{-1} \times 0.2 mol \cdot L^{-1}}$$

$$= 1.87 \times 10^{-3} mol \cdot L^{-1}$$

$$K_w^\ominus = \frac{c_{eq}(H^+)}{c^\ominus} \times \frac{c_{eq}(OH^-)}{c^\ominus}$$

$$c_{eq}(H^+) = \frac{K_w^\ominus (c^\ominus)^2}{c_{eq}(OH^-)}$$

$$= \frac{1.0 \times 10^{-14} \times (1 mol \cdot L^{-1})^2}{1.87 \times 10^{-3} mol \cdot L^{-1}}$$

$$= 5.35 \times 10^{-12} mol \cdot L^{-1}$$

$$pH = 11.27$$

(3) $Ac^-$ 的 $K_b^\ominus = \dfrac{K_w^\ominus}{K_a^\ominus} = \dfrac{1.0 \times 10^{-14}}{1.75 \times 10^{-5}} = 5.71 \times 10^{-10}$

因为 $\dfrac{K_b^\ominus c(Ac^-)}{c^\ominus} = \dfrac{5.71 \times 10^{-10} \times 0.05 mol \cdot L^{-1}}{1 mol \cdot L^{-1}} = 2.86 \times 10^{-11} > 20 K_w^\ominus$

$$\frac{c(Ac^-)}{K_b^\ominus c^\ominus} = \frac{0.05 mol \cdot L^{-1}}{5.71 \times 10^{-10} \times 1 mol \cdot L^{-1}} = 8.76 \times 10^7 > 500$$

所以　　$c_{eq}(OH^-) = \sqrt{K_b^\ominus c^\ominus c(Ac^-)}$

$$= \sqrt{5.71 \times 10^{-10} \times 1 mol \cdot L^{-1} \times 0.05 mol \cdot L^{-1}}$$

$$= 5.34 \times 10^{-6} mol \cdot L^{-1}$$

$$K_w^\ominus = \frac{c_{eq}(H^+)}{c^\ominus} \times \frac{c_{eq}(OH^-)}{c^\ominus}$$

$$c_{eq}(H^+) = \frac{K_w^\ominus (c^\ominus)^2}{c_{eq}(OH^-)}$$

$$= \frac{1.0 \times 10^{-14} \times (1 mol \cdot L^{-1})^2}{5.34 \times 10^{-6} mol \cdot L^{-1}}$$

$$= 1.87 \times 10^{-9} mol \cdot L^{-1}$$

$$pH = 8.73$$

(4) $H_2CO_3$ $K_{a_1}^\ominus = 4.45 \times 10^{-7} > K_{a_2}^\ominus = 4.69 \times 10^{-11}$，因此可按一元弱酸处理。

因为 $\dfrac{K_{a_1}^\ominus c(H_2CO_3)}{c^\ominus} = \dfrac{4.45 \times 10^{-7} \times 0.04 mol \cdot L^{-1}}{1 mol \cdot L^{-1}} = 1.78 \times 10^{-8} > 20 K_w^\ominus$

$$\frac{c(H_2CO_3)}{K_{a_1}^\ominus c^\ominus} = \frac{0.04 mol \cdot L^{-1}}{4.45 \times 10^{-7} \times 1 mol \cdot L^{-1}} = 8.99 \times 10^4 > 500$$

所以　　$c_{eq}(H^+) = \sqrt{K_{a_1}^\ominus c^\ominus c(H_2CO_3)}$

$$= \sqrt{4.45 \times 10^{-7} \times 1 mol \cdot L^{-1} \times 0.04 mol \cdot L^{-1}}$$

$$= 1.33 \times 10^{-4} mol \cdot L^{-1}$$

$$pH = 3.88$$

(5) 因为 $\dfrac{K_a^\ominus c(NH_4^+)}{c^\ominus} = \dfrac{5.70 \times 10^{-10} \times 0.10 mol \cdot L^{-1}}{1 mol \cdot L^{-1}} = 5.7 \times 10^{-11} > 20 K_w^\ominus$

$$\frac{c(NH_4^+)}{K_a^\ominus c^\ominus}=\frac{0.10mol\cdot L^{-1}}{5.70\times10^{-10}\times1mol\cdot L^{-1}}=1.75\times10^8>500$$

所以 $\quad c_{eq}(H^+)=\sqrt{K_a^\ominus c^\ominus\ c(NH_4^+)}$

$$=\sqrt{5.70\times10^{-10}\times1mol\cdot L^{-1}\times0.10mol\cdot L^{-1}}$$

$$=7.55\times10^{-6}mol\cdot L^{-1}$$

$$pH=5.12$$

(6) $CO_3^{2-}$ 的 $K_{b_1}^\ominus=\dfrac{K_w^\ominus}{K_{a_2}^\ominus}=\dfrac{1.00\times10^{-14}}{4.69\times10^{-11}}=2.13\times10^{-4}$

因为 $\dfrac{K_{b_1}^\ominus c(CO_3^{2-})}{c^\ominus}=\dfrac{2.13\times10^{-4}\times0.2mol\cdot L^{-1}}{1mol\cdot L^{-1}}=4.26\times10^{-5}>20K_w^\ominus$

$$\frac{c(CO_3^{2-})}{K_{b_1}^\ominus c^\ominus}=\frac{0.2mol\cdot L^{-1}}{2.13\times10^{-4}\times1mol\cdot L^{-1}}=9.39\times10^2>500$$

所以 $\quad c_{eq}(OH^-)=\sqrt{K_{b1}^\ominus c^\ominus\ c(CO_3^{2-})}$

$$=\sqrt{2.13\times10^{-4}\times1mol\cdot L^{-1}\times0.2mol\cdot L^{-1}}$$

$$=6.53\times10^{-3}mol\cdot L^{-1}$$

$$K_w^\ominus=\frac{c_{eq}(H^+)}{c^\ominus}\times\frac{c_{eq}(OH^-)}{c^\ominus}$$

$$c_{eq}(H^+)=\frac{K_w^\ominus(c^\ominus)^2}{c_{eq}(OH^-)}=\frac{1.00\times10^{-14}\times(1mol\cdot L^{-1})^2}{6.53\times10^{-3}mol\cdot L^{-1}}$$

$$=1.53\times10^{-12}mol\cdot L^{-1}$$

$$pH=-lg\frac{c_{eq}(H^+)}{c^\ominus}=-lg\frac{1.53\times10^{-12}mol\cdot L^{-1}}{1mol\cdot L^{-1}}=11.82$$

**7. 解** $c_{eq}(H^+)=c(HAc)\alpha=0.1mol\cdot L^{-1}\times1.32\%=1.32\times10^{-3}mol\cdot L^{-1}$

$$pH=-lg\frac{c_{eq}(H^+)}{c^\ominus}=-lg\frac{1.32\times10^{-3}mol\cdot L^{-1}}{1mol\cdot L^{-1}}=2.88$$

当 $\alpha<5\%$,$K_a^\ominus(HAc)=\dfrac{c(HAc)\times\alpha^2}{c^\ominus}=\dfrac{0.1mol\cdot L^{-1}\times(1.32\%)^2}{1mol\cdot L^{-1}}=1.74\times10^{-5}$

**8. 解** $c(NaAc)=\dfrac{m/M(NaAc)}{V}=\dfrac{2.05g/82g\cdot mol^{-1}}{0.25L}=0.1mol\cdot L^{-1}$

| | HAc | $\rightleftharpoons$ | Ac$^-$ | + | H$^+$ |
|---|---|---|---|---|---|
| 起始浓度/(mol·L$^{-1}$) | 0.1 | | 0.1 | | 0 |
| 平衡浓度/(mol·L$^{-1}$) | $0.1-x\approx0.1$ | | $0.1+x\approx0.1$ | | $x$ |

$$K_a^\ominus(HA)=\frac{[c_{eq}(Ac^-)/c^\ominus][c_{eq}(H^+)/c^\ominus]}{[c_{eq}(HAc)/c^\ominus]}$$

$$1.75\times10^{-5}=\frac{0.1(x/c^\ominus)}{0.1}=x/c^\ominus$$

$$x=1.75\times10^{-5}mol\cdot L^{-1}$$

$$pH=-lg\frac{c_{eq}(H^+)}{c^\ominus}=-lg\frac{1.75\times10^{-5}mol\cdot L^{-1}}{1mol\cdot L^{-1}}=4.76$$

因为 $c_{eq}(H^+)=c(HAc)\alpha$

所以 $\alpha = \dfrac{c_{eq}(H^+)}{c(HAc)} \times 100\% = \dfrac{1.75 \times 10^{-5} mol \cdot L^{-1}}{0.1 mol \cdot L^{-1}} \times 100\% = 0.0175\%$

**9. 解** （1）混合后 HAc 和产物 $Ac^-$ 构成了缓冲对，溶液等体积混合，浓度减半。

$$c(HAc) = 0.1 mol \cdot L^{-1}, c(Ac^-) = 0.1 mol \cdot L^{-1}$$

$$pH = pK_a^\ominus - \lg \dfrac{c(HAc)/c^\ominus}{c(Ac^-)/c^\ominus}$$

$$= 4.76 - \lg \dfrac{0.1 mol \cdot L^{-1}/1 mol \cdot L^{-1}}{0.1 mol \cdot L^{-1}/1 mol \cdot L^{-1}}$$

$$= 4.76$$

（2）当加入 $5mL\ 0.01 mol \cdot L^{-1} NaOH$ 溶液：

$$pH = pK_a^\ominus - \lg \dfrac{c(HAc)/c^\ominus}{c(Ac^-)/c^\ominus}$$

$$= 4.76 - \lg \dfrac{\dfrac{0.02L \times 0.1 mol \cdot L^{-1} - 0.005L \times 0.01 mol \cdot L^{-1}}{(0.02L + 0.005L) \times 1 mol \cdot L^{-1}}}{\dfrac{0.02L \times 0.1 mol \cdot L^{-1} + 0.005L \times 0.01 mol \cdot L^{-1}}{(0.02L + 0.005L) \times 1 mol \cdot L^{-1}}}$$

$$= 4.78$$

**10. 解**

$$pH = pK_a^\ominus - \lg \dfrac{c(HAc)/c^\ominus}{c(Ac^-)/c^\ominus}$$

$$5.0 = 4.76 - \lg \dfrac{c(HAc)/c^\ominus}{c(Ac^-)/c^\ominus}$$

$$\lg \dfrac{c(HAc)/c^\ominus}{c(Ac^-)/c^\ominus} = -0.24$$

$$\dfrac{c(HAc)}{c(Ac^-)} = 0.58$$

$$c(Ac^-) = \dfrac{0.1 mol \cdot L^{-1}}{0.58} = 0.17 mol \cdot L^{-1}$$

$$m = c(Ac^-)VM(NaAc)$$

$$= 0.17 mol \cdot L^{-1} \times 0.02L \times 82g \cdot mol^{-1}$$

$$= 0.28g$$

**11. 解** 混合后，HA 与 NaOH 发生反应，由于 $pH = 5.25$，HA 有剩余，因此剩余的 HA 和产物 $A^-$ 构成了缓冲对。

$$c(HA) = \dfrac{0.05L \times 0.1 mol \cdot L^{-1} - 0.02L \times 0.1 mol \cdot L^{-1}}{0.1L} = 0.03 mol \cdot L^{-1}$$

$$c(A^-) = \dfrac{0.02L \times 0.1 mol \cdot L^{-1}}{0.1L} = 0.02 mol \cdot L^{-1}$$

$$pH = pK_a^\ominus - \lg \dfrac{c(HA)/c^\ominus}{c(A^-)/c^\ominus}$$

$$5.25 = pK_a^\ominus - \lg \dfrac{0.03 mol \cdot L^{-1}/1 mol \cdot L^{-1}}{0.02 mol \cdot L^{-1}/1 mol \cdot L^{-1}}$$

$$pK_a^{\ominus} = 5.43$$

$$K_a^{\ominus} = 3.72 \times 10^{-6}$$

**12. 解**
$$pH = pK_a^{\ominus} - \lg \frac{c(NH_4^+)/c^{\ominus}}{c(NH_3)/c^{\ominus}}$$

$$9.50 = 9.24 - \lg \frac{c(NH_4^+)/c^{\ominus}}{c(NH_3)/c^{\ominus}}$$

$$\lg \frac{c(NH_4^+)/c^{\ominus}}{c(NH_3)/c^{\ominus}} = -0.26$$

$$\frac{c(NH_4^+)/c^{\ominus}}{c(NH_3)/c^{\ominus}} = 0.55$$

$$c(NH_4^+) = 0.55 \times 0.1 \, mol \cdot L^{-1} = 0.055 \, mol \cdot L^{-1}$$

$$m(NH_4Cl) = c(NH_4^+)VM(NH_4Cl)$$

$$= 0.055 \, mol \cdot L^{-1} \times 1L \times 53.5 \, g \cdot mol^{-1}$$

$$= 2.94g$$

**13. 解**
$$pH = pK_{a_1}^{\ominus} - \lg \frac{c(H_2CO_3)/c^{\ominus}}{c(HCO_3^-)/c^{\ominus}}$$

$$= -\lg(4.45 \times 10^{-7}) - \lg \frac{1.4 \times 10^{-3} \, mol \cdot L^{-1}/1 \, mol \cdot L^{-1}}{2.7 \times 10^{-2} \, mol \cdot L^{-1}/1 \, mol \cdot L^{-1}}$$

$$= 7.64$$

**14. 解**
$$w(N) = \frac{[c(HCl)V(HCl) - c(NaOH)V(NaOH)]M(N)}{m_s}$$

$$= \frac{(0.6700 \, mol \cdot L^{-1} \times 50.00 \, mL - 0.6520 \, mol \cdot L^{-1} \times 30.10 \, mL) \times 10^{-3} \times 14.01 \, g \cdot mol^{-1}}{2.000g}$$

$$= 9.719\%$$

各种蛋白质的含氮量很接近，平均为 16%，即每克氮相当于 6.25g 蛋白质。通常把 6.25 称为蛋白质系数。生物体中的氮元素绝大部分都是以蛋白质形式存在，因此，常用定氮法先测出农副产品样品的含氮量，然后由蛋白质系数换算出蛋白质的近似含量，称为粗蛋白含量。

$$w(蛋白质) = w(N) \times 6.25 = 9.719\% \times 6.25 = 60.7\%$$

**15. 解**
$$w(N) = \frac{c(NaOH)V(NaOH)M(N)}{m_s}$$

$$= \frac{0.09760 \, mol \cdot L^{-1} \times 23.09 \, mL \times 10^{-3} \times 14.01 \, g \cdot mol^{-1}}{0.1640g}$$

$$= 19.25\%$$

$$w[(NH_4)_2SO_4] = \frac{\frac{1}{2}c(NaOH)V(NaOH)M[(NH_4)_2SO_4]}{m_s}$$

$$= \frac{\frac{1}{2} \times 0.09760 \, mol \cdot L^{-1} \times 23.09 \, mL \times 10^{-3} \times 132.1 \, g \cdot mol^{-1}}{0.1640g}$$

$$=90.76\%$$

**16. 解**  $V_2 > V_1 > 0$，因此混合碱成分为 $Na_2CO_3$ 和 $NaHCO_3$。

$$w(Na_2CO_3) = \frac{c(HCl)V_1(HCl)M(Na_2CO_3)}{m_s}$$

$$= \frac{0.2500\text{mol}\cdot\text{L}^{-1}\times 20.40\text{mL}\times 10^{-3}\times 106.0\text{g}\cdot\text{mol}^{-1}}{1.000\text{g}}$$

$$= 54.06\%$$

$$w(NaHCO_3) = \frac{c(HCl)(V_2-V_1)M(NaHCO_3)}{m_s}$$

$$= \frac{0.2500\text{mol}\cdot\text{L}^{-1}\times(28.46-20.40)\text{mL}\times 10^{-3}\times 84.01\text{g}\cdot\text{mol}^{-1}}{1.000\text{g}}$$

$$= 16.93\%$$

**17. 解**  用甲基橙作指示剂，$V(HCl) = 24.50\text{mL}$；用酚酞作指示剂，用去 HCl 体积是 $V_1(HCl)$。

$$w(Na_2CO_3) = \frac{c(HCl)(V-V_1)M(Na_2CO_3)}{m_s} \qquad ①$$

$$w(NaOH) = \frac{c(HCl)[V_1-(V-V_1)]M(NaOH)}{m_s} \qquad ②$$

①/②可得：

$$\frac{w(Na_2CO_3)}{w(NaOH)} = \frac{(V-V_1)M(Na_2CO_3)}{[V_1-(V-V_1)]M(NaOH)}$$

$$\frac{8.00\%}{92.00\%} = \frac{(24.50\text{mL}-V_1)\times 10^{-3}\times 106.0\text{g}\cdot\text{mol}^{-1}}{(2V_1-24.50\text{mL})\times 10^{-3}\times 40.00\text{g}\cdot\text{mol}^{-1}}$$

$$V_1 = 23.75\text{mL}$$

**18. 解**  (1)  $BOH + H^+ \rightleftharpoons B^+ + H_2O$

$$n(BOH) = c(HCl)V(HCl) \qquad 即：\frac{m(BOH)}{M(BOH)} = c(HCl)V(HCl)$$

$$\frac{0.4000\text{g}}{M(BOH)} = 0.1000\text{mol}\cdot\text{L}^{-1}\times 32.80\text{mL}\times 10^{-3}$$

解得：$M(BOH) = 122.0\text{g}\cdot\text{mol}^{-1}$

$V(HCl) = 16.40\text{mL}$ 时，$c(BOH) = c(B^+)$

此时 $p(OH) = 14.00 - 7.50 = 6.50$

根据 $pOH = pK_b^\ominus(BOH) - \lg\dfrac{c(BOH)/c^\ominus}{c(B^+)/c^\ominus}$

解得：$pK_b^\ominus(BOH) = 6.50$

$$K_b^\ominus(BOH) = 3.2\times 10^{-7}$$

(2) 化学计量点时  $c(B^+) = \dfrac{n(B^+)}{V} = \dfrac{c(HCl)V(HCl)}{V(BOH)+V(HCl)}$

$$= \frac{0.1000\text{mol}\cdot\text{L}^{-1}\times 32.80\text{mL}\times 10^{-3}}{(50.0\text{mL}+32.80\text{mL})\times 10^{-3}} = 0.0396\text{mol}\cdot\text{L}^{-1}$$

$$c(\text{H}^+) = \sqrt{K_a^\ominus(\text{B}^+) c^\ominus c(\text{B}^+)} = \sqrt{\frac{K_w^\ominus c^\ominus c(\text{B}^+)}{K_b^\ominus(\text{BOH})}}$$

$$= \sqrt{\frac{1.0 \times 10^{-14} \times 1\,\text{mol·L}^{-1} \times 0.0396\,\text{mol·L}^{-1}}{3.2 \times 10^{-7}}}$$

$$= 3.5 \times 10^{-5}\,\text{mol·L}^{-1}$$

$$\text{pH} = 4.46$$

# 沉淀溶解平衡和沉淀滴定法

**C**hapter 08

## 内容提要

### 一、沉淀溶解平衡

**1. 溶度积常数**

$$AgCl(s) \Longrightarrow Ag^+(aq) + Cl^-(aq)$$

其平衡常数表达式为：$K_{sp}^{\ominus}(AgCl) = [c_{eq}(Ag^+)/c^{\ominus}][c_{eq}(Cl^-)/c^{\ominus}]$

$K_{sp}^{\ominus}$ 称为溶度积常数，简称溶度积。$K_{sp}^{\ominus}$ 值的大小反映了难溶电解质在溶液中的溶解度。一般来说，$K_{sp}^{\ominus}$ 值越小，难溶电解质的溶解趋势越小。$K_{sp}^{\ominus}$ 值只与难溶电解质的本性和温度有关，与浓度无关。

**2. 溶度积与溶解度**

难溶电解质的溶解度（$s$）可以用 1L 难溶电解质的饱和溶液中溶解的该难溶电解质的物质的量表示，单位 $mol \cdot L^{-1}$。

AB 型难溶电解质：$s = \sqrt{K_{sp}^{\ominus}(c^{\ominus})^2}$ 或 $K_{sp}^{\ominus} = (s/c^{\ominus})^2$

$A_2B$ 或 $AB_2$ 型难溶电解质：$s = \sqrt[3]{\dfrac{K_{sp}^{\ominus}(c^{\ominus})^3}{4}}$ 或 $K_{sp}^{\ominus} = 4(s/c^{\ominus})^3$

对于不同类型的难溶电解质，不能直接用 $K_{sp}^{\ominus}$ 数值来直接判断它们溶解度的大小。只有对同一类型的难溶电解质才可以通过 $K_{sp}^{\ominus}$ 数值直接比较它们溶解度的大小。

**3. 同离子效应和盐效应**

（1）同离子效应　在难溶电解质的饱和溶液中，加入与难溶电解质具有相同离子的强电解质时会使难溶电解质的溶解度降低，这种效应称为同离子效应。即难溶电解质在与其具有相同离子的强电解质溶液中的溶解度小于其在纯水中的溶解度。

（2）盐效应　若向难溶电解质的饱和溶液中加入不含相同离子的强电解质，会使难溶电解质的溶解度有所增大，这种现象称为盐效应，一般不考虑盐效应。

**4. 溶度积规则**

在某难溶电解质的溶液中，其离子浓度的乘积称为离子积，用符号 $Q_i$ 表示。

$$A_mB_n(s) \Longrightarrow m A^{n+}(aq) + n B^{m-}(aq)$$

$$Q_i = c^m(A^{n+})c^n(B^{m-})$$

$K_{sp}^{\ominus}$ 是 $Q_i$ 中的一个特殊值，表示难溶电解质达到沉淀溶解平衡时，饱和溶液中离子浓度的乘积。溶度积规则如下：

① $Q_i < K_{sp}^{\ominus}$ 时，$\Delta G < 0$，溶液为不饱和溶液，体系中无沉淀生成，若溶液中有难溶电解质固体存在，固体将会溶解直至饱和为止。

② $Q_i = K_{sp}^{\ominus}$ 时，$\Delta G = 0$，溶液为饱和溶液，处于沉淀溶解平衡状态。

③ $Q_i > K_{sp}^{\ominus}$ 时，$\Delta G > 0$，溶液为过饱和溶液，将生成沉淀，直至溶液饱和为止。

## 二、沉淀滴定法

沉淀滴定法是利用沉淀反应来进行滴定分析的方法。目前常用的是银量法。银量法可分为莫尔（Mohr）法、福尔哈德（Volhard）法、法扬斯（Fajans）法。

### 1. 莫尔法

在中性或弱碱性溶液中，以 $K_2CrO_4$ 作指示剂，用 $AgNO_3$ 标准溶液直接滴定含有 $Cl^-$（或 $Br^-$）的溶液。随着 $AgNO_3$ 标准溶液的不断加入，溶液中的 $Cl^-$（或 $Br^-$）浓度越来越少，当滴定至化学计量点时，即 $AgCl$（或 $AgBr$）沉淀完全后，稍过量一滴的 $Ag^+$ 就会和 $CrO_4^{2-}$ 作用形成砖红色沉淀，从而指示滴定终点的到达。滴定反应如下：

$$Ag^+ + Cl^- \Longrightarrow AgCl \downarrow（白色）$$
$$2Ag^+ + CrO_4^{2-} \Longrightarrow Ag_2CrO_4 \downarrow（砖红色）$$

### 2. 福尔哈德法

在酸性条件下，以 $NH_4SCN$ 或 $KSCN$ 作标准溶液，铁铵矾 $(NH_4)Fe(SO_4)_2 \cdot 12H_2O$ 为指示剂，直接测定溶液中 $Ag^+$ 含量。福尔哈德法按滴定方式分为直接滴定法和返滴定法。

（1）直接滴定法　在硝酸介质中，以铁铵矾作指示剂，以 $NH_4SCN$ 或 $KSCN$ 作标准溶液直接滴定溶液中的 $Ag^+$，随着标准溶液的加入，溶液中首先析出白色的 $AgSCN$ 沉淀，当 $Ag^+$ 定量沉淀后，稍微过量的 $SCN^-$ 就与 $Fe^{3+}$ 生成红色配合物 $[Fe(SCN)]^{2+}$，以指示滴定终点。

滴定反应　　$Ag^+ + SCN^- \Longrightarrow AgSCN \downarrow（白色）$
指示剂反应　$Fe^{3+} + SCN^- \Longrightarrow [Fe(SCN)]^{2+}（红色）$

（2）返滴定法　在含有卤素离子或 $SCN^-$ 的 $HNO_3$ 溶液中，加入一定量过量的 $AgNO_3$ 标准溶液，使卤素离子或 $SCN^-$ 生成银盐沉淀，然后以铁铵矾为指示剂，用 $NH_4SCN$ 标准溶液返滴定剩余的 $AgNO_3$，$Ag^+$ 定量沉淀完全后，稍过量的 $NH_4SCN$ 与 $Fe^{3+}$ 形成红色配合物 $[Fe(SCN)]^{2+}$ 指示滴定终点。

滴定反应　　　$Ag^+（过量） + X^- \Longrightarrow AgX \downarrow$
　　　　　　　$Ag^+（剩余量） + SCN^- \Longrightarrow AgSCN \downarrow（白色）$
指示剂反应　$Fe^{3+} + SCN^- \Longrightarrow [Fe(SCN)]^{2+}（红色）$

### 3. 法扬斯法

吸附指示剂是一类有机染料，当它被吸附在胶粒表面之后，可能由于形成某化合物而导致指示剂分子结构发生改变，从而引起指示剂颜色的变化，此法正是利用它这一特点来指示滴定终点。

# 例　　题

【例 1】298.15K 时，已知 $AgCl$ 在纯水中的溶解度为 $1.33 \times 10^{-5} mol \cdot L^{-1}$，计算

AgCl 的溶度积。

【分析】溶度积（$K_{sp}^{\ominus}$）和溶解度（$s$）都可以用来表示物质的溶解能力，它们之间可以相互换算。难溶电解质溶于水的部分全部解离为离子，AgCl 的饱和溶液的浓度即为溶液中的 $c(Ag^+)$ 和 $c(Cl^-)$ 的浓度，根据溶度积关系式即可求出 AgCl 的溶度积。

【解】$K_{sp}^{\ominus}(AgCl) = [c_{eq}(Ag^+)/c^{\ominus}][c_{eq}(Cl^-)/c^{\ominus}]$
$$= (s/c^{\ominus})^2$$
$$= (1.33 \times 10^{-5} mol \cdot L^{-1}/1 mol \cdot L^{-1})^2$$
$$= 1.77 \times 10^{-10}$$

【例2】298.15K 时，已知 AgCl 在纯水中的溶解度 $1.33 \times 10^{-5} mol \cdot L^{-1}$，计算 AgCl 在 $0.01 mol \cdot L^{-1}$ NaCl 溶液中的溶解度。已知 AgCl 的 $K_{sp}^{\ominus} = 1.77 \times 10^{-10}$。

【分析】AgCl 的饱和溶液中，加入强电解质 NaCl 时，由于同离子效应，AgCl 的溶解度降低，在混合溶液中，$Ag^+$ 和 $Cl^-$ 的浓度不再相等，$c(Ag^+)$ 与饱和溶液浓度相同，而 $c(Cl^-)$ 则来自 AgCl 和 NaCl，则按同离子效应计算溶液中的 $c(Ag^+)$，即得到 AgCl 在 $0.01 mol \cdot L^{-1}$ NaCl 溶液中的溶解度。

【解】设 AgCl 在 $0.01 mol \cdot L^{-1}$ NaCl 溶液中的溶解度为 s，则：

$$AgCl(s) \rightleftharpoons Ag^+(aq) + Cl^-(aq)$$

平衡浓度/($mol \cdot L^{-1}$) 　　　　　　　　$s$ 　　　　$s + 0.01 \approx 0.01$

$$K_{sp}^{\ominus}(AgCl) = [c_{eq}(Ag^+)/c^{\ominus}][c_{eq}(Cl^-)/c^{\ominus}] = [s/c^{\ominus}][0.01 mol \cdot L^{-1}/c^{\ominus}]$$

$$s = \frac{1.77 \times 10^{-10} \times (1 mol \cdot L^{-1})^2}{0.01 mol \cdot L^{-1}}$$

$$= 1.77 \times 10^{-8} mol \cdot L^{-1}$$

【例3】将 50mL 含 0.95g $MgCl_2$ 的溶液与 50mL $1.8 mol \cdot L^{-1}$ 的氨水混合，问在溶液中应加入多少固体 $NH_4Cl$ 才可防止 $Mg(OH)_2$ 沉淀生成？已知 $K_a^{\ominus}(NH_4^+) = 5.70 \times 10^{-10}$，$K_{sp}^{\ominus}[Mg(OH)_2] = 5.61 \times 10^{-12}$。

【分析】固体 $NH_4Cl$ 的加入产生同离子效应，将使混合溶液中 $OH^-$ 的浓度降低。若要不生成 $Mg(OH)_2$ 沉淀，需要计算出溶液中允许的 $OH^-$ 的最大浓度。根据同离子效应，计算出平衡时 $NH_4^+$ 的浓度，即可计算出加入的 $NH_4Cl$ 固体质量。

【解】两溶液混合后，总体积为 100mL

$$c(NH_3) = 0.90 mol \cdot L^{-1}$$

$$c(Mg^{2+}) = \frac{m}{M(MgCl_2) \cdot V} = \frac{0.95g}{95g \cdot mol^{-1} \times 0.1L} = 0.10 mol \cdot L^{-1}$$

欲使混合溶液中不生成 $Mg(OH)_2$ 沉淀，则 $OH^-$ 的最大浓度为

$$c_{eq}(OH^-) = \sqrt{\frac{K_{sp}^{\ominus}(c^{\ominus})^3}{c_{eq}(Mg^{2+})}} = \sqrt{\frac{5.61 \times 10^{-12} \times (1 mol \cdot L^{-1})^3}{0.10 mol \cdot L^{-1}}}$$

$$= 7.5 \times 10^{-6} mol \cdot L^{-1}$$

$$NH_3 + H_2O \rightleftharpoons NH_4^+ + OH^-$$

$$K_b^{\ominus}(NH_3) = \frac{[c_{eq}(NH_4^+)/c^{\ominus}][c_{eq}(OH^-)/c^{\ominus}]}{c_{eq}(NH_3)/c^{\ominus}} = 1.75 \times 10^{-5}$$

$$c_{eq}(NH_4^+) = \frac{1.75 \times 10^{-5} \times 0.90 mol \cdot L^{-1} \times 1 mol \cdot L^{-1}}{7.5 \times 10^{-6} mol \cdot L^{-1}}$$

$$= 2.1 \text{mol·L}^{-1}$$
$$m(\text{NH}_4\text{Cl}) = c_{eq}(\text{NH}_4^+)VM(\text{NH}_4\text{Cl})$$
$$= 2.1 \text{mol·L}^{-1} \times 0.1 \text{L} \times 53.5 \text{g·mol}^{-1}$$
$$= 11.2 \text{g}$$

**【例4】** 准确称取氯化钠 0.1172g，置于锥形瓶中，加入适量水溶解，以 $K_2\text{CrO}_4$ 为指示剂，用 $AgNO_3$ 标准溶液滴定至终点，消耗 20.00mL。计算该 $AgNO_3$ 标准溶液的物质的量浓度。已知 $M(\text{NaCl}) = 58.44 \text{g·mol}^{-1}$。

**【分析】** 因为 $Ag^+ + Cl^- \Longrightarrow AgCl\downarrow$，达到化学计量点时，利用 $AgNO_3$ 和 NaCl 的物质的量相等，即可计算出 $AgNO_3$ 标准溶液的物质的量浓度。

**【解】** $Ag^+ + Cl^- \Longrightarrow AgCl\downarrow$

$$n(\text{AgNO}_3) = n(\text{NaCl})$$

$$c(\text{AgNO}_3)V(\text{AgNO}_3) = \frac{m(\text{NaCl})}{M(\text{NaCl})}$$

$$c(\text{AgNO}_3) = \frac{0.1172\text{g}}{58.44\text{g·mol}^{-1} \times 20.00 \times 10^{-3}\text{L}}$$
$$= 0.1003 \text{mol·L}^{-1}$$

**【例5】** 大约有 50% 的肾结石是由 $Ca_3(PO_4)_2$ 组成。正常人每天的排尿量约为 1.4L，大约含 0.1g $Ca^{2+}$，为了不形成 $Ca_3(PO_4)_2$ 沉淀，其中尿液中最大的 $PO_4^{3-}$ 浓度不得高于多少？已知 $K_{sp}^{\ominus}[\text{Ca}_3(\text{PO}_4)_2] = 2.07 \times 10^{-33}$，$M(\text{Ca}) = 40 \text{ g·mol}^{-1}$。

**【分析】** 先计算出 $Ca^{2+}$ 的物质的量浓度，$Ca_3(PO_4)_2(s) \Longrightarrow 3Ca^{2+}(aq) + 2PO_4^{3-}(aq)$，利用 $K_{sp}^{\ominus}[\text{Ca}_3(\text{PO}_4)_2] = \left[\dfrac{c_{eq}(\text{Ca}^{2+})}{c^{\ominus}}\right]^3 \left[\dfrac{c_{eq}(\text{PO}_4^{3-})}{c^{\ominus}}\right]^2$，计算出平衡时 $PO_4^{3-}$ 浓度，就是不形成 $Ca_3(PO_4)_2$ 沉淀，尿液中 $PO_4^{3-}$ 的最大浓度。

**【解】** $Ca_3(PO_4)_2(s) \Longrightarrow 3Ca^{2+}(aq) + 2PO_4^{3-}(aq)$

$$K_{sp}^{\ominus}[\text{Ca}_3(\text{PO}_4)_2] = \left[\frac{c_{eq}(\text{Ca}^{2+})}{c^{\ominus}}\right]^3 \left[\frac{c_{eq}(\text{PO}_4^{3-})}{c^{\ominus}}\right]^2$$

$$c_{eq}(\text{Ca}^{2+}) = \frac{\frac{m}{M}}{V} = \frac{\frac{0.1\text{g}}{40\text{g·mol}^{-1}}}{1.4\text{L}} = 1.8 \times 10^{-3} \text{mol·L}^{-1}$$

$$\frac{c_{eq}(\text{PO}_4^{3-})}{c^{\ominus}} = \sqrt{\frac{K_{sp}^{\ominus}[\text{Ca}_3(\text{PO}_4)_2]}{\left[\frac{c_{eq}(\text{Ca}^{2+})}{c^{\ominus}}\right]^3}}$$

$$c_{eq}(\text{PO}_4^{3-}) = \sqrt{\frac{2.07 \times 10^{-33}}{\left(\frac{1.8 \times 10^{-3}\text{mol·L}^{-1}}{1\text{mol·L}^{-1}}\right)^3}} \times 1\text{mol·L}^{-1}$$

$$c_{eq}(\text{PO}_4^{3-}) = 6.0 \times 10^{-13} \text{mol·L}^{-1}$$

为了不形成 $Ca_3(PO_4)_2$ 沉淀，尿液中最大的 $PO_4^{3-}$ 浓度不得高于 $6 \times 10^{-13}$ mol·L$^{-1}$。

**【例6】** 准确称取某可溶性氯化物试样 0.2265g，加入适量水溶解，加入 30.00mL 0.1122mol·L$^{-1}$ 的 $AgNO_3$ 标准溶液，过量的 $AgNO_3$ 标准溶液在返滴定中用去 6.50mL

$0.1185 mol \cdot L^{-1}$ 的 $NH_4SCN$ 标准溶液。计算试样中 $Cl^-$ 的质量分数。已知 $M(Cl)=35.45g \cdot mol^{-1}$。

**【分析】** 可溶性氯化物试样中加入过量 $AgNO_3$，$Ag^+$（过量）$+Cl^- \Longrightarrow AgCl\downarrow$，反应掉的 $AgNO_3$ 和氯化物中含 $Cl^-$ 的物质的量相等。$Ag^+$（剩余量）$+SCN^- \Longrightarrow AgSCN\downarrow$，过量的 $AgNO_3$ 的物质的量和消耗的 $NH_4SCN$ 的物质的量相等，试样中含 $Cl^-$ 的物质的量等于加入 $AgNO_3$ 的总的物质的量减去消耗的 $NH_4SCN$ 的物质的量，利用 $m(Cl^-)=n(Cl^-)M(Cl)$，即可计算出试样中 $Cl^-$ 的质量分数。

**【解】** $Ag^+$（过量）$+Cl^- \Longrightarrow AgCl\downarrow$

$Ag^+$（剩余量）$+SCN^- \Longrightarrow AgSCN\downarrow$

$$n(Cl^-)=n(AgNO_3)-n(NH_4SCN)$$
$$=c(AgNO_3)V(AgNO_3)-c(NH_4SCN)V(NH_4SCN)$$

$$w(Cl^-)=\frac{m(Cl^-)}{m_s}=\frac{n(Cl^-)M(Cl)}{m_s}$$

$$=\frac{[c(AgNO_3)V(AgNO_3)-c(NH_4SCN)V(NH_4SCN)]M(Cl)}{m_s}$$

$$=\frac{(0.1122 mol \cdot L^{-1} \times 30.00mL-0.1185 mol \cdot L^{-1} \times 6.50mL)\times 10^{-3} \times 35.45g \cdot mol^{-1}}{0.2265g}$$

$$=40.63\%$$

# 习　题

**1. 填空题**

(1) 溶液中含有浓度均为 $0.01 mol \cdot L^{-1}$ 的 $Fe^{3+}$、$Mg^{2+}$，开始产生氢氧化物沉淀时，所需 pH 最小的离子是（　　　　）。已知：$K_{sp}^{\ominus}[Fe(OH)_3]=2.79\times10^{-39}$，$K_{sp}^{\ominus}[Mg(OH)_2]=5.61\times10^{-12}$。

(2) 已知 $Ag_2CrO_4$ 的 $K_{sp}^{\ominus}$，在其饱和溶液中 $c(Ag^+)$ 为（　　　）$mol \cdot L^{-1}$。

(3) 根据确定终点所选指示剂的不同，银量法可以分为（　　　）、（　　　）、（　　　）。

(4) 莫尔法只能在（　　　　）或（　　　　）溶液中滴定，是以（　　　　）为指示剂的银量法，终点时生成砖红色的（　　　）沉淀。

(5) 用铬酸钾作指示剂的银量法称为（　　　）法。

(6) 用铁铵矾作指示剂的银量法称为（　　　）法。

**2. 选择题**

(1) $AgCl(s)$ 在纯水、$0.01 mol \cdot L^{-1} CaCl_2$ 溶液、$0.01 mol \cdot L^{-1} NaCl$ 溶液中的溶解度分别为 $s_1$、$s_2$ 和 $s_3$，则（　　　）。

A. $s_1>s_2>s_3$ 　　　　　　　　　　B. $s_3>s_2>s_1$

C. $s_2=s_3>s_1$ 　　　　　　　　　　D. $s_1>s_3>s_2$

(2) 一般情况下，对于常量组分而言，经过沉淀以后，当溶液中残留离子浓度小于（　　　）$mol \cdot L^{-1}$ 时，可定性地认为该离子已"沉淀完全"。

A. $1.0\times10^{-4}$ 　　　B. $1.0\times10^{-5}$ 　　　C. $1.0\times10^{-8}$ 　　　D. $1.0\times10^{-10}$

(3) 298K 时，难溶电解质 $A_2B$ 在纯水中的溶解度 $s=1.0\times10^{-5}mol\cdot L^{-1}$，其 $K_{sp}^{\ominus}$ 是（　　）。

    A. $1.0\times10^{-15}$     B. $4.0\times10^{-15}$     C. $1.0\times10^{-10}$     D. $2.0\times10^{-10}$

(4) 298K 时，难溶电解质 AB 的 $s=1.0\times10^{-5}mol\cdot L^{-1}$，其 $K_{sp}^{\ominus}$ 是（　　）。

    A. $1.0\times10^{-10}$     B. $2.0\times10^{-12}$     C. $1.0\times10^{-18}$     D. $4.0\times10^{-18}$

(5) 欲使 $Mg(OH)_2$ 溶解，可加入（　　）。

    A. NaCl     B. NaOH     C. NaAc     D. $NH_4Cl$

(6) 已知微溶化合物 $Ag_2CrO_4$ 的 $K_{sp}^{\ominus}=1.12\times10^{-12}$，$Ag_2CrO_4$ 在 $0.01mol\cdot L^{-1}K_2CrO_4$ 溶液中的溶解度为 $s_1$，在 $0.01mol\cdot L^{-1}AgNO_3$ 溶液中的溶解度为 $s_2$，两者关系为（　　）。

    A. $s_1>s_2$     B. $s_1<s_2$     C. $s_1=s_2$     D. 不确定

(7) 向浓度均为 $0.01mol\cdot L^{-1}$ 的 $Ca^{2+}$、$Ni^{2+}$、$Mn^{2+}$ 和 $Mg^{2+}$ 混合溶液中逐滴加入 NaOH 溶液，首先沉淀的离子是（　　）。

已知 $K_{sp}^{\ominus}[Ca(OH)_2]=5.02\times10^{-6}$，$K_{sp}^{\ominus}[Ni(OH)_2]=2.0\times10^{-15}$，

$K_{sp}^{\ominus}[Mn(OH)_2]=1.9\times10^{-13}$，$K_{sp}^{\ominus}[Mg(OH)_2]=5.61\times10^{-12}$。

    A. $Ca^{2+}$     B. $Ni^{2+}$     C. $Mn^{2+}$     D. $Mg^{2+}$

(8) 在含有 $Cu^{2+}$ 和 $Pb^{2+}$ 的溶液中，通入 $H_2S$ 至沉淀完全时，溶液中 $c(Cu^{2+})/c(Pb^{2+})$ 为（　　）。

    A. $K_{sp}^{\ominus}(PbS)\cdot K_{sp}^{\ominus}(CuS)$         B. $K_{sp}^{\ominus}(CuS)/K_{sp}^{\ominus}(PbS)$

    C. $K_{sp}^{\ominus}(PbS)/K_{sp}^{\ominus}(CuS)$         D. $[K_{sp}^{\ominus}(PbS)\cdot K_{sp}^{\ominus}(CuS)]^2$

(9) 莫尔法采用的指示剂是（　　）。

    A. 铁铵矾     B. 荧光黄     C. 铬酸钾     D. 重铬酸钾

(10) 用吸附指示剂指示终点的银量法，称为（　　）。

    A. 高锰酸钾法     B. 法扬斯法     C. 碘量法     D. 莫尔法

**3.** 判断题（正确的在括号内填"√"号，错的填"×"号）

(1) CuS 不溶于 HCl 溶液，但可溶于热的 $HNO_3$ 溶液中。（　　）

(2) 难溶电解质，$K_{sp}^{\ominus}$ 越大，其溶解度也越大。（　　）

(3) 298K 时，AgCl 在 $0.1mol\cdot L^{-1}NaCl$ 溶液中溶解度比在纯水中溶解度小。（　　）

(4) 用水稀释 $BaCO_3$ 饱和溶液后，$BaCO_3$ 的溶解度和溶度积都不变。（　　）

(5) 向 $BaSO_4$ 饱和溶液中加入 $Na_2SO_4$ 固体，会使 $BaSO_4$ 的溶解度降低，溶度积减小。（　　）

(6) 溶度积常数相同的两物质，溶解度也相同。（　　）

(7) 沉淀剂用量越大，沉淀越完全。（　　）

(8) 所谓沉淀完全，就是用沉淀剂把溶液中某一离子除净。（　　）

(9) 沉淀滴定法是利用氧化还原反应进行滴定的方法。（　　）

(10) 莫尔法是用吸附指示剂指示终点的银量法。（　　）

**4.** 简答题

(1) 溶解度和溶度积都能表示难溶电解质在水中的溶解趋势，二者有何异同？

(2) 向含有少量晶体的 AgCl 饱和溶液中分别加入少量①NaCl；②$AgNO_3$；③$NaNO_3$；④$H_2O$，则 AgCl 的溶解度有何变化？为什么？

（3）试用溶度积规则解释下列现象：

① $CaC_2O_4$ 可溶于 $HCl$ 溶液中，但不溶于醋酸溶液中。

② $AgCl$ 不溶于稀 $HCl$ 溶液，但可以溶于氨水。

③ $CuS$ 沉淀不溶于盐酸但可溶于热的 $HNO_3$ 溶液中。

④ 往 $Mg^{2+}$ 的溶液中滴加 $NH_3 \cdot H_2O$，产生白色沉淀，再滴加 $NH_4Cl$ 溶液，白色沉淀消失。

⑤ 家里用于煮沸自来水的水壶，时间长了会产生水垢，可以用食醋清除干净。

（4）在浓度均为 $0.2mol \cdot L^{-1}$ 的 $NaCl$ 和 $KI$ 混合液中，逐滴加入 $AgNO_3$ 溶液，何种物质先沉淀下来？这是什么原理？

（5）医疗上在进行消化系统的 X 射线透视时，常使用 $BaSO_4$ 作为内服造影剂，这种检查手段称为钡餐透视。钡餐透视为什么不用 $BaCO_3$ 呢？

（6）石灰乳中存在沉淀溶解平衡，符合"事物的双方既相互对立又相互统一"的哲学观点。回答这个说法是否正确？说明原因。

**5.** 根据 $Mg(OH)_2$ 的溶度积 $K_{sp}^{\ominus} = 5.61 \times 10^{-12}$，计算：

（1）$Mg(OH)_2$ 在纯水中的溶解度。

（2）$Mg(OH)_2$ 饱和溶液中 $Mg^{2+}$ 的浓度。

（3）$Mg(OH)_2$ 在 $0.01mol \cdot L^{-1}$ $MgCl_2$ 溶液中的溶解度。

**6.** 298K 时，已知 $CuS$ 的 $K_{sp}^{\ominus}$ 为 $6.3 \times 10^{-36}$，求 $CuS$ 在纯水中的溶解度。

**7.** 已知 298.15K 时，$Ag_2CrO_4$ 的溶解度为 $6.5 \times 10^{-5} mol \cdot L^{-1}$，求 $Ag_2CrO_4$ 的溶度积。

**8.** 100mL $0.002mol \cdot L^{-1}$ $BaCl_2$ 溶液和 50mL $0.1mol \cdot L^{-1}$ 的 $Na_2SO_4$ 溶液混合后，有无 $BaSO_4$ 沉淀生成？若有沉淀生成，$Ba^{2+}$ 是否已沉淀完全？已知 $K_{sp}^{\ominus}(BaSO_4) = 1.08 \times 10^{-10}$。

**9.** 在 10mL $0.08mol \cdot L^{-1}$ 的 $FeCl_3$ 溶液中，加入含有 $0.1mol \cdot L^{-1}$ 的 $NH_3$ 和 $1.0mol \cdot L^{-1}$ $NH_4Cl$ 的混合溶液 30mL，能否产生 $Fe(OH)_3$ 沉淀？［已知 $pK_a^{\ominus}(NH_4^+) = 9.24$，$K_{sp}^{\ominus}(Fe(OH)_3) = 2.79 \times 10^{-39}$。］

**10.** 某溶液中含有 $Fe^{3+}$ 和 $Fe^{2+}$，它们的浓度均为 $0.01mol \cdot L^{-1}$，如果要求 $Fe^{3+}$ 沉淀完全，而 $Fe^{2+}$ 不生成 $Fe(OH)_2$，问溶液的 pH 应控制在什么范围内？已知：$K_{sp}^{\ominus}[Fe(OH)_3] = 2.79 \times 10^{-39}$，$K_{sp}^{\ominus}[Fe(OH)_2] = 4.87 \times 10^{-17}$。

**11.** 要使 0.10mol 的 $ZnS$ 溶解于 500mL 盐酸中，问所需盐酸的最低浓度为多少？已知 $K_{sp}^{\ominus}(ZnS) = 2.5 \times 10^{-22}$，$K_{a_1}^{\ominus}(H_2S) = 9.5 \times 10^{-8}$，$K_{a_2}^{\ominus}(H_2S) = 1.3 \times 10^{-14}$。

**12.** 称取食盐试样 0.1562g，置于锥形瓶中，加入适量水溶解，以 $K_2CrO_4$ 为指示剂，用 $0.1000mol \cdot L^{-1}$ $AgNO_3$ 标准溶液滴定至终点，用去 26.40mL。计算食盐中 $NaCl$ 的含量。已知 $M(NaCl) = 58.44g \cdot mol^{-1}$。

**13.** 在 25.00mL $BaCl_2$ 试液中加入 40.00mL $0.1020mol \cdot L^{-1}$ $AgNO_3$ 标准溶液，过量的 $AgNO_3$ 标准溶液在返滴定中用去 15.00mL $0.09800mol \cdot L^{-1}$ $NH_4SCN$ 标准溶液。试求 25.00mL 试液中含有 $BaCl_2$ 的质量。已知 $M(BaCl_2) = 208.24g \cdot mol^{-1}$。

**14.** 称取纯 $KBr$ 和 $KCl$ 混合物 0.3074g，溶于水后用 $0.1007mol \cdot L^{-1}$ $AgNO_3$ 标准溶液滴定至终点，用去 30.98mL，计算混合物中 $KBr$ 和 $KCl$ 的含量。已知 $M(KBr) = 119.00g \cdot mol^{-1}$；$M(KCl) = 74.55g \cdot mol^{-1}$。

**15.** 称取一含银废液 2.075g，加入适量 $HNO_3$，以铁铵矾作指示剂，消耗了 25.50mL

0.04634mol・L$^{-1}$ 的 NH$_4$SCN 溶液。计算此废液中银的含量。已知 $M(Ag)=107.87$g・mol$^{-1}$。

# 习题参考答案

**1. 填空题**

（1）Fe$^{3+}$　　　　　　　（2）$\sqrt[3]{2K_{sp}^\ominus}$

（3）福尔哈德法、法扬斯法、莫尔法

（4）中性、弱碱性、K$_2$CrO$_4$、Ag$_2$CrO$_4$

（5）莫尔　　　　　　　（6）福尔哈德

**2. 选择题**

（1）D　　（2）B　　（3）B　　（4）A　　（5）D　　（6）A　　（7）B　　（8）B

（9）C　　（10）B

**3. 判断题**

（1）√　　（2）×　　（3）√　　（4）√　　（5）×　　（6）×　　（7）×

（8）×　　（9）×　　（10）×

**4. 简答题**

（1）**答**　溶度积（$K_{sp}^\ominus$）和溶解度（$s$）都可以用来表示物质的溶解能力，它们之间可以相互换算。对于不同类型的难溶电解质，不能直接用 $K_{sp}^\ominus$ 数值来直接判断它们 $s$ 的大小，必须通过计算才能进行比较。只有对同一类型的难溶电解质才可以通过 $K_{sp}^\ominus$ 数值直接比较它们 $s$ 的大小。

（2）**答**　①减小（同离子效应）；②减小（同离子效应）；③增大（盐效应）；④增大（$Q_i < K_{sp}^\ominus$）。

（3）**答**　① CaC$_2$O$_4$ 可溶于 HCl 溶液中，生成弱电解质 H$_2$C$_2$O$_4$，降低了溶液中 C$_2$O$_4^{2-}$ 浓度，满足 $Q_i < K_{sp}^\ominus$，从而使沉淀溶解。HAc 是弱酸，酸性比 H$_2$C$_2$O$_4$ 弱，所以不溶于醋酸溶液中。

② AgCl 可以溶于氨水，生成配合物 [Ag(NH$_3$)$_2$]$^+$，降低了 Ag$^+$ 浓度，满足 $Q_i < K_{sp}^\ominus$ 使沉淀溶解。

$$AgCl(s)+2NH_3(aq) =\!\!= [Ag(NH_3)_2]^+(aq)+Cl^-(aq)$$

③ CuS 溶于硝酸发生如下的氧化还原反应，生成 S，降低了 S$^{2-}$ 浓度，满足 $Q_i < K_{sp}^\ominus$ 使沉淀溶解。

$$3CuS(s)+2NO_3^-(aq)+8H^+(aq) =\!\!= 3Cu^{2+}(aq)+2NO(g)+3S(s)+4H_2O(l)$$

④ 往 Mg$^{2+}$ 的溶液中滴加 NH$_3$・H$_2$O，NH$_3$・H$_2$O $=\!\!=$ NH$_4^+$+OH$^-$，OH$^-$ 浓度增加，满足 $Q_i > K_{sp}^\ominus$，产生白色 Mg(OH)$_2$ 沉淀。

再滴加 NH$_4$Cl 溶液，白色沉淀消失。使 $Q_i < K_{sp}^\ominus$，Mg(OH)$_2$ 就会溶解。Mg(OH)$_2$(s) $=\!\!=$ Mg$^{2+}$(aq)+2OH$^-$(aq)，溶液显碱性。NH$_4$Cl(aq) $=\!\!=$ Cl$^-$(aq)+NH$_4^+$(aq)，溶液显酸性。OH$^-$ 可与 NH$_4^+$ 结合生成弱电解质 NH$_3$・H$_2$O，从而显著降低了 OH$^-$ 的浓度，使得沉淀溶解平衡朝着 Mg(OH)$_2$ 溶解的方向进行，白色沉淀消失。

⑤ **答**　含有钙、镁盐类的水称为硬水，自来水是河水、井水、湖水等硬水经过沉降，除去泥沙，消毒杀菌后得到的，自来水还是硬水。煮沸的水中 Ca$^{2+}$、Mg$^{2+}$ 含量大大下降，达到软化的目的。原因是水中溶解的 Ca(HCO$_3$)$_2$ 和 Mg(HCO$_3$)$_2$ 经过加热，在沸腾的水里

分解，放出 $CO_2$，变成难溶解的碳酸钙和氢氧化镁沉淀下来。这样时间长了会产生水垢。水垢的主要成分是 $CaCO_3$、$Mg(OH)_2$，在水壶里倒些食醋（主要成分是 $CH_3COOH$），温热一下，水垢上放出密密麻麻的小气泡，水垢便去除了。$CH_3COOH$ 打破了 $CaCO_3$ 的沉淀溶解平衡，$CaCO_3(s) \rightleftharpoons Ca^{2+}(aq) + CO_3^{2-}(aq)$，$CO_3^{2-}$ 与醋酸中的 $H^+$ 反应生成水和 $CO_2$，使 $CO_3^{2-}$ 浓度降低，满足 $Q_i < K_{sp}^{\ominus}$，从而使沉淀平衡向着溶解的方向移动，促进碳酸钙的溶解。$Mg(OH)_2(s) \rightleftharpoons Mg^{2+}(aq) + 2OH^-(aq)$，$OH^-$ 与醋酸中的 $H^+$ 反应生成水，使 $OH^-$ 浓度降低，满足 $Q_i < K_{sp}^{\ominus}$，促进了氢氧化镁的溶解。因此水垢可以用食醋清除干净。

（4）**答** AgI 先沉淀下来。这种按先后顺序沉淀的现象称为分步沉淀。生成的沉淀类型相同，且被沉淀离子起始浓度一致，则依据各沉淀溶度积由小到大的顺序依次生成各种沉淀。AgI 溶度积小于 AgCl，沉淀 $I^-$ 所需 $Ag^+$ 的浓度比沉淀 $Cl^-$ 所需 $Ag^+$ 的浓度小得多，所以先生成 AgI 沉淀。

（5）**答** 由于人体内胃酸的酸性较强（$pH = 0.9 \sim 1.5$），如果服下 $BaCO_3$，胃酸的 $H^+$ 可与 $CO_3^{2-}$ 反应生成水和 $CO_2$，使 $CO_3^{2-}$ 浓度降低，从而使平衡 $BaCO_3(s) \rightleftharpoons Ba^{2+}(aq) + CO_3^{2-}(aq)$ 向溶解方向移动，$BaCO_3 + 2H^+ \rightleftharpoons Ba^{2+} + H_2O + CO_2\uparrow$，使 $Ba^{2+}$ 浓度增大，且 $Ba^{2+}$ 有毒，从而引起人体中毒，所以不能用碳酸钡代替硫酸钡，作为内服造影剂"钡餐"。使用 $BaSO_4$ 作为内服造影剂，$BaSO_4(s) \rightleftharpoons Ba^{2+}(aq) + SO_4^{2-}(aq)$，$SO_4^{2-}$ 不与 $H^+$ 结合生成硫酸，胃酸中的 $H^+$ 对 $BaSO_4$ 的溶解平衡没有影响，$Ba^{2+}$ 保持在安全浓度标准下，所以用 $BaSO_4$ 作"钡餐"。

（6）**答** 正确。石灰乳中存在沉淀溶解平衡 $Ca(OH)_2(s) \rightleftharpoons Ca^{2+}(aq) + 2OH^-(aq)$。沉淀与溶解是相互对立的过程，达到平衡时，二者又相互统一。

**5. 解**（1）$Mg(OH)_2$ 为 $AB_2$ 型：

$$s = \sqrt[3]{\frac{K_{sp}^{\ominus}(c^{\ominus})^3}{4}} = \sqrt[3]{\frac{5.61 \times 10^{-12} \times (1 mol \cdot L^{-1})^3}{4}} = 1.12 \times 10^{-4} mol \cdot L^{-1}$$

（2）$Mg(OH)_2$ 饱和溶液中 $Mg^{2+}$ 的浓度与 $Mg(OH)_2$ 在纯水中的溶解度相等。

$$c(Mg^{2+}) = s = \sqrt[3]{\frac{K_{sp}^{\ominus}(c^{\ominus})^3}{4}} = \sqrt[3]{\frac{5.61 \times 10^{-12} \times (1 mol \cdot L^{-1})^3}{4}}$$
$$= 1.12 \times 10^{-4} mol \cdot L^{-1}$$

（3）设 $Mg(OH)_2$ 在 $0.01 mol \cdot L^{-1} MgCl_2$ 溶液中的溶解度为 $s$，则：

$$Mg(OH)_2(s) \rightleftharpoons Mg^{2+}(aq) + 2OH^-(aq)$$

平衡浓度/($mol \cdot L^{-1}$) $\qquad\qquad s + 0.01 \approx 0.01 \qquad 2s$

$$K_{sp}^{\ominus} = [c_{eq}(Mg^{2+})/c^{\ominus}][c_{eq}(OH^-)/c^{\ominus}]^2 = [0.01 mol \cdot L^{-1}/c^{\ominus}][2s/c^{\ominus}]^2$$

$$s = \sqrt{\frac{K_{sp}^{\ominus} \times (c^{\ominus})^3}{4 \times 0.01 mol \cdot L^{-1}}} = \sqrt{\frac{5.61 \times 10^{-12} \times (1 mol \cdot L^{-1})^3}{4 \times 0.01 mol \cdot L^{-1}}}$$
$$= 1.18 \times 10^{-5} mol \cdot L^{-1}$$

**6. 解** CuS 为 AB 型：

$$s = \sqrt{K_{sp}^{\ominus}(c^{\ominus})^2} = \sqrt{6.3 \times 10^{-36} \times (1 mol \cdot L^{-1})^2}$$
$$= 2.5 \times 10^{-18} mol \cdot L^{-1}$$

**7. 解** $Ag_2CrO_4$ 为 $A_2B$ 型。

$$K_{sp}^{\ominus}=4(s/c^{\ominus})^3=4\times(6.5\times10^{-5}/1\text{mol}\cdot\text{L}^{-1})^3=1.1\times10^{-12}$$

**8. 解** 混合后，$c(\text{Ba}^{2+})=\dfrac{0.1\text{L}\times0.002\text{mol}\cdot\text{L}^{-1}}{0.1\text{L}+0.05\text{L}}=0.0013\text{mol}\cdot\text{L}^{-1}$

$$c(\text{SO}_4^{2-})=\dfrac{0.05\text{L}\times0.1\text{mol}\cdot\text{L}^{-1}}{0.1\text{L}+0.05\text{L}}=0.033\text{mol}\cdot\text{L}^{-1}$$

$$Q_i=[c(\text{Ba}^{2+})/c^{\ominus}][c(\text{SO}_4^{2-})/c^{\ominus}]$$

$$=\dfrac{0.0013\text{mol}\cdot\text{L}^{-1}}{1\text{mol}\cdot\text{L}^{-1}}\times\dfrac{0.033\text{mol}\cdot\text{L}^{-1}}{1\text{mol}\cdot\text{L}^{-1}}$$

$$=4.29\times10^{-5}>K_{sp}^{\ominus}(\text{BaSO}_4)=1.08\times10^{-10}$$

由于 $Q_i>K_{sp}^{\ominus}$，所以有 $\text{BaSO}_4$ 沉淀生成。

根据反应计量关系可知，析出 $\text{BaSO}_4$ 沉淀以后，溶液中还有过量的 $\text{SO}_4^{2-}$，达到平衡状态时，剩下的 $\text{SO}_4^{2-}$ 浓度约为：

$$c_{eq}(\text{SO}_4^{2-})=0.033\text{mol}\cdot\text{L}^{-1}-0.0013\text{mol}\cdot\text{L}^{-1}=0.0317\text{mol}\cdot\text{L}^{-1}$$

此时溶液中残留的 $\text{Ba}^{2+}$ 浓度为：

$$c_{eq}(\text{Ba}^{2+})=\dfrac{K_{sp}^{\ominus}(\text{BaSO}_4)(c^{\ominus})^2}{c_{eq}(\text{SO}_4^{2-})}=\dfrac{1.08\times10^{-10}\times(1\text{mol}\cdot\text{L}^{-1})^2}{0.0317\text{mol}\cdot\text{L}^{-1}}$$

$$=3.41\times10^{-9}\text{mol}\cdot\text{L}^{-1}$$

小于 $1.0\times10^{-5}\text{mol}\cdot\text{L}^{-1}$ 时，则可定性地认为 $\text{Ba}^{2+}$ 已"沉淀完全"。

**9. 解** 混合后，$c(\text{Fe}^{3+})=\dfrac{10\text{mL}\times0.08\text{mol}\cdot\text{L}^{-1}}{10\text{mL}+30\text{mL}}=0.02\text{mol}\cdot\text{L}^{-1}$

$$\text{pH}=\text{p}K_a^{\ominus}-\lg\dfrac{c(\text{NH}_4^+)/c^{\ominus}}{c(\text{NH}_3)/c^{\ominus}}$$

$$=9.24-\lg\dfrac{1.0\text{mol}\cdot\text{L}^{-1}/1\text{mol}\cdot\text{L}^{-1}}{0.1\text{mol}\cdot\text{L}^{-1}/1\text{mol}\cdot\text{L}^{-1}}$$

$$=8.24$$

$$\text{pOH}=5.76$$

$$c(\text{OH}^-)=1.74\times10^{-6}\text{mol}\cdot\text{L}^{-1}$$

$$Q_i=[c(\text{Fe}^{3+})/c^{\ominus}][c(\text{OH}^-)/c^{\ominus}]^3$$

$$=\dfrac{0.02\text{mol}\cdot\text{L}^{-1}}{1\text{mol}\cdot\text{L}^{-1}}\times\left(\dfrac{1.74\times10^{-6}\text{mol}\cdot\text{L}^{-1}}{1\text{mol}\cdot\text{L}^{-1}}\right)^3$$

$$=1.05\times10^{-19}>K_{sp}^{\ominus}(\text{Fe(OH)}_3)=2.79\times10^{-39}$$

由于 $Q_i>K_{sp}^{\ominus}$，所以有 $\text{Fe(OH)}_3$ 沉淀生成。

**10. 解** $\text{Fe}^{3+}$ 沉淀完全时，$c(\text{Fe}^{3+})\leqslant1.0\times10^{-5}\text{mol}\cdot\text{L}^{-1}$

$$c_{eq}(\text{OH}^-)=\sqrt[3]{\dfrac{K_{sp}^{\ominus}[\text{Fe(OH)}_3](c^{\ominus})^4}{c_{eq}(\text{Fe}^{3+})}}=\sqrt[3]{\dfrac{2.79\times10^{-39}\times(1\text{mol}\cdot\text{L}^{-1})^4}{1.0\times10^{-5}\text{mol}\cdot\text{L}^{-1}}}$$

$$=6.53\times10^{-12}\text{mol}\cdot\text{L}^{-1}$$

$$\text{pH}=2.81$$

$\text{Fe(OH)}_2$ 沉淀开始生成时，$c(\text{Fe}^{2+})=0.01\text{mol}\cdot\text{L}^{-1}$

$$K_{sp}^{\ominus}[\text{Fe(OH)}_2]=[c_{eq}(\text{Fe}^{2+})/c^{\ominus}][c_{eq}(\text{OH}^-)/c^{\ominus}]^2$$

$$c_{eq}(\text{OH}^-)=\sqrt{\dfrac{K_{sp}^{\ominus}[\text{Fe(OH)}_2](c^{\ominus})^3}{c_{eq}(\text{Fe}^{3+})}}=\sqrt{\dfrac{4.87\times10^{-17}\times(1\text{mol}\cdot\text{L}^{-1})^3}{0.01\text{mol}\cdot\text{L}^{-1}}}$$

$$=6.98\times10^{-8}\,\mathrm{mol\cdot L^{-1}}$$
$$\mathrm{pH}=6.84$$

溶液的 pH 应控制范围为 $2.81\sim6.84$，$Fe^{3+}$ 沉淀完全，而 $Fe^{2+}$ 不生成 $Fe(OH)_2$。

**11. 解**　$ZnS(s)+2H^+(aq)\Longrightarrow Zn^{2+}(aq)+H_2S(g)$

$$
\begin{aligned}
K_j^\ominus &= \frac{[c_{eq}(Zn^{2+})/c^\ominus][c_{eq}(H_2S)/c^\ominus]}{[c_{eq}(H^+)/c^\ominus]^2} \\
&= \frac{[c_{eq}(Zn^{2+})/c^\ominus][c_{eq}(H_2S)/c^\ominus][c_{eq}(S^{2-})/c^\ominus]}{[c_{eq}(H^+)/c^\ominus]^2[c_{eq}(S^{2-})/c^\ominus]} \\
&= \frac{K_{sp}^\ominus(ZnS)}{K_{a_1}^\ominus(H_2S)K_{a_2}^\ominus(H_2S)} \\
&= \frac{2.5\times10^{-22}}{9.5\times10^{-8}\times1.3\times10^{-14}} \\
&= 0.20
\end{aligned}
$$

根据竞争平衡可知，当 ZnS 刚好溶解时：

$$
\begin{aligned}
c_{eq}(H^+) &= \sqrt{\frac{[c_{eq}(Zn^{2+})/c^\ominus][c_{eq}(H_2S)/c^\ominus]}{K_j^\ominus}}\times c^\ominus \\
&= \sqrt{\frac{(0.20\,\mathrm{mol\cdot L^{-1}}/1\,\mathrm{mol\cdot L^{-1}})(0.1\,\mathrm{mol\cdot L^{-1}}/1\,\mathrm{mol\cdot L^{-1}})}{0.20}}\times1\,\mathrm{mol\cdot L^{-1}} \\
&= 0.32\,\mathrm{mol\cdot L^{-1}}
\end{aligned}
$$

溶解 0.10mol 的 ZnS 还要消耗 0.20mol 的 $H^+$，即需要盐酸 $0.40\,\mathrm{mol\cdot L^{-1}}$。

则要使 0.1mol 的 ZnS 完全溶于 500mL 盐酸中，所需盐酸的最低浓度为：

$$0.32\,\mathrm{mol\cdot L^{-1}}+0.40\,\mathrm{mol\cdot L^{-1}}=0.72\,\mathrm{mol\cdot L^{-1}}$$

**12. 解**　　　　　　$Ag^++Cl^-\!\!=\!\!=\!\!=\!\!AgCl$

$$
\begin{aligned}
w(NaCl) &= \frac{c(AgNO_3)V(AgNO_3)M(NaCl)}{m_s} \\
&= \frac{0.1000\,\mathrm{mol\cdot L^{-1}}\times26.40\times10^{-3}\,\mathrm{L}\times58.44\,\mathrm{g\cdot mol^{-1}}}{0.1562\,\mathrm{g}} \\
&= 98.77\%
\end{aligned}
$$

**13. 解**　　　　　　$BaCl_2\sim2Cl^-\sim2Ag^+$

$$
\begin{aligned}
m(BaCl_2) &= \frac{1}{2}[c(AgNO_3)V(AgNO_3)-c(NH_4SCN)V(NH_4SCN)]M(BaCl_2) \\
&= \frac{1}{2}\times(0.1020\,\mathrm{mol\cdot L^{-1}}\times40.00\,\mathrm{mL}-0.09800\,\mathrm{mol\cdot L^{-1}}\times15.00\,\mathrm{mL}) \\
&\quad\times\frac{208.24\,\mathrm{g\cdot mol^{-1}}}{1000} \\
&= 0.2718\,\mathrm{g}
\end{aligned}
$$

**14. 解**　设 KBr 为 $x\,\mathrm{mol}$，KCl 为 $y\,\mathrm{mol}$，根据题意有：

$$x+y=c(AgNO_3)V(AgNO_3)$$
$$xM(KBr)+yM(KCl)=m_s$$

代入数据：

$$x + y = 0.1007 \text{mol} \cdot \text{L}^{-1} \times 30.98 \text{mL} \times 10^{-3}$$

$$x\,119.00 \text{g} \cdot \text{mol}^{-1} + y\,74.55 \text{g} \cdot \text{mol}^{-1} = 0.3074 \text{g}$$

解得 $x = 0.16844 \text{mol}$     $y = 0.001435 \text{mol}$

所以

$$w(\text{KBr}) = \frac{119.00 \text{g} \cdot \text{mol}^{-1} \times 0.16844 \text{mol}}{0.3074 \text{g}} = 65.21\%$$

$$w(\text{KCl}) = \frac{74.55 \text{g} \cdot \text{mol}^{-1} \times 0.001435 \text{mol}}{0.3074 \text{g}} = 34.80\%$$

**15. 解**

$$w(\text{Ag}) = \frac{c(\text{NH}_4\text{SCN})V(\text{NH}_4\text{SCN})M(\text{Ag})}{m_s}$$

$$= \frac{0.04634 \text{mol} \cdot \text{L}^{-1} \times 25.50 \text{mL} \times 10^{-3} \times 107.87 \text{g} \cdot \text{mol}^{-1}}{2.075 \text{g}}$$

$$= 6.143\%$$

# 第九章 配位化合物和配位滴定法

**Chapter 09**

# 内容提要

## 一、基本概念

配合物的基本概念见表 9-1。

表 9-1　配合物的基本概念

| 概念 | 定义 | 举例 |
|------|------|------|
| 配位化合物 | 由可以给出孤对电子或多个不定域电子的一定数目的离子或者分子(称为配位体)和具有接受孤对电子或多个不定域电子的空轨道的原子或离子(称为中心原子或离子)以配位键按一定的组成和空间构型所组成的化合物 | $[Cu(NH_3)_4]SO_4$ |
| 内界和外界 | 内界由中心离子(或原子)和一定数目的配位体组成,一般用方括号括起来。距中心离子较远的其他离子称为外界离子,构成配合物的外界,通常写在方括号外面。电中性配合物只有内界没有外界 | $[Cu(NH_3)_4]SO_4$<br>内界　　外界<br>$[Co(NH_3)_3Cl_3]$<br>内界 |
| 中心离子或原子 | 也称配合物的形成体。接受配体孤对电子的离子或原子称为中心离子或原子 | $[Cu(NH_3)_4]^{2+}$ 中的 $Cu^{2+}$<br>$[Fe(CO)_5]$ 中的 Fe |
| 配位体 | 在内界中与中心离子结合的、含有孤对电子的中性分子或阴离子称为配位体(简称配体) | $[Cu(NH_3)_4]^{2+}$ 中的 $NH_3$ |
| 配位原子 | 配体中直接与中心离子或原子相连的原子称为配位原子 | $NH_3$ 中的 N 原子 |
| 单基配体 | 只含有一个配位原子的配体叫单基配体 | $NH_3$ |
| 多基配体 | 含有两个或两个以上配位原子的配体叫多基配体 | $H_2N-CH_2-CH_2-NH_2$(简写为 en) |
| 螯合物 | 多齿配体通过两个或两个以上的配位原子与同一中心离子形成的具有环状结构的配合物称为螯合物(也称内配合物) | $[Cu(en)_2]^{2+}$ |
| 配位数 | 直接与中心离子或原子结合的配位原子的数目。单基配体配位数为配体个数,多基配体配位数为多基配位体个数乘以每个配体中的配位原子数 | $[Cu(NH_3)_4]^{2+}$ 的配位数是 4 |
| 配离子电荷 | 中心离子和配体总电荷的代数和 | $[Cu(NH_3)_4]^{2+}$ 的配离子电荷是 2+ |

## 二、配合物的命名

### 1. 配合物的命名原则

配合物的命名原则:在内外界之间先阴离子,后阳离子。若内界为阳离子,外界为简单离子，则命名为"某化某"；若内界为复杂阴离子或内界为阳离子而外界为复杂离子，则命名为"某酸某"；若外界为氢离子，则命名为"某某酸"。

**2. 内界的命名原则**

配体数（汉字）⟶配体名称⟶合⟶中心离子或原子名称⟶中心离子或原子的氧化数（用 0 和罗马数字标明氧化数）。

**3. 配体的命名次序原则**

先无机配体，后有机配体；先离子型配体，后分子型配体；同类配体的名称，按配位原子元素符号的英文字母顺序排列；配位原子相同，原子数较少的配体在前，相同时则比较与配位原子相连的原子，按英文字母顺序命名。不同配体间用中圆点"•"分开。例如：

| | |
|---|---|
| $[Cu(NH_3)_4]SO_4$ | 硫酸四氨合铜(Ⅱ) |
| $K[PtCl_5(NH_3)]$ | 五氯•一氨合铂(Ⅳ)酸钾 |
| $H[AuCl_4]$ | 四氯合金(Ⅲ)酸 |
| $[CoCl_2(NH_3)_3(H_2O)]Cl$ | 氯化二氯•三氨•一水合钴(Ⅲ) |
| $[Ni(CO)_4]$ | 四羰基合镍(0) |

## 三、配合物的价键理论

**1. 价键理论的基本要点**

① 配合物的中心离子 M 和配位体 L 之间以配位键结合。

② 中心离子能量相近的轨道进行杂化。

价键理论的核心是中心原子或离子提供的空轨道必须进行杂化形成能量相同的杂化轨道，然后与配体作用形成配位键。配合物的构型由中心原子或离子的杂化轨道类型决定。

③ 根据轨道参加杂化的情况，配合物可分为外轨型和内轨型。

外轨型和内轨型的判断是通过测定配合物的磁矩确定的。磁矩与物质中未成对电子数的近似关系为：

$$\mu=\sqrt{n(n+2)}$$

根据测出的磁矩，就能确定中心离子的未成对的电子数。

当配合物的实测磁矩小于其自由中心离子的计算磁矩时，则发生了 d 电子重排，是内轨型配合物；当配合物的实测磁矩与其自由中心离子的计算磁矩接近时，没有 d 电子重排，是外轨型配合物。测定配合物磁矩时，外轨型配合物由于保留了较多的单电子，磁矩很大，称为高自旋配合物。内轨型配合物由于单电子数较少，磁矩也小，称为低自旋配合物。

**2. 配位化合物的空间构型**

杂化轨道类型与空间构型的关系见表 9-2。

表 9-2　配合物的杂化轨道类型与空间构型的关系

| 配位数 | 杂化类型 | 空间构型 | 配离子构型 | 实　例 |
|---|---|---|---|---|
| 2 | sp | 直线型 | 外轨型 | $[Ag(NH_3)_2]^+$ |
| 4 | $sp^3$ | 正四面体 | 外轨型 | $[Ni(NH_3)_4]^{2+}$ |
| | $dsp^2$ | 平面正方形 | 内轨型 | $[Ni(CN)_4]^{2-}$ |
| 6 | $sp^3d^2$ | 正八面体 | 外轨型 | $[FeF_6]^{3-}$ |
| | $d^2sp^3$ | 正八面体 | 内轨型 | $[Fe(CN)_6]^{3-}$ |

## 四、配位平衡

### 1. 配位平衡的稳定常数

在溶液中，配合物的生成是分步进行的，每一步都有一个对应的稳定常数，这些常数称为逐级稳定常数，配位平衡的稳定常数为总反应的平衡常数。

例如：总反应

$$Cu^{2+} + 4NH_3 \rightleftharpoons [Cu(NH_3)_4]^{2+}$$

$$K_稳^\ominus = K_1^\ominus K_2^\ominus K_3^\ominus K_4^\ominus = \frac{c_{eq}([Cu(NH_3)_4]^{2+})/c^\ominus}{[c_{eq}(Cu^{2+})/c^\ominus][c_{eq}(NH_3)/c^\ominus]^4}$$

$K_1^\ominus$、$K_2^\ominus$、$K_3^\ominus$、$K_4^\ominus$ 分别称为第一、第二、第三、第四级稳定常数，亦称逐级稳定常数。

$K_稳^\ominus$ 为总反应的平衡常数，称为稳定常数，可记成 $K_f^\ominus$。

$$K_f^\ominus = K_1^\ominus K_2^\ominus K_3^\ominus K_4^\ominus$$

### 2. 配位平衡不稳定常数

可从配离子的解离程度来表示其稳定性。例如：

$$[Cu(NH_3)_4]^{2+} \rightleftharpoons Cu^{2+} + 4NH_3$$

其平衡常数表达式为：

$$K_d^\ominus = \frac{[c_{eq}(Cu^{2+})/c^\ominus][c_{eq}(NH_3)/c^\ominus]^4}{c_{eq}([Cu(NH_3)_4]^{2+})/c^\ominus}$$

$K_d^\ominus$ 为配离子的不稳定常数或解离常数。$K_d^\ominus$ 数值越大，表示配离子越易解离，即配离子越不稳定。很明显：

$$K_f^\ominus = \frac{1}{K_d^\ominus}$$

配离子的 $K_f^\ominus$ 越大，在水溶液中越稳定，对于同类型（配位数相同）的配离子可以用 $K_f^\ominus$ 直接比较其稳定性，对于不同类型的配离子只有通过计算才能比较它们的稳定性。

### 3. 配位平衡与酸碱平衡

向 $[FeF_6]^{3-}$ 配离子的溶液中加强酸，由于 $H^+$ 与 $F^-$ 结合生成弱电解质 HF，溶液中 $F^-$ 浓度降低，配位平衡将向解离方向移动，体系由 $[FeF_6]^{3-}$ 配离子向生成 HF 的方向进行。

以上系统包含两种平衡：

$$[FeF_6]^{3-} \rightleftharpoons Fe^{3+} + 6F^- \qquad K_1^\ominus = 1/K_f^\ominus$$
$$+ \quad 6F^- + 6H^+ \rightleftharpoons 6HF \qquad K_2^\ominus = 1/(K_a^\ominus)^6$$

总反应：$[FeF_6]^{3-} + 6H^+ \rightleftharpoons Fe^{3+} + 6HF$

根据多重平衡关系，其平衡常数：

$$K_j^\ominus = K_1^\ominus K_2^\ominus = \frac{1}{K_f^\ominus (K_a^\ominus)^6}$$

$K_j^\ominus$ 称为竞争平衡常数。当配离子的稳定性越小（$K_f^\ominus$ 越小），弱电解质越弱（$K_a^\ominus$ 越小）时，配离子越易被解离。

### 4. 配位平衡与沉淀溶解平衡

配位平衡与沉淀溶解平衡的相互影响取决于沉淀剂和配位剂争夺金属离子的能力，即与

$K_i^{\ominus}$ 和 $K_{sp}^{\ominus}$ 的相对大小及沉淀剂和配位剂的浓度有关。

### 5. 配位平衡与氧化还原平衡

配位平衡与氧化还原平衡也可以相互转化，在配位平衡体系中，加入氧化剂或还原剂，降低金属离子浓度，会使配离子不断解离，平衡发生移动。

## 五、配位滴定法

配位滴定法主要是指形成螯合物的配位滴定法，是用配位剂作标准溶液，直接或间接测定金属离子。

### 1. EDTA

EDTA 是含有羧基和氨基的螯合剂，它是一个四元酸，常用 $H_4Y$ 表示。结构式如下：

$$\begin{array}{c} \text{HOOCCH}_2 \qquad\qquad\qquad \text{CH}_2\text{COOH} \\ \text{N--CH}_2\text{--CH}_2\text{--N} \\ \text{HOOCCH}_2 \qquad\qquad\qquad \text{CH}_2\text{COOH} \end{array}$$

在水溶液中存在 $H_6Y^{2+}$、$H_5Y^+$、$H_4Y$、$H_3Y^-$、$H_2Y^{2-}$、$HY^{3-}$、$Y^{4-}$ 七种型体。它们的分布系数与溶液 pH 有关，在 pH$<$1 的强酸性溶液中，主要以 $H_6Y^{2+}$ 的形式存在；当 pH$=$2.68$\sim$6.16 时，主要以 $H_2Y^{2-}$ 的形式存在；当 pH$>$10.26 时，EDTA 以 $Y^{4-}$ 的形式存在。

大多数金属离子形成四配位或六配位的螯合物，螯合比 1∶1，具有五元或六元环，结构稳定，水溶性好。EDTA 与无色金属离子形成的配合物仍为无色，EDTA 与有色金属离子形成的配合物颜色比相应金属离子的颜色稍深。

### 2. 影响配位平衡的因素

（1）EDTA 的酸效应及酸效应系数 $\alpha_{Y(H)}$  由于 $H^+$ 的存在，而使 EDTA 参加主反应的能力下降的现象称为 EDTA 的酸效应。

EDTA 酸效应的大小可以用酸效应系数 $\alpha_{Y(H)}$ 来衡量，$\alpha_{Y(H)}$ 表示未参加配位反应的 EDTA 的各种存在形式的总浓度 $c_{eq}(Y')$ 与能参加配位反应的 $Y^{4-}$ 的平衡浓度 $c_{eq}(Y^{4-})$ 之比。其数学表达式如下：

$$\alpha_{Y(H)} = \frac{c_{eq}(Y')}{c_{eq}(Y^{4-})}$$

（2）金属离子的配位效应和配位效应系数 $\alpha_{M(L)}$  如果滴定体系中存在其他的配位剂 L，这些配位剂可能来自指示剂、掩蔽剂或缓冲剂，它们也能和金属离子发生配位反应。由于共存的配位剂 L 与金属离子的配位反应而使主反应能力降低，这种现象叫配位效应。配位效应的大小用配位效应系数 $\alpha_{M(L)}$ 来表示，它是指未与 EDTA 配合的金属离子 M 的各种存在型体的总浓度 $c_{eq}(M')$ 与游离金属离子浓度 $c_{eq}(M)$ 之比。表示为：

$$\alpha_{M(L)} = \frac{c_{eq}(M')}{c_{eq}(M)}$$

### 3. 条件稳定常数和配位滴定原理

有副反应存在时，配位反应程度用条件稳定常数 $K_{MY}^{\ominus'}$ 来衡量：

$$\lg K_{MY}^{\ominus'} = \lg K_{MY}^{\ominus} - \lg \alpha_{Y(H)} - \lg \alpha_{M(L)}$$

若没有其他配体存在，则可简化为

$$\lg K_{MY}^{\ominus'} = \lg K_{MY}^{\ominus} - \lg \alpha_{Y(H)}$$

当其他条件一定时，MY 配合物的条件稳定常数越大，滴定曲线上的突跃范围也越大。准确测定单一金属离子的条件，即

$$\frac{c(\mathrm{M})}{c^{\ominus}}K_{\mathrm{MY}}^{\ominus\prime} \geqslant 10^6 \text{ 或 } \lg\frac{c(\mathrm{M})}{c^{\ominus}}K_{\mathrm{MY}}^{\ominus\prime} \geqslant 6$$

$$\text{当 } c(\mathrm{M}) = 0.01\mathrm{mol \cdot L^{-1}} \text{ 时,} \lg K_{\mathrm{MY}}^{\ominus\prime} \geqslant 8$$

### 4. 酸效应曲线

设滴定体系只存在酸效应，不存在其他副反应，则根据单一金属离子被准确滴定的条件 $\lg K_{\mathrm{MY}}^{\ominus\prime} \geqslant 8$，即可求出最高酸度（最低 pH）。

有：
$$\lg\alpha_{\mathrm{Y(H)}} \leqslant \lg K_{\mathrm{MY}}^{\ominus} - 8$$

以不同的 $\lg K_{\mathrm{MY}}^{\ominus}$ 或 $\lg\alpha_{\mathrm{Y(H)}}$ 值对相应的最低 pH 作图，就可得到 EDTA 的酸效应曲线。

### 5. 金属指示剂

金属指示剂是一种配位剂，它能与金属离子生成与其本身颜色显著不同的有色配合物而指示滴定终点。

铬黑 T 在 pH<6 时，显红色；当 7<pH<11 时，显蓝色；当 pH>12 时，显橙色。

钙红（NN）在 pH<7 时，显红色；当 8<pH<13.5 时，显蓝色；当 pH>13.5 时，显橙色。由于在 pH=12~13 时呈蓝色，而与 $\mathrm{Ca^{2+}}$ 形成酒红色配合物，所以常在 pH=12~13 的酸度下使用。

### 6. 提高配位滴定选择性的方法

① 控制酸度；②掩蔽作用；③化学分离方法。

# 例　题

【例 1】命名下列配合物并指出中心离子、配体、配位原子、配位数、配离子电荷。
$$[\mathrm{CoCl_3(NH_3)_3}]、K_2[\mathrm{Ni(CN)_4}]、\mathrm{Na_3[SiF_6]}、K_3[\mathrm{Fe(SCN)_6}]$$

【分析】首先考察配合物的命名。在内外界之间先阴离子，后阳离子。内界为复杂阴离子则命名为"某酸某"；内界的命名：配体数（汉字）——→配体名称——→合——→中心离子或原子名称——→中心离子或原子的氧化数（用 0 和罗马数字标明氧化数）；配体的命名：先离子型配体，后分子型配体；不同配体间用中圆点"·"分开。其次考察配合物基本知识：配位化合物的组成。中心离子：内界中的金属离子；配体：内界中含有孤对电子的离子或分子；配位原子：与金属离子直接相连的原子；配位数：直接与中心离子或原子结合的配位原子的数目；配离子电荷：中心离子和配体总电荷的代数和。

【解】

| 配合物 | 中心离子 | 配体 | 配位原子 | 配位数 | 配离子电荷 | 命名 |
| --- | --- | --- | --- | --- | --- | --- |
| $[\mathrm{CoCl_3(NH_3)_3}]$ | $\mathrm{Co^{3+}}$ | $\mathrm{Cl^-}$,$\mathrm{NH_3}$ | Cl,N | 6 | 0 | 三氯·三氨合钴（Ⅲ） |
| $K_2[\mathrm{Ni(CN)_4}]$ | $\mathrm{Ni^{2+}}$ | $\mathrm{CN^-}$ | C | 4 | 2— | 四氰合镍（Ⅱ）酸钾 |
| $\mathrm{Na_2[SiF_6]}$ | $\mathrm{Si^{4+}}$ | $\mathrm{F^-}$ | F | 6 | 2— | 六氟合硅（Ⅳ）酸钠 |
| $K_3[\mathrm{Fe(SCN)_6}]$ | $\mathrm{Fe^{3+}}$ | $\mathrm{SCN^-}$ | S | 6 | 3— | 六硫氰酸根合铁（Ⅲ）酸钾 |

【例 2】写出下列配合物的化学式
(1) 氯化二氯·三氨·水合铬（Ⅲ）　　　　(2) 四氯合铂（Ⅱ）酸四吡啶合铂（Ⅱ）

（3）三羟·水·乙二胺合铬（Ⅱ）　　（4）二（草酸根）·二氨合钴（Ⅲ）酸钙

**【分析】** 在书写配合物的化学式时，首先阳离子在前，阴离子在后；然后内界中先写中心离子的元素符号，再依次写出阴离子和中性离子；最后同类配体以配位原子元素符号的英文字母顺序为准。

**【解】**（1）$[CrCl_2(NH_3)_3(H_2O)]Cl$　　（2）$[Pt(Py)_4][PtCl_4]$

（3）$[Cr(OH)_3(H_2O)(en)]$　　（4）$Ca[Co(C_2O_4)_2(NH_3)_2]_2$

**【例3】** 已知 $[FeF_6]^{3-}$ 的磁矩为 5.9，判断配合物中心离子的杂化方式和空间构型。

**【分析】** 首先通过测得的磁矩计算出配离子中的未成对电子数，比较 $Fe^{3+}$ 的电子构型中未成对电子数与计算出的未成对电子数，如果数值一样则杂化类型为外轨型，不同则为内轨型。最后由杂化方式可以知道其空间构型。

**【解】** 磁矩 $\mu$ 与未成对电子数之间的关系式 $\mu=\sqrt{n(n+2)}$，根据公式可计算出 $n=5$，说明 $[FeF_6]^{3-}$ 中 $Fe^{3+}$ 具有 5 个未成对电子。$Fe^{3+}$ 的电子构型 $3d^5$，具有 5 个未成对电子，这正好与计算得出的数值吻合，表明中心 $Fe^{3+}$ 采取外轨型杂化。因此，$[FeF_6]^{3-}$ 中中心离子的杂化方式 $sp^3d^2$，空间构型为正八面体。

**【例4】** 向 5.0mL 浓度为 $0.10mol \cdot L^{-1}$ $AgNO_3$ 溶液中加入 5.0mL 浓度为 $6.0mol \cdot L^{-1}$ 的氨水，所得溶液中逐滴加入 $0.01mol \cdot L^{-1}$ 的 KBr 溶液，问加入多少毫升 KBr 溶液时，开始有 AgBr 沉淀析出？已知 $K_f^{\ominus}([Ag(NH_3)_2]^+)=1.12 \times 10^7$，$K_{sp}^{\ominus}(AgBr)=5.35 \times 10^{-13}$。

**【分析】** 加入 $NH_3$ 后，$NH_3$ 过量，可认为全部 $Ag^+$ 都生成为 $[Ag(NH_3)_2]^+$ 配离子。

当反应达到平衡时，利用公式 $K_f^{\ominus}=\dfrac{c_{eq}([Ag(NH_3)_2]^+)/c^{\ominus}}{[c_{eq}(Ag^+)/c^{\ominus}][c_{eq}(NH_3)/c^{\ominus}]^2}$ 可以算出 $Ag^+$ 的浓度。再根据溶度积公式 $K_{sp}^{\ominus}(AgBr)=[c_{eq}(Ag^+)/c^{\ominus}][c_{eq}(Br^-)/c^{\ominus}]$ 可以计算出 $Br^-$ 的浓度，再根据 $c_1V_1=c_2V_2$ 最后求出需要 KBr 的体积。

**【解】** 混合后溶液中 $c(AgNO_3)=0.05mol \cdot L^{-1}$，$c(NH_3)=3.0mol \cdot L^{-1}$。$NH_3$ 过量，且 $K_f^{\ominus}$ 数值较大，可认为全部 $Ag^+$ 都生成为 $[Ag(NH_3)_2]^+$ 配离子。

设达到平衡时由 $[Ag(NH_3)_2]^+$ 解离出的 $c(Ag^+)=x$ $mol \cdot L^{-1}$。

|  | $Ag^+$ | $+$ | $2NH_3$ | $\rightleftharpoons$ | $[Ag(NH_3)_2]^+$ |
|---|---|---|---|---|---|
| 起始浓度/$(mol \cdot L^{-1})$ | 0.05 | | 3.0 | | 0 |
| 平衡浓度/$(mol \cdot L^{-1})$ | $x$ | | $3.0-2 \times (0.05-x)$ | | $0.05-x$ |
|  | | | $\approx 2.9$ | | $\approx 0.05$ |

$$K_f^{\ominus}=\frac{c_{eq}([Ag(NH_3)_2]^+)/c^{\ominus}}{[c_{eq}(Ag^+)/c^{\ominus}][c_{eq}(NH_3)/c^{\ominus}]^2}$$

$$1.12 \times 10^7=\frac{0.05mol \cdot L^{-1}/1mol \cdot L^{-1}}{[x \, mol \cdot L^{-1}/1mol \cdot L^{-1}][2.9mol \cdot L^{-1}/1mol \cdot L^{-1}]^2}$$

解得 $x=5.3 \times 10^{-10}$，即 $c(Ag^+)=5.3 \times 10^{-10}$ $mol \cdot L^{-1}$。

计算结果表明，在 $AgNO_3$ 溶液中，由于加入了氨水，使溶液中 $Ag^+$ 浓度大大降低。

$$K_{sp}^{\ominus}(AgBr)=[c_{eq}(Ag^+)/c^{\ominus}][c_{eq}(Br^-)/c^{\ominus}]$$

$$c_{eq}(Br^-)=\frac{K_{sp}^{\ominus}(AgBr)(c^{\ominus})^2}{c_{eq}(Ag^+)}=\frac{5.35 \times 10^{-13} \times (1mol \cdot L^{-1})^2}{5.3 \times 10^{-10}mol \cdot L^{-1}}=1.01 \times 10^{-3}mol \cdot L^{-1}$$

由于 $c_1V_1=c_2V_2$，因此 $1.01 \times 10^{-3}mol \cdot L^{-1} \times 10mL=0.01mol \cdot L^{-1} \times V_2$

$V_2=1.01\text{mL}$

因此，加入 1.01mL KBr 溶液时，开始有 AgBr 沉淀析出。

**【例 5】** 含有 $0.10\,\text{mol}\cdot\text{L}^{-1}\,\text{NH}_3$ 和 $0.10\,\text{mol}\cdot\text{L}^{-1}\,\text{NH}_4\text{Cl}$ 以及 $0.010\,\text{mol}\cdot\text{L}^{-1}$ $[\text{Cu}(\text{NH}_3)_4]^{2+}$ 溶液中，是否有 $\text{Cu}(\text{OH})_2$ 沉淀？当 $c(\text{NH}_3)=0.010\,\text{mol}\cdot\text{L}^{-1}$ 时是否有 $\text{Cu}(\text{OH})_2$ 沉淀？已知 $K_f^{\ominus}([\text{Cu}(\text{NH}_3)_4]^{2+})=4.8\times10^{12}$，$K_{sp}^{\ominus}(\text{Cu}(\text{OH})_2)=2.2\times10^{-20}$，$K_b^{\ominus}(\text{NH}_3)=1.75\times10^{-5}$。

**【分析】** 运用溶度积规则判断是否有 $\text{Cu}(\text{OH})_2$ 沉淀生成。离子积公式为 $Q=[c(\text{Cu}^+)/c^{\ominus}][c(\text{OH}^-)/c^{\ominus}]^2$，因此，只要通过已知条件求出 $c(\text{Cu}^{2+})$ 和 $c(\text{OH}^-)$ 就能判断出是否有 $\text{Cu}(\text{OH})_2$ 沉淀生成。$c(\text{Cu}^{2+})$ 可以通过 $K_f^{\ominus}([\text{Cu}(\text{NH}_3)_4]^{2+})=\dfrac{c_{eq}([\text{Cu}(\text{NH}_3)_4]^{2+})/c^{\ominus}}{[c_{eq}(\text{Cu}^{2+})/c^{\ominus}][c_{eq}(\text{NH}_3)/c^{\ominus}]^4}$ 求出。$c(\text{OH}^-)$ 可以通过 $K_b^{\ominus}(\text{NH}_3)=\dfrac{[c_{eq}(\text{NH}_4^+)/c^{\ominus}][c_{eq}(\text{OH}^-)/c^{\ominus}]}{c_{eq}(\text{NH}_3)/c^{\ominus}}$ 求出。

**【解】** (1) 设达到平衡时由 $[\text{Cu}(\text{NH}_3)_4]^{2+}$ 解离出的 $c(\text{Cu}^{2+})=x\,\text{mol}\cdot\text{L}^{-1}$。

$$\text{Cu}^{2+} \quad + \quad 4\text{NH}_3 \quad \Longleftrightarrow \quad [\text{Cu}(\text{NH}_3)_4]^{2+}$$

平衡浓度/$(\text{mol}\cdot\text{L}^{-1})$ $\quad x \qquad\quad 0.1+4x \qquad\qquad 0.01-x$

$\qquad\qquad\qquad\qquad\qquad\quad \approx0.1 \qquad\qquad \approx0.01$

$$K_f^{\ominus}([\text{Cu}(\text{NH}_3)_4]^{2+})=\frac{c_{eq}([\text{Cu}(\text{NH}_3)_4]^{2+})/c^{\ominus}}{[c_{eq}(\text{Cu}^{2+})/c^{\ominus}][c_{eq}(\text{NH}_3)/c^{\ominus}]^4}$$

$$4.8\times10^{12}=\frac{0.01\,\text{mol}\cdot\text{L}^{-1}/1\,\text{mol}\cdot\text{L}^{-1}}{[x\,\text{mol}\cdot\text{L}^{-1}/1\,\text{mol}\cdot\text{L}^{-1}][0.1\,\text{mol}\cdot\text{L}^{-1}/1\,\text{mol}\cdot\text{L}^{-1}]^4}$$

$x=2.1\times10^{-11}$，即 $c(\text{Cu}^{2+})=2.1\times10^{-11}\,\text{mol}\cdot\text{L}^{-1}$

$$\text{NH}_3+\text{H}_2\text{O}\Longleftrightarrow\text{NH}_4^++\text{OH}^-$$

$$K_b^{\ominus}(\text{NH}_3)=\frac{[c_{eq}(\text{NH}_4^+)/c^{\ominus}][c_{eq}(\text{OH}^-)/c^{\ominus}]}{c_{eq}(\text{NH}_3)/c^{\ominus}}$$

$$1.75\times10^{-5}=\frac{[0.1\,\text{mol}\cdot\text{L}^{-1}/1\,\text{mol}\cdot\text{L}^{-1}][c_{eq}(\text{OH}^-)/1\,\text{mol}\cdot\text{L}^{-1}]}{0.1\,\text{mol}\cdot\text{L}^{-1}/1\,\text{mol}\cdot\text{L}^{-1}}$$

$$c_{eq}(\text{OH}^-)=1.75\times10^{-5}\,\text{mol}\cdot\text{L}^{-1}$$

$$\begin{aligned}Q&=[c(\text{Cu}^{2+})/c^{\ominus}][c(\text{OH}^-)/c^{\ominus}]^2\\&=(2.1\times10^{-11}\,\text{mol}\cdot\text{L}^{-1}/1\,\text{mol}\cdot\text{L}^{-1})\times(1.75\times10^{-5}\,\text{mol}\cdot\text{L}^{-1}/1\,\text{mol}\cdot\text{L}^{-1})^2\\&=6.43\times10^{-21}\end{aligned}$$

根据溶度积规则 $Q<K_{sp}^{\ominus}[\text{Cu}(\text{OH})_2]=2.2\times10^{-20}$

所以，没有 $\text{Cu}(\text{OH})_2$ 沉淀生成。

(2) 当 $c(\text{NH}_3)=0.01\,\text{mol}\cdot\text{L}^{-1}$ 时，按照公式

$$1.75\times10^{-5}=\frac{[0.1\,\text{mol}\cdot\text{L}^{-1}/1\,\text{mol}\cdot\text{L}^{-1}][c_{eq}(\text{OH}^-)/1\,\text{mol}\cdot\text{L}^{-1}]}{0.01\,\text{mol}\cdot\text{L}^{-1}/1\,\text{mol}\cdot\text{L}^{-1}}$$

可以求出 $c_{eq}(\text{OH}^-)=1.75\times10^{-6}\,\text{mol}\cdot\text{L}^{-1}$

$$4.8\times10^{12}=\frac{0.01\,\text{mol}\cdot\text{L}^{-1}/1\,\text{mol}\cdot\text{L}^{-1}}{[x\,\text{mol}\cdot\text{L}^{-1}/1\,\text{mol}\cdot\text{L}^{-1}][0.01\,\text{mol}\cdot\text{L}^{-1}/1\,\text{mol}\cdot\text{L}^{-1}]^4}$$

$x = 2.1 \times 10^{-7}$，即 $c(Cu^{2+}) = 2.1 \times 10^{-7} \, mol \cdot L^{-1}$

$$Q = [c(Cu^{2+})/c^{\ominus}][c(OH^-)/c^{\ominus}]^2$$
$$= (2.1 \times 10^{-7} \, mol \cdot L^{-1}/1 \, mol \cdot L^{-1}) \times (1.75 \times 10^{-6} \, mol \cdot L^{-1}/1 \, mol \cdot L^{-1})^2$$
$$= 6.43 \times 10^{-19}$$

$Q > K_{sp}^{\ominus}[Cu(OH)_2] = 2.2 \times 10^{-20}$

所以，有 $Cu(OH)_2$ 沉淀生成。

【例6】间接法测定 $SO_4^{2-}$ 时，称取 3.000g 试样溶解后，稀释至 250.00mL。在 25.00mL 试液中加入 25.00mL 0.05000mol·L⁻¹ $BaCl_2$ 溶液，过滤 $BaSO_4$ 沉淀后，滴定剩余 $Ba^{2+}$ 用去 29.15mL 0.02002mol·L⁻¹ EDTA。试计算 $SO_4^{2-}$ 的质量分数。已知 $M(SO_4^{2-}) = 96.06 \, g \cdot mol^{-1}$。

【分析】过量的 $Ba^{2+}$ 用 EDTA 滴定，因此 $SO_4^{2-}$ 的物质的量等于加入 $BaSO_4$ 物质的量减去 EDTA 物质的量。

【解】 $$w(SO_4^{2-}) = \frac{[c(BaCl_2)V(BaCl_2) - c(EDTA)V(EDTA)]M(SO_4^{2-})}{m_s}$$

$$= \frac{(0.05000 \, mol \cdot L^{-1} \times 25.00 \times 10^{-3}L - 0.02002 \, mol \cdot L^{-1} \times 29.15 \times 10^{-3}L) \times 96.06 \, g \cdot mol^{-1}}{3.000g \times \dfrac{25.00mL}{250.00mL}}$$

$= 21.34\%$

【例7】称取含铝试样 0.2018g，溶解后加入 0.02081mol·L⁻¹ EDTA 标准溶液 30.00mL。调节酸度并加热使 $Al^{3+}$ 定量配位，过量的 EDTA 用 0.02035mol·L⁻¹ $Zn^{2+}$ 标准溶液返滴，消耗 $Zn^{2+}$ 溶液 6.50mL。计算试样中 $Al_2O_3$ 的质量分数。已知 $M(Al_2O_3) = 101.96 \, g \cdot mol^{-1}$。

【分析】铝的物质的量等于加入 EDTA 物质的量减去消耗 $Zn^{2+}$ 标准溶液物质的量。

【解】$$w(Al_2O_3) = \frac{\dfrac{1}{2}[c(EDTA)V(EDTA) - c(Zn^{2+})V(Zn^{2+})] \times \dfrac{M(Al_2O_3)}{1000}}{m_s}$$

$$= \frac{\dfrac{1}{2} \times (0.02081 \, mol \cdot L^{-1} \times 30.00mL - 0.02035 \, mol \cdot L^{-1} \times 6.50mL) \times \dfrac{101.96 \, g \cdot mol^{-1}}{1000}}{0.2018g}$$

$= 12.43\%$

# 习　题

1. 填空题

(1) 配合物的价键理论是由科学家（　　　　　）提出的，中心离子与配体之间是以（　　　）键结合的。

(2) 配合物 $[Co(NH_3)_4(H_2O)_2](SO_4)_3$ 的内界是（　　　　），外界是（　　　），配位体是（　　　），配位原子是（　　　），中心原子的配位数是（　　　）。

(3) 配位原子提供（　　　）键入中心离子或（　　　）空的（　　　）中形成配位键，而杂化轨道的（　　　）和（　　　）决定配合物的配位数和空间构型。

(4) 螯合物是（　　　　）与中心离子所形成的具有环状结构的配合物。

(5) 中心离子的电荷越高，吸引配体能力越（　　　），配位数越（　　　）；中心离子的半径越大，配位数越（　　　　）。

（6）在 $[Cu(NH_3)_4]SO_4$ 溶液中，加入 $BaCl_2$ 溶液，会产生（　　　　）沉淀，加入稀 NaOH 溶液，（　　　　）$Cu(OH)_2$ 沉淀，加入 $Na_2S$ 溶液，可产生黑色（　　　　）沉淀。

（7）配合物 $H_2[PtCl_6]$ 的中心离子是（　　　），配位原子是（　　　），配位数是（　　　），命名为（　　　　　　　）。

（8）Fe(Ⅲ) 形成配位数为 6 的外轨型配合物中，$Fe^{3+}$ 接受孤对电子的空轨道是（　　　　　　）。

（9）配合物 $[Co(NH_3)(en)Cl_3]$ 中，Co 的氧化数（　　　　），配位数（　　　　）。

（10）配合物 $[Co(NH_3)_3(H_2O)Cl_2]Cl$ 的中心离子是（　　　　），配位体是（　　　），中心离子的配位数是（　　　），配合物的名称是（　　　　　　　　）。

（11）$[Fe(CN)_6]^{3-}$ 的中心离子采用的杂化轨道为（　　　　　　），空间构型为（　　　　　　）。

（12）中心原子为 $dsp^2$ 杂化的配合物的几何构型是（　　　　　　　　）。

（13）用 EDTA 滴定法测定水中钙量时，用（　　　　　）作指示剂，用 NaOH 溶液调节水样的 pH 为（　　　　　），终点是颜色由酒红色变为（　　　）色。

（14）用 EDTA 滴定法测定水硬度时，铬黑 T 最合适的酸度是（　　　　　），终点时溶液由（　　　　）色变为（　　　）色。

（15）EDTA 法可测定（　　　　）离子，在测定这些离子时，主要要控制溶液的（　　　　）。

（16）溶液 pH 越小，EDTA 的酸效应系数越（　　　　　），金属离子的条件稳定常数越（　　　　）。

（17）EDTA 与金属离子形成螯合物时，螯合比一般为（　　　　）。

**2. 选择题**

（1）下列不能作为配位体的物质是（　　　）。

A. $C_6H_5NH_2$　　　　　B. $CH_3NH_2$　　　　　C. $NH_4^+$　　　　　D. $NH_3$

（2）对中心原子的配位数，下列说法不正确的是（　　　）。

A. 能直接与中心原子配位的原子数目称为配位数

B. 中心原子电荷越高，配位数就越大

C. 中性配体比阴离子配体的配位数大

D. 配位体的半径越大，配位数越大

（3）配合物的内界与外界是以（　　　）结合的。

A. 共价键　　　　　B. 配位键　　　　　C. 离子键　　　　　D. 金属键

（4）将化学组成为 $CoCl_3 \cdot 4NH_3$ 的紫色固体配制成溶液，向其中加入足量的 $AgNO_3$ 溶液后，只有 1/3 的氯沉淀析出。该配合物的内界含有（　　　）。

A. 2 个 $Cl^-$ 和 1 个 $NH_3$　　　　　　B. 2 个 $Cl^-$ 和 2 个 $NH_3$

C. 2 个 $Cl^-$ 和 3 个 $NH_3$　　　　　　D. 2 个 $Cl^-$ 和 4 个 $NH_3$

（5）下列物质中具有顺磁性的是（　　　）。

A. $[Ag(NH_3)_2]^+$　　　　　　　　　B. $[Fe(CN)_6]^{4-}$

C. $[Zn(NH_3)_4]^{2+}$　　　　　　　　D. $[Cu(NH_3)_4]^{2+}$

（6）测得 $[Co(NH_3)_6]^{3+}$ 磁矩 $\mu = 0.0$ B•M，可知 $Co^{3+}$ 采取的杂化类型是（　　　）。

A. $sp^3$　　　　　B. $dsp^2$　　　　　C. $d^2sp^3$　　　　　D. $sp^3d^2$

（7）配离子 $[Cr(NH_3)_6]^{3+}$ 中心离子的杂化轨道类型是（　　　）。

A. $sp^3$　　　　　　B. $dsp^2$　　　　　　C. $d^2sp^3$　　　　　　D. $sp^3d^2$

（8）下列配合物中只含有单齿（基）配体的是（　　　）。

A. $K_2[PtCl_2(OH)_2(NH_3)_2]$　　　　　　B. $[Cu(en)_2]Cl_2$

C. $K_2[CoCl(NH_3)(en)_2]$　　　　　　D. $[FeY]^-$（Y 为 EDTA）

（9）价键理论认为，决定配合物空间构型的主要是（　　　）。

A. 配体对中心离子的影响与作用

B. 中心离子对配体的影响与作用

C. 中心离子（或原子）的原子轨道杂化

D. 配体中配位原子对中心原子的作用

（10）$Co^{2+}$ 与 $SCN^-$ 生成蓝色 $[Co(SCN)_4]^{2-}$，可利用该反应检出 $Co^{2+}$；若溶液也含 $Fe^{3+}$，为避免 $[Fe(SCN)_n]^{3-n}$ 的红色干扰，可在溶液中加入 NaF，将 $Fe^{3+}$ 掩蔽起来。这是由于生成了（　　　）。

A. 难溶的 $FeF_3$　　　　　　B. 难解离的 $FeF_3$

C. 难解离的 $[FeF_6]^{3-}$　　　　　　D. 难溶的 $Fe(SCN)F_2$

（11）下列配合物属于内轨型配离子的是（　　　）。

A. $[Ag(CN)_2]^-$　　　　　　B. $[FeF_6]^{3-}$

C. $[Fe(CN)_6]^{4-}$　　　　　　D. $[Ag(NH_3)_2]^+$

（12）$Na_2S_2O_3$ 可作为重金属中毒时的解毒剂，这是利用它的（　　　）。

A. 还原性　　　　　　B. 氧化性

C. 配位性　　　　　　D. 与重金属离子生成难溶物

（13）化合物 $(NH_4)_3[SbCl_6]$ 的正确名称是（　　　）。

A. 六氯合锑酸铵（Ⅲ）　　　　　　B. 六氯化锑（Ⅲ）酸铵

C. 六氯合锑（Ⅲ）酸铵　　　　　　D. 六氯化锑三铵

（14）下列配合物中，形成体的配位数与配体总数相等的是（　　　）。

A. $[Fe(en)_3]Cl_3$　　　　　　B. $[CoCl_2(en)_2]Cl$

C. $[ZnCl_2(en)]$　　　　　　D. $[Fe(OH)_2(H_2O)_4]$

（15）$K_4[Fe(CN)_6]$ 的错误名称是（　　　）。

A. 亚铁氰化钾　　　B. 六氰合铁酸钾　　　C. 黄血盐　　　D. 六氰合铁（Ⅱ）酸钾

（16）有关 EDTA 性质的叙述错误的是（　　　）。

A. EDTA 也是六元有机弱酸

B. 与大多数金属离子形成 1∶1 型的配合物

C. 与金属离子配位后都形成颜色更深的配合物

D. 与金属离子形成的配合物大多数溶于水

（17）EDTA 在水溶液中以七种型体存在，其中能与金属离子直接配位的型体是（　　　）。

A. $H_3Y$　　　　　　B. $H_2Y^{2-}$　　　　　　C. $HY^{3-}$　　　　　　D. $Y^{4-}$

（18）配位滴定中，确定某金属离子能被 EDTA 准确滴定的最低 pH（允许相对误差 0.1%）的依据是（　　　）。

A. $\lg c_M K_{MY}^{\ominus'} \geqslant 8$，$\lg \alpha_{Y(H)} = \lg K_{MY}^{\ominus'} - \lg K_{MY}^{\ominus'}$

B. $\lg c_M K_{MY}^{\ominus'} \geqslant 8$，$\lg \alpha_{Y(H)} = \lg K_{MY}^{\ominus'} - \lg K_{MY}^{\ominus'}$

C. $\lg c_M K_{MY}^{\ominus\prime} \geqslant 6$，$\lg\alpha_{Y(H)} = \lg K_{MY}^{\ominus\prime} - \lg K_{MY}^{\ominus}$

D. $\lg c_M K_{MY}^{\ominus\prime} \geqslant 6$，$\lg\alpha_{Y(H)} = \lg K_{MY}^{\ominus} - \lg K_{MY}^{\ominus}$

（19）在配位滴定中对配位平衡影响较大的副反应是（　　　　）。

A. 水解效应和酸效应　　　　　　　　B. 配位效应和酸效应

C. 水解效应和配位效应　　　　　　　D. 干扰离子副反应

（20）下列配合物中，稳定性受酸效应影响最小的为（　　　　）。

A. $[CdCl_4]^{2-}$　　　　　　　　　　　B. $[Ag(S_2O_3)_2]^{3-}$

C. $[CaY]^{2-}$　　　　　　　　　　　　D. $[FeF_6]^{3-}$

（21）EDTA 常用于金属离子的滴定，主要是因为 EDTA 能与金属离子形成稳定的（　　　　）。

A. 简单配合物　　　B. 沉淀物　　　C. 螯合物　　　D. 复盐

（22）某显色剂 In 在 pH＝3～6 时呈黄色，pH＝6～12 时呈橙色，pH＞12 时呈红色，该显色剂与金属离子的配合物 MIn 也呈红色，显色反应的反应条件为（　　　　）。

A. 弱酸性　　　　　B. 中性　　　　　C. 弱碱性　　　　　D. 强碱性

（23）用 EDTA 滴定 $Ca^{2+}$、$Mg^{2+}$ 时能掩蔽 $Fe^{3+}$ 的掩蔽剂是（　　　　）。

A. NaCl　　　　　　B. 盐酸羟胺　　　C. 三乙醇胺　　　D. 抗坏血酸

**3.** 判断题（正确的在括号中填"√"号，错的填"×"号）

（1）螯合物是指中心离子与多齿配位体形成的配合物。（　　　　）

（2）在螯合物中，中心离子的配位数一定等于配体的数目。（　　　　）

（3）一般来讲，内轨型化合物比外轨型化合物稳定。（　　　　）

（4）配合物的稳定常数越大，配合物一定越稳定。（　　　　）

（5）配离子的不同几何构型，是由中心离子采用不同类型的杂化轨道与配位体配合的结果。（　　　　）

（6）配体是一种可以给出孤对电子或 π 键电子的离子或分子。（　　　　）

（7）广义地讲，所有金属离子都可能生成配合物。（　　　　）

（8）Mn（Ⅱ）的正八面体配合物有很微弱的颜色，是由于 d-d 跃迁是禁阻。（　　　　）

（9）和中心离子配位的配体数目就是中心离子的配位数。（　　　　）

（10）用 $dsp^2$ 杂化轨道形成的配合物的空间构型是四面体。（　　　　）

（11）在价键理论中，$[Ni(CN)_4]^{2-}$ 是反磁性的，而 $[Ni(NH_3)_4]^{2+}$ 是顺磁性的。（　　　　）

（12）所有配合物都可以分为内界和外界两部分。（　　　　）

（13）复盐和配合物就像离子键和共价键一样，没有严格的界限。（　　　　）

（14）配合物中心原子的配位数不小于配体数。（　　　　）

（15）配位数就等于中心离子的配位体的数目。（　　　　）

（16）配位滴定中，pH 越大，酸效应系数越小。（　　　　）

**4.** 简答题

（1）什么叫配离子的稳定常数和不稳定常数？二者关系如何？

（2）已知两种钴的配合物具有相同的化学式 $Co(NH_3)_5BrSO_4$，它们之间的区别在于：在第一种配合物的溶液中加 $BaCl_2$ 时，产生 $BaSO_4$ 沉淀，但加 $AgNO_3$ 时不产生沉淀；而第二种配合物的溶液则与之相反。写出这两种配合物的分子式并指出钴的配位数和化合价。

（3）已知 $[AuCl_4]^-$ 为平面正方形，$[Cu(CN)_4]^{3-}$ 为正四面体，说明它们各采用何种杂化轨道成键。

（4）实测各配离子 $\mu$(B·M)值为① $[Ni(NH_3)_6]^{2+}$：3.2；② $[Pt(CN)_4]^{2-}$：0。试推测它们的杂化轨道类型与空间构型。

（5）写出下列配合物的化学式

① 四羟合锌（Ⅱ）酸钠　② 四氯合金（Ⅲ）酸钠　③ 四羰基合镍（0）

④ 氯化二氯·四水合铬（Ⅲ）　⑤ 六硝基合钴（Ⅲ）酸钾　⑥ 氯化二氯·三氨·一水合钴（Ⅲ）

（6）命名下列配合物并指出中心离子、配体、配位原子、配位数、配离子电荷

① $[Cu(en)_2]SO_4$　② $[Co(NH_3)_5Cl]Cl_2$　③ $[Cr(Br)_2(H_2O)_4]Br$　④ $[Fe(CO)_5]$

（7）在 $[Zn(NH_3)_4]SO_4$ 溶液中，存在下列平衡：

$$[Zn(NH_3)_4]^{2+} \rightleftharpoons Zn^{2+} + 4NH_3$$

分别向溶液中加入少量下列物质，请判断上述平衡移动的方向。

① $NH_3 \cdot H_2O$；② KCN 溶液

（8）单一金属离子被准确滴定的条件是什么？

（9）金属指示剂应具备的条件是什么？

（10）影响配位滴定突跃大小的因素是什么？是如何影响突跃范围的？

（11）EDTA 与金属离子的配合物有哪些特点？

**5.** 在 50mL 0.10mol·L$^{-1}$ AgNO$_3$ 溶液中，加入密度为 0.932g·mL$^{-1}$ 含 NH$_3$ 18.24% 的氨水 30mL 后，用水稀释到 100mL，求溶液中 $c(Ag^+)$、$c(NH_3)$ 和 $c([Ag(NH_3)_2]^+)$。已知 $K_f^{\ominus}([Ag(NH_3)_2]^+) = 1.12 \times 10^7$。

**6.** 要使 0.10mol 的 AgI 固体完全溶解在 1L 氨水中，氨水的浓度至少要多大？若用 1L KCN 溶液溶解，至少需要多大浓度？已知 $K_f^{\ominus}([Ag(NH_3)_2]^+) = 1.12 \times 10^7$，$K_f^{\ominus}([Ag(CN)_2]^-) = 1.3 \times 10^{21}$，$K_{sp}^{\ominus}(AgI) = 8.52 \times 10^{-17}$。

**7.** 向 1.0L 0.10mol·L$^{-1}$ 的 AgNO$_3$ 溶液中加入 0.10mol·L$^{-1}$ KCl 溶液生成 AgCl 沉淀，若要使 AgCl 沉淀刚好溶解，问溶液中氨水的浓度 $c(NH_3)$。已知 $K_f^{\ominus}([Ag(NH_3)_2]^+) = 1.12 \times 10^7$，$K_{sp}^{\ominus}(AgCl) = 1.77 \times 10^{-10}$。

**8.** 设 1L 溶液中含有 0.10mol·L$^{-1}$ NH$_3$ 和 0.10mol·L$^{-1}$ NH$_4$Cl 以及 0.001mol·L$^{-1}$ $[Zn(NH_3)_4]^{2+}$ 配离子，问此溶液中有无 Zn(OH)$_2$ 沉淀生成？若再加入 0.01mol Na$_2$S 固体，设体积不变，问有无 ZnS 沉淀生成（不考虑 S$^{2-}$ 水解）？已知 $K_f^{\ominus}([Zn(NH_3)_4]^{2+}) = 2.88 \times 10^9$，$K_{sp}^{\ominus}(ZnS) = 1.6 \times 10^{-24}$。

**9.** 在 1L 1mol·L$^{-1}$ 的 $[Ag(NH_3)_2]^+$ 溶液中加入 7.46g KCl，问是否有 AgCl 沉淀生成？已知 $K_f^{\ominus}([Ag(NH_3)_2]^+) = 1.12 \times 10^7$，$K_{sp}^{\ominus}(AgCl) = 1.77 \times 10^{-10}$，K 的原子量为 39，Cl 的原子量为 35.5。

**10.** 求用 2.0×10$^{-2}$mol·L$^{-1}$ EDTA 溶液滴定 2.0×10$^{-2}$mol·L$^{-1}$ Fe$^{3+}$ 溶液的适宜酸度范围。

**11.** 若溶液中 Fe$^{3+}$、Al$^{3+}$ 浓度均为 0.01mol·L$^{-1}$，能否控制酸度，用 EDTA 选择滴定 Fe$^{3+}$？如何控制溶液酸度。

**12.** 在 pH=12.0 时，用钙指示剂以 EDTA 为标准溶液进行石灰石中 CaO 含量的测定。称取试样 0.4086g，溶解后在 250.0mL 容量瓶中定容，用移液管吸取 25.00mL 试液，以 EDTA 滴定，用去 0.02040mol·L$^{-1}$ EDTA17.50mL，求该石灰石试样中 CaO 的质量分数。已知 $M(CaO) = 56.08$g·mol$^{-1}$。

**13.** 取水样 100.00mL，在 pH＝10.0 时，用铬黑 T 为指示剂，用 $c(H_4Y)=0.01050\text{mol}\cdot\text{L}^{-1}$ 的溶液滴定至终点，用去 19.00mL。计算水的总硬度。已知 $M(CaO)=56.08\text{g}\cdot\text{mol}^{-1}$。

**14.** 测定奶粉中 $Ca^{2+}$ 的含量，称取 3.00g 试样，经灰化处理后，调节 pH＝10，以铬黑 T 作指示剂，用 $0.01000\text{mol}\cdot\text{L}^{-1}$ EDTA 标准溶液滴定，消耗 24.20mL，计算奶粉中钙的质量分数。已知 $M(Ca)=40.08\text{g}\cdot\text{mol}^{-1}$。

**15.** 分析铜锌合金，称取 0.5000g 试样，用容量瓶配成 100.0mL 试液。吸取该溶液 25.00mL，调至 pH＝6.0，以 PAN 作指示剂，用 $c(H_4Y)=0.05000\text{mol}\cdot\text{L}^{-1}$ 的溶液滴定 $Cu^{2+}$ 和 $Zn^{2+}$，用去 37.30mL。另外又吸取 25.00mL 试液，调至 pH＝10，加 KCN 以掩蔽 $Cu^{2+}$ 和 $Zn^{2+}$。用同浓度的 $H_4Y$ 溶液滴定 $Mg^{2+}$，用去 4.10mL。然后再加甲醛以解蔽 $Zn^{2+}$，又用同浓度的 $H_4Y$ 溶液滴定，用去 13.40mL。计算试样中 $Cu^{2+}$、$Zn^{2+}$ 和 $Mg^{2+}$ 的含量。已知 $M(Cu)=63.55\text{g}\cdot\text{mol}^{-1}$；$M(Zn)=65.41\text{g}\cdot\text{mol}^{-1}$；$M(Mg)=24.31\text{g}\cdot\text{mol}^{-1}$。

# 习题参考答案

**1. 填空题**

(1) 维尔纳，配位

(2) $[Co(NH_3)_4(H_2O)_2]^{6+}$，$SO_4^{2-}$，$NH_3$ 和 $H_2O$，N 和 O，6

(3) 孤对电子，原子，杂化轨道，数目，空间取向

(4) 多基配体

(5) 强，大，大

(6) 白色，无，CuS

(7) Pt，Cl，6，六氯合铂（Ⅳ）酸

(8) $sp^3d^2$

(9) ＋3，6

(10) $Co^{3+}$，$NH_3$ 和 $H_2O$，6，氯化二氯·三氨·一水合钴(Ⅲ)

(11) $d^2sp^3$，正八面体

(12) 平面正方形

(13) 钙红，12，蓝

(14) 10，酒红，纯蓝

(15) 金属，pH

(16) 大，小

(17) 1∶1

**2. 选择题**

(1) C    (2) D    (3) C    (4) D    (5) D    (6) C    (7) C    (8) A

(9) C    (10) C    (11) C    (12) C    (13) C    (14) D    (15) B    (16) C

(17) D    (18) D    (19) B    (20) A    (21) C    (22) A    (23) C

**3. 判断题**

(1) √    (2) ×    (3) √    (4) ×    (5) √    (6) √    (7) √    (8) √

(9) ×    (10) ×    (11) √    (12) ×    (13) √    (14) √    (15) ×    (16) √

**4. 简答题**

（1）答　配离子的稳定常数是表示形成配离子稳定性的一个常数，稳定常数越大，配离子越稳定。不稳定常数是表示配离子的解离程度的，不稳定常数越大，配离子越不稳定，二者呈倒数关系。

（2）答

| 配合物 | BaCl$_2$ 实验 | AgNO$_3$ 实验 | 化学式 | 配位数 | 化合价 |
|---|---|---|---|---|---|
| 第一种 | SO$_4^{2-}$ 在外界 | Br$^-$ 在内界 | [Co(NH$_3$)$_5$Br]SO$_4$ | 6 | +3 |
| 第二种 | SO$_4^{2-}$ 在内界 | Br$^-$ 在外界 | [Co(SO$_4$)(NH$_3$)$_5$]Br | 6 | +3 |

（3）答　在配离子 [AuCl$_4$]$^-$ 中，Au$^{3+}$ 电子构型为 5d$^8$，没有空的价层 d 轨道，但是，Au 为第六周期元素，5d 轨道与配体的斥力较大，Cl$^-$ 相当于强配体，使 Au$^{3+}$ 的 5d 电子发生重排，因此，采取 dsp$^3$ 杂化，构型为平面正方形。

在配离子 [Cu(CN)$_4$]$^{3-}$ 中，Cu$^+$ 电子构型为 3d$^{10}$，d 轨道被电子排满，虽然 CN$^-$ 强配体，使 Cu$^+$ 电子强行配对，但是由于没有空的价层轨道，因此，采取 sp$^3$ 杂化，构型为正四面体。

（4）答　① 由公式 $\mu=\sqrt{n(n+2)}$，可计算出 $n=2$，说明 [Ni(NH$_3$)$_6$]$^{2+}$ 中 Ni$^{2+}$ 具有 2 个未成对电子。Ni$^{2+}$ 的电子构型是 3d$^8$，具有 2 个未成对电子，这正好与计算得出的数值吻合，表明中心 Ni$^{2+}$ 采取外轨型杂化。因此，[Ni(NH$_3$)$_6$]$^{2+}$ 的杂化方式为 sp$^3$d$^2$，空间构型为正八面体。

② 由公式 $\mu=\sqrt{n(n+2)}$，可计算出 $n=0$，说明 [Pt(CN)$_4$]$^{2-}$ 没有未成对电子。Pt$^{2+}$ 的电子构型为 5d$^8$，具有 2 个未成对电子，与计算值不符，说明 Pt$^{2+}$ 的 2 个未成对电子被强行配对，所以未成对电子数由 2 减少到 0，表明中心 Pt$^{2+}$ 采取内轨型杂化。因此，[Pt(CN)$_4$]$^{2-}$ 的杂化方式为 dsp$^2$，空间构型为平面正方形。

（5）答　① Na$_2$[Zn(OH)$_4$]　② Na[AuCl$_4$]　③ [Ni(CO)$_4$]　④ [CrCl$_2$(H$_2$O)$_4$]Cl
⑤ K$_3$[Co(NO$_2$)$_6$]　⑥ [CoCl$_2$(NH$_3$)$_3$(H$_2$O)]Cl

（6）答

| 配合物 | 中心离子 | 配体 | 配位原子 | 配位数 | 配离子电荷 | 命名 |
|---|---|---|---|---|---|---|
| [Cu(en)$_2$]SO$_4$ | Cu$^{2+}$ | en | N | 4 | 2+ | 硫酸二(乙二胺)合铜(Ⅱ) |
| [Co(NH$_3$)$_5$Cl]Cl$_2$ | Co$^{3+}$ | Cl$^-$，NH$_3$ | N，Cl | 6 | 2+ | 二氯化一氯·五氨合钴(Ⅲ) |
| [Cr(Br)$_2$(H$_2$O)$_4$]Br | Cr$^{3+}$ | Br$^-$，H$_2$O | Br，O | 6 | 1+ | 溴化二溴·四水合铬(Ⅲ) |
| [Fe(CO)$_5$] | Fe | CO | C | 5 | 0 | 五羰基合铁(0) |

（7）答　① 左　② 右。

（8）答　准确滴定单一金属离子的条件，即

$$\frac{c(\text{M})}{c^{\ominus}}K_{\text{MY}}^{\ominus\prime} \geqslant 10^6 \quad \text{或} \quad \lg\frac{c(\text{M})}{c^{\ominus}}K_{\text{MY}}^{\ominus\prime} \geqslant 6$$

当 $c(\text{M})=0.01\text{mol}\cdot\text{L}^{-1}$ 时，$\lg K_{\text{MY}}^{\ominus\prime} \geqslant 8$

（9）答　金属指示剂与金属离子生成的配合物 MIn 的颜色应与指示剂 In 本身的颜色有明显区别，终点变色明显。显色反应要灵敏、迅速、有良好的变色可逆性。显色配合物 MIn 的稳定性要适当。金属离子指示剂应比较稳定，便于储存和使用。

（10）答　EDTA 配位滴定 M＋Y ⇌ MY 中，在指定的终点误差范围内，主反应的完成程度越高，pM 的突跃越大。影响反应完成程度的因素有浓度和反应的条件平衡常数。

① 浓度。被测离子 M 以及滴定剂 EDTA 浓度越大，主反应完成程度越高，突跃范围越大。

② 反应的条件平衡常数。条件平衡常数越大，主反应完成程度越高，突跃范围越大。

条件平衡常数的大小与反应的平衡常数、副反应的发生有关。平衡常数大，主反应完成程度越高，突跃范围越大；若反应物 Y、M 发生副反应，则主反应完成程度降低，突跃范围较小。Y 的副反应主要为：酸效应、干扰离子 N 引起的副反应等。M 的副反应主要为共存的配位剂 L 引起的副反应、水解效应等。若产物 MY 发生副反应，则主反应完成程度提高，突跃范围变大。如在强酸条件下有些 MY 可转化为 MHY，强碱性条件下有些 MY 可转化为 MOHY 等。

(11) **答** 普遍性、稳定性好、螯合比恒定、可溶性、颜色倾向性。

**5. 解** 在混合溶液中，由于配体浓度过量，而 $K_f^\ominus$ 很大，可以先假定 $0.05\text{mol}\cdot\text{L}^{-1}$ 的 $Ag^+$ 全部生成了配离子 $[Ag(NH_3)_2]^+$，再用 $[Ag(NH_3)_2]^+$ 的解离平衡来计算溶液中残留的 $Ag^+$。

$$c(Ag^+) = \frac{0.1\text{mol}\cdot\text{L}^{-1}\times50\text{mL}}{100\text{mL}} = 0.05\text{mol}\cdot\text{L}^{-1}$$

$$c(NH_3) = \frac{0.932\text{g}\cdot\text{mL}^{-1}\times30\text{mL}\times18.24\%}{17\text{g}\cdot\text{moL}^{-1}\times100\text{mL}\times10^{-3}} = 3.0\text{mol}\cdot\text{L}^{-1}$$

设达到平衡时由 $[Ag(NH_3)_2]^+$ 解离出的 $c_{eq}(Ag^+) = x\text{mol}\cdot\text{L}^{-1}$。

$$\begin{array}{cccc} & Ag^+ & +\ 2NH_3 & \rightleftharpoons & [Ag(NH_3)_2]^+ \end{array}$$

起始浓度/$(\text{mol}\cdot\text{L}^{-1})$     0.05     3.0     0

平衡浓度/$(\text{mol}\cdot\text{L}^{-1})$     $x$     $3.0-2\times(0.05-x)$     $0.05-x$

$\approx 2.9$     $\approx 0.05$

$$K_f^\ominus = \frac{c_{eq}([Ag(NH_3)_2]^+)/c^\ominus}{[c_{eq}(Ag^+)/c^\ominus][c_{eq}(NH_3)/c^\ominus]^2}$$

$$1.12\times10^7 = \frac{0.05\text{mol}\cdot\text{L}^{-1}/1\text{mol}\cdot\text{L}^{-1}}{[x\text{mol}\cdot\text{L}^{-1}/1\text{mol}\cdot\text{L}^{-1}][2.9\text{mol}\cdot\text{L}^{-1}/1\text{mol}\cdot\text{L}^{-1}]^2}$$

$x = 5.3\times10^{-10}$，即 $c_{eq}(Ag^+) = 5.3\times10^{-10}\text{mol}\cdot\text{L}^{-1}$

$$c(NH_3) = 2.9\text{mol}\cdot\text{L}^{-1}$$

$$c([Ag(NH_3)_2]^+) = 0.05\text{mol}\cdot\text{L}^{-1}$$

**6. 解** (1)     $AgI + 2NH_3 \rightleftharpoons [Ag(NH_3)_2]^+ + I^-$

$$K_j^\ominus = K_{sp}^\ominus K_f^\ominus = 8.52\times10^{-17}\times1.12\times10^7 = 9.54\times10^{-10}$$

平衡时，$c([Ag(NH_3)_2]^+) = c(I^-) = 0.1\text{mol}\cdot\text{L}^{-1}$

$$K_j^\ominus = \frac{\{c_{eq}([Ag(NH_3)_2]^+)/c^\ominus\}\{c_{eq}(I^-)/c^\ominus\}}{[c_{eq}(NH_3)/c^\ominus]^2}$$

$$= \frac{[0.1\text{mol}\cdot\text{L}^{-1}/1\text{mol}\cdot\text{L}^{-1}]\times[0.1\text{mol}\cdot\text{L}^{-1}/1\text{mol}\cdot\text{L}^{-1}]}{[c_{eq}(NH_3)/1\text{mol}\cdot\text{L}^{-1}]^2} = 9.54\times10^{-10}$$

$$c_{eq}(NH_3) = 3.24\times10^3\text{mol}\cdot\text{L}^{-1}$$

所以在氨水中溶解 0.1mol 的 AgI 固体，氨水浓度至少要达到 $3.24\times10^3\text{mol}\cdot\text{L}^{-1}$。

(2) $AgI + 2CN^- \rightleftharpoons [Ag(CN)_2]^- + I^-$

$$K_j^\ominus = K_{sp}^\ominus K_f^\ominus = 8.52\times10^{-17}\times1.3\times10^{21} = 1.1\times10^5$$

平衡时，$c([Ag(CN)_2]^-)=c(I^-)=0.1mol \cdot L^{-1}$

$$K_j^\ominus = \frac{\{c_{eq}([Ag(CN)_2]^-)/c^\ominus\}[c_{eq}(I^-)/c^\ominus]}{[c_{eq}(CN^-)/c^\ominus]^2}$$

$$= \frac{[0.1mol \cdot L^{-1}/1mol \cdot L^{-1}] \times [0.1mol \cdot L^{-1}/1mol \cdot L^{-1}]}{[c_{eq}(CN^-)/1mol \cdot L^{-1}]^2} = 1.1 \times 10^5$$

$$c_{eq}(CN^-) = 3.0 \times 10^{-4}\ mol \cdot L^{-1}$$

因为 AgI 在溶解的过程中要消耗 $CN^-$ 的浓度为 $2 \times 0.1mol \cdot L^{-1} = 0.2mol \cdot L^{-1}$，所以用 1L KCN 溶液溶解，至少需要 KCN 浓度为：$(0.2 + 3.0 \times 10^{-4})mol \cdot L^{-1} \approx 0.2mol \cdot L^{-1}$。

**7. 解**　(1) 假定 AgCl 溶解全部转化为 $[Ag(NH_3)_2]^+$，若忽略 $[Ag(NH_3)_2]^+$ 的解离，则平衡时 $[Ag(NH_3)_2]^+$ 的浓度为 $0.05mol \cdot L^{-1}$，$Cl^-$ 的浓度为 $0.05mol \cdot L^{-1}$。

$$AgCl + 2NH_3 \Longleftrightarrow [Ag(NH_3)_2]^+ + Cl^-$$

$$K_j^\ominus = K_{sp}^\ominus(AgCl) K_f^\ominus [Ag(NH_3)_2]^+ = 1.77 \times 10^{-10} \times 1.12 \times 10^7 = 1.98 \times 10^{-3}$$

$$K_j^\ominus = \frac{\{c_{eq}([Ag(NH_3)_2]^+)/c^\ominus\}[c_{eq}(Cl^-)/c^\ominus]}{[c_{eq}(NH_3)/c^\ominus]^2}$$

$$= \frac{(0.05mol \cdot L^{-1}/1mol \cdot L^{-1})^2}{[c_{eq}(NH_3)/1mol \cdot L^{-1}]^2} = 1.98 \times 10^{-3}$$

$$c_{eq}(NH_3) = 1.12mol \cdot L^{-1}$$

在溶解的过程中要消耗氨水的浓度为 $2 \times 0.05mol \cdot L^{-1} = 0.1mol \cdot L^{-1}$，所以氨水的最初浓度为：$(1.12 + 0.1)mol \cdot L^{-1} = 1.22mol \cdot L^{-1}$。

**8. 解**　设达到平衡时由 $[Zn(NH_3)_4]^{2+}$ 解离出的 $c_{eq}(Zn^{2+}) = x\ mol \cdot L^{-1}$。

$$Zn^{2+} + 4NH_3 \Longleftrightarrow [Zn(NH_3)_4]^{2+}$$

$$x \qquad 0.1+4x \qquad 0.001-x$$

$$\approx 0.1 \qquad \approx 0.001$$

$$K_f^\ominus = \frac{c_{eq}([Zn(NH_3)_4]^{2+})/c^\ominus}{[c_{eq}(Zn^+)/c^\ominus][c_{eq}(NH_3)/c^\ominus]^4}$$

$$2.88 \times 10^9 = \frac{0.001mol \cdot L^{-1}/1mol \cdot L^{-1}}{[x\ mol \cdot L^{-1}/1mol \cdot L^{-1}][0.1mol \cdot L^{-1}/1mol \cdot L^{-1}]^4}$$

$x = 3.47 \times 10^{-9}$，即 $c_{eq}(Zn^{2+}) = 3.47 \times 10^{-9}\ mol \cdot L^{-1}$。

$$Q = [c(Zn^{2+})/c^\ominus][c(S^{2-})/c^\ominus]$$

$$= (3.47 \times 10^{-9}mol \cdot L^{-1}/1mol \cdot L^{-1}) \times (0.01mol \cdot L^{-1}/1mol \cdot L^{-1})$$

$$= 3.47 \times 10^{-11}$$

因为 $Q > K_{sp}^\ominus(ZnS)$，所以有 ZnS 沉淀生成。

**9. 解**　$c(KCl) = \dfrac{m}{MV} = \dfrac{7.46g}{74.5g \cdot mol^{-1} \times 1L} = 0.1mol \cdot L^{-1}$

设达到平衡时由 $[Ag(NH_3)_2]^+$ 解离出的 $c_{eq}(Ag^+) = x\ mol \cdot L^{-1}$。

$$Ag^+ \quad + \quad 2NH_3 \Longleftrightarrow [Ag(NH_3)_2]^+$$

$$x \qquad 2x \qquad 1-x$$

$$\approx 1$$

$$K_f^{\ominus} = \frac{c_{eq}([Ag(NH_3)_2]^+)/c^{\ominus}}{[c_{eq}(Ag^+)/c^{\ominus}][c_{eq}(NH_3)/c^{\ominus}]^2}$$

$$1.12 \times 10^7 = \frac{1mol \cdot L^{-1}/1mol \cdot L^{-1}}{[x\,mol \cdot L^{-1}/1mol \cdot L^{-1}][2x/1mol \cdot L^{-1}]^2}$$

$x = 2.82 \times 10^{-3}$，即 $c_{eq}(Ag^+) = 2.82 \times 10^{-3} mol \cdot L^{-1}$。

$$Q = [c(Ag^+)/c^{\ominus}][c(Cl^-)/c^{\ominus}]$$
$$= (2.82 \times 10^{-3} mol \cdot L^{-1}/1mol \cdot L^{-1}) \times (0.1mol \cdot L^{-1}/1mol \cdot L^{-1})$$
$$= 2.82 \times 10^{-4}$$

$Q > K_{sp}^{\ominus}(AgCl) = 1.77 \times 10^{-10}$，因此有 $AgCl$ 沉淀生成。

**10. 解**　$K_{FeY}^{\ominus} = 1.26 \times 10^{25}$　$\lg K_{FeY}^{\ominus} = 25.10$

EDTA 与 $Fe^{3+}$ 溶液混合后浓度减半，$c(Fe^{3+}) = 0.01mol \cdot L^{-1}$

因为　$\lg K_{FeY}^{\ominus} - \lg \alpha_{Y(H)} \geqslant 8$

所以　$25.10 - \lg \alpha_{Y(H)} \geqslant 8$

计算得　$\lg \alpha_{Y(H)} \leqslant 17.10$

查表：最低　$pH = 1.2$

最高 pH 由　$K_{sp}^{\ominus}(Fe(OH)_3) = [c_{eq}(Fe^{3+})/c^{\ominus}][c_{eq}(OH^-)/c^{\ominus}]^3$ 决定

$$c_{eq}(OH^-) = \sqrt[3]{\frac{K_{sp}^{\ominus}(Fe(OH)_3)(c^{\ominus})^4}{c_{eq}(Fe^{3+})}} = \sqrt[3]{\frac{2.79 \times 10^{-39} \times (1mol \cdot L^{-1})^4}{1.0 \times 10^{-2} mol \cdot L^{-1}}}$$
$$= 6.53 \times 10^{-13} mol \cdot L^{-1}$$
$$pH = 14 - pOH = 14 - (-\lg[c_{eq}(OH^-)/c^{\ominus}]) = 1.81$$

**11. 解**　已知同一溶液中 EDTA 酸效应一定，无其他副反应，所以可以通过控制溶液酸度来选择滴定 $Fe^{3+}$，而 $Al^{3+}$ 不干扰，$Fe^{3+}$ 浓度为 $0.01mol \cdot L^{-1}$。

因为准确测定单一金属离子的条件，即

$$\frac{c(M)}{c^{\ominus}} K_{MY}^{\ominus \prime} \geqslant 10^6 \quad 或 \quad \lg \frac{c(M)}{c^{\ominus}} K_{MY}^{\ominus \prime} \geqslant 6$$

当 $c(M) = 0.01mol \cdot L^{-1}$ 时，$\lg K_{MY}^{\ominus \prime} \geqslant 8$

所以　$\lg K_{FeY}^{\ominus} - \lg \alpha_{Y(H)} \geqslant 8$，查表可知 $\lg K_{FeY}^{\ominus \prime} = 25.1$

计算得　$\lg \alpha_{Y(H)} \leqslant 17.10$

查表：最低　$pH = 1.2$

最高 pH 由　$K_{sp}^{\ominus}(Fe(OH)_3) = [c_{eq}(Fe^{3+})/c^{\ominus}][c_{eq}(OH^-)/c^{\ominus}]^3$ 决定

$$c_{eq}(OH^-) = \sqrt[3]{\frac{K_{sp}^{\ominus}(Fe(OH)_3)(c^{\ominus})^4}{c_{eq}(Fe^{3+})}} = \sqrt[3]{\frac{2.79 \times 10^{-39} \times (1mol \cdot L^{-1})^4}{1.0 \times 10^{-2} mol \cdot L^{-1}}}$$
$$= 6.53 \times 10^{-13} mol \cdot L^{-1}$$
$$pH = 14 - pOH = 14 - (-\lg[c_{eq}(OH^-)/c^{\ominus}]) = 1.8$$

因此可控制最适宜的 pH 范围 $1.2 \sim 1.8$，从酸效应曲线看这时 $Al^{3+}$ 不被滴定。

**12. 解**　$w(CaO) = \dfrac{c(EDTA)V(EDTA)M(CaO)}{m_s} \times \dfrac{250.0mL}{25.00mL}$

$$= \frac{0.02040mol \cdot L^{-1} \times 17.50mL \times 10^{-3} \times 56.08g \cdot mol^{-1}}{0.4086g} \times \frac{250.0mL}{25.00mL}$$

$$= 49.00\%$$

**13. 解**  水的总硬度 $= \dfrac{c(EDTA)V_1 M(CaO)}{V(水样)} \times \dfrac{1000}{10}$

$$= \frac{0.01050\,mol \cdot L^{-1} \times 19.00\,mL \times 56.08\,g \cdot mol^{-1}}{100.00\,mL} \times \frac{1000}{10}$$

$$= 11.19°dH$$

**14. 解**  $\qquad\qquad Ca^{2+} + H_2Y^{2-} == [CaY]^{2-} + 2H^+$

$$w(Ca) = \frac{c(EDTA)V(EDTA)M(Ca)}{m_s}$$

$$= \frac{0.01000\,mol \cdot L^{-1} \times 24.20\,mL \times \dfrac{40.08}{1000}\,g \cdot mol^{-1}}{3.00\,g} = 0.323\%$$

**15. 解**  $\quad w(Zn) = \dfrac{c(EDTA)V_3(EDTA)M(Zn)}{m_s} \times \dfrac{100\,mL}{25.00\,mL}$

$$= \frac{0.05000\,mol \cdot L^{-1} \times 13.40\,mL \times 10^{-3} \times 65.41\,g \cdot mol^{-1}}{0.5000\,g} \times \frac{100\,mL}{25.00\,mL}$$

$$= 35.06\%$$

$$w(Mg) = \frac{c(EDTA)V_2(EDTA)M(Mg)}{m_s} \times \frac{100\,mL}{25.00\,mL}$$

$$= \frac{0.05000\,mol \cdot L^{-1} \times 4.10\,mL \times 10^{-3} \times 24.31\,g \cdot mol^{-1}}{0.5000\,g} \times \frac{100\,mL}{25.00\,mL}$$

$$= 3.99\%$$

$$w(Cu) = \frac{c(EDTA)[V_1(EDTA) - V_3(EDTA)]M(Cu)}{m_s} \times \frac{100\,mL}{25.00\,mL}$$

$$= \frac{0.05000\,mol \cdot L^{-1} \times (37.30\,mL - 13.40\,mL) \times 10^{-3} \times 63.55\,g \cdot mol^{-1}}{0.5000\,g} \times \frac{100\,mL}{25.00\,mL}$$

$$= 60.75\%$$

# 氧化还原反应和氧化还原滴定法

Chapter 10

# 内容提要

## 一、基本概念

### 1. 氧化数

氧化数（又称氧化值）是某元素一个原子的形式电荷数，在化合物中，这种形式电荷把成键电子指定给电负性较大的原子而求得。

### 2. 氧化与还原

（1）氧化　元素氧化数升高的过程叫氧化。

（2）还原　元素氧化数降低的过程叫还原。

（3）氧化剂　氧化数降低的物质叫氧化剂。

（4）还原剂　氧化数升高的物质叫还原剂。

（5）氧化还原反应　根据氧化数的变化情况，人们将氧化数变化发生在不同物质中、不同元素间的反应称为一般氧化还原反应。而氧化剂和还原剂是同一物质的氧化还原反应，称为自身氧化还原反应。

（6）歧化反应　氧化数的变化发生在同一物质中同一元素的不同原子间的氧化还原反应称为歧化反应。

## 二、氧化还原反应方程式的配平方法

### 1. 氧化数法

配平原则：①在氧化还原反应中氧化数升高总数和降低总数相等；②据质量守恒定律，反应前后各元素的原子总数相等。

### 2. 离子-电子法（又称半反应法）

配平原则：①氧化剂获得电子总数等于还原剂失去电子总数；②反应前后每种元素的原子个数相等。

以酸性介质中 $KMnO_4$ 与 $Na_2SO_3$ 反应为例。

（1）以离子形式写出主要的反应物及其氧化还原产物：

$$MnO_4^- + SO_3^{2-} \longrightarrow Mn^{2+} + SO_4^{2-}$$

（2）将反应改为两个半反应，并配平原子个数和电荷数。在配平半反应时，当反应前后氧原子数目不等时，根据介质条件可以加 $H^+$、$OH^-$ 或 $H_2O$ 进行调整。

① 原子数配平

$$MnO_4^- + 8H^+ \longrightarrow Mn^{2+} + 4H_2O$$

$$SO_3^{2-} + H_2O \longrightarrow SO_4^{2-} + 2H^+$$

② 电荷数配平

$$MnO_4^- + 8H^+ + 5e^- \longrightarrow Mn^{2+} + 4H_2O$$

$$SO_3^{2-} + H_2O \longrightarrow SO_4^{2-} + 2H^+ + 2e^-$$

（3）据反应中氧化剂得电子总数与还原剂失电子总数相等的原则，分别在两个已经配平的半反应上乘上适当的系数，合并，就得到了配平的总反应式。

$$
\begin{array}{ll}
MnO_4^- + 8H^+ + 5e^- \longrightarrow Mn^{2+} + 4H_2O & \times 2 \\
+) \quad SO_3^{2-} + H_2O \longrightarrow SO_4^{2-} + 2H^+ + 2e^- & \times 5 \\
\hline
2MnO_4^- + 5SO_3^{2-} + 6H^+ = 2Mn^{2+} + 5SO_4^{2-} + 3H_2O
\end{array}
$$

（4）复查各元素原子数是否配平，并检查反应式两边电荷数是否相等无误。

配平过程中氧、氢原子数的配平可根据反应的酸、碱介质条件去调整。在酸性介质中，可用 $H^+$、$H_2O$ 来调整氢原子和氧原子数目。在碱性条件下，可用 $H_2O$、$OH^-$ 来调整。任何条件下不允许反应式中同时出现 $H^+$ 和 $OH^-$。

## 三、原电池与电极电势

### 1. 原电池

（1）定义　能将化学能转变为电能的装置称为原电池。

（2）组成　Cu-Zn 原电池为例：Zn 片和 $ZnSO_4$ 溶液构成锌电极（锌半电池），Cu 片和 $CuSO_4$ 溶液构成铜电极（铜半电池）。锌电极中，Zn 失去电子生成 $Zn^{2+}$，电子通过导线流到铜电极，$Zn^{2+}$ 进入溶液；在铜电极中，溶液中 $Cu^{2+}$ 在 Cu 片上获得电子而析出金属铜。盐桥的作用就是使整个装置形成一个回路，并将 $Cl^-$ 向 $ZnSO_4$ 溶液移动，$K^+$ 向 $CuSO_4$ 溶液移动，使二溶液一直保持电中性，因此反应得以持续下去。锌电极失去电子称为负极，铜电极得到电子称为正极。

（3）电池反应　在两电极上发生的反应分别为：

负极（锌电极）　　$Zn = Zn^{2+} + 2e^-$　　　　（氧化反应）

正极（铜电极）　　$Cu^{2+} + 2e^- = Cu$　　　　（还原反应）

总反应　　　　　　$Zn + Cu^{2+} = Zn^{2+} + Cu$

总反应也称电池反应，正极和负极反应称为电极反应或半电池反应。

在氧化还原反应中，氧化剂与它的还原产物、还原剂与它的氧化产物组成的电对，称为氧化还原电对。氧化还原电对习惯上常用氧化型/还原型来表示，如 $Zn^{2+}/Zn$ 电对构成了锌电极，$Cu^{2+}/Cu$ 电对构成铜电极。

（4）电池符号　在表示原电池的组成时，通常用特定的符号表示，称为原电池符号，如铜锌原电池可以表示如下：

$$(-)Zn(s) \mid ZnSO_4(c_1) \parallel CuSO_4(c_2) \mid Cu(s)(+)$$

书写原电池符号时规定：

① 原电池的负极写在左边，正极写在右边。

② 用"$\mid$"表示物质之间的相界面。如固-液界面、固-气界面、液-气界面等。

③ 用"$\parallel$"表示盐桥。

④ 电极物质为溶液时，要注明其浓度，如为气体应注明其分压。

⑤ 对于某些电极的电对自身不是金属导体时（如 $Fe^{3+}/Fe^{2+}$，$2H^+/H_2$ 等），则需外加一个能导电而不参与电极反应的惰性电极材料，惰性电极材料在电极符号中也要表示出来。常用的惰性电极材料有铂和石墨等。如 $Pt \mid Sn^{4+}(c_1)$，$Sn^{2+}(c_2)$。

（5）**电池类型** 电极是原电池的基本组成部分，常用的电极大致可分为四种类型。

① 金属-金属离子电极 这类电极由金属和金属离子的溶液组成，如 $Zn^{2+}/Zn$ 电对和 $Cu^{2+}/Cu$ 电对组成的电极，分别由金属 Zn 与 $Zn^{2+}$ 溶液和金属 Cu 与 $Cu^{2+}$ 溶液组成。

② 气体-离子电极 这类电极由气体与其离子溶液及惰性电极材料组成，如氢电极。

电极反应：$2H^+ + 2e^- \Longrightarrow H_2$

电极符号：$Pt \mid H_2(p) \mid H^+(c)$

③ 氧化还原电极 这类电极由同一元素不同氧化数对应的物质、介质及惰性电极材料组成。如电对 $Fe^{3+}/Fe^{2+}$。

电极反应：$Fe^{3+} + e^- \Longrightarrow Fe^{2+}$

电极符号：$Pt \mid Fe^{3+}(c_1)$，$Fe^{2+}(c_2)$

④ 金属-金属难溶盐-难溶盐阴离子电极 这类电极是将金属表面涂上该金属的难溶盐，将其浸入与难溶盐有相同阴离子的溶液中构成的。如甘汞电极、氯化银电极等。

电极反应：$Hg_2Cl_2 + 2e^- \Longrightarrow 2Hg + 2Cl^-$

电极符号：$Hg(l) \mid Hg_2Cl_2(s) \mid Cl^-(c)$

电极反应：$AgCl + e^- \Longrightarrow Ag + Cl^-$

电极符号：$Ag(s) \mid AgCl(s) \mid Cl^-(c_1)$

**2. 电极电势**

用 $\varphi$（氧化型/还原型）表示电极电势，单位为 V（伏特）。$\varphi$ 值越高，电对中氧化型物质越易得电子，即氧化能力越强；$\varphi$ 值越低，电对中还原型物质越易失电子，即还原能力越强。利用电极电势的高低来判断电对物质在水溶液中的氧化还原能力。

原电池的电动势，用符号 $E$ 表示，单位为 V。则有：

$$E = \varphi_+ - \varphi_-$$

**3. 标准电极电势**（$\varphi^{\ominus}$）

（1）**标准氢电极** 将镀有铂黑的铂片插入 $H^+$ 浓度为 $1\,mol \cdot L^{-1}$ 的酸（如 $H_2SO_4$）溶液中，并在 298K 时不断通入压力为 100kPa 的纯氢气流，使铂黑吸附的氢气达到饱和，就构成了标准氢电极。此时，电极表面吸附的 $H_2$ 与溶液中的 $H^+$ 达到如下平衡：

$$2H^+ + 2e^- \Longrightarrow H_2(g)$$

铂电极上吸附的 $H_2$ 与溶液中 $H^+$ 之间产生的电势差，称为标准氢电极的电极电势。298K 时，$\varphi^{\ominus}(H^+/H_2) = 0.00V$。

（2）**标准电极电势的测定** 要测定某电极的标准电极电势 $\varphi^{\ominus}$，可将待测的标准电极与标准氢电极组成原电池，在 298K 下，用电位计测定原电池的标准电动势 $E^{\ominus}$，即可求出待测电极的标准电极电势。

$$E^{\ominus} = \varphi_+^{\ominus} - \varphi_-^{\ominus}$$

在使用电极电势表时应注意以下几点：

① 标准电极电势表分为酸表（$\varphi_A^{\ominus}$）和碱表（$\varphi_B^{\ominus}$）。电极反应中在反应物或产物中出现 $H^+$，应查酸表；在电极反应中，在反应物中或产物中出现 $OH^-$，应查碱表。对于一些不受溶液酸碱性影响的电极反应，其标准电极电势也列在酸表中，如 $Cl_2 + 2e^- \Longrightarrow 2Cl^-$。在

电极反应中无 $H^+$ 或 $OH^-$ 出现时，可以从存在的状态来分析，如电对 $Fe^{3+}/Fe^{2+}$，由于 $Fe^{3+}/Fe^{2+}$ 都只能在酸性溶液中存在，故查酸表。

② 表中的电极反应以还原反应表示：氧化型＋$ne^-$＝＝还原型。$\varphi^\ominus$ 值的大小与电极反应进行的方向无关，电极反应的方向不会改变电极电势的正负号。例如无论是 $Zn^{2+}+2e^-$＝＝$Zn$ 还是 $Zn$＝＝$Zn^{2+}+2e^-$，$\varphi^\ominus$ 值均为 $-0.760V$。

③ $\varphi^\ominus$ 值的大小反映物质得失电子的能力，是一个强度性质，没有加和性。即不论电极反应式的系数乘以或除以任何实数，$\varphi^\ominus$ 值不变。

$$Zn^{2+}+2e^-\!\!=\!\!=\!Zn \qquad \varphi^\ominus(Zn^{2+}/Zn)=-0.760V$$
$$2Zn^{2+}+4e^-\!\!=\!\!=\!2Zn \qquad \varphi^\ominus(Zn^{2+}/Zn)=-0.760V$$

④ $\varphi^\ominus$ 值是衡量物质在水溶液中氧化还原能力大小的物理量，不适用于非水溶液系统。$\varphi^\ominus$ 值的大小与反应速率无关。

## 四、影响电极电势的因素

### 1. 能斯特（Nernst）方程

对于任意电极：$a\,Ox(氧化型)+ne^-$＝＝$b\,Red(还原型)$

若反应在 298K 下进行：

$$\varphi=\varphi^\ominus+\frac{0.0592V}{n}\lg\frac{[c(Ox)/c^\ominus]^a}{[c(Red)/c^\ominus]^b}$$

应用能斯特方程时，首先应将电极反应配平，并注意以下几点：

① 如果组成电对的某一物质是固体、纯液体时，它们的浓度视为 1，如 298K 时：

$$Zn^{2+}+2e^-\!\!=\!\!=\!Zn$$

$$\varphi(Zn^{2+}/Zn)=\varphi^\ominus(Zn^{2+}/Zn)+\frac{0.0592V}{2}\lg[c(Zn^{2+})/c^\ominus]$$

$$Br_2+2e^-\!\!=\!\!=\!2Br^- \,(l)$$

$$\varphi(Br_2/Br^-)=\varphi^\ominus(Br_2/Br^-)+\frac{0.0592V}{2}\lg\frac{1}{[c(Br^-)/c^\ominus]^2}$$

② 如果电对中某一物质是气体，应以气体的分压代替浓度。如 298K 时：

$$2H^++2e^-\!\!=\!\!=\!H_2(g)$$

$$\varphi(H^+/H_2)=\varphi^\ominus(H^+/H_2)+\frac{0.0592V}{2}\lg\frac{[c(H^+)/c^\ominus]^2}{p(H_2)/p^\ominus}$$

③ 公式中的 $Ox$，$Red$ 是广义的氧化型和还原型物质，它包括没有发生氧化数变化但参加电极反应的物质，如 $H^+$ 或 $OH^-$，故应把这些物质的浓度也表示在能斯特方程式中。如 298K 时：

$$MnO_4^-+8H^++5e^-\!\!=\!\!=\!Mn^{2+}+4H_2O$$

$$\varphi(MnO_4^-/Mn^{2+})=\varphi^\ominus(MnO_4^-/Mn^{2+})+\frac{0.0592V}{5}\lg\frac{[c(MnO_4^-)/c^\ominus][c(H^+)/c^\ominus]^8}{[c(Mn^{2+})/c^\ominus]}$$

### 2. 电极电势的影响因素

（1）氧化型、还原型物质本身浓度变化对电极电势的影响　降低氧化还原电对中氧化型的离子浓度，可使电极电势降低，从而降低氧化型的氧化能力；相反降低还原型的离子浓度，可使电极电势升高，从而减弱还原型的还原能力。

（2）介质的酸度对电极电势的影响　若电极反应包含着 $H^+$ 或 $OH^-$，则介质酸度的改变必然会引起电极电势的变化。

降低 $H^+$ 浓度，电极电势明显降低，升高 $H^+$ 浓度，电极电势明显增大。可见，介质的酸碱度对电极电势的影响是非常大的。在实践中，为了增强某些含氧酸根（$MnO_4^-$，$Cr_2O_7^{2-}$ 等）的氧化能力总是加入强酸作介质。

（3）沉淀的生成对电极电势的影响　在组成电极的电解质溶液中加入某一沉淀剂后，产生沉淀，引起电对中氧化型或还原型物质浓度降低，从而导致电极电势值的改变。

**3. 配合物的生成对电极电势的影响**

在某电极反应中加入配位剂时，如果与氧化型物质或还原型物质生成稳定的配合物，则会使溶液中游离的氧化型物质或还原型物质的浓度明显降低，从而引起电极电势的改变。

## 五、电极电势的应用

**1. 比较氧化剂、还原剂的相对强弱**

在标准电极电势表中，$\varphi^\ominus$ 值越小，电极反应中还原型物质越易失去电子，是强还原剂，而对应的氧化型物质是弱氧化剂。$\varphi^\ominus$ 值越大，电极反应中氧化型物质越易得到电子，是强氧化剂，而还原型物质则是弱还原剂。

**2. 选择适当的氧化剂或还原剂**

现有 $Cl^-$、$Br^-$、$I^-$ 三种离子的酸性混合液，欲使 $I^-$ 氧化为 $I_2$，而 $Br^-$ 和 $Cl^-$ 不被氧化，选择一种氧化剂，问应选择 $KMnO_4$ 还是 $Fe_2(SO_4)_3$？

已知：$\varphi^\ominus(I_2/I^-)=0.535V$；$\varphi^\ominus(Fe^{3+}/Fe^{2+})=0.771V$；$\varphi^\ominus(Br_2/Br^-)=1.065V$；

$\varphi^\ominus(Cl_2/Cl^-)=1.36V$；$\varphi^\ominus(MnO_4^-/Mn^{2+})=1.51V$。

要使某一氧化剂仅能氧化 $I^-$，而不氧化 $Br^-$ 和 $Cl^-$，该氧化剂电对的标准电极电势必须大于被氧化电对的标准电极电势，而应小于不被氧化的电对的标准电极电势，则应在 $0.535\sim1.065V$ 之间。显然选择 $Fe_2(SO_4)_3$ 作氧化剂符合要求。

**3. 判断氧化还原反应进行的次序**

在含有 $Br^-$ 和 $I^-$ 的混合液中加氯水，哪一个先被氧化呢？实验事实告诉我们：先氧化 $I^-$，后氧化 $Br^-$。

根据 $\varphi^\ominus(I_2/I^-)=0.535V$；$\varphi^\ominus(Br_2/Br^-)=1.065V$；$\varphi^\ominus(Cl_2/Cl^-)=1.358V$ 有：

$$\varphi^\ominus(Cl_2/Cl^-)-\varphi^\ominus(Br_2/Br^-)=0.293V$$

$$\varphi^\ominus(Cl_2/Cl^-)-\varphi^\ominus(I_2/I^-)=0.823V$$

**4. 判断氧化还原反应自发进行的方向**

$\Delta_rG_m<0$，$E>0$，$\varphi_+>\varphi_-$，反应正向自发进行；

$\Delta_rG_m=0$，$E=0$，$\varphi_+=\varphi_-$，反应处于平衡状态；

$\Delta_rG_m>0$，$E<0$，$\varphi_+<\varphi_-$，反应逆向自发进行。

**5. 计算反应的平衡常数，判断氧化还原反应进行的程度**

若反应在 298K 下进行：

$$\lg K^\ominus=\frac{nE^\ominus}{0.0592V}$$

式中，$n$ 为氧化还原反应中得失电子的最小公倍数。

**6. 计算物质的某些常数**

溶度积常数 $K_{sp}^\ominus$、弱酸的解离常数 $K_a^\ominus$、配合物的稳定常数 $K_f^\ominus$ 等也可用测定电池电动势的方法求得。

## 六、元素电势图及其应用

### 1. 元素电势图

表示元素各种氧化态物质之间标准电极电势变化的关系图，称为元素的标准电势图（简称为元素电势图）。例如铁元素在酸性介质中的电极电势图：

$$\varphi_A^\ominus / V \qquad FeO_4^{2-} \underline{\quad 2.20 \quad} Fe^{3+} \underline{\quad 0.771 \quad} Fe^{2+} \underline{\quad -0.447 \quad} Fe$$
$$\underline{\qquad\qquad -0.041 \qquad\qquad}$$

### 2. 元素电势图的应用

（1）判断歧化反应的可能性　例如铜元素在酸性介质中的电极电势图：

$$\varphi_A^\ominus / V \qquad Cu^{2+} \underline{\quad 0.153 \quad} Cu^+ \underline{\quad 0.521 \quad} Cu$$
$$\underline{\qquad 0.342 \qquad}$$

$Cu^+$ 位于 $Cu^{2+}$ 和 $Cu$ 之间。说明 $Cu^+$ 在电对 $Cu^{2+}/Cu^+$ 和 $Cu^+/Cu$ 中分别作为还原型物质和氧化型物质，从电势图可见：

$$\varphi^\ominus(Cu^+/Cu) > \varphi^\ominus(Cu^{2+}/Cu^+)$$

即由此二电对组成的原电池电动势为：

$$E^\ominus = \varphi^\ominus(Cu^+/Cu) - \varphi^\ominus(Cu^{2+}/Cu^+) = 0.521V - 0.153V = 0.368V > 0$$

反应式为：$2Cu^+ \Longrightarrow Cu^{2+} + Cu$。

在元素电势图 $A \underline{\overset{\varphi_左}{\quad}} B \underline{\overset{\varphi_右}{\quad}} C$ 中，只要 $\varphi_右^\ominus > \varphi_左^\ominus$，在标准状态下，B 将在水溶液中自发歧化生成 A 和 C。

（2）计算未知电对的标准电极电势　若已知两个或两个以上相邻电对的标准电极电势，即可计算出另一个电对的标准电极电势。若有 $i$ 个相邻电对，则：

$$A \underline{\overset{\varphi_1^\ominus}{n_1}} B \underline{\overset{\varphi_2^\ominus}{n_2}} C \underline{\overset{\varphi_3^\ominus}{n_3}} D \cdots \underline{\overset{\varphi_i^\ominus}{n_i}} M$$

$$\varphi_{A/M}^\ominus = \frac{n_1\varphi_1^\ominus + n_2\varphi_2^\ominus + n_3\varphi_3^\ominus + \cdots + n_i\varphi_i^\ominus}{n_1 + n_2 + n_3 + \cdots + n_i}$$

式中，$n_1$、$n_2$、$n_3$、$\cdots$、$n_i$ 分别代表各相邻电对内转移的电子数。

## 七、氧化还原滴定法

氧化还原滴定法是以氧化还原反应为基础的滴定分析方法。

### 1. 条件电极电势

（1）有离子强度、副反应影响时的能斯特方程

$$\varphi^{\ominus'} = \varphi^\ominus + \frac{0.0592V}{n} \lg \frac{\gamma(Ox)\beta(Red)}{\gamma(Red)\beta(Ox)}$$

式中，$\varphi^{\ominus'}$ 称为条件电极电势；$\gamma(O_X)$、$\gamma(Red)$ 为氧化型和还原型物质的活度系数；$\beta(O_X)$、$\beta(Red)$ 为氧化型和还原型物质的副反应系数。

（2）氧化还原性指示剂　氧化还原指示剂的变色电位范围：

$$\varphi = \varphi^{\ominus'}[In(Ox)/In(Red)] \pm \frac{0.0592V}{n}$$

在选择指示剂时，按照指示剂的变色范围应全部或大部分落在滴定突跃范围内的原则，应使指示剂的条件电势尽量与化学计量点电势相一致。

**2. 重要的氧化还原滴定法**

（1）高锰酸钾法

① 在强酸性溶液中　　$MnO_4^- + 8H^+ + 5e^- \Longrightarrow Mn^{2+} + 4H_2O$

② 在中性或弱碱性溶液中　　$MnO_4^- + 2H_2O + 3e^- \Longrightarrow MnO_2 + 4OH^-$

③ 在强碱性溶液中　　$MnO_4^- + e^- \Longrightarrow MnO_4^{2-}$

（2）重铬酸钾法　在酸性介质中：$Cr_2O_7^{2-} + 14H^+ + 6e^- \Longrightarrow 2Cr^{3+} + 7H_2O$

（3）碘量法　$I_2$ 是一种较弱的氧化剂，而 $I^-$ 是一种中等强度的还原剂。

$$I_2 + 2e^- \Longrightarrow 2I^-$$

用碘单质作标准溶液直接滴定还原性物质的分析方法称为直接碘量法。

$$I_2 + SO_2 + 2H_2O \Longrightarrow 2I^- + SO_4^{2-} + 4H^+$$

过量的 $I^-$ 与一定量的氧化性物质反应，生成定量的 $I_2$，再用 $Na_2S_2O_3$ 标准溶液滴定定量析出的 $I_2$，从而间接测定氧化性物质（如 $ClO_3^-$，$MnO_4^-$，$CrO_4^{2-}$，$Cu^{2+}$，$H_2O_2$ 等），称为间接碘量法。

$$H_2O_2 + 2I^- (过量) + 2H^+ \Longrightarrow I_2 + 2H_2O$$
$$I_2 + 2S_2O_3^{2-} \Longrightarrow 2I^- + S_4O_6^{2-}$$

# 例　题

【例 1】用离子-电子法配平下列反应式，并指出氧化剂和还原剂。

$$MnO_4^- + C_2O_4^{2-} \longrightarrow Mn^{2+} + CO_2 \quad （酸性介质）$$

【分析】将反应改为两个半反应，并配平原子个数和电荷数。在配平半反应时，当反应前后氧原子数目不等时，在酸性条件下，可用 $H_2O$、$H^+$ 来调整氢氧原子数。若反应多余氧原子，多余 1 个 O 原子需要 2 个 $H^+$ 来结合生成 1 个 $H_2O$ 分子。

【解】
$$\left. \begin{array}{l} MnO_4^- + 8H^+ + 5e^- \longrightarrow Mn^{2+} + 4H_2O \\ + \quad C_2O_4^{2-} \longrightarrow 2CO_2 + 2e^- \end{array} \right| \begin{array}{l} \times 2 \\ \times 5 \end{array}$$

$$2MnO_4^- + 5C_2O_4^{2-} + 16H^+ \Longrightarrow 2Mn^{2+} + 10CO_2 \uparrow + 8H_2O$$

氧化剂：$MnO_4^-$；还原剂：$C_2O_4^{2-}$。

【例 2】用离子-电子法配平下列反应式，并指出氧化剂和还原剂。

$$MnO_4^- + SO_3^{2-} \longrightarrow MnO_4^{2-} + SO_4^{2-} （碱性介质）$$

【分析】将反应拆成两个半反应，并分别进行原子个数和电荷数配平。在配平半反应时，当反应前后氧原子数目不等时，在碱性条件下，可用 $H_2O$、$OH^-$ 来调整氢氧的原子数。反应需要补充氧原子，由 $OH^-$ 提供，2 个 $OH^-$ 提供一个 O 原子生成 1 个 $H_2O$ 分子。

【解】
$$\left. \begin{array}{l} MnO_4^- + e^- \longrightarrow MnO_4^{2-} \\ + \quad SO_3^{2-} + 2OH^- \longrightarrow SO_4^{2-} + H_2O + 2e^- \end{array} \right| \begin{array}{l} \times 2 \\ \times 1 \end{array}$$

$$2MnO_4^- + SO_3^{2-} + 2OH^- = 2MnO_4^{2-} + SO_4^{2-} + H_2O$$

氧化剂：$MnO_4^-$；还原剂：$SO_3^{2-}$。

【例3】计算 298K 时，下列电极的电极电势。

（1）金属 Ag 放在 $c(Ag^+)$ 为 $0.01mol \cdot L^{-1}$ $AgNO_3$ 溶液中；

（2）非金属溴在 $0.01mol \cdot L^{-1}$ NaBr 溶液中。

【分析】在计算电极电势时应先配平电极反应式。求非标准态下电极电势，可应用能斯特方程式进行计算，注意组成电对的 Ag 是固体、$Br_2$ 是纯液体时，它们的浓度视为 1。

【解】（1）电极反应：$Ag^+ + e^- = Ag$，$\varphi^\ominus(Ag^+/Ag) = 0.799V$

$$\varphi(Ag^+/Ag) = \varphi^\ominus(Ag^+/Ag) + 0.0592V lg[c(Ag^+)/c^\ominus]$$
$$= 0.799V + 0.0592V lg(0.01mol \cdot L^{-1}/1mol \cdot L^{-1}) = 0.681V$$

（2）电极反应：$2Br^- = Br_2 + 2e^-$，$\varphi^\ominus(Br_2/Br^-) = 1.066V$

$$\varphi(Br_2/Br^-) = \varphi^\ominus(Br_2/Br^-) + \frac{0.0592V}{2} lg \frac{1}{[c(Br^-)/c^\ominus]^2}$$
$$= 1.066V + \frac{0.0592V}{2} lg \frac{1}{(0.01mol \cdot L^{-1}/1mol \cdot L^{-1})^2}$$
$$= 1.184V$$

【例4】计算电极 $Pt \mid H_2(100kPa) \mid H^+(0.10mol \cdot L^{-1} HAc)$ 的电极电势。

【分析】这是非标准态下的氢电极，其电极电势可应用能斯特方程式计算，在计算电极电势时应先配平电极反应式。注意 HAc 是一元弱酸，需计算出溶液中的 $H^+$ 浓度后，再计算电极的电极电势。

【解】因为 $\dfrac{K_a^\ominus c(HAc)}{c^\ominus} = \dfrac{1.75 \times 10^{-5} \times 0.10mol \cdot L^{-1}}{1mol \cdot L^{-1}} = 1.75 \times 10^{-6} > 20K_w^\ominus$

$$\frac{c(HAc)}{K_a^\ominus c^\ominus} = \frac{0.1mol \cdot L^{-1}}{1.75 \times 10^{-5} \times 1mol \cdot L^{-1}} = 5.7 \times 10^3 > 500$$

所以 $c_{eq}(H^+) = \sqrt{K_a^\ominus c^\ominus c(HAc)}$

$$= \sqrt{1.75 \times 10^{-5} \times 1mol \cdot L^{-1} \times 0.10mol \cdot L^{-1}}$$
$$= 1.3 \times 10^{-3} mol \cdot L^{-1}$$

电极反应式：$2H^+ + 2e^- = H_2$

$$\varphi(H^+/H_2) = \varphi^\ominus(H^+/H_2) + \frac{0.0592V}{2} lg \frac{[c(H^+)/c^\ominus]^2}{p(H_2)/p^\ominus}$$
$$= 0.00V + \frac{0.0592V}{2} lg \frac{(1.3 \times 10^{-3} mol \cdot L^{-1}/1mol \cdot L^{-1})^2}{100kPa/100kPa}$$
$$= -0.17V$$

【例5】已知 $\varphi^\ominus(Ag^+/Ag) = 0.799V$，$K_{sp}^\ominus(AgCl) = 1.77 \times 10^{-10}$，求电极反应 $AgCl + e^- = Ag + Cl^-$ 的标准电极电势。

【分析】电极反应为：$AgCl + e^- = Ag + Cl^-$，其实质为：$Ag^+ + e^- = Ag$。在电极溶液中加入 $Cl^-$，则有 AgCl 沉淀生成，此时的银电极实际上已经构成了一个新电极，银-氯化银电极，当电极溶液中 $c(Cl^-) = 1mol \cdot L^{-1}$ 时，则为 AgCl/Ag 标准电极，$\varphi^\ominus(AgCl/Ag) = \varphi(Ag^+/Ag)$，$\varphi(Ag^+/Ag)$ 电极电势可应用能斯特方程式计算。

【解】标准态下电极反应：$Ag^+ + e^- = Ag$，$\varphi^\ominus(Ag^+/Ag) = 0.799V$

若在电极溶液中加入 $Cl^-$，则有 AgCl 沉淀生成，电极溶液中的 $Ag^+$ 浓度降低，电极电势下降，$Ag^+$ 的氧化能力降低，而 Ag 的还原能力增强。此时的银电极实际上已经构成了一个新电极，银-氯化银电极，电极反应为 $AgCl+e^- \Longrightarrow Ag+Cl^-$。当电极溶液中 $c(Cl^-)=1mol\cdot L^{-1}$ 时，则为 AgCl/Ag 标准电极。

$\varphi^\ominus(AgCl/Ag)$ 与 $\varphi(Ag^+/Ag)$ 的关系为：

$$\varphi^\ominus(AgCl/Ag)=\varphi(Ag^+/Ag)=\varphi^\ominus(Ag^+/Ag)+0.0592V\lg[c(Ag^+)/c^\ominus]$$

由于溶液中的 $Ag^+$ 生成 AgCl

$$AgCl(s) \Longrightarrow Ag^+(aq)+Cl^-(aq)$$

$$K_{sp}^\ominus(AgCl)=[c_{eq}(Ag^+)/c^\ominus][c_{eq}(Cl^-)/c^\ominus]$$

$$[c_{eq}(Ag^+)/c^\ominus]=\frac{K_{sp}^\ominus(AgCl)}{[c_{eq}(Cl^-)/c^\ominus]}=\frac{(1.77\times10^{-10})}{1mol\cdot L^{-1}/1mol\cdot L^{-1}}=1.77\times10^{-10}$$

$$c_{eq}(Ag^+)/c^\ominus=1.77\times10^{-10}$$

将此数据代入上面 $\varphi^\ominus(AgCl/Ag)$ 的计算公式：

$$\varphi^\ominus(AgCl/Ag)=0.799V+0.0592V\lg(1.77\times10^{-10})=0.222V$$

【例6】设溶液中 $MnO_4^-$ 和 $Mn^{2+}$ 浓度相等。根据（1）pH=3；（2）pH=6 时的电极电势的计算结果判断 $MnO_4^-$ 是否能把 $I^-$ 和 $Br^-$ 氧化成 $I_2$ 和 $Br_2$。已知：$\varphi^\ominus(MnO_4^-/Mn^{2+})=1.51V$，$\varphi^\ominus(I_2/I^-)=0.535V$，$\varphi^\ominus(Br_2/Br^-)=1.065V$。

【分析】由于氧化还原反应能在电极电势高的氧化型物质和电极电势低的还原型物质之间自发进行，在标准态下的电对 $MnO_4^-/Mn^{2+}$ 的电极电势为最高，可以将 $I^-$ 和 $Br^-$ 均氧化。由于 $\varphi(MnO_4^-/Mn^{2+})$ 受溶液 $H^+$ 浓度的影响较大，其电极电势可应用能斯特方程式计算。如果 $\varphi(MnO_4^-/Mn^{2+})>\varphi^\ominus(I_2/I^-)$，$\varphi(MnO_4^-/Mn^{2+})>\varphi^\ominus(Br_2/Br^-)$，即溶液中的 $MnO_4^-$ 可以将 $I^-$ 和 $Br^-$ 均氧化。如果 $\varphi^\ominus(Br_2/Br^-)>\varphi(MnO_4^-/Mn^{2+})>\varphi^\ominus(I_2/I^-)$，即溶液中的 $MnO_4^-$ 能把 $I^-$ 氧化成 $I_2$，但不能将 $Br^-$ 氧化成 $Br_2$。

【解】$MnO_4^-+8H^++5e^- \Longrightarrow Mn^{2+}+4H_2O$

$$\varphi(MnO_4^-/Mn^{2+})=\varphi^\ominus(MnO_4^-/Mn^{2+})+\frac{0.0592V}{5}\lg\frac{[c(MnO_4^-)/c^\ominus][c(H^+)/c^\ominus]^8}{[c(Mn^{2+})/c^\ominus]}$$

（1）pH=3，$c(H^+)=1\times10^{-3}mol\cdot L^{-1}$

$$\varphi(MnO_4^-/Mn^{2+})=1.51V+\frac{0.0592V}{5}\lg\left(\frac{1\times10^{-3}mol\cdot L^{-1}}{1mol\cdot L^{-1}}\right)^8$$

$$=1.51V-0.284V$$

$$=1.226V$$

所以 $\varphi(MnO_4^-/Mn^{2+})>\varphi^\ominus(I_2/I^-)$，$\varphi(MnO_4^-/Mn^{2+})>\varphi^\ominus(Br_2/Br^-)$，即溶液中的 $MnO_4^-$ 能把 $I^-$ 和 $Br^-$ 氧化成 $I_2$ 和 $Br_2$。

（2）pH=6，$c(H^+)=1\times10^{-6}mol\cdot L^{-1}$

$$\varphi(MnO_4^-/Mn^{2+})=1.51V+\frac{0.0592V}{5}\lg\left(\frac{1\times10^{-6}mol\cdot L^{-1}}{1mol\cdot L^{-1}}\right)^8$$

$$=1.51V-0.568V$$

$$=0.942V$$

因为 $\varphi(MnO_4^-/Mn^{2+})<\varphi^\ominus(Br_2/Br^-)$，$\varphi(MnO_4^-/Mn^{2+})>\varphi^\ominus(I_2/I^-)$，即溶液

中的 $MnO_4^-$ 能把 $I^-$ 氧化成 $I_2$，但不能将 $Br^-$ 氧化成 $Br_2$。

**【例 7】** 298K 时，测得下列电池的电动势为 $E=0.5189V$，计算该氢电极的电极溶液的 pH 和弱酸 HA 的解离常数。已知饱和甘汞电极 $\varphi(Hg_2Cl_2/Hg)=0.2697V$。

$$(-)Pt \mid H_2(100kPa) \mid HA(0.20mol \cdot L^{-1}), A^-(0.20mol \cdot L^{-1}) \parallel$$
$$KCl(饱和) \mid Hg_2Cl_2(s) \mid Hg(l)(+)$$

**【分析】** 本题利用电极电势不随溶液 pH 改变而变化的饱和甘汞电极与氢电极组成原电池来测定弱酸的解离常数。由于饱和甘汞电极是原电池的正极，因而根据 $E=\varphi_+-\varphi_-$ 得到负极氢电极 $\varphi_-$，再由能斯特方程式，即可求出该氢电极的电极溶液的 pH。最后根据缓冲溶液 pH 的计算公式即可求出弱酸 HA 的解离常数。

**【解】** 正极饱和甘汞电极 $\varphi_+=\varphi(Hg_2Cl_2/Hg)=0.2697V$

$$E=\varphi_+-\varphi_-$$

$$\varphi_-=\varphi_+-E=0.2697V-0.5189V=-0.2492V$$

负极氢电极反应式：$2H^++2e^-\Longrightarrow H_2$

$$\varphi_-=\varphi^\ominus(H^+/H_2)+\frac{0.0592V}{2}\lg\frac{[c(H^+)/c^\ominus]^2}{p(H_2)/p^\ominus}$$

$$-0.2492V=0.00V+\frac{0.0592V}{2}\lg\frac{[c(H^+)/1mol \cdot L^{-1}]^2}{100kPa/100kPa}$$

$$-0.2492V=-0.0592VpH$$

$$pH=4.21$$

$$pH=pK_a^\ominus-\lg\frac{c(HAc)/c^\ominus}{c(Ac^-)/c^\ominus}=pK_a^\ominus-\lg\frac{0.2mol \cdot L^{-1}/1mol \cdot L^{-1}}{0.2mol \cdot L^{-1}/1mol \cdot L^{-1}}=4.21$$

$$K_a^\ominus=10^{-4.21}=6.2\times10^{-5}$$

**【例 8】** 为标定 $Na_2S_2O_3$ 溶液，精密称取标准试剂 $K_2Cr_2O_7$ 2.4530g，溶解后配成 500mL 溶液，然后量取 $K_2Cr_2O_7$ 溶液 25.00mL，加 $H_2SO_4$ 及过量 KI，再用 $Na_2S_2O_3$ 待标液滴定析出的 $I_2$，用去 26.12mL，求 $Na_2S_2O_3$ 的物质的量浓度。

**【分析】** 该滴定属于间接标定法，利用 $I^-$ 的还原性，过量的 $I^-$ 与一定量的氧化性物质 $K_2Cr_2O_7$ 反应，生成定量的 $I_2$，再用 $Na_2S_2O_3$ 标准溶液滴定定量析出的 $I_2$。

**【解】** 反应过程如下：

$$Cr_2O_7^{2-}+6I^-+14H^+\Longrightarrow 2Cr^{3+}+3I_2+7H_2O$$

$$I_2+2S_2O_3^{2-}\Longrightarrow 2I^-+S_4O_6^{2-}$$

$$1Cr_2O_7^{2-}\sim 3I_2\sim 6S_2O_3^{2-}$$

$$c(Na_2S_2O_3)V(Na_2S_2O_3)=6c(K_2Cr_2O_7)V(K_2Cr_2O_7)$$

$$c(Na_2S_2O_3)=\frac{6c(K_2Cr_2O_7)V(K_2Cr_2O_7)}{V(Na_2S_2O_3)}$$

$$=\frac{6\times\dfrac{2.4530g}{294.19g \cdot mol^{-1}}\times 25.00\times 10^{-3}L}{26.12\times 10^{-3}L}$$

$$=0.09577mol \cdot L^{-1}$$

# 习　　题

**1. 填空题**

(1) 氧化还原反应中，氧化剂是 $\varphi$（　　　　）的电对中的（　　　　）物质，还原剂是 $\varphi$（　　　　）的电对中的（　　　　）物质。

(2) 298K 时，在酸性介质中，氧电极的标准电极电势 $\varphi^{\ominus}(O_2/H_2O)=1.23V$，则在 $p(O_2)=100kPa$ 和 $pH=12.00$ 的条件下，$\varphi(O_2/H_2O)$ 等于（　　　　　　　　）V。

(3) 在原电池（－）$Cu\,|\,Cu^{2+}(c_1)\,\|\,Ag^+(c_2)\,|\,Ag$（＋）中，若增加 $CuSO_4$ 溶液浓度，则该原电池电动势将（　　　　　　　　）；若只在 $AgNO_3$ 溶液中滴加少量 NaCl 溶液，则原电池电动势将（　　　　　　）。（填"不变""增大"或"减小"）

(4) 298K 时，下列各标准电极中，$\varphi^{\ominus}$ 最大的是（　　　），最小的是（　　　）。（填序号）

①$\varphi^{\ominus}(Ag^+/Ag)$　　　②$\varphi^{\ominus}(AgCl/Ag)$　　　③$\varphi^{\ominus}(AgBr/Ag)$　　　④$\varphi^{\ominus}(AgI/Ag)$

(5) 已知铁元素在酸性介质中的电极电势图（$\varphi_A^{\ominus}/V$）：$Fe^{3+}\underline{\quad0.771\quad}Fe^{2+}\underline{\quad-0.447\quad}Fe$。则 $\varphi^{\ominus}(Fe^{3+}/Fe)$ 等于（　　　　　　）。

(6) 间接碘量法利用碘离子的（　　　　　　　　）作用，过量的碘离子与一定量的（　　　　　　）物质反应，生成定量的碘，可用（　　　　　　）标准溶液滴定，从而求出被测物质含量。

**2. 选择题**

(1) 原电池中盐桥的作用是（　　　）。

A. 传递电子　　　　　　　　　　　　　B. 传递电流

C. 保持两个半电池的电中性　　　　　　D. 加速反应

(2) 为增加铜锌原电池的电动势，可采取的措施是（　　　）。

A. 增加负极 $ZnSO_4$ 浓度　　　　　　　B. 增加正极 $CuSO_4$ 浓度

C. 正极加氨水　　　　　　　　　　　　D. 增加锌电极质量

(3) 利用 $KMnO_4$ 强氧化性，在酸性溶液中测定许多还原性物质，但调节酸度必须用（　　　）。

A. HCl　　　　　　B. $H_2SO_4$　　　　　　C. $HNO_3$　　　　　　D. $H_3PO_4$

(4) 298K 时，铜片插入盛有 $1\times10^{-8}\,mol\cdot L^{-1}$ $CuSO_4$ 溶液的烧杯中，锌片插入盛有 $1mol\cdot L^{-1}$ $ZnSO_4$ 溶液的烧杯中，电对 $Cu^{2+}/Cu$ 与 $Zn^{2+}/Zn$ 组成铜锌原电池，已知 $\varphi^{\ominus}(Cu^{2+}/Cu)=0.34V$，$\varphi^{\ominus}(Zn^{2+}/Zn)=-0.76V$。求此时原电池的电动势比标准状态时的电动势（　　　　）。

A. 上升 0.24V　　　B. 下降 0.24V　　　C. 上升 0.12V　　　D. 下降 0.12V

(5) 已知在 298K 时，$\varphi^{\ominus}(Sn^{4+}/Sn^{2+})=0.15V$，$\varphi^{\ominus}(Cu^{2+}/Cu)=0.34V$，$\varphi^{\ominus}(Fe^{3+}/Fe^{2+})=0.77V$，$\varphi^{\ominus}(H_2O_2/H_2O)=1.78V$，判断下列各组物质在标准状态下能共存的是（　　　）。

A. $Fe^{3+}$，Cu　　　B. $Fe^{2+}$，$H_2O_2$　　　C. $Fe^{3+}$，$Sn^{2+}$　　　D. $Fe^{2+}$，$Sn^{4+}$

(6) 欲使原电池（－）$Cu\,|\,Cu^{2+}(c_1)\,\|\,Ag^+(c_2)\,|\,Ag$（＋）的电动势下降，可采取的方法为（　　　）。

A. 在铜半电池中加入氨水　　　　　　　B. 在铜半电池中加入固体硫化钠

C. 在银半电池中加入固体硝酸银　　　　D. 在银半电池中加入固体氯化钠

(7) 将溶液中 $7.16 \times 10^{-4}\,\mathrm{mol \cdot L^{-1}}$ 的 $MnO_4^-$ 还原，需 $0.0500\,\mathrm{mol \cdot L^{-1}}$ 的 $Na_2SO_3$ 溶液 $35.60\,\mathrm{mL}$，则 Mn 元素还原后的氧化数为（　　）。

A. 0　　　　　　　　B. $+2$　　　　　　　C. $+4$　　　　　　　D. $+6$

(8) 电极反应 $Ag^+ + e^- \rightleftharpoons Ag$ 的电极电势为 $\varphi_1^\ominus$，$2Ag^+ + 2e^- \rightleftharpoons 2Ag$ 的电极电势为 $\varphi_2^\ominus$，则 $Ag \rightleftharpoons Ag^+ + e^-$ 的电极电势 $\varphi_3^\ominus$ 与 $\varphi_1^\ominus$、$\varphi_2^\ominus$ 的关系为（　　）。

A. $\varphi_1^\ominus = \varphi_2^\ominus = \varphi_3^\ominus$

B. $2\varphi_1^\ominus = \varphi_2^\ominus$；$\varphi_1^\ominus = -\varphi_3^\ominus$

C. $(\varphi_1^\ominus)^2 = \varphi_2^\ominus$；$\varphi_1^\ominus = \varphi_3^\ominus$

D. $\varphi_1^\ominus = \varphi_2^\ominus$；$\varphi_1^\ominus = \varphi_3^\ominus$

(9) 以二苯胺磺酸钠为指示剂，用重铬酸钾法测定 $Fe^{2+}$ 时，加入磷酸的主要目的是（　　）。

A. 防止 $Fe^{3+}$ 水解　　　　　　　　B. 增大突跃范围

C. 调节溶液酸度　　　　　　　　　　D. 加快反应速率

(10) 在碘量法测铜的实验中，加入过量的 KI 作用是（　　）。

A. 沉淀剂、指示剂、催化剂　　　　　B. 氧化剂、配位剂、掩蔽剂

C. 还原剂、沉淀剂、配位剂　　　　　D. 缓冲剂、配位剂、预处理剂

(11) 黑火药爆炸反应为 $S + 2KNO_3 + 3C = K_2S + 3CO_2\uparrow + N_2\uparrow$．该反应中氧化剂为（　　）。

①C　　　　②S　　　　③$K_2S$　　　　④$KNO_3$　　　　⑤$N_2$

A. ①③⑤　　　　　　B. ②④　　　　　　C. ②④⑤　　　　　　D. ③④⑤

(12) 油画的白色颜料含 $PbSO_4$，久置后会变成 PbS 使油画变黑，如果用双氧水擦拭则可恢复原貌，其发生了（　　）反应。

A. 酸碱　　　　　　　B. 配位　　　　　　C. 沉淀　　　　　　D. 氧化还原

(13) 为了治理废水中 $Cr_2O_7^{2-}$ 的污染，常先加入试剂使之变为 $Cr^{3+}$，该试剂为（　　）。

A. NaOH 溶液　　　　　　　　　　　B. $FeCl_3$

C. 明矾　　　　　　　　　　　　　　D. $Na_2SO_3$ 和 $H_2SO_4$

**3.** 判断题（正确的在括号中填"√"号，错的填"×"号）

(1) 氧化数发生改变的物质不是氧化剂就是还原剂。（　　）

(2) 标准电极电势和标准平衡常数一样，都与反应方程式的系数有关。（　　）

(3) 氧化还原电极的氧化型和还原型浓度相等时的电势也是标准电极电势。（　　）

(4) 电对的电极电势值大小可以衡量物质得失电子的难易程度。（　　）

(5) 因为 $\varphi^\ominus(Cl_2/Cl^-) > \varphi^\ominus(MnO_2/Mn^{2+})$，所以绝对不能用 $MnO_2$ 与浓盐酸作用制取 $Cl_2$。（　　）

(6) 由自发进行的氧化还原反应设计而成的原电池，正极总是标准电极电势高的氧化还原电对。（　　）

(7) 在一定温度下，原电池标准电动势 $E^\ominus$ 只取决于组成电池的两个电极，而与电池中各物质的浓度无关。（　　）

(8) 电极反应为 $Cl_2 + 2e^- \rightleftharpoons 2Cl^-$ 时 $\varphi^\ominus(Cl_2/Cl^-) = 1.36\,\mathrm{V}$；电极反应为 $2Cl_2 + 4e^- \rightleftharpoons 4Cl^-$ 时 $\varphi^\ominus(Cl_2/Cl^-) = 2.72\,\mathrm{V}$。（　　）

(9) 对于电池反应 $Zn + Cu^{2+} \rightleftharpoons Zn^{2+} + Cu$，增大体系中 $Cu^{2+}$ 的浓度必将使电池的电动势增大，根据电动势与平衡常数的关系可知，电池反应的 $K^\ominus$ 也必将增大。（　　）

(10) 氧化型物质一定是氧化剂，还原型物质一定是还原剂。（　　）

(11) 间接碘量法应该在强碱性条件下使用。（　　）

(12) 用 $K_2Cr_2O_7$ 法测定 $Fe^{2+}$ 含量，酸性介质只能是硫酸，而不能是盐酸。（　　）

**4. 简答题**

(1) 什么是自身氧化还原反应？什么是歧化反应？各举一例说明。

(2) 利用标准电极电势 $\varphi^{\ominus}$ 值，回答下列问题：

① 有 Fe 存在时，$Fe^{3+}$ 能否稳定存在？

② 硝酸与铁反应能否生成硝酸亚铁？

③ $KMnO_4$ 作为氧化剂，调节酸度用 $H_2SO_4$ 和 HCl 哪个合适？

(3) 指出下列各氧化还原反应中的氧化剂和还原剂，以及相应的氧化数，并配平反应方程：

① $H_2O_2 + I^- \longrightarrow I_2 + H_2O$

② $PbS + HNO_3 \longrightarrow Pb(NO_3)_2 + H_2SO_4 + NO$

(4) 用离子-电子法配平下列反应式。

① $MnO_4^- + H_2O_2 \longrightarrow Mn^{2+} + O_2$ （酸性）

② $Cr_2O_7^{2-} + Fe^{2+} \longrightarrow Cr^{3+} + Fe^{3+}$ （酸性）

(5) 若下列反应在原电池中正向进行，试写出电池符号和电池电动势的表示式。

① $Fe + Cu^{2+} \rightleftharpoons Fe^{2+} + Cu$

② $Cu^{2+} + Ni \rightleftharpoons Cu + Ni^{2+}$

(6) 氧化还原滴定法有哪些类型？

(7) 高锰酸钾准确滴定的条件是什么？

**5.** 求出下列原电池的电动势，写出电池反应式，并指出正负极。

$Pt \mid Fe^{2+}(1mol \cdot L^{-1}), Fe^{3+}(0.0001mol \cdot L^{-1}) \parallel I^-(0.0001mol \cdot L^{-1}) \mid I_2(s) \mid Pt$

已知：$\varphi^{\ominus}(Fe^{3+}/Fe^{2+}) = 0.771V$，$\varphi^{\ominus}(I_2/I^-) = 0.535V$。

**6.** 将铜片插入盛有 $0.5mol \cdot L^{-1}$ $CuSO_4$ 溶液的烧杯中，银片插入盛有 $0.5mol \cdot L^{-1}$ $AgNO_3$ 溶液的烧杯中，组成一个原电池。已知 $\varphi^{\ominus}(Ag^+/Ag) = 0.7994V$，$\varphi^{\ominus}(Cu^{2+}/Cu) = 0.3417V$。

(1) 写出原电池符号；

(2) 写出电极反应式和电池反应式；

(3) 求该电池的电动势。

**7.** 求两电对 $Fe^{3+}/Fe^{2+}$ 和 $Hg^{2+}/Hg_2^{2+}$ 在下列几种情况下的电极电势，并分析计算结果。

已知 $\varphi^{\ominus}(Fe^{3+}/Fe^{2+}) = 0.771V$，$\varphi^{\ominus}(Hg^{2+}/Hg_2^{2+}) = 0.920V$。

(1) 氧化型浓度增加至 $10mol \cdot L^{-1}$，还原型浓度不变；

(2) 还原型浓度增加至 $10mol \cdot L^{-1}$，氧化型浓度不变；

(3) 标准态溶液均稀释 10 倍。

**8.** 根据下列反应组成电池

$2Cr^{3+}(0.01mol \cdot L^{-1}) + 2Br^-(0.1mol \cdot L^{-1}) \rightleftharpoons 2Cr^{2+}(1mol \cdot L^{-1}) + Br_2(l)$

(1) 写出电池符号；

(2) 计算 298K 时的电动势，并判断反应自发进行的方向。

已知 $\varphi^{\ominus}(Cr^{3+}/Cr^{2+}) = -0.407V$，$\varphi^{\ominus}(Br_2/Br^-) = 1.065V$。

**9.** 实验室中，常用盐酸与二氧化锰作用制取氯气，如何控制条件使反应 $MnO_2 +$

$4HCl \longrightarrow Cl_2 + MnCl_2 + 2H_2O$ 正向进行? 为什么? 当其他物质均处于标准态时,若反应正向进行,HCl 的最低浓度为多大?

**10.** 已知电极反应: $H_3AsO_4 + 2H^+ + 2e^- \Longrightarrow H_3AsO_3 + H_2O$

$$\varphi^{\ominus}(H_3AsO_4/H_3AsO_3) = 0.560V, \varphi^{\ominus}(I_2/I^-) = 0.535V.$$

计算下列反应:

$$H_3AsO_3 + I_2 + H_2O \Longrightarrow H_3AsO_4 + 2I^- + 2H^+$$

(1) 在 298K 时的平衡常数;

(2) 如果 pH=7,其他物质浓度均为标准态,反应向什么方向进行?

(3) 如果溶液的 $c(H^+) = 6.0 mol \cdot L^{-1}$,其他物质浓度均为标准态,反应向什么方向进行?

**11.** 根据溴元素在碱性介质中的标准电极电势图,分别判断 $Br_2$ 和 $BrO^-$ 在碱性介质中能否发生歧化作用。若能,写出反应的化学方程式,并用离子-电子法配平。

$$BrO_3^- \xrightarrow{+0.54V} BrO^- \xrightarrow{+0.45V} \frac{1}{2}Br_2 \xrightarrow{+1.06V} Br^-$$

**12.** 用 30.00mL $KMnO_4$ 溶液恰能氧化一定质量的 $KHC_2O_4 \cdot H_2O$,同样质量的 $KHC_2O_4 \cdot H_2O$ 又恰能被 25.20mL $0.2000 mol \cdot L^{-1}$ KOH 溶液中和。求 $KMnO_4$ 溶液的浓度。

# 习题参考答案

**1. 填空题**

(1) 大,氧化型,小,还原型

(2) 0.52

(3) 减小,减小

(4) ①,④

(5) −0.041V

(6) 还原性、氧化性、$Na_2S_2O_3$

**2. 选择题**

(1) C　　(2) B　　(3) B　　(4) B　　(5) D　　(6) D　　(7) B

(8) A　　(9) B　　(10) C　　(11) B　　(12) D　　(13) D

**3. 判断题**

(1) √　　(2) ×　　(3) ×　　(4) √　　(5) ×　　(6) ×　　(7) √

(8) ×　　(9) ×　　(10) ×　　(11) ×　　(12) ×

**4. 简答题**

(1) **答**　氧化剂和还原剂是同一物质的氧化还原反应,称为自身氧化还原反应。

例如:

$$2K\overset{+5}{C}l\overset{-2}{O_3} \Longrightarrow 2K\overset{-1}{C}l + 3\overset{0}{O_2}\uparrow$$

若氧化数的变化发生在同一物质中同一元素的不同原子间的氧化还原反应称为歧化反应。例如:

$$4K\overset{+5}{C}lO_3 \Longrightarrow 3K\overset{+7}{C}lO_4 + K\overset{-1}{C}l$$

(2) 答 ①有 Fe 存在时，$Fe^{3+}$ 不能稳定存在。

因为 $\varphi^{\ominus}(Fe^{3+}/Fe^{2+})=0.771V$，$\varphi^{\ominus}(Fe^{2+}/Fe)=-0.447V$

$$\varphi^{\ominus}(Fe^{3+}/Fe^{2+})>\varphi^{\ominus}(Fe^{2+}/Fe)$$

所以 $Fe^{3+}$ 使 Fe 氧化为 $Fe^{2+}$。

② Fe 过量的时候，硝酸与铁反应能生成硝酸亚铁。

因为 $\varphi^{\ominus}(NO_3^-/NO)=0.957V$，$\varphi^{\ominus}(Fe^{3+}/Fe)=-0.037V$

$$\varphi^{\ominus}(NO_3^-/NO)>\varphi^{\ominus}(Fe^{3+}/Fe)$$

所以硝酸使 Fe 氧化为 $Fe^{3+}$，过量的 Fe 使 $Fe^{3+}$ 还原为 $Fe^{2+}$。

$$3Fe+8HNO_3 == 3Fe(NO_3)_2+2NO\uparrow+4H_2O$$

③ $KMnO_4$ 作为氧化剂，调节酸度用 $H_2SO_4$ 合适。

因为 $\varphi^{\ominus}(MnO_4^-/Mn^{2+})=1.51V$，$\varphi^{\ominus}(Cl_2/Cl^-)=1.36V$

$$\varphi^{\ominus}(MnO_4^-/Mn^{2+})>\varphi^{\ominus}(Cl_2/Cl^-)$$

所以 $KMnO_4$ 使 $Cl^-$ 氧化为 $Cl_2$。

(3) 答 ①氧化剂：$H_2O_2$     还原剂：$I^-$

$$\overset{-1}{H_2O_2}+2\overset{-1}{I^-}+2H^+ == \overset{0}{I_2}+2H_2\overset{-2}{O}$$

②氧化剂：$HNO_3$     还原剂：PbS

$$3Pb\overset{-2}{S}+14H\overset{+5}{N}O_3 == 3Pb(NO_3)_2+3H_2\overset{+6}{S}O_4+8\overset{+2}{N}O+4H_2O$$

(4) 答 ①

$$MnO_4^-+8H^++5e^- \longrightarrow Mn^{2+}+4H_2O \quad \Big| \times2$$
$$+ \quad\quad H_2O_2 \longrightarrow O_2+2H^++2e^- \quad\quad \Big| \times5$$

$$\overline{\phantom{aaaaaaaaaaaaaaaaaaaaaaaaaaaaaaaaaaaaaaaaaaaaaaaaaaa}}$$

$$2MnO_4^-+5H_2O_2+6H^+==2Mn^{2+}+5O_2\uparrow+8H_2O$$

②

$$Cr_2O_7^{2-}+14H^++6e^- \longrightarrow 2Cr^{3+}+7H_2O \quad \Big| \times1$$
$$+ \quad\quad Fe^{2+} \longrightarrow Fe^{3+}+e^- \quad\quad\quad\quad\quad \Big| \times6$$

$$\overline{\phantom{aaaaaaaaaaaaaaaaaaaaaaaaaaaaaaaaaaaaaaaaaaaaaaaaaaa}}$$

$$Cr_2O_7^{2-}+6Fe^{2+}+14H^+==2Cr^{3+}+6Fe^{3+}+7H_2O$$

(5) 答 ①电池符号：$(-)Fe(s) \mid Fe^{2+}(c_1) \parallel Cu^{2+}(c_1) \mid Cu(s)(+)$

电池电动势的表示式：$E=\varphi(Cu^{2+}/Cu)-\varphi(Fe^{2+}/Fe)$

②电池符号：$(-)Ni(s) \mid Ni^{2+}(c_1) \parallel Cu^{2+}(c_1) \mid Cu(s)(+)$

电池电动势的表示式：$E=\varphi(Cu^{2+}/Cu)-\varphi(Ni^{2+}/Ni)$

(6) 答 高锰酸钾法、重铬酸钾法、碘量法。

(7) 答 在室温下反应的速率缓慢，应将溶液加热至 $75\sim85℃$。溶液应保持足够的酸度，一般滴定开始时，溶液的酸度为 $0.5\sim1.0mol\cdot L^{-1}$。合理控制滴定速度，开始滴定时速度慢些，随着 $Mn^{2+}$ 的增加催化作用增强，滴定速度可稍快些。高锰酸钾作为自身指示剂，终点时颜色为粉红色。

**5. 解** (+)    $I_2+2e^- == 2I^-$

$$\varphi(I_2/I^-)=\varphi^{\ominus}(I_2/I^-)+\frac{0.0592V}{2}lg\frac{1}{[c(I^-)/c^{\ominus}]^2}$$

$$=0.535V+\frac{0.0592V}{2}lg\frac{1}{(0.0001mol\cdot L^{-1}/1mol\cdot L^{-1})^2}$$

$$=0.772V$$

$$(-)\quad Fe^{2+} =\!\!= Fe^{3+} + e^-$$

$$\varphi(Fe^{3+}/Fe^{2+}) = \varphi^{\ominus}(Fe^{3+}/Fe^{2+}) + 0.0592V\lg\frac{c(Fe^{3+})/c^{\ominus}}{c(Fe^{2+})/c^{\ominus}}$$

$$= 0.771V + 0.0592V\lg\frac{0.0001mol\cdot L^{-1}/1mol\cdot L^{-1}}{1mol\cdot L^{-1}/1mol\cdot L^{-1}}$$

$$= 0.534V$$

$$E = \varphi(I_2/I^-) - \varphi(Fe^{3+}/Fe^{2+})$$
$$= 0.772V - 0.534V$$
$$= 0.238V$$

电池反应式：$I_2 + 2Fe^{2+} =\!\!= 2Fe^{3+} + 2I^-$

正极 $I_2/I^-$，负极 $Fe^{3+}/Fe^{2+}$。

**6. 解** (1)(-)$Cu(s) \mid Cu^{2+}(0.5mol\cdot L^{-1}) \parallel Ag^+(0.5mol\cdot L^{-1}) \mid Ag(s)(+)$

(2) 正极反应　①$Ag^+ + e^- =\!\!= Ag$

　　负极反应　②$Cu =\!\!= Cu^{2+} + 2e^-$

①×2+②得电池反应式：$2Ag^+ + Cu =\!\!= 2Ag + Cu^{2+}$

(3) $\varphi(Cu^{2+}/Cu) = \varphi^{\ominus}(Cu^{2+}/Cu) + \dfrac{0.0592V}{2}\lg[c(Cu^{2+})/c^{\ominus}]$

$$= 0.3417V + \frac{0.0592V}{2}\lg(0.5mol\cdot L^{-1}/1mol\cdot L^{-1})$$

$$= 0.3328V$$

$$\varphi(Ag^+/Ag) = \varphi^{\ominus}(Ag^+/Ag) + 0.0592V\lg[c(Ag^+)/c^{\ominus}]$$
$$= 0.7994V + 0.0592V\lg(0.5mol\cdot L^{-1}/1mol\cdot L^{-1})$$
$$= 0.7816V$$

$$E = \varphi(Ag^+/Ag) - \varphi(Cu^{2+}/Cu)$$
$$= 0.7816V - 0.3328V$$
$$= 0.4488V$$

**7. 解**　电对 $Fe^{3+}/Fe^{2+}$：$\varphi^{\ominus}(Fe^{3+}/Fe^{2+}) = 0.771V$

$$Fe^{3+} + e^- =\!\!= Fe^{2+}$$

$$\varphi(Fe^{3+}/Fe^{2+}) = \varphi^{\ominus}(Fe^{3+}/Fe^{2+}) + 0.0592V\lg\frac{c(Fe^{3+})/c^{\ominus}}{c(Fe^{2+})/c^{\ominus}}$$

(1)　$\varphi(Fe^{3+}/Fe^{2+}) = 0.771V + 0.0592V\lg\dfrac{10mol\cdot L^{-1}/1mol\cdot L^{-1}}{1mol\cdot L^{-1}/1mol\cdot L^{-1}} = 0.830V$

(2)　$\varphi(Fe^{3+}/Fe^{2+}) = 0.771V + 0.0592V\lg\dfrac{1mol\cdot L^{-1}/1mol\cdot L^{-1}}{10mol\cdot L^{-1}/1mol\cdot L^{-1}} = 0.712V$

(3)　$\varphi(Fe^{3+}/Fe^{2+}) = 0.771V + 0.0592V\lg\dfrac{\frac{1}{10}mol\cdot L^{-1}/1mol\cdot L^{-1}}{\frac{1}{10}mol\cdot L^{-1}/1mol\cdot L^{-1}} = 0.771V$

电对 $Hg^{2+}/Hg_2^{2+}$：$\varphi^{\ominus}(Hg^{2+}/Hg_2^{2+}) = 0.920V$

$$2Hg^{2+} + 2e^- =\!\!= Hg_2^{2+}$$

$$\varphi(Hg^{2+}/Hg_2^{2+}) = \varphi^{\ominus}(Hg^{2+}/Hg_2^{2+}) + 0.0592V\lg\frac{[c(Hg^{2+})/c^{\ominus}]^2}{c(Hg_2^{2+})/c^{\ominus}}$$

(1)　$\varphi(Hg^{2+}/Hg_2^{2+})=0.920V+\dfrac{0.0592V}{2}lg\ \dfrac{(10mol\cdot L^{-1}/1mol\cdot L^{-1})^2}{1mol\cdot L^{-1}/1mol\cdot L^{-1}}=0.979V$

(2)　$\varphi(Hg^{2+}/Hg_2^{2+})=0.920V+\dfrac{0.0592V}{2}lg\ \dfrac{(1mol\cdot L^{-1}/1mol\cdot L^{-1})^2}{10mol\cdot L^{-1}/1mol\cdot L^{-1}}=0.890V$

(3)　$\varphi(Hg^{2+}/Hg_2^{2+})=0.920V+\dfrac{0.0592V}{2}lg\ \dfrac{(\frac{1}{10}mol\cdot L^{-1}/1mol\cdot L^{-1})^2}{\frac{1}{10}mol\cdot L^{-1}/1mol\cdot L^{-1}}=0.890V$

分析计算结果：可见，增加氧化还原电对中氧化型的离子浓度，可使电极电势升高，从而增加氧化型的氧化能力；相反增加还原型的离子浓度，可使电极电势降低，从而增加还原型的还原能力。稀释倍数相同，也可能会引起电极电势的改变，与电极反应式有关。

**8. 解**　已知 $\varphi^{\ominus}(Cr^{3+}/Cr^{2+})=-0.407V$，$\varphi^{\ominus}(Br_2/Br^-)=1.065V$。

(1)　$(-)Pt(s)\mid Br_2(l)$，$Br^-(0.1mol\cdot L^{-1})\parallel Cr^{3+}(0.01mol\cdot L^{-1})$，$Cr^{2+}(1mol\cdot L^{-1})\mid$ $Pt(s)(+)$

(2)　$(+)$　　$Cr^{3+}+e^-\rule[0.5ex]{2em}{0.4pt}Cr^{2+}$

$$\varphi(Cr^{3+}/Cr^{2+})=\varphi^{\ominus}(Cr^{3+}/Cr^{2+})+0.0592Vlg\dfrac{c(Cr^{3+})/c^{\ominus}}{c(Cr^{2+})/c^{\ominus}}$$
$$=-0.407V+0.0592Vlg\dfrac{0.01mol\cdot L^{-1}/1mol\cdot L^{-1}}{1mol\cdot L^{-1}/1mol\cdot L^{-1}}$$
$$=-0.525V$$

$(-)$　　$2Br^-\rule[0.5ex]{2em}{0.4pt}Br_2+2e^-$

$$\varphi(Br_2/Br^-)=\varphi^{\ominus}(Br_2/Br^-)+\dfrac{0.0592V}{2}lg\dfrac{1}{[c(Br^-)/c^{\ominus}]^2}$$
$$=1.065V+\dfrac{0.0592V}{2}lg\dfrac{1}{(0.1mol\cdot L^{-1}/1mol\cdot L^{-1})^2}$$
$$=1.124V$$
$$E=\varphi(Cr^{3+}/Cr^{2+})-\varphi(Br_2/Br^-)$$
$$=-0.525V-1.124V$$
$$=-1.649V$$

因为 $E=-1.649V<0$，故反应逆向自发进行。

**9. 解**　使用浓盐酸，反应能正向自发进行。

将反应设计在原电池中进行。

因为 $\varphi^{\ominus}(MnO_2/Mn^{2+})=1.224V$，$\varphi^{\ominus}(Cl_2/Cl^-)=1.36V$
$$\varphi^{\ominus}(MnO_2/Mn^{2+})<\varphi^{\ominus}(Cl_2/Cl^-)$$

所以 298K，标准态下反应不能正向自发进行。

由反应 $MnO_2+4H^++2e^-\rule[0.5ex]{2em}{0.4pt}Mn^{2+}+2H_2O$ 可知，增加盐酸的浓度，增加了 $H^+$ 浓度，$MnO_2/Mn^{2+}$ 电对的电极电势明显增大；由 $Cl_2+2e^-\rule[0.5ex]{2em}{0.4pt}2Cl^-$，增加盐酸的浓度即增加了 $Cl^-$ 浓度，$Cl_2/Cl^-$ 电对的电极电势明显减小，使得 $\varphi(MnO_2/Mn^{2+})>\varphi(Cl_2/Cl^-)$，反应正向自发进行。

当其他物质均处于标准态时，HCl 在溶液中全部解离，$c(H^+)=c(Cl^-)$，则

$$\varphi(MnO_2/Mn^{2+}) = \varphi^{\ominus}(MnO_2/Mn^{2+}) + \frac{0.0592V}{2}\lg\frac{[c(H^+)/c^{\ominus}]^4}{[c(Mn^{2+})/c^{\ominus}]}$$

$$= 1.224V + \frac{0.0592V}{2}\lg[c(H^+)/c^{\ominus}]^4$$

$$= 1.224V + 0.1184V\lg[c(H^+)/c^{\ominus}]$$

$$\varphi(Cl_2/Cl^-) = \varphi^{\ominus}(Cl_2/Cl^-) + \frac{0.0592V}{2}\lg\frac{1}{[c(Cl^-)/c^{\ominus}]^2}$$

$$= 1.36V + \frac{0.0592V}{2}\lg\frac{1}{[c(H^+)/c^{\ominus}]^2}$$

$$= 1.36V - 0.0592V\lg[c(H^+)/c^{\ominus}]$$

若反应正向进行，$\varphi(MnO_2/Mn^{2+}) > \varphi(Cl_2/Cl^-)$，

$$1.224V + 0.1184V\lg[c(H^+)/c^{\ominus}] > 1.36V - 0.0592V\lg[c(H^+)/c^{\ominus}]$$

$$0.1776V\lg[c(H^+)/c^{\ominus}] > 0.136V$$

$$\lg[c(H^+)/c^{\ominus}] > 0.766$$

$$c(H^+) > 5.83 mol \cdot L^{-1}$$

HCl 的最低浓度为 $5.83 mol \cdot L^{-1}$。

**10. 解** （1）根据题述的氧化还原反应方程式可知，反应物 $I_2$ 是氧化剂，被还原成 $I^-$，电对 $I_2/I^-$ 为原电池正极，反应物 $H_3AsO_3$ 为还原剂，即电对 $H_3AsO_4/H_3AsO_3$ 应为原电池负极，该氧化还原反应的两个电极反应为：

$$负极 \quad H_3AsO_3 + H_2O === H_3AsO_4 + 2H^+ + 2e^-$$

$$正极 \quad I_2 + 2e^- === 2I^-$$

$$\varphi^{\ominus}(I_2/I^-) = 0.535V, \quad \varphi^{\ominus}(H_3AsO_4/H_3AsO_3) = 0.560V。$$

氧化还原反应转移的电子数 $\quad n = 2$

$$\lg K^{\ominus} = \frac{nE^{\ominus}}{0.0592V}$$

$$= \frac{2 \times [\varphi^{\ominus}(I_2/I^-) - \varphi^{\ominus}(H_3AsO_4/H_3AsO_3)]}{0.0592V}$$

$$= \frac{2 \times (0.535V - 0.560V)}{0.0592V} = -0.845$$

$$K^{\ominus} = 0.143$$

（2）如果 pH=7，$c(H^+) = 1 \times 10^{-7} mol \cdot L^{-1}$，其他物质浓度均为标准态

$$H_3AsO_4 + 2H^+ + 2e^- === H_3AsO_3 + H_2O$$

$$\varphi(H_3AsO_4/H_3AsO_3) = \varphi^{\ominus}(H_3AsO_4/H_3AsO_3) + \frac{0.0592V}{2}\lg\frac{[c(H_3AsO_4)/c^{\ominus}][c(H^+)/c^{\ominus}]^2}{[c(H_3AsO_3)/c^{\ominus}]}$$

$$= 0.560V + \frac{0.0592V}{2}\lg\left(\frac{1 \times 10^{-7} mol \cdot L^{-1}}{1.0 mol \cdot L^{-1}}\right)^2$$

$$= 0.146V$$

$$\varphi(I_2/I^-) = \varphi^{\ominus}(I_2/I^-) = 0.535V$$

$$E = \varphi(I_2/I^-) - \varphi(H_3AsO_4/H_3AsO_3)$$

$$= 0.535V - 0.146V = 0.389V > 0$$

因此反应正向自发进行。

（3）如果溶液的 $c(H^+)=6.0mol \cdot L^{-1}$，其他物质浓度均为标准态

$$H_3AsO_4+2H^++2e^- \longrightarrow H_3AsO_3+H_2O$$

$$\varphi(H_3AsO_4/H_3AsO_3)=\varphi^{\ominus}(H_3AsO_4/H_3AsO_3)+\frac{0.0592V}{2}lg\frac{[c(H_3AsO_4)/c^{\ominus}][c(H^+)/c^{\ominus}]^2}{[c(H_3AsO_3)/c^{\ominus}]}$$

$$=0.560V+\frac{0.0592V}{2}lg\left(\frac{6.0mol \cdot L^{-1}}{1.0mol \cdot L^{-1}}\right)^2$$

$$=0.606V$$

$$\varphi(I_2/I^-)=\varphi^{\ominus}(I_2/I^-)=0.535V$$

$$E=\varphi(I_2/I^-)-\varphi(H_3AsO_4/H_3AsO_3)$$

$$=0.535V-0.606V=-0.071V<0$$

因此反应逆向自发进行。

**11. 解**　因为 $\varphi^{\ominus}(Br_2/Br^-)>\varphi^{\ominus}(BrO^-/Br_2)$

所以 $Br_2$ 在碱性介质中能发生歧化作用，生成 $BrO^-$ 和 $Br^-$。

$$Br_2+2e^- \longrightarrow 2Br^-$$

$$+\quad Br_2+4OH^- \longrightarrow 2BrO^-+2H_2O+2e^-$$

$$\overline{\qquad\qquad\qquad\qquad\qquad\qquad\qquad}$$

$$Br_2+2OH^- \longrightarrow BrO^-+Br^-+H_2O$$

$$\varphi^{\ominus}(BrO^-/Br^-)=\frac{1\times\varphi^{\ominus}(BrO^-/Br_2)+1\times\varphi^{\ominus}(Br_2/Br^-)}{1+1}$$

$$=\frac{1\times0.45V+1\times1.06\ V}{2}$$

$$=0.76V$$

$$\varphi^{\ominus}(BrO_3^-/BrO^-)=0.54V$$

因为 $\varphi^{\ominus}(BrO^-/Br^-)>\varphi^{\ominus}(BrO_3^-/BrO^-)$

所以 $BrO^-$ 在碱性介质中能发生歧化作用，生成 $BrO_3^-$ 和 $Br^-$。

$$BrO^-+H_2O+2e^- \longrightarrow Br^-+2OH^- \quad\Big|\times2$$

$$+\quad BrO^-+4OH^- \longrightarrow BrO_3^-+2H_2O+4e^- \quad\Big|\times1$$

$$\overline{\qquad\qquad\qquad\qquad\qquad\qquad\qquad}$$

$$3BrO^- \longrightarrow BrO_3^-+2Br^-$$

**12. 解**　$2MnO_4^-+5HC_2O_4^-+11H^+ \longrightarrow 2Mn^{2+}+10CO_2 \uparrow +8H_2O$

$$2MnO_4^- \sim 5KHC_2O_4 \sim 5KOH$$

$$c(KMnO_4)=\frac{c(KOH)V(KOH)}{V(KMnO_4)}\times\frac{2}{5}$$

$$=\frac{0.2000mol \cdot L^{-1}\times25.20mL\times10^{-3}}{30.00mL\times10^{-3}}\times\frac{2}{5}$$

$$=0.0672mol \cdot L^{-1}$$

# 重量分析法

Chapter 11

# 内容提要

重量分析法是在一定条件下，采用适当的方法（沉淀、气化、提取和电解等），使被测组分与试样中其他组分分离之后，通过称量物质的质量并据此计算被测组分含量的方法。其特点是准确度高，但操作烦琐费时。

沉淀法要求沉淀反应必须尽可能完全，沉淀纯净，易于过滤和洗涤，且易于转化为称量形式。

## 一、影响沉淀纯度的因素

**1. 共沉淀现象**

产生这种现象的原因有以下三种。

（1）表面吸附引起的共沉淀　由于吸附作用是一个放热过程，故提高溶液的温度可减少杂质的吸附。

（2）生成混晶引起的共沉淀　为减少混晶的生成，最好事先将这类杂质分离除去。

（3）吸留和包藏引起的共沉淀　可以借助改变条件、陈化或重结晶的方法来减免。

**2. 后沉淀现象**

沉淀的时间越长，后沉淀越严重，因此为防止后沉淀现象的发生，某些沉淀的陈化时间不宜过长。

## 二、晶形沉淀的条件

① 沉淀反应宜在适当稀的溶液中进行。

② 沉淀反应应在不断搅拌下逐滴加入沉淀剂。

③ 沉淀反应应在热溶液中进行。

④ 陈化。

## 三、无定形沉淀的条件

① 沉淀反应应在热的较浓溶液中进行。

② 在溶液中加入适量的电解质。

③ 不必陈化。

④ 必要时进行再沉淀。

## 四、重量分析结果的计算

被测组分的质量分数：

$$w = \frac{F \times 称量形式的质量}{试样质量}$$

$$F = \frac{a \times 被测组分的摩尔质量}{b \times 称量形式的摩尔质量}$$

式中，$a$、$b$ 是使分子和分母中所含主体元素的原子个数相等时需乘以的系数。

# 例  题

【例1】重量分析法用于测定矿石中的磁铁矿（$Fe_3O_4$）的含量。称取 1.5419g 试样，用浓盐酸溶解后，得到 $Fe^{2+}$ 和 $Fe^{3+}$ 的混合溶液。加入硝酸将 $Fe^{2+}$ 氧化至 $Fe^{3+}$，稀释后用氨水将 $Fe^{3+}$ 沉淀为 $Fe(OH)_3$。将沉淀过滤，洗涤和灼烧后得 0.8525g $Fe_2O_3$，计算 $Fe_3O_4$ 的质量分数？已知摩尔质量：$Fe_2O_3$ 为 159.69 g·mol$^{-1}$；$Fe_3O_4$ 为 231.54 g·mol$^{-1}$。

【分析】从沉淀形式和称量形式可以看出，本题中 Fe 为被测主体元素，计算时根据 Fe 的物质的量守恒进行计算。

【解】

$$F = \frac{a \times 被测组分的摩尔质量}{b \times 称量形式的摩尔质量} = \frac{2M(Fe_3O_4)}{3M(Fe_2O_3)} = \frac{2 \times 231.54 \text{g·mol}^{-1}}{3 \times 159.69 \text{g·mol}^{-1}} = 0.9666$$

被测组分的质量分数：

$$w = \frac{F \times 称量形式的质量}{试样质量} = \frac{Fm(Fe_2O_3)}{m_s} = \frac{0.9666 \times 0.8525 \text{g}}{1.5419 \text{g}} = 53.44\%$$

【例2】重量法测 Fe，试样质量 0.1666g，沉淀 $Fe_2O_3$ 称重为 0.1370g，求 $w(Fe)$，$w(Fe_3O_4)$？

【分析】由称量形式的质量计算被测组分的含量时，需引入换算因子 $F$。$F$ 是由称量形式与被测组分的定量关系决定的。在计算换算因子 $F$ 时，必须给待测组分的摩尔质量和称量形式的摩尔质量乘以适当系数，使 $F$ 的分子分母中待测元素的原子数目相等。

【解】

$$w(Fe) = \frac{m(Fe_2O_3) \cdot \dfrac{2M(Fe)}{M(Fe_2O_3)}}{m_s}$$

$$= \frac{0.1370 \text{g} \times \dfrac{2 \times 55.85 \text{g·mol}^{-1}}{159.69 \text{g·mol}^{-1}}}{0.1666 \text{g}}$$

$$= 57.52\%$$

$$w(Fe_3O_4) = \frac{m(Fe_2O_3) \cdot \dfrac{2M(Fe_3O_4)}{3M(Fe_2O_3)}}{m_s}$$

$$= \frac{0.1370 \text{g} \times \dfrac{2 \times 231.54 \text{g·mol}^{-1}}{3 \times 159.69 \text{g·mol}^{-1}}}{0.1666 \text{g}}$$

$$= 79.49\%$$

# 习　题

**1. 名词解释**

沉淀形式；称量形式；共沉淀现象；后沉淀现象；陈化；换算因数

**2. 选择题**

（1）采用（　　）可避免沉淀剂局部过浓，有利于得到晶形沉淀。

A. 均匀沉淀法　　　　B. 共沉淀法　　　　C. 后沉淀法　　　　D. 陈化法

（2）以下不是共沉淀法的是（　　）。

A. 表面吸附　　　　B. 陈化　　　　C. 吸留与包藏　　　　D. 生成混晶

**3. 简答题**

（1）沉淀形式和称量形式有何区别？试举例说明之。

（2）重量分析对沉淀的要求是什么？

（3）沉淀中混有杂质的原因是什么？如何减少？

（4）晶形沉淀和无定形沉淀的沉淀条件是什么？

（5）什么是换算因数？如何计算？

**4. 计算下列换算因数。**

|  称量形式 | 测定组分 |
| --- | --- |
| （1）$Mg_2P_2O_7$ | $MgSO_4 \cdot 7H_2O$ |
| （2）$PbCrO_4$ | $Cr_2O_3$ |
| （3）$PbSO_4$ | $Pb_3O_4$ |

**5.** 取含银试样 0.2500g，用重量分析法测定时，得 AgCl 质量为 0.3010g，试样中银的质量分数为多少？

**6.** 称取某铁矿石试样 0.2500g，经一系列处理后，沉淀形式为 $Fe(OH)_3$，称量形式为 $Fe_2O_3$，称量质量为 0.2490g，试求 Fe 和 $Fe_3O_4$ 的质量分数。

**7.** 测定一肥料样品中的钾时，称取试样 219.8mg，最后得到 $K[B(C_6H_5)_4]$ 沉淀 428.8mg，求试样中钾的含量？

**8.** 在现代生活中，铁是人类必需的微量元素。用重量法测定某补铁剂的铁元素含量。随机取 15 片该补铁剂共重20.505g，然后研磨成粉末。取其中的 3.116g 溶解后将铁元素沉淀为 $Fe(OH)_3$，洗涤。灼烧沉淀后得到 0.3550g $Fe_2O_3$。以 $FeSO_4 \cdot 7H_2O$ 来表示每片补铁剂中铁的含量。

# 习题参考答案

**1. 名词解释**

**答**　沉淀形式：往试液中加入沉淀剂，使被测组分沉淀出来，所得沉淀称为沉淀形式。

称量形式：沉淀经过过滤、洗涤、烘干或灼烧之后所得的沉淀称为称量形式。

共沉淀现象：在进行沉淀时某些可溶性杂质同时沉淀下来的现象。

后沉淀现象：当沉淀析出后，在放置过程中，溶液中的杂质离子慢慢在沉淀表面析出的现象。

陈化：也称熟化，即当沉淀作用完毕以后，让沉淀和母液在一起放置一段时间，称为陈化。

换算因数：被测组分的摩尔质量与沉淀形式的摩尔质量之比。它是一个常数。若分子、分母中主体元素的原子数不相等，应乘以适当的系数，这一比值称为换算因数。

**2. 选择题**

（1）A　　　（2）B

**3. 简答题**

（1）**答**　利用沉淀法进行重量分析时，往试液中加入适当的沉淀剂，使待测组分沉淀出来，所得的沉淀称为"沉淀形式"。沉淀经过滤、洗涤后，再将其烘干或灼烧成"称量形式"称量。根据称量形式的化学组成和质量，就可以算出被测组分的含量。沉淀形式和称量形式可以相同，也可以不同。例如，测定 $Cl^-$ 时，加入沉淀剂 $AgNO_3$，得到 $AgCl$ 沉淀，烘干后得到的仍是 $AgCl$，其沉淀形式和称量形式相同；而测定 $Mg^{2+}$ 时，沉淀形式是 $MgNH_4PO_4$，灼烧后转化成为 $Mg_2P_2O_7$ 形式称重，故两者不同。为达到准确分析的目的，对沉淀形式和称量形式均有特定的要求。

（2）**答**　① 沉淀要完全，沉淀的溶解度要小，要求沉淀的溶解损失不应超过天平的称量误差。溶解损失应小于 0.1mg。

② 沉淀力求纯净，尽量避免混杂沉淀剂或其他杂质。

③ 沉淀应易于过滤和洗涤。为此，在进行沉淀过程中，希望尽量获得粗大的晶形沉淀。如果是无定形沉淀，应注意掌握好沉淀条件，改善沉淀的性质，尽可能得到易于过滤和洗涤的沉淀。

④ 沉淀应容易全部转化为称量形式。

（3）**答**　重量分析不但要求沉淀的溶解度要小，而且要求所获得的沉淀是非常纯净的。但当沉淀从溶液中析出时，不可避免地或多或少夹带溶液中的其他组分。为此必须了解沉淀形成过程中杂质混入的原因，从而找出减少杂质混入的方法。

具体方法：

① 减少表面吸附引起的共沉淀。

② 减少生成混晶引起的共沉淀。

③ 减少吸留和包藏引起的共沉淀。

④ 减少陈化时间。

（4）**答**　晶形沉淀的条件：

① 沉淀反应宜在适当稀的溶液中进行。

② 沉淀反应应在不断搅拌下逐滴加入沉淀剂。

③ 沉淀反应应在热溶液中进行。

④ 陈化。

无定形沉淀的条件：

① 沉淀反应应在热的较浓的溶液中进行。

② 在溶液中加入适量的电解质。

③ 不必陈化。

④ 必要时进行再沉淀。

（5）**答**　换算因数：被测组分的摩尔质量与沉淀形式的摩尔质量之比。它是一个常数。若分子、分母中主体元素的原子数不相等，应乘以适当的系数，这一比值称为换算因数。

$$F = \frac{a \times 被测组分的摩尔质量}{b \times 称量形式的摩尔质量}$$

$a$、$b$ 是使分子和分母中所含主体元素的原子个数相等时需乘以的系数。

**4. 解** （1）$F = \dfrac{1 \times 被测组分的摩尔质量}{1/2 \times 称量形式的摩尔质量} = \dfrac{M(MgSO_4 \cdot 7H_2O)}{\dfrac{1}{2}M(Mg_2P_2O_7)}$

$$= \frac{246 g \cdot mol^{-1}}{112 g \cdot mol^{-1}} = 2.196$$

（2）$F = \dfrac{\dfrac{1}{2} \times 被测组分的摩尔质量}{1 \times 称量形式的摩尔质量} = \dfrac{\dfrac{1}{2}M(Cr_2O_3)}{M(PbCrO_4)} = \dfrac{76 g \cdot mol^{-1}}{323 g \cdot mol^{-1}} = 0.2353$

（3）$F = \dfrac{1 \times 被测组分的摩尔质量}{3 \times 称量形式的摩尔质量} = \dfrac{M(Pb_3O_4)}{3M(PbSO_4)} = \dfrac{686 g \cdot mol^{-1}}{909 g \cdot mol^{-1}} = 0.7547$

**5. 解** 换算因数为 $F = \dfrac{M(Ag)}{M(AgCl)} = \dfrac{108 g \cdot mol^{-1}}{143.3 g \cdot mol^{-1}} = 0.7537$

Ag 的质量为 $m(Ag) = Fm(AgCl) = 0.7537 \times 0.3010 g = 0.2269 g$

Ag 的质量分数为 $w(Ag) = \dfrac{m(Ag)}{m(样品)} = \dfrac{0.2269 g}{0.2500 g} \times 100\% = 90.76\%$

**6. 解** 换算因数分别为 $F = \dfrac{a \times 被测组分的摩尔质量}{b \times 称量形式的摩尔质量}$

$$F = \frac{M(Fe)}{\dfrac{1}{2}M(Fe_2O_3)} = \frac{56 g \cdot mol^{-1}}{80 g \cdot mol^{-1}} = 0.7$$

$$F = \frac{2M(Fe_3O_4)}{3M(Fe_2O_3)} = \frac{463 g \cdot mol^{-1}}{480 g \cdot mol^{-1}} = 0.9646$$

Fe 的质量为：

$$m(Fe) = Fm(Fe_2O_3) = 0.7 \times 0.2490 g = 0.1743 g$$

$$w(Fe) = \frac{m(Fe)}{m(样品)} = \frac{0.1743 g}{0.2500 g} \times 100\% = 69.72\%$$

$Fe_3O_4$ 的质量为：

$$m(Fe_3O_4) = Fm(Fe_2O_3) = 0.9646 \times 0.2490 g = 0.2402 g$$

$$w(Fe_3O_4) = \frac{m(Fe_3O_4)}{m(样品)} = \frac{0.2402 g}{0.2500 g} \times 100\% = 96.08\%$$

**7. 解** $K[B(C_6H_5)_4]$ 的分子量为 358.3，钾的原子量为 39.10

$$F = \frac{M(K)}{M(K[B(C_6H_5)_4])} = \frac{39.10 g \cdot mol^{-1}}{358.3 g \cdot mol^{-1}} = 0.1091$$

$$w(K) = \frac{m(K[B(C_6H_5)_4])}{m(样品)} = \frac{428.8 mg \times 0.1091}{219.8 mg} \times 100\% = 21.28\%$$

**8. 解** 根据反应关系得出 $2FeSO_4 \cdot 7H_2O \longrightarrow 2Fe(OH)_3 \longrightarrow Fe_2O_3$

$$FeSO_4 \cdot 7H_2O(g/片) = \frac{m_{Fe_2O_3} \times \dfrac{2M_{FeSO_4 \cdot 7H_2O}}{M_{Fe_2O_3}}}{m_{样品}}$$

$$= \frac{0.3550g \times \dfrac{2 \times 278.01g \cdot mol^{-1}}{159.69g \cdot mol^{-1}}}{\dfrac{3.116g \times 15 \text{ 片}}{20.505g}}$$

$$= 0.5423g \cdot 片^{-1}$$

# 第十二章 紫外-可见分光光度法

Chapter 12

# 内容提要

## 一、吸光光度法及特点

基于物质对光选择性吸收而建立起来的分析方法，称为吸光光度法，又称吸收光谱法，包括比色法和分光光度法。吸光光度法属于仪器分析法，与化学分析法相比，其具有以下特点。

### 1. 灵敏度高

吸光光度法常用于测定物质中的微量组分（$1\% \sim 10^{-3}\%$）。对固体试样一般可测至 $10^{-5}\%$。

### 2. 准确度高

一般吸光光度法测定的相对误差为 $2\% \sim 5\%$，比一般化学分析法的相对误差要大（$0.3\%$ 以内），但由于该分析多是用来测定微量组分的，故由此引出的绝对误差并不大，完全能够满足微量组分的测定要求。

### 3. 操作简便快速

吸光光度法所用的仪器都不复杂，操作方便。

### 4. 应用广泛

吸光光度法广泛地应用于微量、痕量分析的领域。几乎所有的无机离子和许多有机化合物都可直接或间接地用吸光光度法测定。

## 二、基本原理

### 1. 光的基本性质

（1）可见光　肉眼可感觉到的光，称为可见光。可见光波长范围为 $400 \sim 760$nm。

（2）复合光　具有同一波长的光称为单色光，每种颜色的单色光都具有一定的波长范围，通常把由不同波长的光组成的光称为复合光。让一束白光通过棱镜，由于折射作用可分为红、橙、黄、绿、青、蓝、紫七种色光，这种现象称为色散，所以白光即为复合光。

（3）互补光　将适当颜色的两种单色光（红-青、橙-青蓝、黄-蓝、绿-紫）按一定的强度比例混合，可以形成白光，这两种单色光被称为互补光。

（4）吸收曲线（吸收光谱）　　物质对光部分吸收、部分透过，则物质呈现吸收光的互补色。以波长为横坐标，以吸光度为纵坐标测定某物质不同波长单色光的吸收程度并作图，可以获得一条曲线，称为吸收曲线或吸收光谱。在最大吸收峰附近吸光度测量的灵敏度最高。

因此利用最大吸收波长的单色光，测定物质对光的吸收程度以确定其浓度是紫外-可见分光光度分析的定量依据。

**2. 朗伯-比尔定律**

（1）朗伯-比尔定律概念　在一定温度下，当一束波长平行的单色光通过有色溶液时，其吸光度与溶液浓度和厚度的乘积成正比。

$$A = \lg \frac{I_0}{I_t} = Kbc$$

透过光的强度 $I_t$ 与入射光的强度 $I_0$ 之比 $\frac{I_t}{I_0}$ 称为透光率，常用符号 $T$ 表示，它们关系为：

$$A = \lg \frac{I_0}{I_t} = \lg \frac{1}{T} = Kbc$$

当 $c$ 单位为 $g \cdot L^{-1}$，$b$ 单位为 cm 时，$K$ 用 $a$ 表示，其单位为 $L \cdot g^{-1} \cdot cm^{-1}$，$a$ 称为吸光系数。

$$A = abc$$

当 $c$ 的单位为 $mol \cdot L^{-1}$，$b$ 单位为 cm 时，$K$ 用 $\varepsilon$ 表示，其单位为 $mol^{-1} \cdot L \cdot cm^{-1}$，$\varepsilon$ 称为摩尔吸光系数。

$$A = \varepsilon bc$$

（2）偏离朗伯-比尔定律的原因　①高浓度引起的偏离；②非单色入射光引起的偏离；③介质不均匀引起的偏离；④反应条件变化引起的偏离。

## 三、分光光度测定方法

分光光度计的组成：光源、单色器（包括光学系统）、吸收池、检测器、显示系统等。

**1. 工作曲线法**

配制一系列不同浓度的标准溶液，在相同条件下显色、定容，用相同厚度的吸收池，在同一波长的单色光下以适宜的空白溶液调节仪器的零点，用分光光度计分别测出其吸光度，然后以吸光度为纵坐标，以浓度为横坐标作图，即得到一条通过原点的直线，称为工作曲线或标准曲线。

**2. 比较法**

由朗伯-比尔定律 $A = \varepsilon bc$ 得：

$$A_s = \varepsilon b c_s \qquad A_x = \varepsilon b c_x$$

$$A_s : A_x = c_s : c_x \qquad c_x = \frac{A_x}{A_s} \times c_s$$

## 四、测定误差及测定条件的选择

**1. 测定误差**

（1）光度测量误差　一般来说吸光度为 0.2～0.8（透光率为 $15\% \sim 65\%$）时，浓度的测量相对误差都不太大，这是分光光度法在分析中比较适宜的吸光度读数范围。

（2）仪器误差　①仪器稳定性；②仪器精度；③杂散光的影响。

（3）操作误差　由操作人员的生理缺陷、主观偏见、不良习惯或不规范操作而产生的误差。

**2. 测定条件的选择**

（1）选择合适的入射光波长　按照干扰最小、吸光度尽可能大的原则选择测量波长。

（2）吸光度范围的控制　一般应控制被测溶液的吸光度在 0.2～0.8（透光率为 65%～15%）。当溶液的吸光度不在此范围时，可以通过改变称样量、稀释溶液以及选择不同厚度的比色皿来控制吸光度。

（3）选择合适的参比溶液　选择参比溶液的总的原则是：使试液的吸光度能真正反映待测物的浓度。

① 纯溶剂空白。当试液、试剂、显色剂均无色，可直接用纯溶剂（或去离子水）作参比溶液。

② 试剂空白。试液无色，而试剂或显色剂有色时，应选试剂空白。即在同一显色反应条件下，加入相同量的显色剂和试剂（不加试样溶液），并稀释至同一体积，以此溶液作参比溶液。

③ 试液空白。如试样中其他组分有色，而试剂和显色剂均无色，应采用不加显色剂的试液作参比溶液。

### 五、应用实例——磷钼蓝法测定全磷

测定时先用浓硫酸和高氯酸（$HClO_4$）处理试样，使磷的各种形式转为 $H_3PO_4$，然后在硝酸介质中，$H_3PO_4$ 与 $(NH_4)_2MoO_4$ 反应形成磷钼黄杂多酸 $(NH_4)_3[PMo_{12}O_{40}]$。其反应如下：

$$H_3PO_4 + 12(NH_4)_2MoO_4 + 21HNO_3 \Longrightarrow (NH_4)_3[PMo_{12}O_{40}] + 21NH_4NO_3 + 12H_2O$$

在一定酸度下，加入适量的还原剂（抗坏血酸）将磷钼酸还原为磷钼蓝，使溶液呈深蓝色，在 660nm 波长处有最大吸收，由于含量低，基本上满足朗伯-比尔定律要求，用标准曲线法可以测得试样中的全磷含量。

# 例　题

【例 1】已知 $Fe^{2+}$ 的质量浓度为 $500\mu g \cdot L^{-1}$，用邻二氮菲测定铁时，吸收池厚度为 2cm，在波长 508nm 处测得吸光度 $A = 0.19$，求 $\varepsilon = ?$

【分析】根据朗伯-比尔定律 $A = \varepsilon bc$，求 $\varepsilon$。则 $c$ 的单位应为 $mol \cdot L^{-1}$。已知 $b = 2cm$，$A = 0.19$，$c = 500\mu g \cdot L^{-1}$，将 $c = 500\mu g \cdot L^{-1}$ 换算成 $c$ 的单位为 $mol \cdot L^{-1}$ 即可。

【解】Fe 的原子量为 55.85，其摩尔质量为 $55.85 g \cdot mol^{-1}$

$$c(Fe^{2+}) = \frac{500 \times 10^{-6} g \cdot L^{-1}}{55.85 g \cdot mol^{-1}} \approx 9.0 \times 10^{-6} mol \cdot L^{-1}$$

$$\varepsilon = \frac{A}{bc} = \frac{0.19}{2cm \times 9.0 \times 10^{-6} mol \cdot L^{-1}} = 1.1 \times 10^4 L \cdot mol^{-1} \cdot cm^{-1}$$

$\varepsilon$ 为 $1.1 \times 10^4 L \cdot mol^{-1} \cdot cm^{-1}$。

【例 2】用分光光度法测定有色物质。已知摩尔吸光系数是 $2.5 \times 10^4 L \cdot mol^{-1} \cdot cm^{-1}$，每升中含有 $5.0 \times 10^{-3}g$ 溶质，在 1cm 比色皿中测得透光率是 10%，计算该物质的摩尔质量。

【分析】已知 $\varepsilon = 2.5 \times 10^4 L \cdot mol^{-1} \cdot cm^{-1}$，$V = 1L$，$m = 5.0 \times 10^{-3}g$，$b = 1cm$，$T = $

10%，已知 $A=-\lg T$ 可以求出 $A$ 是多少，再根据朗伯-比尔定律 $A=\varepsilon bc$ 求出 $c$ 是多少。由公式 $c=\dfrac{n}{V}$ 和 $n=\dfrac{m}{M}$ 就可以求出该物质的摩尔质量。

【解】$A=-\lg T=-\lg 10\%=1.00$

$$c=\frac{A}{\varepsilon b}=\frac{1.00}{2.5\times 10^4 \text{L}\cdot\text{mol}^{-1}\cdot\text{cm}^{-1}\times 1\text{cm}}=4.0\times 10^{-5}\,\text{mol}\cdot\text{L}^{-1}$$

$$M=\frac{m}{cV}=\frac{5.0\times 10^{-3}\text{g}}{4.0\times 10^{-5}\text{mol}\cdot\text{L}^{-1}\times 1\text{L}}=125\text{g}\cdot\text{mol}^{-1}$$

该物质的摩尔质量为 $125\text{g}\cdot\text{mol}^{-1}$。

【例3】$0.500$g 钢样溶解后，以 $Ag^+$ 作催化剂，将试样中的 Mn 氧化成高锰酸根，然后将试样稀释至 $250.0$mL，于 $525$nm 处，用 $1.00$cm 吸收池测得吸光度为 $0.393$。若高锰酸根在 $525$nm 处的摩尔吸光系数为 $2025\text{L}\cdot\text{mol}^{-1}\cdot\text{cm}^{-1}$，计算钢样中 Mn 的质量分数。Mn 的原子量为 $54.94$。

【分析】根据朗伯-比尔定律 $A=\varepsilon bc$ 求出 $c$ 是多少。再根据 $n=cV$ 和 $n=\dfrac{m}{M}$ 计算出 $0.500$g 钢样纯 Mn 的质量，然后就可以计算出钢样中 Mn 的质量分数。

【解】依据朗伯-比尔定律 $A=\varepsilon bc$ 得：

$$c=\frac{0.393}{2025\text{L}\cdot\text{mol}^{-1}\cdot\text{cm}^{-1}\times 1.00\text{cm}}=1.94\times 10^{-4}\,\text{mol}\cdot\text{L}^{-1}$$

$$w=\frac{1.94\times 10^{-4}\text{mol}\cdot\text{L}^{-1}\times 250.0\text{mL}\times 10^{-3}\text{L}\times 54.94\text{g}\cdot\text{mol}^{-1}}{0.500\text{g}}\times 100\%=0.53\%$$

钢样中 Mn 的质量分数为 $0.53\%$。

【例4】某一有色溶液，在 $500$nm 波长处测得吸光度为 $0.800$，取其浓度为 $2.0\times 10^{-4}\text{mol}\cdot\text{L}^{-1}$ 的标准溶液，在同等条件下测得吸光度为 $0.600$，求该有色溶液浓度为多少？

【分析】根据朗伯-比尔定律 $A=\varepsilon bc$，由于是同等条件下，所以 $\varepsilon$ 和 $b$ 均相同，通过比较法就可以求出有色溶液浓度。

【解】依据朗伯-比尔定律 $A=\varepsilon bc$ 得：

$$A_{标}=\varepsilon bc_{标}\;\text{和}\;A_{样}=\varepsilon bc_{样}$$
$$0.800=\varepsilon bc_{样}$$
$$0.600=\varepsilon b\times 2.0\times 10^{-4}\text{mol}\cdot\text{L}^{-1}$$
$$c_{样}=2.67\times 10^{-4}\,\text{mol}\cdot\text{L}^{-1}$$

该有色溶液浓度为 $2.67\times 10^{-4}\text{mol}\cdot\text{L}^{-1}$。

【例5】在 $470$nm 处，某酸碱指示剂酸式的摩尔吸光系数（$\varepsilon_{\text{HIn}}$）为 $120\text{L}\cdot\text{mol}^{-1}\cdot\text{cm}^{-1}$，碱式的摩尔吸光系数（$\varepsilon_{\text{In}^-}$）为 $1052\text{L}\cdot\text{mol}^{-1}\cdot\text{cm}^{-1}$。浓度为 $1.00\times 10^{-3}\text{mol}\cdot\text{L}^{-1}$ 的该指示剂，在 $750$nm 处，用 $1$cm 比色皿测得吸光度为 $0.864$。计算该溶液中指示剂酸式的浓度。

【分析】两种有色物质共存，存在颜色叠加现象，则吸光度存在加和性，即：$A=A_1+A_2$。根据朗伯-比尔定律 $A=\varepsilon bc$ 进行计算。

【解】根据吸光度的加和性，得：

$$A=\varepsilon(\text{HIn})bc(\text{HIn})+\varepsilon(\text{In}^-)bc(\text{In}^-)$$

设 $c(\text{HIn})=x\,\text{mol}\cdot\text{L}^{-1}$

则 $c(\text{In}^-) = (1.00 \times 10^{-3} - x)$ mol·L$^{-1}$

$0.864 = 120$ L·mol$^{-1}$·cm$^{-1} \times 1$ cm $\times x$ mol·L$^{-1} + 1052$ L·mol$^{-1}$·cm$^{-1} \times 1$ cm $\times (1.00 \times 10^{-3} - x)$ mol·L$^{-1}$

解得：$c(\text{HIn}) = 2.02 \times 10^{-4}$ mol·L$^{-1}$

# 习　题

**1.** 简答题

（1）什么是吸收曲线？有何实际意义？

（2）朗伯-比尔定律的物理意义是什么？

（3）摩尔吸光系数的物理意义是什么？它与哪些因素有关？

（4）分光光度法测定中，参比溶液的作用是什么？选择参比溶液的原则是什么？

（5）偏离朗伯-比尔定律的原因主要有哪些？

（6）什么是标准曲线？有何实际意义？

**2.** 有一有色溶液，每升含有 $4.0 \times 10^{-3}$ g溶质，此溶质的摩尔质量为 $100$ g·mol$^{-1}$，将此溶液放入 2cm 厚度的吸收池中，测得吸光度为 0.8，求该溶液的摩尔吸光系数。

**3.** 某苦味酸铵试样 0.0250g，用 95％乙醇溶解并配成 1.0L 溶液，在 380nm 波长处用 1.0cm 的吸收池测得吸光度为 0.760，试估计这苦味酸铵的分子量是多少？已知在 95％乙醇溶液中苦味酸铵在 380nm 时，$\varepsilon = 1 \times 10^{4.13}$ L·mol$^{-1}$·cm$^{-1}$。

**4.** 称取 0.5000g 钢样，溶于酸后，使其中的锰氧化成 $\text{MnO}_4^-$，在容量瓶中将溶液稀释至 100mL，稀释后的溶液用 2cm 的吸收池，在 520nm 波长处测得吸光度为 0.620，$\text{MnO}_4^-$ 在该处的摩尔吸光系数为 2235 L·mol$^{-1}$·cm$^{-1}$。计算钢样中锰的质量分数 $[M(\text{Mn}) = 54.94$ g·mol$^{-1}]$。

**5.** 有一 A 和 B 两种化合物混合溶液，已知 A 在波长 282nm 和 238nm 处的吸光系数分别为 720 L·g$^{-1}$·cm$^{-1}$ 和 270 L·g$^{-1}$·cm$^{-1}$；而 B 在上述两波长处吸光度相等。现把 A 和 B 混合液盛于 1.0cm 吸收池中，测得 $\lambda_{\max} = 282$nm 处的吸光度为 0.442，在 $\lambda_{\max} = 238$nm 处的吸光度为 0.278，求化合物 A 的浓度。

# 习题参考答案

**1.** 简答题

（1）**答**　以波长为横坐标，以吸光度为纵坐标测定某物质不同波长单色光的吸收程度并作图，可以获得一条曲线，称为吸收曲线或吸收光谱。

通过光吸收曲线可以找到物质的最大吸收峰，在最大吸收峰附近吸光度测量的灵敏度最高。因此利用最大吸收峰波长的单色光，测定物质对光的吸收程度而确定其浓度是紫外-可见分光光度分析的定量依据。

（2）**答**　在一定温度下，当一束波长一定的单色光通过有色溶液时，其吸光度与溶液浓度和厚度的乘积成正比。

（3）**答**　摩尔吸光系数 $\varepsilon$ 的物理意义为：在一定温度下，在一定波长下，待测物质浓度为 1mol·L$^{-1}$，液层厚度为 1cm 时，所具有的吸光度。它与入射光的波长、吸光物质的性质和测量的温度等因素有关。

（4）**答** 在吸光度测量中，作为比较的溶液或溶剂称为参比溶液或空白溶液。在测量吸光度时，利用参比溶液调节仪器的吸光度，使之为零，这样测得的吸光度消除了比色皿壁反射以及溶剂、试剂等对应的吸收而产生的误差，较真实地反映了待测物质对光的吸收程度，也就较真实地反映了待测物质的浓度。

选择参比溶液的总的原则是：使试液的吸光度能真正反映待测物的浓度。

① 纯溶剂空白。当试液、试剂、显色剂均无色，可直接用纯溶剂（或去离子水）作参比溶液。

② 试剂空白。试液无色，而试剂或显色剂有色时，应选试剂空白。即在同一显色反应条件下，加入相同量的显色剂和试剂（不加试样溶液），并稀释至同一体积，以此溶液作参比溶液。

③ 试液空白。如试样中其他组分有色，而试剂和显色剂均无色，应采用不加显色剂的试液作参比溶液。

（5）**答** ① 高浓度引起的偏离。朗伯-比尔定律是一个有限制性的定律，它假设了吸收粒子之间是无相互作用的，因此仅在稀溶液的情况下才适用。在高浓度（通常 $c > 0.01 \text{mol} \cdot \text{L}^{-1}$）溶液中，由于吸光物质的分子或离子间的平均距离缩小，使相邻的吸光微粒（分子或离子）的电荷分布互相影响，从而改变了它对光的吸收能力。由于这种相互影响的过程同浓度有关，因此使吸光度 $A$ 与浓度 $c$ 之间的线性关系发生了偏离。

② 非单色入射光引起的偏离。朗伯-比尔定律只适用于单色光，而实际应用的分光光度计中的单色器获得的光束不是单色光，而是具有较窄波长范围的复合光带，这些非单色光会引起对朗伯-比尔定律的偏离，这是仪器条件的限制所造成的。

③ 介质不均匀引起的偏离。朗伯-比尔定律是建立在均匀、非散射溶液基础上的。如果介质不均匀，如呈胶体、乳浊、悬浮状态，入射光会发生反射、散射而造成损失，则测得的吸光度大于吸光物质对光的吸收从而导致正偏差。

④ 反应条件变化引起的偏离。吸光微粒在溶液中发生解离、缔合、互变异构等化学反应时，降低了实际吸光物质的微粒数，吸光度降低而发生负偏差。

（6）**答** 配制一系列不同浓度的标准溶液，在相同条件下显色、定容，用相同厚度的吸收池，在同一波长的单色光下以适宜的空白溶液调节仪器的零点，用分光光度计分别测出其吸光度，然后以吸光度为纵坐标，以浓度为横坐标作图，即得到一条通过原点的直线，称为工作曲线或标准曲线。将待测试液在相同的条件下测定其吸光度 $A_x$ 并从工作曲线上查出其对应的浓度 $c_x$，即可求出待测物质的浓度或百分含量，方便快捷。

**2. 解** 该溶液的物质的量浓度为

$$c = \frac{4.0 \times 10^{-3} \text{g} \cdot \text{L}^{-1}}{100 \text{g} \cdot \text{mol}^{-1}} = 4.0 \times 10^{-5} \text{mol} \cdot \text{L}^{-1}$$

依据朗伯-比尔定律 $A = \varepsilon bc$ 得：

$$0.8 = \varepsilon \times 2 \text{cm} \times 4.0 \times 10^{-5} \text{mol} \cdot \text{L}^{-1}$$

$$\varepsilon = 1.0 \times 10^{4} \text{L} \cdot \text{mol}^{-1} \cdot \text{cm}^{-1}$$

该溶液的摩尔吸光系数为 $1.0 \times 10^{4} \text{L} \cdot \text{mol}^{-1} \cdot \text{cm}^{-1}$。

**3. 解** 依据朗伯-比尔定律 $A = \varepsilon bc$ 得：

$$0.760 = 1 \times 10^{4.13} \text{L} \cdot \text{mol}^{-1} \cdot \text{cm}^{-1} \times 1.0 \text{cm} \times c$$

$$c = 5.63 \times 10^{-5} \text{mol} \cdot \text{L}^{-1}$$

又因为 $c = \dfrac{n}{V}$ 和 $n = \dfrac{m}{M}$ 得：

$$5.63 \times 10^{-5}\,\mathrm{mol \cdot L^{-1}} = \dfrac{\dfrac{0.025\mathrm{g}}{M}}{1.0\mathrm{L}}$$

$$M = 444.05\,\mathrm{g \cdot mol^{-1}}$$

该苦味酸铵的分子量是 $444.05\,\mathrm{g \cdot mol^{-1}}$。

**4. 解** 依据朗伯-比尔定律 $A = \varepsilon bc$ 得：

$$0.620 = 2235\,\mathrm{L \cdot mol^{-1} \cdot cm^{-1}} \times 2.0\,\mathrm{cm} \times c$$

$$c = 1.39 \times 10^{-4}\,\mathrm{mol \cdot L^{-1}}$$

$$w_{\mathrm{Mn}} = \dfrac{1.39 \times 10^{-4}\,\mathrm{mol \cdot L^{-1}} \times 0.1\mathrm{L} \times 54.94\,\mathrm{g \cdot mol^{-1}}}{0.5000\mathrm{g}} \times 100\% = 0.153\%$$

钢样中锰的质量分数为 $0.153\%$。

**5. 解** 依据 $A = A_1 + A_2$ 及朗伯-比尔定律 $A = kbc$：

$$A_1 = k_{\mathrm{A}} b c_{\mathrm{A}} + A_{\mathrm{B}}$$

$$A_2 = k_{\mathrm{A}} b c_{\mathrm{A}} + A_{\mathrm{B}}$$

$$0.442 = 720\,\mathrm{L \cdot g^{-1} \cdot cm^{-1}} \times 1.0\,\mathrm{cm} \times c_{\mathrm{A}} + A_{\mathrm{B}}$$

$$0.278 = 270\,\mathrm{L \cdot g^{-1} \cdot cm^{-1}} \times 1.0\,\mathrm{cm} \times c_{\mathrm{A}} + A_{\mathrm{B}}$$

解得： $c_{\mathrm{A}} = \dfrac{0.442 - 0.278}{(720 - 270)\,\mathrm{L \cdot g^{-1} \cdot cm^{-1}} \times 1.0\,\mathrm{cm}} = 3.64 \times 10^{-4}\,\mathrm{g \cdot L^{-1}}$

化合物 A 的浓度为 $3.64 \times 10^{-4}\,\mathrm{g \cdot L^{-1}}$。

# 第十三章

**Chapter 13**

# 电势分析法

## 内容提要

### 一、电势分析法的基本原理

电势分析法是利用测定含有待测溶液的化学电池的电动势，从而求得溶液中待测组分含量的方法。通常在待测溶液中插入两支性质不同的电极，用导线连接组成化学电池。电势分析法是利用电极电势和活（浓）度之间的关系，从而确定待测物活（浓）度。

$$\varphi(M^{n+}/M) = \varphi^{\ominus}(M^{n+}/M) + \frac{RT}{nF}\ln a(M^{n+})$$

式中，$\varphi^{\ominus}(M^{n+}/M)$ 为电极 $M^{n+}/M$ 的标准电极电势；$a(M^{n+})$ 为金属离子 $M^{n+}$ 的活度（在浓度很低的时候，可用浓度 $c$ 代替活度 $a$）。

在电势分析法中指示电极与参比电极及试液一起组成工作电池：

$$(-)M\mid M^{n+}（试液）\parallel 参比电极（+）$$

电池电动势可表示为：

$$E = \varphi_{参比} - \varphi(M^{n+}/M)$$
$$= \varphi_{参比} - \varphi^{\ominus}(M^{n+}/M) - \frac{RT}{nF}\ln a(M^{n+})$$

式中，$\varphi_{参比}$ 和 $\varphi^{\ominus}(M^{n+}/M)$ 在温度一定时都是常数，电池电动势的值反映了离子活度的大小，只要测出电池电动势就可以求得离子的活（浓）度。这种方法称为直接电势法。同理，在滴定过程中由于电极电势随离子活度的变化而变化，若在被滴定的溶液中插入一对适当的电极组成电池，则电池电动势也会随之而变化，在滴定终点附近电动势随待测离子（或滴定剂）浓度的突变而产生电势突跃。因此，测定电动势的变化就可以确定滴定终点，这种方法称为电势滴定法。

### 二、参比电极和指示电极

#### 1. 参比电极

（1）甘汞电极　甘汞电极是由金属汞、甘汞（$Hg_2Cl_2$）和氯化钾溶液组成的电极。

甘汞电极的电极符号：

$$Hg(l)\mid Hg_2Cl_2(s)\mid Cl^-(aq)$$

电极反应为：$Hg_2Cl_2$（s）$+2e^- \rule[0.5ex]{1.5em}{0.4pt} 2Hg+2Cl^-$

298.15K 时其电极电势表示为：

$$\varphi(\mathrm{Hg_2Cl_2/Hg}) = \varphi^{\ominus}(\mathrm{Hg_2Cl_2/Hg}) - 0.0592\mathrm{V}\ln a(\mathrm{Cl^-})$$

（2）银-氯化银电极　银-氯化银电极也是常用的参比电极。将表面镀有一层氯化银的银丝浸入一定浓度的氯化钾溶液中，即构成银-氯化银电极。

电极符号：Ag，AgCl（s）｜KCl（$aq$）

电极反应：$\mathrm{AgCl + e^- \Longrightarrow Ag + Cl^-}$

298.15K 时其电极电势可表示为：

$$\varphi(\mathrm{AgCl/Ag}) = \varphi^{\ominus}(\mathrm{AgCl/Ag}) - 0.0592\mathrm{V}\ln a(\mathrm{Cl^-})$$

**2. 指示电极**

指示电极是能对溶液中待测离子的活度产生灵敏响应的电极，而且响应速度快，并能很快地达到平衡，干扰物质少，且较易消除。常见的指示电极有金属类电极和离子选择性电极。

（1）金属类电极　常见的金属类电极有以下 3 类。

① 金属-金属离子电极（第一类电极）：由金属与该金属离子溶液所构成。电极反应为

$$\mathrm{M^{n+} + ne^- \Longrightarrow M}$$

电极电势为

$$\varphi = \varphi^{\ominus} + \frac{RT}{nF}\ln a(\mathrm{M^{n+}})$$

② 金属难溶盐电极（第二类电极）：由金属及其难溶盐浸入此难溶盐的阴离子溶液中所构成的。电极反应为

$$\mathrm{M_nX_m + mne^- \Longrightarrow nM + mX^{n-}}$$

电极电势为

$$\varphi = \varphi^{\ominus} - \frac{RT}{mnF}\ln a^m(\mathrm{X^{n-}})$$

这类电极常在固定阴离子活度（或浓度）条件下作参比电极。

③ 惰性电极（零类电极）：由金、铂、石墨等惰性导体浸入含有氧化还原电对的溶液中所构成，也称均相氧化还原电极。电极反应为

$$\mathrm{M^{m+} + ne^- \Longrightarrow M^{(m-n)+}}$$

电极电势为

$$\varphi[\mathrm{M^{m+}/M^{(m-n)+}}] = \varphi^{\ominus}[\mathrm{M^{m+}/M^{(m-n)+}}] + \frac{RT}{nF}\ln\frac{a(\mathrm{M^{m+}})}{a[\mathrm{M^{(m-n)+}}]}$$

惰性金属或石墨本身并不参与电极反应，它只是作为氧化还原反应交换电子的场所。

（2）离子选择性电极　离子选择性电极又称薄膜电极，是电势分析中应用最广泛的指示电极。它是一种电化学传感器，能对溶液中特定离子产生选择性响应，其电极电势可用能斯特方程表示：

$$\Delta\varphi_{\mathrm{M}} = K \pm \frac{RT}{nF}\ln a(\mathrm{A})$$

式中，$\Delta\varphi_{\mathrm{M}}$ 为膜电极电势；A 为被测离子，A 为阳离子时选"＋"号，A 为阴离子时选"－"号。此类膜电极会在后面作详细讨论。

## 三、电势分析法的应用

**1. pH 的测定**

（1）基本原理　最常用的直接电势法是测定溶液的 pH，测定时，用 pH 玻璃电极作指示电极（负极），饱和甘汞电极作参比电极（正极），与待测试液组成工作电池。

（－）Ag｜AgCl｜HCl｜玻璃膜｜试液‖KCl（饱和）｜Hg₂Cl₂｜Hg（＋）

电池电动势：

$$E = \varphi_{\text{甘汞}} - \varphi_{\text{玻璃}} + \Delta\varphi_{\text{L}}$$

298.15K 时，可表示为：

$$E = K' + 0.0592 \text{VpH}$$

电池的电动势与试液的 pH 呈直线关系，这就是直接电势法测定 pH 的依据。

（2）测量方法　设有两种溶液 X 和 S，其中 X 代表试液，S 代表标准缓冲溶液，两试液分别与二支电极组成的电池如下：

pH 玻璃电极｜标准缓冲溶液 S 或试液 X‖甘汞电极

$$\text{pH}_X = \text{pH}_S + \frac{E_X - E_S}{2.303RT/F}$$

**2. 离子活（浓）度测定的基本原理**

用离子选择性电极测定离子活度时，是以离子选择性电极作为指示电极，以甘汞电极作为参比电极，与待测溶液组成一个测量电池，用离子计或精密 pH 计测量电池电动势。对应离子 $M^{n+}$ 响应的离子选择性电极，其膜电势为：

$$\Delta\varphi_M = K + (2.303RT/nF)\lg a(M^{n+})$$

对阴离子 $R^{n-}$ 有响应的离子选择性电极，膜电势为：

$$\Delta\varphi_M = K - (2.303RT/nF)\lg a(R^{n-})$$

# 例　题

【例1】电池：（－）玻璃电极｜$H^+$（$a = ?$）｜饱和甘汞电极（＋），在 25℃ 时，对 pH 等于 4.00 的缓冲溶液，测得电池的电动势为 0.209V。当缓冲液由未知液代替时，测得电池的电动势为 0.088V，计算未知液的 pH。

【分析】　　$E_X = K_X + S \cdot \text{pH}_X$（试液），$E_S = K_S + S \cdot \text{pH}_S$（标液）

【解】　　$\text{pH}_X = \text{pH}_S + \dfrac{E_X - E_S}{0.0592} = 4.00 + \dfrac{0.088\text{V} - 0.209\text{V}}{0.0592\text{V}} = 1.96$

【例2】用 $F^-$ 电极和甘汞电极与溶液构成原电池，用离子计测得 $1.00 \times 10^{-6} \text{mol} \cdot \text{L}^{-1}$ NaF 标液的电池电动势为 334mV，测得 $1.00 \times 10^{-5} \text{mol} \cdot \text{L}^{-1}$ NaF 标液的电池电动势为 278mV，测得某水样的电池电动势为 300mV，计算该水样中 $F^-$ 的含量。

【分析】依题意知 $F^-$ 电极为正极，故 Nernst 方程为 $E = K - S\lg c$（$F^-$），代入有关数据即得。

【解】$334\text{mV} = K - S\lg(1.00 \times 10^{-6} \text{mol} \cdot \text{L}^{-1})$

$278\text{mV} = K - S\lg(1.00 \times 10^{-5} \text{mol} \cdot \text{L}^{-1})$

$300\text{mV} = K - S\lg c(F^-)$

$S = 56, K = -2, S\lg c(F^-) = K - 300$

$c(F^-) = 4.05 \times 10^{-6} \text{mol} \cdot \text{L}^{-1}$

# 习　题

**1. 填空题**

（1）正确的饱和甘汞电极的半电池的组成为（　　　　　　　　）。

（2）用钠离子玻璃电极测定钠离子时，可以采用 $1mol \cdot L^{-1}$ 氨水和 $1mol \cdot L^{-1}$ 氯化铵作总离子强度调节缓冲液，其作用是（　　　　　）。

（3）在测定溶液的 pH 时，需要用标准 pH 缓冲溶液进行校正测定，其目的是（　　　）。

（4）考虑 $F^-$ 选择电极的膜特性，氟离子选择电极使用的合适的 pH 范围为（　　）。

（5）玻璃电极的内参比电极是（　　　　　）。

（6）pH 玻璃电极产生的不对称电位是来源于（　　　　　　）。

（7）如果在酸性溶液中，使用氟离子选择电极测定氟离子，则（　　　　　　）。

**2. 选择题**

（1）玻璃电极使用前浸泡的目的是（　　）。

A. 活化电极　　　　　　B. 清洗电极　　　　　　C. 校正电极　　　　　　D. 检查电极性能

（2）氟化镧晶体膜离子选择性电极膜电位的产生是由于（　　）。

A. 氟离子在晶体膜表面进行离子交换和扩散形成双电层结构

B. 氟离子在晶体膜表面还原而传递电子

C. 氟离子穿透晶体膜使膜内外氟离子产生浓度差形成双电层结构

D. 氟离子进入晶体膜表面的晶格缺陷形成双电层结构

（3）离子选择性电极的结构中必不可少的部分为（　　）。

A. 电极杆　　　　　　　　　　　　　　B. 内参比电极

C. 内参比溶液　　　　　　　　　　　　D. 对特定离子呈能斯特响应的敏感膜

（4）用氟离子选择性电极测定溶液中的氟离子含量，主要的干扰离子是（　　）。

A. $Na^+$　　　　　　　B. $Mg^{2+}$　　　　　　C. $OH^-$　　　　　　　D. $La^+$

（5）下列影响电池电动势测量准确度的因素中，最主要的是（　　）。

A. 指示电极的性能　　　　　　　　　　B. 液接电位的变化

C. 溶液中的共存离子　　　　　　　　　D. 酸度计的精度

（6）pH 玻璃电极膜电位的产生是由于（　　）。

A. 玻璃膜水化层中的 $H^+$ 与溶液中的 $H^+$ 发生交换作用

B. 玻璃膜上的 $H^+$ 得到电子

C. 玻璃膜上有电子流动

D. 溶液中的 $H^+$ 渗透过玻璃膜

（7）已知电极反应 $Hg_2Cl_2 + 2e^- \longrightarrow 2Hg + 2Cl^-$，则 25℃时其电极电位为（　　）。

A. $\varphi = \varphi^\ominus + 0.0592 \lg a(Cl^-)$　　　　　　B. $\varphi = \varphi^\ominus + \dfrac{0.0592}{2} \lg a(Cl^-)$

C. $\varphi = \varphi^\ominus - 0.0592 \lg a(Cl^-)$　　　　　　D. $\varphi = \varphi^\ominus - \dfrac{0.0592}{2} \lg a(Cl^-)$

（8）欲测定血清中的游离钙的浓度，可用（　　）。

A. 配位滴定法　　　　　　　　　　　　B. 原子吸收分光光度法

C. 氧化还原滴定法　　　　　　　　　　D. 直接电位法

（9）电位分析法不能测定的是（　　）。

A. 无机离子的浓度　　　　　　　　　　B. 能对电极响应的离子浓度

C. 被测离子各种价态的总浓度　　　　　D. 低价金属离子的浓度

（10）使用氟离子选择电极时，如果测量的溶液 pH 比较高，则发生（　　）。

A. 溶液中的氢氧根与氧化镧晶体膜中的氟离子进行交换

B. 形成氧化膜

C. 氟化镧晶体发生溶解

D. 溶液中的氢氧根破坏氟化镧晶体结构

（11）用离子选择电极进行测量时，需要磁搅拌器搅拌溶液，这是因为（　　）。

A. 加快响应速度　　　　　　　　　　B. 减小浓差极化

C. 使电极表面保持干净　　　　　　　D. 降低电极内阻

（12）电位分析法主要用于低价离子测定的原因为（　　）。

A. 低价离子的电极易制作，高价离子的电极不易制作

B. 能斯特方程对高价离子不适用

C. 高价离子的电极还未研制出来

D. 测定高价离子的灵敏度低，测量的误差大

（13）测定溶液的 pH 时，常用的氢离子指示电极是（　　）

A. 铂电极　　　　　　　　　　　　　B. Ag-AgCl 电极

C. 玻璃电极　　　　　　　　　　　　D. 甘汞电极

**3. 判断题**

（1）电极电位随着被测离子活度变化而变化的电极称为参比电极。（　　）

（2）玻璃电极的优点之一是电极不易与杂质作用而中毒。（　　）

（3）强碱性溶液（pH＞9）中，如果使用 pH 玻璃电极测定 pH，则测得的 pH 偏低。
（　　）

（4）参比电极的电极电位是随着待测离子的活度的变化而发生变化的。（　　）

（5）pH 玻璃电极的膜电位是因为离子的交换和扩散而产生的，与电子得失无关。（　　）

（6）pH 玻璃电极可以应用于具有还原性或氧化性的溶液中测定 pH。（　　）

（7）普通玻璃电极不宜测定 pH＜1 溶液的 pH，主要是由于玻璃电极的内阻太大。（　　）

（8）原电池的电动势与溶液 pH 的关系为 $E＝K＋0.0592pH$，但是实际上用 pH 计测定
溶液 pH 时并不用计算 $K$ 值。（　　）

（9）指示电极的电极电位是恒定不变的。（　　）

（10）Ag-AgCl 电极经常被用作玻璃电极的内参比电极。（　　）

（11）酸度计是一种专门为应用玻璃电极测定 pH 值而设计的电子仪器。（　　）

（12）在直接电位法中，可以测得一个电极的绝对电位。（　　）

（13）用玻璃电极测定溶液的 pH 值需要用电子放大器。（　　）

（14）pH 玻璃电极的膜电位的产生是电子的转移与得失的结果。（　　）

（15）指示电极的电极电位随着溶液中有关离子的浓度的变化而变化，并且响应快。（　　）

**4. 简答题**

（1）什么是参比电极和指示电极？

（2）什么是离子选择性电极？

（3）玻璃电极膜电位包括哪两部分？

（4）电位滴定法的优点是什么？怎样确定化学计量点？

**5.** 已知电池 Pt｜$H_2$（100kPa）｜HA（0.2mol·$L^{-1}$），NaA（0.3mol·$L^{-1}$）‖KCl（饱和）｜$Hg_2Cl_2$｜Hg 的电动势为 0.762V，$\varphi^{\ominus}＝0.268V$。求 HA 的解离常数（忽略液接电位及离子强度）。

**6.** 测定柠檬汁中氯化物的含量时，用氯离子选择性电极和参比电极在 100mL 柠檬汁中

测得电动势为 $-37.5\,mV$，加入 $1.00\,mL$ $1.0\times10^{-2}\,mol\cdot L^{-1}NaCl$ 标准溶液，测得电动势为 $-64.9\,mV$。已知 $M(Cl)=35.45\,g\cdot mol^{-1}$，求柠檬汁中氯的含量，用 $mg\cdot L^{-1}$ 表示。

**7.** 用玻璃电极和饱和甘汞电极测定 $pH=7.00$ 的溶液的电动势为 $0.282V$，当改用另一未知溶液时，测得电动势为 $0.380V$。已知两溶液的测定条件及离子强度相同，求未知溶液的 $pH$。

**8.** 电池 $Ni(s)\,|\,NiSO_4(0.025)\,mol\cdot L^{-1}\,\|\,KIO_3(0.10\,mol\cdot L^{-1}),Cu(IO_3)_2(s)\,|\,Cu(s)$ 的电动势为 $0.482V$，计算 $Cu(IO_3)_2$ 的 $K_{sp}^{\ominus}$。已知 $\varphi^{\ominus}$（$Ni^{2+}/Ni$）$=-0.27V$，$\varphi^{\ominus}$（$Cu^{2+}/Cu$）$=0.342V$。

**9.** 电池：（－）玻璃电极 | 缓冲溶液（$pH=4.03$）‖ 饱和甘汞电极（＋），测得电动势为 $0.270V$，当已知 $pH$ 的缓冲溶液换成某一未知液时，测得电动势为 $0.304V$。求未知液的 $pH$。

# 习题参考答案

**1.** 填空题

（1）$Hg$（$l$）| $Hg_2Cl_2$（$s$）| $KCl$（饱和）

（2）控制溶液 $pH$

（3）扣除待测电池电动势与试液 $pH$ 关系式中的 $K$

（4）$5\sim6$

（5）$Ag\text{-}AgCl$ 电极

（6）内外玻璃膜表面特性不同

（7）溶液中的 $F^-$ 生成 $HF$ 或者 $HF_2^-$，产生较大误差

**2.** 选择题

（1）A　（2）D　（3）D　（4）C　（5）A　（6）A

（7）C　（8）D　（9）C　（10）D　（11）A　（12）D

（13）C

**3.** 判断题

（1）×　（2）√　（3）√　（4）×　（5）√

（6）√　（7）×　（8）√　（9）√　（10）

（11）√　（12）×　（13）√　（14）×　（15）√

**4.** 简答题

（1）**答** 参比电极是测量电池电动势和计算指示电极电势的必不可少的基准。其电势稳定与否直接影响到测定结果的准确性，因此对它的要求是：电极电势稳定，重现性好，容易制备。指示电极是能对溶液中待测离子的活度产生灵敏响应的电极，而且响应速度快，并能很快地达到平衡，干扰物质少，且较易消除。

（2）**答** 离子选择性电极又称薄膜电极，是电势分析中应用最广泛的指示电极。它是一种电化学传感器，能对溶液中特定离子产生选择性响应。

（3）**答** 其主要部分是一个玻璃泡，泡的下半部分是由特殊成分的玻璃[$n$（$Na_2O$）：$n$（$CaO$）：$n$（$SiO_2$）$=22:6:72$]制成的敏感膜，膜厚 $30\sim100\mu m$，泡内装有 $pH$ 一定的溶液（内参比溶液），其中插入一根银-氯化银电极作为内参比电极。

（4）**答**　电位滴定法是一种用电位法确定终点的滴定分析方法。与直接电位法相似，有一支适当的指示电极和一支参比电极插入待测溶液组成工作电池，不同之处是多了一支滴定管。电位滴定时，随着滴定剂的加入，由于滴定反应的进行，待测离子浓度或与之有关的离子浓度不断变化，指示电极的电极电势也随之改变，从而导致电池电动势发生变化，在理论终点附近因离子浓度"突跃"会引起电动势产生"突跃"。因此测量电动势的变化，就能确定滴定终点。

**5. 解**　（一）　$H_2 \rightleftharpoons 2H^+ + 2e^-$

（＋）　$Hg_2Cl_2 + 2e^- \rightleftharpoons 2Hg + 2Cl^-$

饱和甘汞电极 $\varphi^\ominus(Hg_2Cl_2/Hg) = 0.268V$

$$E = \varphi_+ - \varphi_- = \varphi_+ - \left(\varphi_- + \frac{0.0592}{n}\lg\frac{c(Ox)/c^\ominus}{c(Red)/c^\ominus}\right)$$

$$0.762 = 0.268 - \frac{0.0592}{2}\lg\frac{[c(H^+)/c^\ominus]^2}{p(H_2)/p^\ominus}$$

$$0.494 = -\frac{0.0592}{2}\lg\frac{[c(H^+)/1mol\cdot L^{-1}]^2}{100kPa/100kPa}$$

$$c(H^+) = 4.57\times10^{-9}\,mol\cdot L^{-1}$$

$$K_a^\ominus(HA) = \frac{[c(A^-)/c^\ominus][c(H^+)/c^\ominus]}{[c(HA)/c^\ominus]}$$

$$= \frac{[0.3mol\cdot L^{-1}/1mol\cdot L^{-1}]\times[4.57\times10^{-9}mol\cdot L^{-1}/1mol\cdot L^{-1}]}{[0.2mol\cdot L^{-1}/1mol\cdot L^{-1}]}$$

$$= 6.86\times10^{-9}$$

**6. 解**　以参比电极为正极，待测电极为负极。

$$E = \varphi_+ - \varphi_- = E^\ominus - \frac{0.0592V}{1}\lg[c(Cl^-)/c^\ominus]$$

$$E_1 = E^\ominus - \frac{0.0592V}{1}\lg[c(Cl^-)/c^\ominus] \tag{1}$$

$$E_2 = E^\ominus - \frac{0.0592V}{1}\lg\frac{c\times100mL + 1.0\times10^{-2}mol\cdot L^{-1}\times1mL}{101mL\times1(mol\cdot L^{-1})} \tag{2}$$

$$(1)-(2)\Rightarrow 27.4\times10^3 = \frac{0.0592}{1}\lg\frac{c\times100 + 1.0\times10^{-2}}{101c}$$

$$c = 1.65\times10^{-4}(mol\cdot L^{-1})$$

$$c = 1.65\times10^{-4}\,mol\cdot L^{-1}\times35.45\times10^3\,mg\cdot mol^{-1} = 5.8\,mg\cdot L^{-1}$$

**7. 解**　以参比电极为正极，玻璃电极为负极。

$$E = \varphi_+ - \varphi_- = E^\ominus - 0.0592\lg[c(H^+)/c^\ominus]$$

$$0.282 = E^\ominus - 0.0592\lg10^{-7}$$

$$0.380 = E^\ominus - 0.0592\lg H^+$$

$$c(H^+) = 5.2\times10^{-7}(mol\cdot L^{-1})$$

$$pH = \lg[c(H^+)/c^\ominus] = 6.28$$

**8. 解**

$$(-)Ni \rightleftharpoons Ni^{2+} + 2e^-$$

$$(+)Cu^{2+} + 2e^- \rightleftharpoons Cu$$

$$Cu^{2+} + 2IO_3^- \rightleftharpoons Cu(IO_3)_2\ (s)$$

$$E = \varphi^+ - \varphi^- = \varphi(Cu^+/Cu) - \varphi(Ni^{2+}/Ni) = 0.482V \tag{①}$$

$$\varphi(Cu^{2+}/Cu) = \varphi^{\ominus}(Cu^{2+}/Cu) + \frac{0.0592}{2}Vlg[c(Cu^{2+})/c^{\ominus}] \qquad ②$$

$$Cu(IO_3)_2(s) \Longrightarrow Cu^{2+}(aq) + 2IO_3^-(aq)$$

$$K_{sp}^{\ominus}[Cu(IO_3)_2] = [c_{eq}(Cu^{2+})/c^{\ominus}][c_{eq}(IO_3^-)/c^{\ominus}]^2$$

$$c_{eq}(Cu^{2+})/c^{\ominus} = \frac{K_{sp}^{\ominus}[Cu(IO_3)_2]}{[c_{eq}(IO_3^-)/c^{\ominus}]^2} \qquad ③$$

把③式代入②式：

$$\varphi(Cu^{2+}/Cu) = \varphi^{\ominus}(Cu^{2+}/Cu) + \frac{0.0592}{2}Vlg\frac{K_{sp}^{\ominus}[Cu(IO_3)_2]}{[c_{eq}(IO_3^-)/c^{\ominus}]^2}$$

$$= 0.342V + \frac{0.0592}{2}Vlg\frac{K_{sp}^{\ominus}[Cu(IO_3)_2]}{[0.10mol \cdot L^{-1}/1mol \cdot L^{-1}]^2} \qquad ④$$

$$\varphi(Ni^{2+}/Ni) = \varphi^{\ominus}(Ni^{2+}/Ni) + \frac{0.0592}{2}Vlg[c(Ni^{2+})/c^{\ominus}]$$

$$= -0.27V + \frac{0.0592}{2}Vlg[0.025mol \cdot L^{-1}/1mol \cdot L^{-1}] \qquad ⑤$$

把④式和⑤式代入①式得

$$K_{sp}^{\ominus}[Cu(IO_3)_2] = 1.02 \times 10^{-8}$$

**9. 解** $pH_X = pH_S + \frac{E_X - E_S}{0.0592} = 4.03 + \frac{0.304V - 0.270V}{0.0592V} = 4.60$

# 分析化学中的分离方法

**Chapter 14**

# 内容提要

## 一、沉淀的分离法

沉淀分离法是利用沉淀反应进行分离的方法。沉淀分离适用于常量组分的分离，主要依据溶度积原理。

**1. 常量组分的沉淀分离法**

（1）无机沉淀剂分离法

① NaOH 溶液，通常用它可控制 pH≥12，常用于两性金属离子和非两性金属离子的分离；氨和氯化铵缓冲溶液，它可将 pH 控制在 9 左右，常用来沉淀不与 $NH_3$ 形成配离子的许多种金属离子，亦可使许多两性金属离子沉淀成氢氧化物沉淀；利用难溶化合物的悬浮液来控制 pH。

② $H_2S$ 通常采用缓冲溶液来控制酸度，使硫化物沉淀分离。

$$M_nS_m(s) \Longleftrightarrow mS^{2-}(aq) + nM^{\left(\frac{2m}{n}\right)+}(aq)$$

$$H_2S \Longleftrightarrow H^+(aq) + HS^-(aq)$$

$$HS^-(aq) \Longleftrightarrow H^+(aq) + S^{2-}(aq)$$

$$K_{a_1}^{\ominus}(H_2S)K_{a_2}^{\ominus}(H_2S) = \frac{[c_{eq}(S^{2-})/c^{\ominus}][c_{eq}(H^+)/c^{\ominus}]^2}{c_{eq}(H_2S)/c^{\ominus}}$$

③ $H_2SO_4$ 可使 $Ca^{2+}$、$Sr^{2+}$、$Ba^{2+}$、$Pb^{2+}$、$Ra^{2+}$ 生成沉淀而与其他金属离子分离。

（2）有机沉淀剂分离法

① 草酸（$H_2C_2O_4$）：草酸用于 $Ca^{2+}$、$Sr^{2+}$、$Ba^{2+}$、稀土金属离子与 $Fe^{3+}$、$Al^{3+}$、$Zr$（Ⅳ）、$Nb$（V）、$Ta$（V）等离子的分离，前者形成草酸盐沉淀，后者生成可溶性配合物。

② 铜试剂（二乙基二硫代氨基甲酸钠，简称 DDTC）：铜试剂用于沉淀去除重金属，使其与 $Al^{3+}$、稀土金属离子和碱土金属离子分离。

③ 铜铁试剂（N-亚硝基-N-苯基羟胺铵盐）：铜铁试剂用于在 1∶9 $H_2SO_4$ 介质中沉淀 $Fe^{3+}$、$Ti$（Ⅳ）、$V$（V）而与 $Al^{3+}$、$Cr^{3+}$、$Co^{2+}$、$Ni^{2+}$ 等离子分离。

④ 丁二酮肟（二乙酰二肟，也称丁二肟、双乙酮肟、镍试剂）：丁二酮肟用于与 $Ni^{2+}$、$Pd^{2+}$、$Pt^{2+}$、$Fe^{2+}$ 生成沉淀而与其他金属离子分离。

**2. 痕量组分的共沉淀分离法**

（1）无机共沉淀剂　①表面吸附共沉淀分离法；②生成混晶共沉淀分离法。

（2）有机共沉淀剂　①利用胶体的凝聚作用进行共沉淀；②利用形成固体萃取剂进行共沉淀；③利用形成离子缔合物进行共沉淀。

## 二、萃取分离法

### 1. 分配定律

物质在水相和有机相中都有一定的溶解度，亲水性强的物质在水相中的溶解度较大，疏水性强的物质在有机相中溶解度较大。在一定温度下，当萃取过程达到平衡状态时，被萃取的物质在有机相和水相中都有一定的浓度，它们的浓度之比（严格来说应为活度比）是一个定值，称为分配定律。

### 2. 分配系数

$$K_D = \frac{[A]_有}{[A]_水}$$

### 3. 分配比

$$D = \frac{c_有}{c_水}$$

### 4. 萃取百分率

$$E = \frac{被萃取物在有机相中的总量}{被萃取物质的总量} \times 100\%$$

$$= \frac{D}{D + V_水 / V_有} \times 100\%$$

### 5. 多级连续液-液萃取

$$W_n = W_0 \left( \frac{V_水}{DV_有 + V_水} \right)^n$$

$$E = \frac{W_0 - W_n}{W_0} \times 100\%$$

### 6. 分离系数

$$\beta = \frac{D_A}{D_B}$$

### 7. 萃取条件的选择及有关操作

（1）萃取条件的选择　不同的萃取体系，对萃取条件的要求不一样。金属螯合物体系主要考虑以下几点：螯合剂的选择；溶液的酸度；萃取剂的选择；干扰离子的消除。离子缔合物体系主要考虑以下几点：萃取溶剂的选择；溶液的酸度；干扰离子的消除。

（2）萃取有关的操作　分液漏斗的准备；萃取；分层；分液。

## 三、离子交换分离法

离子交换吸附是利用离子交换剂与溶液中离子发生交换反应而使离子分离的方法，分离效率高，适用于所有无机离子和许多有机离子。

（1）离子交换剂的种类　主要分为无机离子交换剂和有机离子交换剂两大类。

（2）离子交换分离操作　树脂的选择与处理；装柱；交换；洗脱；再生。

## 四、色谱分离法

色谱分离法是由一种流动相带着试样经过固定相，物质在两相之间进行反复的分配，由于不同的物质在两相中的分配系数不同，移动的速度也不一样，从而达到相互分离的目的。包括以下几种。

（1）柱色谱　柱色谱是把固定相（常用的为吸附剂，如氧化铝、硅胶等）装在一支玻璃柱中，做成色谱柱。

（2）纸色谱　纸色谱又称为纸层析，是在滤纸上进行的色谱分析法。

（3）薄层色谱　薄层色谱法也称薄层层析法。薄层色谱是在纸色谱的基础上发展起来的。它是在一平滑的玻璃条上，铺一层厚约 0.25mm 的吸附剂（氧化铝、硅胶、纤维素粉等），代替滤纸作为固定相。

# 例　题

【例 1】在 $c(Fe^{3+}) = 0.20 mol \cdot L^{-1}$，$c(NH_4^+) = 2.0 mol \cdot L^{-1}$ 的氨性缓冲溶液中，若 $Al^{3+}$ 和 $Mg^{2+}$ 的起始浓度均为 $0.01 mol \cdot L^{-1}$，问此时能否将两离子定量分离？已知：$K_{sp}^{\ominus}[Al(OH)_3] = 1.3 \times 10^{-33}$，$K_{sp}^{\ominus}[Mg(OH)_2] = 5.61 \times 10^{-12}$，$K_b^{\ominus}(NH_3) = 1.8 \times 10^{-5}$。

【分析】此题需判断出两者是否都沉淀，如都沉淀则不能分离，如一个产生沉淀而另外一个没有沉淀则能够分离。

【解】
$$NH_3 + H_2O \Longrightarrow NH_4^+ + OH^-$$

$$c(OH^-)/c^{\ominus} = K_b^{\ominus}(NH_3) \times \frac{c(NH_3)/c^{\ominus}}{c(NH_4^+)/c^{\ominus}}$$

$$= 1.8 \times 10^{-5} \times \frac{0.20 mol \cdot L^{-1}/1 mol \cdot L^{-1}}{2.0 mol \cdot L^{-1}/1 mol \cdot L^{-1}} = 1.8 \times 10^{-6}$$

$$c(OH^-) = 1.8 \times 10^{-6} mol \cdot L^{-1}$$

$$Mg(OH)_2(s) \Longrightarrow Mg^{2+}(aq) + 2OH^-(aq)$$

$$Q_i[Mg(OH)_2] = [c(Mg^{2+})/c^{\ominus}][c(OH^-)/c^{\ominus}]^2$$

$$= \frac{0.01 mol \cdot L^{-1}}{1 mol \cdot L^{-1}} \times \left(\frac{1.8 \times 10^{-6} mol \cdot L^{-1}}{1 mol \cdot L^{-1}}\right)^2 = 3.2 \times 10^{-14}$$

$$Q_i[Mg(OH)_2] < K_{sp}^{\ominus}(Mg(OH)_2)$$

$$Al(OH)_3(s) \Longrightarrow Al^{3+}(aq) + 3OH^-(aq)$$

$$Q_i[Al(OH)_3] = [c(Al^{3+})/c^{\ominus}][c(OH^-)/c^{\ominus}]^3$$

$$= \frac{0.01 mol \cdot L^{-1}}{1 mol \cdot L^{-1}} \times \left(\frac{1.8 \times 10^{-6} mol \cdot L^{-1}}{1 mol \cdot L^{-1}}\right)^3 = 5.8 \times 10^{-20}$$

$$Q_i(Al(OH)_3) > K_{sp}^{\ominus}[Al(OH)_3]$$

根据计算，判断 $Mg^{2+}$ 不沉淀而 $Al^{3+}$ 沉淀。Al 的残留量为：

$$c(Al^{3+})/c^{\ominus} = \frac{K_{sp}^{\ominus}[Al(OH)_3]}{[c(OH^-)/c^{\ominus}]^3} = \frac{1.3 \times 10^{-33}}{\left(\frac{1.8 \times 10^{-6} mol \cdot L^{-1}}{1 mol \cdot L^{-1}}\right)^3}$$

$$c(Al^{3+}) = 2.2 \times 10^{-16} mol \cdot L^{-1} < 1.0 \times 10^{-5} mol \cdot L^{-1}$$

此时能够将两离子定量分离。

**【例2】** 现有某试剂水溶液 100mL，若将 99% 的有效成分萃取到苯中，问：用等体积苯萃取一次，分配比 $D$ 至少需要多少？每次用 50.0mL 苯萃取两次，$D$ 至少应为多少？

**【分析】** 本题直接利用公式 $W_n = W_0 \left( \dfrac{V_水}{V_水 + DV_有} \right)$ 计算。

**【解】** 根据公式 $W_n = W_0 \left( \dfrac{V_水}{V_水 + DV_有} \right)$

$$E = \frac{W_0 - W_n}{W_0} \times 100\%$$

$$1 - E = \left( \frac{V_水}{V_水 + DV_有} \right)^n$$

等体积萃取一次：$1 - 0.99 = \dfrac{1}{1+D}$，$D = 99$

50.0mL 萃取两次：$1 - 0.99 = \left( \dfrac{100\text{mL}}{100\text{mL} + D50\text{mL}} \right)^2$，$D = 18$

# 习　题

**1. 填空题**

（1）在沉淀生成过程中，影响沉淀生成的因素有（　　　）、（　　　）、（　　　）及氢离子浓度对沉淀溶解度的影响。

（2）萃取分离法的分配比定义是（　　　）。

（3）等价离子的水化半径越大，对离子交换树脂的亲和力越（　　　）。

（4）用阳离子树脂分离 $Cl^-$、$NO_3^-$、$Fe^{3+}$、$Ca^{2+}$ 时，能被树脂吸附的离子是（　　　）。

（5）与 $MgNH_4PO_4$ 可形成混晶的化合物是（　　　）。

（6）盐析沉淀通常包含加入（　　），沉淀物的（　　），沉淀物（　　）等三个操作步骤。

**2. 选择题**

（1）能够使沉淀溶解度下降的因素有（　　　）。

A. 同离子效应　　　　B. 盐效应　　　　C. 酸效应　　　　D. 络合效应

（2）含 $Al^{3+}$ 的溶液，用等体积的乙酰丙酮萃取，已知其分配比为 10，则 $Al^{3+}$ 的萃取率为（　　　）。

A. 99%　　　　B. 90%　　　　C. 85%　　　　D. 95%

（3）萃取过程的本质可表述为（　　　）。

A. 金属离子形成螯合物的过程

B. 金属离子形成离子缔合物的过程

C. 缔合物进入有机相的过程

D. 将物质由亲水性转变为疏水性的过程

（4）用等体积萃取要求一次萃取率大于 90%，则分配比必须大于（　　　）。

A. 50　　　　B. 20　　　　C. 18　　　　D. 9

（5）蛋白质溶解度曲线随着蛋白质浓度的增大，向（　　）移动。

A. 左　　　　B. 右　　　　C. 上　　　　D. 不变

（6）下列物质属阳离子交换树脂的是（  ）。

A. $RNH_3OH$

B. $RNH_2CH_3OH$

C. $ROH$

D. $RN(CH_3)_3OH$

（7）含 $0.010g$ $Fe^{3+}$ 的强酸溶液，用乙醚萃取时，已知其分配比 99，则等体积萃取一次后，水相中残存的 $Fe^{3+}$ 量为（  ）。

A. $0.10mg$    B. $0.010mg$    C. $1.0mg$    D. $1.01mg$

（8）移取 $25.00mL$ 含 $0.125g$ $I_2$ 的 KI 溶液，用 $25.00mL$ $CCl_4$ 萃取，平衡后测得水相中含 $0.0050g$ $I_2$，则萃取率是（  ）。

A. $99.8\%$    B. $99\%$    C. $98.6\%$    D. $98.0\%$

（9）化学工作者从有机反应 $RH(l)+Cl_2(g)\longrightarrow RCl(l)+HCl(g)$ 受到启发，提出的在农药和有机合成工业中可获得副产品 HCl 的设想已成为现实，试指出上述反应分离得到盐酸的最佳方法是（  ）。

A. 水洗分液法

B. 蒸馏法

C. 升华法

D. 有机溶剂萃取法

（10）铼（Re）广泛应用于航空航天领域。从含 $ReO_4^-$ 废液中提取铼的流程如下：

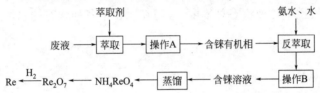

下列说法错误的是（  ）。

A. 萃取、反萃取的目的是富集铼元素

B. 操作 A 和 B 使用的主要仪器是分液漏斗

C. 可回收利用 $NH_4ReO_4$ 制备 $Re_2O_7$ 的副产物

D. 在 $H_2$ 还原 $Re_2O_7$ 的过程中，消耗 $7mol$ $H_2$，可制得 $2mol$ Re

**3. 简答题**

（1）分析化学常用的分离方法有几种？

（2）分别说明分配系数和分配比的物理意义，在溶剂萃取分离中为什么必须引入分配比这一参数？

（3）叙述溶剂萃取过程的本质。举例说明重要的萃取体系。

（4）阳离子交换树脂含有哪些活性基团？阴离子交换树脂含有哪些活性基团？

（5）什么是离子交换树脂的交联度和交换容量？

（6）简述用离子交换法制备去离子水的原理。

（7）如何测定 $R_f$ 值？在色谱分离中的作用是什么？

**4.** 已知分配比 $D=99$，萃取 $10mg$ $Fe^{3+}$ 时，用等体积溶剂萃取一次、两次后，分出有机相，再用等体积水洗一次，将损失多少毫克 $Fe^{3+}$。

**5.** 取 $0.070mol\cdot L^{-1}$ 的碘液 $25.0mL$ 加入 $50.0mL$ 的 $CCl_4$ 中，振荡至平衡后，静置分层，取出 $CCl_4$ 液体 $10.0mL$，用 $0.050mol\cdot L^{-1}$ $Na_2S_2O_3$ 溶液滴定用去 $14.80mL$。计算碘的分配系数。

**6.** 制备纯的 $ZnSO_4$，已知粗 $ZnSO_4$ 溶液中含有 $Fe^{3+}$，为了分离出 $Fe^{3+}$，采用提高溶液 pH 的办法。计算使 $Fe^{3+}$ 沉淀完全时的 pH。

**7.** 某溶质从 $10mL$ 水相中被萃取到有机相，其分配系数等于 $4.0$。问：在一次萃取中，萃取溶质 $99\%$，需要有机相的体积为多少？用相同的体积萃取三次，同样除去 $99\%$ 的溶质，需要有机相的总体积是多少？

**8.** 称取 $1.000g$ 干燥的氢型阳离子交换树脂置于 $250mL$ 锥形瓶中，加入 $100.0mL$ $0.1000mol \cdot L^{-1}$ 的 $NaOH$ 标准溶液，其中含 $5\%$ $NaCl$，密闭，静止过夜，取出清液 $20.00mL$，用 $0.1000mol \cdot L^{-1}$ $HCl$ 标准溶液滴定至酚酞变色，用去 $19.50mL$，计算该树脂的交换容量。

**9.** 含 $CaCl_2$ 和 $HCl$ 的水溶液，移取 $20.00mL$，用 $0.1mol \cdot L^{-1}NaOH$ 溶液滴至终点，用去 $15.60mL$。另移取 $10.00mL$ 试液稀释至 $50.00mL$，通过强碱型阴离子交换树脂，流出液用 $0.1000mol \cdot L^{-1}$ 的 $HCl$ 滴至终点，用去了 $22.50mL$，计算样品中 $HCl$ 和 $CaCl_2$ 的浓度。

# 习题参考答案

**1.** 填空题
(1) 同离子效应，盐效应，配位效应
(2) 溶质在有机质中各种状态总浓度 $c_{有}$ 与在水相中各种状态的总浓度 $c_{水}$ 之比
(3) 小
(4) $Fe^{3+}$，$Ca^{2+}$
(5) $MgNH_4AsO_4$
(6) 沉淀剂，陈化，收集

**2.** 选择题
(1) A　(2) B　(3) D　(4) D　(5) D　(6) C　(7) A　(8) A　(9) A
(10) C

**3.** 简答题
(1) **答** 沉淀分离法、萃取分离法、离子交换分离法、色谱分离法。
(2) **答** 在一定温度下，当萃取过程达到平衡状态时，被萃取的物质在有机相和水相中都有一定的浓度，它们的浓度之比（严格来说应为活度比）是一个定值，称为分配定律。

当有机相和水相的混合体系中溶有物质 A，达到平衡时，A 在有机相中的浓度为 $c_{有}$（A）、在水相中的浓度为 $c_{水}$（A），则分配定律的数学表达式为：

$$K_D = \frac{c_{有}(A)}{c_{水}(A)} \qquad K_D：分配系数$$

$K_D$ 值越大，说明物质越容易被萃取，分离富集效率越高。分配系数的大小与溶质和溶剂的特性及温度等因素有关。

在分析工作中，常常遇到溶质在水相和有机相中具有多种存在形式的情况，此时分配定律就不适用了。通常用分配比来表示分配情况，分配比用 $D$ 来表示。

$$D = \frac{c_{有}}{c_{水}}$$

式中，$c_{有}$、$c_{水}$ 分别表示溶质在有机相和水相中各种存在形式的总浓度。若两相体积相等，当 $D > 1$ 时，则说明溶质进入有机相的量比留在水相中的量多。在实际工作中，如果要求溶质绝大部分进入有机相，则 $D$ 值应大于 10。

如果溶质在两相中的存在形式相同，则 $K_D$ 和 $D$ 相等。对于复杂体系，$K_D$ 和 $D$ 不相等。

（3）**答** 萃取分离的本质就是利用物质对水的亲疏不同，使组分在两相中分离。萃取的过程是将物质由亲水性转化为疏水性的过程，反萃取的过程是将物质由疏水性转化为亲水性的过程。

① 螯合物萃取体系。该体系所用的萃取剂为螯合剂，由于多种金属阳离子能与适当的螯合剂生成带有较多疏水基团溶于有机溶剂的中性螯合物分子，所以该体系广泛应用于金属阳离子的萃取。

② 离子缔合物萃取体系。借助于静电引力使阳离子与阴离子结合生成电中性的化合物称为离子缔合物。缔合物具有疏水性，能被有机溶剂萃取。

（4）**答** 阳离子交换树脂的活性基团为酸性基团，酸性基团上的 $H^+$ 可以与溶液中的阳离子发生交换作用。根据活性基团的强弱，可分为强酸型和弱酸型两大类。强酸型离子交换树脂含有磺酸基（$—SO_3H$），常以 $R—SO_3H$ 表示（R 表示树脂的骨架），它广泛应用于酸性、中性和碱性溶液。弱酸型离子交换树脂含有羧基（$—COOH$）或酚羟基（$—OH$），分别用 $R—COOH$ 和 $R—OH$ 表示，这类树脂对 $H^+$ 的亲和力大，不适用于酸性溶液。

阴离子交换树脂与阳离子交换树脂具有同样的有机骨架，只是所连的活性基团为碱性基团，碱性基团中的 $OH^-$ 与溶液中的阴离子发生离子交换。

（5）**答** 交联度 交联剂质量占树脂总质量的百分率称为交联度。

交换容量 离子交换树脂交换离子量的大小可用交换容量来表示，交换容量是指每克干树脂或单位体积湿树脂所能交换（相当一价离子）的物质的量，单位是 $mmol·g^{-1}$ 或 $mmol·mL^{-1}$，其大小取决于树脂网状结构内所含活性基团数目的多少，它表示树脂进行离子交换能力的大小，通过实验测得。

（6）**答** 水中常含有可溶的盐类，有 $K^+$、$Na^+$、$Mg^{2+}$、$Ca^{2+}$、$Cl^-$、$NO_3^-$ 等多种杂质离子存在，要想得到纯水，可用离子交换法。如果让自来水先通过 H 型强酸性阳离子交换树脂，则水中的阳离子可被交换除去：

$$n R—SO_3H + M^{n+} =\!=\!= (R—SO_3)_n M + n H^+$$

然后再通过 OH 型碱性阴离子交换树脂，则水中的阴离子可被交换除去：

$$R—N^+(CH_3)_3 OH^- + X^{n-} =\!=\!= [R—N^+(CH_3)_3]_n X + n OH^-$$

同时交换下来的 $H^+$ 和 $OH^-$ 结合成水。因此得到了不含可溶盐类的纯水。这种方法得到的水称为去离子水，可以代替蒸馏水使用。

（7）**答** 在纸色谱分离法中，常用比移值 $R_f$ 来考察各组分的分离情况。设 X 为斑点中心到原点（点试液处）的距离（cm），Y 为溶剂前沿到原点的距离（cm），比移值的变动范围为 0～1，当某组分的 $R_f = 0$ 时，表明该组分未被流动相展开而留在原点；若 $R_f = 1$，表明该组分随溶剂同速移动，在固定相中的浓度为零。在一定条件下 $R_f$ 值是物质的特征值，可以用已知标准样品的 $R_f$ 值与待测样品的 $R_f$ 值对照，定性鉴定各物质。

**4. 解** 根据公式 $W_n = W_0 \left( \dfrac{V_水}{V_水 + DV_有} \right)$

萃取一次后水相中 $Fe^{3+}$ 的量为

$$10\,mg \times \left( \frac{1}{1+99} \right) = 0.1\,mg$$

萃取两次后水相中 $Fe^{3+}$ 的量为

$$10\,mg \times \left( \frac{1}{1+99} \right)^2 = 0.001\,mg$$

两次后有机相中 $Fe^{3+}$ 的量为

$$10mg-0.001mg=9.999mg$$

等体积水洗一次后 $Fe^{3+}$ 的损失量为

$$9.999mg\times\left(\frac{1}{1+99}\right)=0.09999mg\approx0.1mg$$

**5. 解**　设在 $CCl_4$ 中的浓度为 $c_有$，萃取后在水相中的浓度为 $c_水$，则

$$I_2(s)+2S_2O_3{}^{2-}\Longrightarrow 2I^-+S_4O_6{}^{2-}$$

$$c_有=\frac{0.050mol\cdot L^{-1}\times14.80mL}{10.0mL\times2}=0.0370mol\cdot L^{-1}$$

$$c_水=\frac{0.070mol\cdot L^{-1}\times25.0mL-0.0340mol\cdot L^{-1}\times50.0mL}{25.0mL}=2.0\times10^{-3}mol\cdot L^{-1}$$

$$K_D=\frac{c_有}{c_水}=\frac{0.0370mol\cdot L^{-1}}{2.0\times10^{-3}mol\cdot L^{-1}}=18.5$$

**6. 解**　$Fe^{3+}$ 沉淀完全时，$c(Fe^{3+})\leqslant1.0\times10^{-5}mol\cdot L^{-1}$

$$Fe(OH)_3(s)\Longrightarrow Fe^{3+}(aq)+3OH^-(aq)$$

$$c_{eq}(OH^-)=\sqrt[3]{\frac{K_{sp}^{\ominus}[Fe(OH)_3](c^{\ominus})^4}{c_{eq}(Fe^{3+})}}=\sqrt[3]{\frac{2.79\times10^{-39}\times(1mol\cdot L^{-1})^4}{1.0\times10^{-5}mol\cdot L^{-1}}}$$

$$=6.53\times10^{-12}mol\cdot L^{-1}$$

$$pH=2.82$$

**7. 解**　$\quad W_n=W_0\left(\dfrac{V_水}{V_水+DV_有}\right)\qquad\qquad E=\dfrac{W_0-W_n}{W_0}\times100\%$

则：$E=1-\dfrac{W_n}{W_0}=\dfrac{DV_有}{DV_有+V_水}=\dfrac{4.0V_有}{4.0V_有+10mL}=0.99$

$$V_有=248mL$$

$$E=1-\left(\frac{V_水}{DV_有+V_水}\right)^3=1-\left(\frac{10}{4.0V_有+10mL}\right)^3=0.99$$

$V_有=9.10mL$

所需总体积为 $9.10mL\times3=27.3mL$。

**8. 解**　树脂的交换容量为

$$\frac{0.1000mol\cdot L^{-1}\times100.0mL-0.1000mol\cdot L^{-1}\times19.50mL\times\dfrac{100.0mL}{20.0mL}}{1.000g}$$

$$=0.250mmol\cdot g^{-1}$$

**9. 解**　$\qquad\qquad c(HCl)=\dfrac{0.1000mol\cdot L^{-1}\times15.60mL}{20.00mL}$

$$=0.07800mol\cdot L^{-1}$$

经过阴离子树脂时：

$$c(CaCl_2)=\frac{0.1000mol\cdot L^{-1}\times22.50mL-0.1000mol\cdot L^{-1}\times15.60mL\times\dfrac{10.00mL}{20.00mL}}{20.00mL}$$

$$=0.07350mol\cdot L^{-1}$$

# 综合自测练习题及参考答案

## 综合自测练习题（Ⅰ）

**一、填空题**（每空 1 分，共 30 分）

1. 将 10.06g $Na_2CO_3$ 溶于水配成 500mL 溶液，此溶液的物质的量浓度是（　　　　）。

2. 50g 水中溶解 3.600g 葡萄糖（$C_6H_{12}O_6$），此溶液的质量摩尔浓度是（　　　　　　）。

3. 产生渗透现象的必备条件为（　　　　）、（　　　　）；溶剂分子的渗透方向为（　　　　）。

4. 化学反应速率是指在一定条件下，反应物转化为生成物的速率。用（　　　　）和（　　　　）表示。

5. 碰撞理论认为，能够发生反应的碰撞称为（　　　　　　）。

6. 按照系统和环境之间的物质和能量的交换关系，可把系统分为（　　　　）、（　　　　）、（　　　　）。

7. 封闭系统是指（　　　　　　）。

8. f 亚层中轨道总数是（　　　　），M 层轨道数最多是（　　　　），L 电子层最多能容纳（　　　　）个电子。

9. 1923 年由丹麦化学家布朗斯特和英国化学家劳里提出了酸碱（　　　　）理论。

10. 既有给出质子的能力，又有结合质子的能力，这种物质称为（　　　　）物质。

11. $K_3[Fe(CN)_6]$ 名称为（　　　　），中心离子是（　　　　），配位体是（　　　　），配位数是（　　　　）。

12. 氧化还原反应中，把元素氧化数升高的过程叫（　　　　）反应，元素氧化数降低的过程叫（　　　　）反应。

13. 氧化还原反应的实质是（　　　　）。

14. 定量分析过程一般程序大致可分为：试样采集与制备、（　　　　）、分离及测定、分析结果的（　　　　）与（　　　　）。

15. 标准溶液也称（　　　　）。通过滴定管逐滴地滴加到被测物质的溶液中，这种操作过程称为（　　　　）。

16. 滴定过程中的突跃是选择（　　　　）的依据。

**二、选择题**（每题 2 分，共 20 分）

1. 取下列物质各 2g，分别溶于 1000g 苯中，溶液的凝固点最高的是（　　　　）。
A. $CH_3Cl$　　　　　　B. $CH_2Cl_2$　　　　　　C. $CHCl_3$　　　　　　D. $CCl_4$

2. 反应速率的质量作用定律仅适用于（　　　　）。

A. 实际上能够进行的反应

B. 一步完成的基元反应

C. 化学方程式中反应物和生成物化学计量数为 1 的反应

D. 核反应和链反应

3. 下列不是系统状态函数的是（　　　　）。

A. 焓　　　　　　B. 熵　　　　　　C. 体积功　　　　　　D. 吉布斯自由能

4. 乙醇的沸点（78℃）比乙醚的沸点（35℃）高得多，主要原因是（　　）。

A. 分子量不同　　　　　　　　　　　B. 分子极性不同

C. 乙醇分子间取向力强　　　　　　　D. 乙醇分子间存在氢键

5. 同温度下，$0.02 mol \cdot L^{-1}$ 的 HAc 溶液比 $0.2 mol \cdot L^{-1}$ 的 HAc 溶液（　　）。

A. $K_a^\ominus$ 大　　　　B. $K_a^\ominus$ 小　　　　C. 解离度 $\alpha$ 大　　　　D. 解离度 $\alpha$ 小

6. 配合物 $[Co(NH_3)_3(NO_2)_3]$ 中 Co 的氧化数为（　　）。

A. 0　　　　　　B. +2　　　　　　C. +3　　　　　　D. +4

7. 根据 $\varphi^\ominus (Cr_2O_7^{2-}/Cr^{3+}) > \varphi^\ominus (Sn^{4+}/Sn^{2+})$，可以判断在组成电对的四种物质中，氧化性最强的是（　　）。

A. $Cr^{3+}$　　　　B. $Cr_2O_7^{2-}$　　　　C. $Sn^{4+}$　　　　D. $Sn^{2+}$

8. 用来标定盐酸的基准物质是（　　）。

A. 邻苯二甲酸氢钾　　　　　　　　　B. 硼砂

C. 草酸　　　　　　　　　　　　　　D. $Na_2CO_3 \cdot 10H_2O$

9. 甲基橙指示剂的变色 pH 范围是（　　）。

A. 3.1～4.4　　　B. 4.4～6.2　　　C. 8.0～10.0　　　D. 1.2～2.8

10. 2023 年 3 月，"三星堆"遗址考古又发掘出大量青铜器。火法炼铜主要发生的反应为 $Cu_2S + O_2 \xrightarrow{\text{高温}} 2Cu + SO_2$，下列说法正确的是（　　）。

A. $Cu_2S$ 中铜的化合价为 +2　　　　B. 该反应为复分解反应

C. $SO_2$ 是酸性氧化物　　　　　　　D. 该反应中氧化剂仅为 $O_2$

三、判断题 [对的在（　　）中打"√"，错的在（　　）中打"×"（每题 1 分，共 5 分）]

1. 所有非电解质的稀溶液，都具有稀溶液的依数性。（　　）

2. 催化剂只能改变反应的活化能，不能改变热效应。（　　）

3. $\Delta_r S_m$ 为正值的反应均是自发反应。（　　）

4. 色散力只存在于非极性分子之间。（　　）

5. 终点误差是滴定过程中因滴定终点与化学计量点没有恰好吻合造成的。（　　）

四、简答题（每小题 4 分，共 20 分）

1. 简述高分子溶液和溶胶性质的异同。

2. 应用碰撞理论解释浓度、温度、催化剂对化学反应速率的影响。

3. 为什么在进行螯合物萃取时控制溶液的酸度十分重要？

4. 邻二氮菲与铁的显色反应，其主要条件有哪些？加各种试剂的顺序能否颠倒？

5. 配位滴定法对配位反应有什么要求？

五、计算题（每题 5 分，共 25 分）

1. 将 5g NaCl 溶于 495g 水中，配成 NaCl 溶液的密度为 $1.02 g \cdot mL^{-1}$。求溶液的物质的量浓度。

2. 反应 $C_2H_4(g) + H_2(g) \rightleftharpoons C_2H_6(g)$ 700K 时 $k_1 = 1.3 \times 10^{-8} mol^{-1} \cdot L \cdot s^{-1}$，求 730K 时的 $k_2$？已知 $E_a = 180 kJ \cdot mol^{-1}$。

3. 一氧化碳变换反应 $CO(g) + H_2O(g) \rightleftharpoons H_2(g) + CO_2(g)$，在 773K 时，平衡常数是 9，如反应开始时 CO 和 $H_2O$ 的浓度都是 $0.080 mol \cdot L^{-1}$，CO 的转化率是多少？

4. 在 10mL $0.02 mol \cdot L^{-1}$ 的 $AgNO_3$ 溶液中加入 10mL $0.002 mol \cdot L^{-1}$ 的 NaCl 溶液，有无 AgCl 沉淀生成？已知 AgCl 的 $K_{sp}^\ominus = 1.77 \times 10^{-10}$。

5. 计算含 $0.010mol \cdot L^{-1}$ 的 $[Ag(NH_3)_2]^+$ 和 $0.010mol \cdot L^{-1}$ 的 $NH_3$ 溶液中的 $c(Ag^+)$？已知 $K_f^{\ominus}([Ag(NH_3)_2]^+) = 1.12 \times 10^7$。

# 综合自测练习题（Ⅰ）参考答案

## 一、填空题

1. $0.1898mol \cdot L^{-1}$

2. $0.4mol \cdot kg^{-1}$

3. 半透膜存在、膜两边浓度不相等；低浓度向高浓度方向渗透

4. 平均速率，瞬时速率

5. 有效碰撞

6. 敞开系统、封闭系统、隔离系统

7. 在系统和环境之间没有物质交换，只有能量交换

8. 7，9，8

9. 质子

10. 两性

11. 六氰合铁（Ⅲ）酸钾，$Fe^{3+}$，$CN^-$，6

12. 氧化，还原

13. 电子得失

14. 试样预处理，计算，评价

15. 滴定剂，滴定

16. 指示剂

## 二、选择题

1. D  2. B  3. C  4. D  5. C  6. C  7. B  8. B  9. A  10. C

## 三、判断题

1. ×  2. √  3. ×  4. ×  5. √

## 四、简答题

1. **答**　相同点：(1) 分散质粒子的直径在 $1 \sim 100nm$ 之间。

(2) 都是透明的，能透过滤纸但不能透过半透膜。

不同点：(1) 高分子溶液是热力学稳定体系，溶胶是热力学不稳定体系。

(2) 高分子溶液是均相体系，丁达尔效应很弱；溶胶是多相体系，丁达尔效应强。

(3) 高分子溶液对电解质的稳定性大；溶胶加入少量的电解质就会聚沉。

2. **答**　增加反应物的浓度，使单位体积内活化分子的总数增加，有效碰撞次数增多，反应速率加快；升高反应温度，主要使单位体积内活化分子百分数增加，反应速率明显加快；温度不变时，使用催化剂，可以通过改变反应路径，降低反应活化能，使活化分子的百分数提高，反应速率大幅加快。

3. **答**　在萃取过程中，溶液的酸度越小，则被萃取的物质分配比越大，越有利于萃取，但酸度过低则可能引起金属离子的水解，或其他干扰反应发生，应根据不同的金属离子控制适宜的酸度。

4. **答**　显色前要加盐酸羟胺，放置 $2min$，控制溶液的 pH；不能颠倒。

**5. 答** （1）配位反应要有严格的化学计量关系，反应中只形成一种配位比的配合物。

（2）配位反应必须迅速且有适当的指示剂指示反应的终点。

（3）配位反应必须完全，即配合物有足够大的稳定常数。这样在计量点前后才有较大的 pM 滴定突跃，终点误差较小。

**五、计算题**

**1. 解**
$$n_B = \frac{m_B}{M_B} = \frac{5g}{58.4g \cdot mol^{-1}} = 0.0856mol$$

$$c_B = \frac{n_B}{V} = \frac{0.0856mol \times 1000}{(495+5)\ g/1.02g \cdot mL^{-1}} = 0.1746mol \cdot L^{-1}$$

**2. 解**
$$\lg \frac{k_2}{k_1} = \frac{E_a}{2.303R}\left(\frac{T_2-T_1}{T_2 T_1}\right)$$

$$\lg \frac{k_2}{1.3 \times 10^{-8}mol^{-1} \cdot L \cdot s^{-1}} = \frac{-180 \times 10^3 J \cdot mol^{-1}}{2.303 \times 8.314 J \cdot mol^{-1} \cdot K^{-1}}\left(\frac{1}{730K}-\frac{1}{700K}\right)$$

$$k_2 = 4.6 \times 10^{-8}mol^{-1} \cdot L \cdot s^{-1}$$

**3. 解** 设平衡时有 $x\,mol \cdot L^{-1}$ $H_2$ 和 $CO_2$ 生成

$$CO(g) \quad + \quad H_2O(g) \Longrightarrow H_2(g) + CO_2(g)$$

初始浓度/$(mol \cdot L^{-1})$　0.080　　　　　0.080　　　　0　　　　0

平衡浓度/$(mol \cdot L^{-1})$　0.080$-x$　　　0.080$-x$　　　$x$　　　　$x$

根据
$$K^{\ominus} = \frac{[c_{eq}(H_2)/c^{\ominus}][c_{eq}(CO_2)/c^{\ominus}]}{[c_{eq}(CO)/c^{\ominus}][c_{eq}(H_2O)/c^{\ominus}]}\ 有：$$

$$9 = \frac{(x/c^{\ominus})^2}{[(0.080-x)/c^{\ominus}]^2}$$

$$x = 0.06mol \cdot L^{-1}$$

$$c_{eq}(CO) = c_{eq}(H_2O) = 0.080mol \cdot L^{-1} - 0.06mol \cdot L^{-1} = 0.02mol \cdot L^{-1}$$

$$c_{eq}(H_2) = c_{eq}(CO_2) = 0.06mol \cdot L^{-1}$$

$$CO\ 的转化率 = \frac{c_{消耗}(CO)}{c_{初始}(CO)} \times 100\% = \frac{0.06}{0.080} \times 100\% = 75\%$$

达到平衡时，CO 与 $H_2O$ 的浓度是 $0.02mol \cdot L^{-1}$，$H_2$ 与 $CO_2$ 的浓度是 $0.06mol \cdot L^{-1}$，CO 的转化率为 75%。

**4. 解** 因等体积混合，浓度减半。

$$c(Ag^+) = 0.01mol \cdot L^{-1},\ c(Cl^-) = 0.001mol \cdot L^{-1}$$

$$Q_i = [c(Ag^+)/c^{\ominus}][c(Cl^-)/c^{\ominus}] = \frac{0.01mol \cdot L^{-1}}{1mol \cdot L^{-1}} \times \frac{0.001mol \cdot L^{-1}}{1mol \cdot L^{-1}} = 1.0 \times 10^{-5}$$

由于 $Q_i > K_{sp}^{\ominus}$，所以有 AgCl 沉淀生成。

**5. 解** 因 $NH_3$ 过量，且 $K_f^{\ominus}$ 较大，事实上平衡时解离的 $Ag^+$ 很少。

设在 $[Ag(NH_3)_2]^+$ 和 $NH_3$ 的混合溶液中，$c(Ag^+) = x\,mol \cdot L^{-1}$，则：

$$Ag^+ \quad\quad\quad + \quad\quad 2NH_3 \Longrightarrow [Ag(NH_3)_2]^+$$

平衡浓度/$(mol \cdot L^{-1})$　　　$x$　　　　　　0.01$+2x$　　0.01$-x$

　　　　　　　　　　　　　　　　　　　　　　$\approx 0.01$　　　$\approx 0.01$

$$K_f^\ominus = \frac{c_{eq}([Ag(NH_3)_2]^+)/c^\ominus}{[c_{eq}(Ag^+)/c^\ominus][c_{eq}(NH_3)/c^\ominus]^2}$$

$$1.12\times10^7 = \frac{0.01\text{mol}\cdot\text{L}^{-1}/c^\ominus}{[x\text{mol}\cdot\text{L}^{-1}/c^\ominus][0.01\text{mol}\cdot\text{L}^{-1}/c^\ominus]^2}$$

解得 $x=8.9\times10^{-6}$，即 $c(Ag^+)=8.9\times10^{-6}\text{mol}\cdot\text{L}^{-1}$

# 综合自测练习题（Ⅱ）

一、填空题（每空 1 分，共 30 分）

1. 胶体是指（　　　　　　　　　　　　）的分散体系；区别溶胶和溶液最简单的方法是（　　　　　　）；溶胶的核心部分是（　　　　　　　　），称为（　　　　　）。

2. 稀硫酸溶液中逐滴加入稀氢氧化钠溶液至反应终点，则所得溶液的饱和蒸气压比原稀硫酸溶液的蒸气压（同一温度下）（　　　　　　　　）。

3. 碰撞理论认为，发生有效碰撞的分子称为（　　　　　　　），活化分子的百分数越大有效碰撞次数就越多，反应速率就越快。

4. 影响化学反应速率的主要外界因素有（　　　　）、（　　　　　）、（　　　　）。

5. 基元反应 A+B===C 的反应速率方程为（　　　　　　），此反应级数为（　　　）。

6. 在绝对零度（0K）时，一切纯物质的完美晶体的熵值都（　　　）零，其数学表达式为（　　　　　　）。

7. 酸碱质子理论认为，酸碱反应的实质是（　　　　　）的传递。

8. $CO_3^{2-}$ 的共轭酸是（　　　　）。

9. $[Cu(NH_3)_4]SO_4$ 溶液中，加入 $BaCl_2$ 溶液，会产生白色（　　　　）沉淀；加入稀 NaOH 溶液，会产生蓝色（　　　　）沉淀；加入 $Na_2S$ 溶液，可产生黑色（　　　　）沉淀。

10. 滴定终点与化学计量点不一定恰好一致，往往存在一定的差别，这一差别称为（　　　）。

11. 定量分析是以化学反应为基础的，根据化学反应的类型不同，滴定分析法一般可分为四种：（　　　　）、（　　　　　　）、（　　　　　　）、（　　　　　）。

12. 吸收光度法是基于（　　　　　　　　　　）而建立起来的分析方法。

13. 重量分析法一般分为（　　　　）、（　　　　）、（　　　　　）、热重法等。

14. 选择指示剂的原则是（　　　　　　　　　　　　　　　　　　　　　）。

15. 原电池是通过（　　　　　　）反应将（　　　　　　　）直接转变为电能的装置。

二、选择题（每题 2 分，共 20 分）

1. 影响纯液氨饱和蒸气压的因素有（　　）。

A. 容器的形状
B. 液氨的量
C. 温度
D. 气相中的其他组分

2. 下列叙述正确的是（　　）。

A. 复杂反应是由若干基元反应组成的

B. 在反应速率方程式中，各物质浓度的指数等于反应方程式中各物质的计量数时，此反应为基元反应

C. 反应级数等于反应方程式中反应物的计量数之和

D. 反应速率等于反应物浓度的乘积

3. 下列分子的 $\Delta_f H_m^{\ominus}$ 值不等于零的是 （　　）。

A. 石墨(s)　　　　　　B. $O_2(g)$　　　　　　C. $CO_2(g)$　　　　　　D. $Cu(s)$

4. 物质的颜色是由于选择性地吸收了白光中的某些波长的光所致。硫酸铜溶液呈现蓝色是由于它吸收了白光中的 （　　）。

A. 蓝色光波　　　　　B. 绿色光波　　　　　C. 黄色光波　　　　　D. 紫色光波

5. 在电势分析法中作为指示电极，其电势应与被测离子的浓度 （　　）。

A. 无关　　　　　　　　　　　　　　B. 成正比

C. 与对数成正比　　　　　　　　　　D. 符合能斯特公式的关系

6. 说明电子运动时具有波动性的著名实验是 （　　）。

A. 阴极射线管中产生的阴极射线　　　B. 光电效应

C. α 粒子散射实验　　　　　　　　　D. 戴维逊-革尔麦电子衍射实验

7. 欲配制 pH＝7.00 的缓冲溶液，可以选择 （　　） 来配制。

A. HCOOH-HCOONa　　　　　　$pK_a^{\ominus}$ （HCOOH）＝3.74

B. HAc-NaAc　　　　　　　　　$pK_a^{\ominus}$ （HAc）＝4.76

C. $NH_3$-$NH_4Cl$　　　　　　　$pK_a^{\ominus}$ （$NH_4^+$）＝9.24

D. $NaH_2PO_4$-$Na_2HPO_4$　　　$pK_{a2}^{\ominus}$ （$H_3PO_4$）＝7.20

8. $[Cr(H_2O)_4Cl_2]$ $Cl\cdot2H_2O$ 中 $Cr^{3+}$ 是 （　　）。

A. 中心离子　　　　B. 配位体　　　　C. 配位原子　　　　D. 外界

9. 根据 $\varphi^{\ominus}(Cr_2O_7^{2-}/Cr^{3+})>\varphi^{\ominus}(Sn^{4+}/Sn^{2+})$，可以判断在组成电对的四种物质中，还原性最强的是 （　　）。

A. $Cr^{3+}$　　　　　B. $Cr_2O_7^{2-}$　　　　　C. $Sn^{4+}$　　　　　D. $Sn^{2+}$

10. 纳米是长度单位，$1nm＝10^{-9}$ m，当物质的颗粒达到纳米级时，具有特殊的性质。例如将铁制成"纳米铁"时具有非常强的化学活性，在空气中可以燃烧。下列关于"纳米铁"的叙述正确的是 （　　）。

A. "纳米铁"属于胶体　　　　　　　B. "纳米铁"在氧气中燃烧生成 $Fe_2O_3$

C. 常温下"纳米铁"的还原性与铁片相同　　D. 过量的"纳米铁"与 $Cl_2$ 反应生成 $FeCl_2$

三、判断题 ［对的在 （　　） 中打"√"，错的在 （　　） 中打"×"（每题1分，共5分）］

1. 任何稳定单质的标准摩尔生成焓都等于零。（　　）

2. 共价键和氢键都具有饱和性和方向性。（　　）

3. 随机误差又称可测误差。（　　）

4. 直接碘量法通常在强碱溶液中进行。（　　）

5. 无定形沉淀要在较浓的热溶液中进行沉淀，加入沉淀剂速度适当快。（　　）

四、简答题（每小题4分，共20分）

1. 写出下列反应的标准平衡常数 $K^{\ominus}$ 表达式。

(1) $3H_2(g)+N_2(g)\Longrightarrow2NH_3(g)$

(2) $CH_4(g)+2O_2(g)\Longrightarrow CO_2(g)+2H_2O(g)$

(3) $BaCO_3(s)\Longrightarrow BaO(s)+CO_2(g)$

(4) $NO(g)+\dfrac{1}{2}O_2(g)\Longrightarrow NO_2(g)$

（5）$CaO(s)+H_2O(l)\rightleftharpoons Ca^{2+}(aq)+2OH^-(aq)$

2. 为什么长白山上的水可以煮熟鸡蛋？

3. 简述重量分析法的特点。

4. 吸光光度法中，对显色反应的要求有哪些？

5. 在离子交换分离法中，影响离子交换亲和力的主要因素有哪些？

**五、计算题**（每题 5 分，共 25 分）

1. 计算在含 $NH_3$ 的浓度为 $1.0mol\cdot L^{-1}$ 的 $0.10mol\cdot L^{-1}$ $[Cu(NH_3)_4]^{2+}$ 溶液中的 $Cu^{2+}$ 的浓度？已知 $K_f^\ominus([Cu(NH_3)_4]^{2+})=4.8\times10^{12}$。

2. 将 Zn 片插入 $1.0mol\cdot L^{-1}$ $ZnSO_4$ 溶液中，Ag 片插入 $1.0mol\cdot L^{-1}$ $AgNO_3$ 溶液中，构成原电池。已知：$\varphi^\ominus(Ag^+/Ag)=0.799V$，$\varphi^\ominus(Zn^{2+}/Zn)=-0.76V$。

（1）写出原电池的电极反应和电池反应。

（2）写出原电池符号。

（3）计算该电池的电动势。

3. 测定某组分含量时得到下列数据：20.01％、20.03％、20.04％、20.05％。求分析结果的平均值、相对平均偏差。

4. 取水样 100.00mL，在 pH＝10.0 时，用铬黑 T 为指示剂，用 EDTA 标准溶液滴定至终点，用去 $0.01000mol\cdot L^{-1}$ 的 EDTA 标准溶液 28.66mL。计算水的总硬度。

5. 灼烧过的 $BaSO_4$ 沉淀为 0.5013g，其中有少量 BaS，用 $H_2SO_4$ 润湿，并蒸发除去过量的 $H_2SO_4$，再灼烧后称得沉淀的质量为 0.5021g，求 $BaSO_4$ 中 BaS 的质量分数。

# 综合自测练习题（Ⅱ）参考答案

**一、填空题**

1. 粒子直径在 1～100nm 之间，丁达尔效应，许多难溶的小分子聚集体，胶核

2. 高

3. 活化分子

4. 浓度，温度，催化剂

5. $v=kc(A)\ c(B)$，二级

6. 等于，S（0K）＝0

7. 质子

8. $HCO_3^-$

9. $BaSO_4$，$Cu(OH)_2$，CuS

10. 终点误差

11. 酸碱滴定法，氧化还原滴定法，沉淀滴定法，配位滴定法

12. 物质对光的选择性吸收

13. 化学沉淀法，挥发法，萃取法

14. 指示剂的变色范围应部分或全部落在滴定突跃范围内

15. 氧化还原，化学能

**二、选择题**

1. C    2. A    3. C    4. C    5. D    6. C    7. D    8. A    9. D    10. C

## 三、判断题

1. √    2. ×    3. ×    4. ×    5. √

## 四、简答题

1. 答    (1) $K^{\ominus} = \dfrac{[p_{eq}(NH_3)/p^{\ominus}]^2}{[p_{eq}(H_2)/p^{\ominus}]^3[p_{eq}(N_2)/p^{\ominus}]}$

(2) $K^{\ominus} = \dfrac{[p_{eq}(H_2O)/p^{\ominus}]^2[p_{eq}(CO_2)/p^{\ominus}]}{[p_{eq}(CH_4)/p^{\ominus}][p_{eq}(O_2)/p^{\ominus}]^2}$

(3) $K^{\ominus} = p_{eq}(CO_2)/p^{\ominus}$

(4) $K^{\ominus} = \dfrac{[c_{eq}(NO_2)/c^{\ominus}]}{[c_{eq}(NO)/c^{\ominus}][c_{eq}(O_2)/c^{\ominus}]^{1/2}}$

(5) $K^{\ominus} = [c_{eq}(Ca^{2+})/c^{\ominus}][c_{eq}(OH^-)/c^{\ominus}]^2$

2. 答    因为长白山上的水中含锌、偏铝酸等物质，又因为山上的气压低，溶液的蒸气压下降，导致沸点升高，所以可以煮熟鸡蛋。

3. 答    重量分析法是经典的化学分析法，通过直接称量得到分析结果，不需要从容量器皿引入数据，也不需要基准物质作比较，对于高含量组分的测定，重量分析比较准确，一般测定的相对误差不大于 0.1%。可以准确地对高含量的硅、磷、钨、稀土元素等试样进行精确分析。

4. 答    应用于光度分析的显色反应必须符合下列要求：（1）灵敏度高。一般要求生成的有色化合物要有较大的摩尔吸光系数，一般 $\varepsilon$ 值为 $10^4 \sim 10^5$ 数量级，才有足够的灵敏度。但对于高含量组分的测定，有时可选用灵敏度较低的显色反应。（2）选择性好。选择性好是指显色剂仅与被测组分或少数几个组分发生显色反应。（3）有色化合物的组成恒定、性质稳定，至少保证在测量过程中吸光度基本不变。（4）有色化合物与显色剂之间色差要大，一般要求有色化合物（MR）的最大吸收波长与显色剂（R）的最大吸收波长之差在 60nm 以上。

5. 答    离子亲和力的大小与离子所带电荷数及它的半径有关，在交换过程中，价态越高，亲和力越大，对于同价离子其水化半径越大（阳离子原子序数越大），亲和力越小。

## 五、计算题

1. 解    因 $NH_3$ 过量，且 $K_f^{\ominus}$ 较大，事实上平衡时解离的 $Cu^{2+}$ 很少。

设在 $[Cu(NH_3)_4]^{2+}$ 和 $NH_3$ 的混合溶液中，$c(Cu^{2+}) = x\ mol \cdot L^{-1}$，则：

$$Cu^{2+} + 4NH_3 \rightleftharpoons [Cu(NH_3)_4]^{2+}$$

平衡浓度/(mol·L⁻¹)     $x$     $1.0+4x$     $0.10-x$

$\approx 1.0$    $\approx 0.10$

$$K_f^{\ominus} = \frac{c_{eq}([Cu(NH_3)_4]^{2+})/c^{\ominus}}{[c_{eq}(Cu^{2+})/c^{\ominus}][c_{eq}(NH_3)/c^{\ominus}]^4}$$

$$4.8 \times 10^{12} = \frac{0.10\ mol \cdot L^{-1}/1\ mol \cdot L^{-1}}{[x\ mol \cdot L^{-1}/1\ mol \cdot L^{-1}][1.0\ mol \cdot L^{-1}/1\ mol \cdot L^{-1}]^4}$$

解得    $x = 2.1 \times 10^{-14}$，即 $c(Cu^{2+}) = 2.1 \times 10^{-14}\ mol \cdot L^{-1}$

2. 解    (1)    负极    （锌电极）    $Zn = Zn^{2+} + 2e^-$        （氧化反应）

正极    （银电极）    $Ag^+ + e^- = Ag$        （还原反应）

总反应（电池反应）        $Zn + 2Ag^+ = Zn^{2+} + 2Ag$

(2)    原电池符号 $(-)Zn(s) | ZnSO_4(c_1) \parallel AgNO_3(c_2) | Ag(s)(+)$

(3)
$$\varphi(Zn^{2+}/Zn)=\varphi^{\ominus}(Zn^{2+}/Zn)+\frac{0.0592V}{2}lg[c(Zn^{2+})/c^{\ominus}]$$

$$=-0.76V+\frac{0.0592V}{2}lg[1.0mol\cdot L^{-1}/1mol\cdot L^{-1}]=-0.76V$$

$$\varphi(Ag^{+}/Ag)=\varphi^{\ominus}(Ag^{+}/Ag)+\frac{0.0592V}{1}lg[c(Ag^{+})/c^{\ominus}]$$

$$=0.799V+\frac{0.0592V}{1}lg[1.0mol\cdot L^{-1}/1mol\cdot L^{-1}]=0.799V$$

$$E=\varphi(Ag^{+}/Ag)-\varphi(Zn^{2+}/Zn)=0.799V-(-0.76V)=1.56V$$

3. 解  $\overline{x}=\dfrac{20.01\%+20.03\%+20.04\%+20.05\%}{4}=20.0325\%\approx20.03\%$

$$\overline{d}=\frac{|d_1|+|d_2|+\cdots+|d_n|}{n}=\frac{|x_1-\overline{x}|+|x_2-\overline{x}|+\cdots+|x_n-\overline{x}|}{n}$$

$$=\frac{|20.01\%-20.03\%|+|20.03\%-20.03\%|+|20.04\%-20.03\%|+|20.05\%-20.03\%|}{4}$$

$$=0.0125\%$$

$$\overline{d_r}=\frac{\overline{d}}{\overline{x}}\qquad\overline{d_r}=\frac{0.0125\%}{20.03\%}=0.0624\%$$

4. 解  水的总硬度$=\dfrac{c(EDTA)V_1M(CaO)}{V(水样)}\times\dfrac{1000}{10}$

$$=\frac{0.01000mol\cdot L^{-1}\times28.66mL\times56g\cdot mol^{-1}}{100.00mL}\times\frac{1000}{10}=16.05(°dH)$$

5. 解  根据题意分析 $BaSO_4$ 沉淀中含有少量 $BaS$，用 $H_2SO_4$ 洗过后，再生成 $BaSO_4$，质量增加了，在这个过程中，相当于增加了 4 个 O 的质量

所以  $n(BaS)=n(4O)$

$$=\frac{0.5021g-0.5013g}{16g\cdot mol^{-1}\times4}=1.25\times10^{-5}mol$$

所以  $w(BaS)=\dfrac{m(BaS)}{m(样品)}\times100\%=\dfrac{n(BaS)M(BaS)}{m(样品)}\times100\%$

$$=\frac{1.25\times10^{-5}mol\times169g\cdot mol^{-1}}{0.5013g}\times100\%=0.42\%$$

# 综合自测练习题（Ⅲ）

一、填空题（每空 1 分，共 30 分）

1. 烟草的有害成分尼古丁，现将 496mg 尼古丁溶于 10.0g 水中，所得溶液在 101kPa 下的沸点是 100.17℃（水的 $K_b=0.52K\cdot kg\cdot mol^{-1}$），则尼古丁的分子量为（　　　　　）。

2. $\Delta_r G_m$（　　　　）于零时，反应是自发的，根据 $\Delta_r G_m=\Delta_r H_m-T\Delta_r S_m$，当 $\Delta_r S_m$ 为正值时，放热反应（　　　）自发的，当 $\Delta_r S_m$ 为负值时，吸热反应（　　　）自发的。

3. s 亚层中轨道总数是（　　　　　），K 层轨道数最多是（　　　　　），M 电子层最多能容纳（　　　）个电子。

4. 核外电子排布遵循的三个原则是（　　　　　）、（　　　　　）和（　　　　　）。

5. 弱酸的水溶液越稀，解离度越（　　　　　），$H^+$ 的浓度越小。

6. 常温下，溶液中 HAc 的 $K_a^\ominus = 1.8 \times 10^{-5}$，则其共轭碱 $Ac^-$ 的 $K_b^\ominus =$（　　　　　）。

7. $[Cu(NH_3)_4]SO_4$ 名称为（　　　　　　　　　）；中心离子是（　　　），配位体是（　　　），配位数是（　　　　　）。

8. 形成螯合物的条件是（　　　　　　　　　　）和（　　　　　　　　　　）。

9. 在氧化还原反应过程中，氧化数升高的物质叫（　　　　　）（提供电子）；氧化数降低的物质叫氧化剂（得到电子）。

10. 滴定分析中常采用的滴定方式有：（　　　　　）、（　　　　　）、（　　　　　）、返滴定。

11. 能用于直接配制或标定溶液的物质称为（　　　　　　　）。

12. EDTA 法可测定（　　　　　　　）离子，在测定这些离子时，主要要控制溶液的（　　　　　）。

13. 用 EDTA 滴定法测定水硬度时，铬黑 T 最合适的酸度（pH）是（　　　　　），终点时溶液由（　　　　　）变为（　　　　　）。

14. 以不同波长的光，对某物质的吸光度作图所获得的曲线称为（　　　　），又称 $A$-$\lambda$ 曲线。

15. 高铁酸钾（$K_2FeO_4$）是一种强氧化剂，可作为水处理剂和高容量电池材料。$FeCl_3$ 与 KClO 在强碱性条件下反应可制取 $K_2FeO_4$，其反应的离子方程式（　　　　　　　　　）。

二、选择题（每题 2 分，共 20 分）

1. 下列说法不正确的是（　　　）。

A. 当液体与其蒸气处于动态平衡状态时，作用在蒸气上的压力称为该液体的饱和蒸气压

B. 液体混合物的蒸气压等于各纯组分的蒸气压之和

C. 稀溶液中某一液体组分的蒸气分压等于它在相同温度下的饱和蒸气压与其在溶液中的摩尔分数的乘积

D. 饱和蒸气压的大小与容器的直径大小有关

2. 在 $3H_2(g) + N_2(g) \rightleftharpoons 2NH_3(g)$ 的反应中，经过 2min 之后 $NH_3$ 的浓度增加了 $0.6 mol \cdot L^{-1}$，则用 $H_2$ 的浓度变化来表示此反应的平均速率为（　　　）。

A. $0.30 mol \cdot L^{-1} \cdot min^{-1}$      B. $0.45 mol \cdot L^{-1} \cdot min^{-1}$

C. $0.60 mol \cdot L^{-1} \cdot min^{-1}$      D. $0.90 mol \cdot L^{-1} \cdot min^{-1}$

3. 任何一个化学变化，影响平衡常数数值的因素是（　　　）。

A. 反应产物的浓度　　B. 催化剂　　　　C. 温度　　　　D. 体积

4. 存在于分子之间最主要的作用力是（　　　）。

A. 取向力　　　　　B. 诱导力　　　　C. 色散力　　　　D. 氢键

5. 下列物质既可作酸又可以作碱的是（　　　）。

A. $H_2O$　　　　　B. $Ac^-$　　　　C. $OH^-$　　　　D. HAc

6. 配合物的内界与外界是以下列（　　　）结合的。

A. 共价键　　　　　B. 配位键　　　　C. 离子键　　　　D. 金属键

7. 在 $Na_2SO_4$、$Na_2S_2O_3$ 和 $Na_2S_4O_6$ 中，S 的氧化数分别为（　　　）。

A. +6、+4、+2　　　　　　　　　B. +6、+2.5、+4

C. +6、+2、+2.5　　　　　　　　D. +6、+4、+3

8. 下面不属于减小系统误差的方法是（　　　）。

A. 做对照实验　　　　　　　　　　B. 校正仪器

C. 做空白实验　　　　　　　　　　D. 增加平行测定次数

9. 酚酞指示剂的酸式色为 （　　　　）。

A. 红色　　　　　　　B. 无色　　　　　　　C. 黄色　　　　　　　D. 橙色

10. 在电势分析法中，作为参比电极，其要求之一是电极 （　　　　）。

A. 电势应等于零　　　　　　　　　　　B. 电势与温度无关

C. 电势在一定条件下为定值　　　　　　D. 电势随试液中被测离子活度变化而变化

**三、判断题** 〔对的在 （　　　） 中打 "√"，错的在 （　　　） 中打 "×"（每题 1 分，共 5 分）〕

1. 吸热反应都不是自发的。（　　　）

2. 共价键有两种类型：σ 键和 π 键。（　　　）

3. 0.21334 按有效数字的运算规则修约为四位有效数字 0.2134。（　　　）

4. 酸碱滴定突跃范围大小与酸碱溶液的浓度无关。（　　　）

5. 沉淀称量法中的称量形式必须具有确定的化学组成。（　　　）

**四、简答题** （每小题 4 分，共 20 分）

1. 某原子质量数为 52，中子数为 28，求此元素的原子序数、元素符号、核外电子数、基态未成对电子数、原子的核外电子排布式。

2. 卤族单质从 $F_2 \rightarrow I_2$ 的熔点、沸点为什么依次增高？

3. 用 HAc -NaAc 组成的缓冲溶液为例，说明缓冲作用原理。

4. 用离子-电子法配平下列反应式

$$MnO_4^- + Fe^{2+} \longrightarrow Mn^{2+} + Fe^{3+} \qquad （酸性）$$

5. 下列物质可否作基准物质？为什么？

HCl　　　　　NaOH　　　　　邻苯二甲酸氢钾　　　　　99.95％NaCl

**五、计算题** （每题 5 分，共 25 分）

1. 在 100.7g 水中溶解蔗糖 （$C_{12}H_{22}O_{11}$） 10.0g，测得溶液的凝固点为 272.46K，求蔗糖的摩尔质量。

2. 某温度下，在 1L 的密闭容器中，用 5mol $SO_2$ 和 2.5mol 的 $O_2$ 反应，得到 3mol $SO_3$ 时，建立如下的平衡，$2SO_2$ （g） $+O_2$ （g） $\Longrightarrow 2SO_3$ （g），求平衡常数和 $SO_2$ 转化为 $SO_3$ 的转化率。

3. 计算 0.10mol·$L^{-1}$ 的 HAc 溶液中的 $c(H^+)$ 和 pH 值，已知 $K_a^\ominus$ （HAc） $=1.75×10^{-5}$。

4. 称取邻苯二甲酸氢钾基准物质 0.6225g，标定 NaOH 溶液，终点时消耗 NaOH 溶液 22.50mL，计算 NaOH 溶液的浓度。已知 $M(KHC_8H_4O_4) =204.2g·mol^{-1}$。

5. 重量分析法测定杀虫剂中的砷时，先将砷沉淀为 $MgNH_4AsO_4$ 形式，然后转变为称量形式 $Mg_2As_2O_7$。若已知 1.627g 杀虫剂试样可以转变为 106.5mg 的 $Mg_2As_2O_7$，试计算该杀虫剂中 $As_2O_3$ 的质量分数。

# 综合自测练习题 （Ⅲ） 参考答案

**一、填空题**

1. 151

2. 小，是，非

3. 1，1，18

4. 能量最低原理，泡利不相容原理，洪德定则

5. 大

6. $5.6 \times 10^{-10}$

7. 硫酸四氨合铜（Ⅱ），$Cu^{2+}$，$NH_3$，4

8. 含有两个或两个以上的配位原子，且与同一个中心离子配位；两个配位原子之间相隔 2～3 个其他原子

9. 还原剂

10. 直接滴定、间接滴定、置换滴定

11. 基准物质

12. 金属，pH

13. 7～11，酒红色，蓝色

14. 吸收曲线

15. $2Fe^{3+} + 3ClO^- + 10OH^- \overline{\underline{\phantom{==}}} 2FeO_4^{2-} + 3Cl^- + 5H_2O$

## 二、选择题

1. D    2. B    3. C    4. C    5. A    6. C    7. C    8. D    9. B    10. C

## 三、判断题

1. ×    2. √    3. ×    4. ×    5. √


## 四、简答题

**1. 答**　24，Cr，24，6，$1s^2 2s^2 2p^6 3s^2 3p^6 3d^5 4s^1$

**2. 答**　卤素的单质都是以双原子分子形式存在的，以 $X_2$ 表示，通常指 $F_2$、$Cl_2$、$Br_2$、$I_2$。卤素单质固态时皆为分子晶体，因此它们的熔点、沸点较低，按 $F_2 \rightarrow Cl_2 \rightarrow Br_2 \rightarrow I_2$ 的次序分子间的色散力逐渐增大，所以熔点、沸点逐渐升高。

**3. 答**　在 HAc-NaAc 缓冲溶液中存在如下平衡：

$$HAc \Longleftrightarrow H^+ + Ac^- \qquad NaAc \Longrightarrow Na^+ + Ac^-$$

由于同离子效应，互为共轭酸碱对的 HAc 和 $Ac^-$ 的解离相互抑制，因此系统中同时存在大量的 HAc 和 $Ac^-$，当外加少量酸时，平衡向左移动，$H^+$ 与 $Ac^-$ 结合生成 HAc，从而部分抵消了外加的少量 $H^+$，保持了溶液的 pH 基本不变，$Ac^-$ 即为抗酸成分；当外加少量碱时，$OH^-$ 与 $H^+$ 结合生成 $H_2O$，$H^+$ 的浓度会降低，平衡向右移动，HAc 解离会产生 $H^+$，从而保持了溶液的 pH 基本不变，HAc 即为抗碱成分；当加适量的水时，一方面降低了 $H^+$ 的浓度，另一方面由于 HAc 的解离度增大和同离子效应的减弱（$Ac^-$ 浓度的减小），又使平衡向右移动补充 $H^+$，从而使溶液的 pH 基本不变。

**4. 答**　（1）写出反应的离子方程式（写主要产物）。

$$MnO_4^- + Fe^{2+} \longrightarrow Mn^{2+} + Fe^{3+} \qquad （酸性）$$

（2）将反应改为两个半反应，并配平原子个数和电荷数。在配平半反应时，当反应前后氧原子数目不等时，根据介质条件可以加 $H^+$、$OH^-$ 或 $H_2O$ 进行调整。

① 原子数配平：$MnO_4^- + 8H^+ \longrightarrow Mn^{2+} + 4H_2O$

$$Fe^{2+} \longrightarrow Fe^{3+}$$

② 电荷数配平：$MnO_4^- + 8H^+ + 5e^- \longrightarrow Mn^{2+} + 4H_2O$

$$Fe^{2+} \longrightarrow Fe^{3+} + e^-$$

（3）据反应中氧化剂得电子总数与还原剂失电子总数相等的原则，分别在两个已经配平

的半反应上乘上适当的系数，合并之，就得到了配平的总反应式。

$$MnO_4^- + 8H^+ + 5e^- \longrightarrow Mn^{2+} + 4H_2O \quad \bigg| \times 1$$

$$+ \quad Fe^{2+} \longrightarrow Fe^{3+} + e^- \quad \bigg| \times 5$$

$$\overline{MnO_4^- + 5Fe^{2+} + 8H^+ = Mn^{2+} + 5Fe^{3+} + 4H_2O}$$

5. **答**　HCl 不可以，有挥发性　　　　　　NaOH 不可以，易潮解

邻苯二甲酸氢钾可以，稳定，摩尔质量大，称量误差小

99.95%NaCl 不可以，纯度不够

**五、计算题**

1. **解**
$$\Delta t_f = K_f b_B = 1.86 \text{K} \cdot \text{kg} \cdot \text{mol}^{-1} \times \frac{10.0\text{g} \times 1000}{M_B \times 100.7\text{g}}$$

$$M_B = \frac{1.86\text{K} \cdot \text{kg} \cdot \text{mol}^{-1} \times 10.0\text{g} \times 1000}{0.54\text{K} \times 100.7\text{g}} = 342\text{g} \cdot \text{mol}^{-1}$$

2. **解**　平衡时有：

$$2SO_2(g) + O_2(g) \Longrightarrow 2SO_3(g)$$

初始浓度/(mol·L$^{-1}$)　　　　　5　　　　　2.5　　　　　0

平衡浓度/(mol·L$^{-1}$)　　　　　$5-3$　　$\left(2.5 - 3 \times \dfrac{1}{2}\right)$　　3

根据
$$K^\ominus = \frac{[c_{eq}(SO_3)/c^\ominus]^2}{[c_{eq}(SO_2)/c^\ominus]^2[c_{eq}(O_2)/c^\ominus]}$$

$$K^\ominus = \frac{\left(\dfrac{3\text{mol} \cdot \text{L}^{-1}}{1\text{mol} \cdot \text{L}^{-1}}\right)^2}{\left(\dfrac{2\text{mol} \cdot \text{L}^{-1}}{1\text{mol} \cdot \text{L}^{-1}}\right)^2\left(\dfrac{1.0\text{mol} \cdot \text{L}^{-1}}{1\text{mol} \cdot \text{L}^{-1}}\right)} = 2.25$$

$$SO_2 \text{ 的转化率} = \frac{c_{消耗}(SO_2)}{c_{初始}(SO_2)} \times 100\% = \frac{3\text{mol} \cdot \text{L}^{-1}}{5\text{mol} \cdot \text{L}^{-1}} \times 100\% = 60\%$$

3. **解**　因为 $\dfrac{K_a^\ominus c(HAc)}{c^\ominus} = \dfrac{1.75 \times 10^{-5} \times 0.10\text{mol} \cdot \text{L}^{-1}}{1\text{mol} \cdot \text{L}^{-1}} = 1.75 \times 10^{-6} > 20K_w^\ominus$

$$\frac{c(HAc)}{K_a^\ominus c^\ominus} = \frac{0.10\text{mol} \cdot \text{L}^{-1}}{1.75 \times 10^{-5} \times 1\text{mol} \cdot \text{L}^{-1}} = 5.7 \times 10^4 > 500$$

所以 $c_{eq}(H^+) = \sqrt{K_a^\ominus c^\ominus c(HAc)} = \sqrt{1.75 \times 10^{-5} \times 1\text{mol} \cdot \text{L}^{-1} \times 0.10\text{mol} \cdot \text{L}^{-1}}$

$$= 1.32 \times 10^{-3}\text{mol} \cdot \text{L}^{-1}$$

$$\text{pH} = 2.88$$

4. **解**
$$NaOH + KHP = NaKP + H_2O$$

$$c(NaOH)V(NaOH) = \frac{m(KMP)}{M(KMP)}$$

$$c(NaOH) \times 22.50 \times 10^{-3}\text{L} = \frac{0.6225\text{g}}{204.2\text{g} \cdot \text{mol}^{-1}}$$

$$c(NaOH) = 0.1355\text{mol} \cdot \text{L}^{-1}$$

5. **解**　换算因数为 $F = \dfrac{M(As_2O_3)}{M(Mg_2As_2O_7)} = \dfrac{198\text{g} \cdot \text{mol}^{-1}}{286\text{g} \cdot \text{mol}^{-1}} = 0.6923$

$As_2O_3$ 的质量为 $m(As_2O_3)=Fm(Mg_2As_2O_7)=0.6923\times106.5mg\times10^{-3}g=0.07373g$

$As_2O_3$ 的质量分数为 $w(As_2O_3)=\dfrac{m(As_2O_3)}{m(样品)}\times100\%=\dfrac{0.07373g}{1.627g}\times100\%=4.53\%$

# 综合自测练习题（Ⅳ）

一、填空题（每空 1 分，共 30 分）

1. 植物体内细胞中具有多种可溶性物质（如氨基酸、糖等），由于这些可溶性物质的存在，使细胞的（　　　　　），凝固点降低，从而使植物表现出一定的抗寒、抗旱性。

2. 化学平衡的外界主要影响因素有（　　　　　）、（　　　　　）、（　　　　　）。

3. p 亚层中轨道总数是（　　　），L 层轨道数最多是（　　　　），K 电子层最多能容纳（　　　）个电子。

4. 分子间力（　　　）方向性和饱和性，但（　　　）有方向性和饱和性。

5. $n=2$，$l=0$，$m=0$。用原子轨道光谱学符号表示为（　　　　）。

6. 水具有反常高的沸点，是因为分子间存在（　　　　　）。

7. 描述核外电子的运动状态，必须同时从（　　　）、（　　　）、（　　　）、（　　　）四个方面来描述。

8. NaCl 溶液的 pH（　　　　）7；$NaHCO_3$ 溶液的 pH（　　　　）7。

9. 中心原子为 $dsp^2$ 杂化的配合物的几何构型是（　　　　　　）。

10. $[Fe(CN)_6]^{3-}$ 的中心离子采用的杂化轨道为（　　　　　　），离子的空间构型为（　　　　）。

11. 中心离子的电荷越高，吸引配体能力越（　　　　），配位数越（　　　　）；中心离子的半径越大，配位数越（　　　　）。

12. 利用氧化还原反应组成原电池的电动势来判断氧化还原反应方向，若 $E^{\ominus}$（　　　）时，反应将正向自发进行，若 $E^{\ominus}$（　　　　）时，反应将逆向自发进行。

13. 以含量为 99% 的硼砂作基准物质标定盐酸标准溶液会引起（　　　）误差。

14. 用 EDTA 滴定法测定水中钙量时，用（　　　　　　　）作指示剂，溶液的 pH（　　　　），终点时颜色变化为（　　　　　　　）。

15. 光度法定性分析的理论基础，是基于各物质的（　　　　）是不同的。

二、选择题（每题 2 分，共 20 分）

1. 对于零级反应来说，下列叙述正确的是（　　　）。

A. 活化能很低　　　　　　　　　　B. 反应速率常数与反应物浓度无关

C. 反应速率常数与温度无关　　　　D. 反应速率常数为零

2. 已知：$2SO_2+O_2\Longrightarrow2SO_3$ 反应达平衡后，加入 $V_2O_5$ 催化剂，则 $SO_2$ 的转化率（　　　）。

A. 增大　　　　　　B. 不变　　　　　　C. 减小　　　　　　D. 无法确定

3. 原子序数为 24 的元素，其原子核外电子的排布应是（　　　）。

A. $[Ar]3d^44s^2$　　　　　　　　　B. $[Ar]3d^54s^1$

C. $[Ar]3d^54s^2$　　　　　　　　　D. $[Ar]3d^64s^1$

4. $0.10mol\cdot L^{-1}$ HCl 的溶液，其 pH 为（　　　）。

A. 0.00　　　　　　B. 1.00　　　　　　C. 2.00　　　　　　D. 3.00

5. EDTA 能与金属离子形成配合物，且配合物很稳定，这是因为 EDTA 与金属离子形成了（　　）。

  A. 简单配合物    B. 沉淀物    C. 螯合物    D. 聚合物

6. 铜锌电池的电池符号为（　　）。

  A. （－）$Zn \mid ZnSO_4$ （$c_1$）$\parallel CuSO_4$ （$c_2$）$\mid Cu$ （＋）

  B. （＋）$Zn \mid ZnSO_4$ （$c_1$）$\parallel CuSO_4$ （$c_2$）$\mid Cu$ （－）

  C. （－）$Zn \mid ZnSO_4$ （$c_1$）$\mid CuSO_4$ （$c_2$）$\mid Cu$ （＋）

  D. （＋）$Zn \mid CuSO_4$ （$c_1$）$\mid ZnSO_4$ （$c_2$）$\mid Cu$ （－）

7. 在滴定分析中，当加入滴定剂的量与待滴定物质的量恰好符合化学反应式所表示的化学计量关系时，反应达到化学计量点，这一点称为（　　）。

  A. 理论终点    B. 滴定    C. 滴定终点    D. 标定

8. 在高锰酸钾法中，调节溶液的酸是（　　）。

  A. 盐酸    B. 硝酸    C. 硫酸    D. 磷酸

9. 在光度分析中，某有色溶液的最大吸收波长（　　）。

  A. 随溶液浓度的增大而增大    B. 随溶液浓度的增大而减小

  C. 与有色溶液浓度无关    D. 随溶液浓度的变化而变化

10. 2019 年诺贝尔化学奖授予约翰·古迪纳夫、斯坦利·惠延厄姆和吉野彰，以表彰他们在锂离子电池研发领域作出的贡献。三人的获奖，再次让锂电池及其原料成了世界的焦点。一种锂电池的原理为 $4Li + 2SOCl_2 = SO_2\uparrow + 4LiCl + S$。

  已知：锂是最轻的金属（锂密度：$0.534g/cm^3$），化学性质与钠相似，下列说法错误的是（　　）。

  A. 该反应中 Li 失电子，被氧化，是还原剂

  B. 不经处理的锂电池不能防水，发生反应：$2Li + 2H_2O = 2LiOH + H_2\uparrow$

  C. 实验室中金属锂不能保存在煤油中（煤油密度：$0.8g/cm^3$）

  D. 该反应中 $SOCl_2$ 是氧化剂，1mol $SOCl_2$ 参与反应时转移的电子数为 $4N_A$

三、判断题［对的在（　　）中打"√"，错的在（　　）中打"×"（每题1分，共5分）］

1. 难挥发非电解质稀溶液的依数性不仅和溶质种类有关，还和浓度有关。（　　）

2. 两个 σ 键组成一个双键。（　　）

3. 误差按其性质可以分为系统误差和随机误差。（　　）

4. 甲醛法测定氨的含量时，用酚酞作指示剂。（　　）

5. 由于混晶而带入沉淀中的杂质通过洗涤是不能除掉的。（　　）

四、简答题（每小题4分，共20分）

1. 由 $AgNO_3$ 和 NaCl 溶液制备 AgCl 胶体的时候，如果 NaCl 溶液过量，那么胶团结构式如何表示？

2. 什么是质量作用定律？它和速率方程有何关系？

3. EDTA 与金属离子形成配合物有何特点？

4. 重量分析法对称量形式的要求是什么？

5. 共沉淀富集痕量组分，对共沉淀剂有什么要求？有机共沉淀剂较无机共沉淀剂有何优点？

五、计算题（每题5分，共25分）

1. 有一多肽的水溶液，在 500mL 此溶液中含有溶质 0.2kg，在 300K 时，测得该溶液

的渗透压为 50kPa，求多肽的分子量？

2. 乙醛的分解反应 $CH_3CHO(g) \Longrightarrow CH_4(g) + CO(g)$ 在 303K，测得乙醛不同浓度时的反应速率为：

| $c(CH_3CHO)$ /$(mol \cdot L^{-1})$ | 0.10 | 0.20 | 0.30 | 0.40 |
|---|---|---|---|---|
| $v$/$(mol \cdot L^{-1} \cdot s^{-1})$ | 0.025 | 0.102 | 0.228 | 0.406 |

(a) 写出该反应的速率方程？

(b) 求反应速率常数 $k$？

(c) 求 $c(CH_3CHO) = 0.25mol \cdot L^{-1}$ 时的反应速率？

3. 298K 下，$0.2mol \cdot L^{-1}$ 的 HAc 溶液与 $0.2mol \cdot L^{-1}$ 的 NaAc 溶液等体积混合后，求该溶液的 pH。已知：HAc 的 $pK_a^\ominus = 4.76$。

4. 某纯碱（$Na_2CO_3$ 中含少量 $NaHCO_3$）试样 0.6020g，溶于水后，以酚酞作指示剂，耗用 20.50mL $0.2120mol \cdot L^{-1}$ HCl 溶液，再以甲基橙为指示剂，继续用 $0.2120mol \cdot L^{-1}$ HCl 溶液滴定，又耗去 HCl 24.08mL。求试样中各组分的含量。已知：$M(Na_2CO_3) = 106.0g \cdot mol^{-1}$，$M(NaHCO_3) = 84.01g \cdot mol^{-1}$。

5. 标准态下电极反应：$Ag^+ + e^- \Longrightarrow Ag$。$\varphi^\ominus(Ag^+/Ag) = 0.799V$，若在电极溶液中加入 $Cl^-$，则有 AgCl 沉淀生成，达到平衡后溶液中 $Cl^-$ 的浓度为 $0.5mol \cdot L^{-1}$，计算 $\varphi(Ag^+/Ag)$ 值。已知：$K_{sp}^\ominus(AgCl) = 1.77 \times 10^{-10}$。

# 综合自测练习题（Ⅳ）参考答案

一、填空题

1. 蒸气压下降    2. 浓度，温度，压强    3. 3，4，2

4. 无，氢键    5. 2s    6. 氢键

7. $n$，$l$，$m$，$m_s$    8. 等于，大于    9. 平面正方形

10. $d^2sp^3$，正八面体    11. 强，高，大    12. 大于零，小于零

13. 试剂    14. 钙红，12～13，酒红色变蓝色

15. 最大吸收波长

二、选择题

1. B   2. B   3. B   4. B   5. C   6. A   7. A   8. C   9. C   10. D

三、判断题

1. ×   2. ×   3. √   4. √   5. √

四、简答题

1. 答   $AgNO_3 + NaCl(过量) \Longrightarrow AgCl(胶体) + NaNO_3$

$\{(AgCl)_m \cdot nCl^- \cdot (n-x) Na^+\}^{x-} \cdot xNa^+$

2. 答   在一定温度下，基元反应的化学反应速率与反应物浓度（以化学反应方程式中相应物质的化学计量数为指数）的乘积成正比。这个结论称为质量作用定律。质量作用定律的数学表达式是速率方程，但速率方程仅仅在反应是基元反应时才符合质量作用定律。

3. 答   （1）普遍性   由于每个 EDTA 分子中有两个氨基上的氮和四个羧基上的氧，共六个配位原子。它们可部分或全部与 +1～+4 价的大多数金属离子形成四配位或六配位

的螯合物。

（2）稳定性好　配合物稳定性与成环的数目有关，当配位的原子相同时，成环数越多，则配合物越稳定。配合物的稳定性还与环的大小有关，一般五元或六元环最稳定。EDTA 与大多数金属离子形成多个五环的配合物，具有较高的稳定性。

（3）螯合比恒定　由于一个 EDTA 分子中含有六个配位原子，能与金属离子形成六个配位键，而多数金属离子的配位数不超过六，而且 EDTA 分子体积很大，所以 EDTA 与金属离子形成配合物的螯合比一般为 1∶1，无逐级配位现象。

（4）可溶性　由于 $Y^{4-}$ 带有 4 个负电荷，当 EDTA 阴离子与金属离子形成螯合物时，在满足配位数的同时，常使螯合物带有电荷，故水溶性好。

（5）颜色倾向性　EDTA 与无色金属离子形成的配合物仍为无色；EDTA 与有色金属离子形成的配合物颜色比相应金属离子的颜色稍深。

4. **答**　（1）组成必须与化学式完全符合，这是对称量形式最重要的要求，否则无法计算出准确的结果。

（2）称量形式要稳定，不易吸收空气中的水分和二氧化碳，在干燥、灼烧时不易分解，否则影响准确度。

（3）称量形式的摩尔质量要尽可能大。沉淀摩尔质量愈大，这样少量的被测元素可以得到较大的称量物质，减小称量误差，可提高测定的准确度。

5. **答**　对共沉淀剂的要求主要有：一是对富集的痕量组分的回收率要高（即富集效率大）；二是不干扰富集组分的测定或者干扰容易消除（即不影响后续测定）。

有机共沉淀剂较无机共沉淀剂的主要优点：一是选择性高；二是有机共沉淀剂易除去（如灼烧）；三是富集效果较好。

五、计算题

1. **解**　设多肽的摩尔质量为 $M$，则

$$\Pi = c_B RT = \frac{n_B}{V}RT = \frac{m_B}{MV}RT$$

$$M = \frac{m_B}{\Pi V}RT = \frac{0.2 \times 10^3 \text{g} \times 8.314 \text{kPa·L·mol}^{-1}·\text{K}^{-1} \times 300\text{K}}{50\text{kPa} \times 0.5\text{L}}$$
$$= 19953.6 \text{g·mol}^{-1}$$

多肽的摩尔质量为 19953.6g·mol$^{-1}$，则多肽的分子量为 19953.6。

2. **解**　（1）反应的速率方程式

设速率方程为 $v = kc^a(\text{CH}_3\text{CHO})$

可任选两组数值代入速率方程，得到的两式相比可求出 $a = 2$

因此，该反应的速率方程式为 $v = kc^2(\text{CH}_3\text{CHO})$

（2）反应速率常数　将任一组数据代入速率方程，可求 $k$ 值

$$0.228 \text{mol·L}^{-1}·\text{s}^{-1} = k \times (0.30 \text{mol·L}^{-1})^2$$
$$k = 2.53 \text{mol}^{-1}·\text{L·s}^{-1}$$

（3）$c(\text{CH}_3\text{CHO}) = 0.25 \text{mol·L}^{-1}$ 时，$v = kc^2(\text{CH}_3\text{CHO}) = 2.53 \text{mol}^{-1}·\text{L·s}^{-1} \times (0.25 \text{mol·L}^{-1})^2 = 0.158 \text{mol·L}^{-1}·\text{s}^{-1}$

反应速率方程式为 $v = kc^2(\text{CH}_3\text{CHO})$；级数为 2 级；速率常数为 2.53 mol$^{-1}$·L·s$^{-1}$；速率为 0.158 mol·L$^{-1}$·s$^{-1}$。

3. **解**　等体积混合，浓度减半

$$pH=pK_a^{\ominus}-\lg\frac{c(HAc)/c^{\ominus}}{c(Ac^-)/c^{\ominus}}=4.76-\lg\frac{0.1mol\cdot L^{-1}/1mol\cdot L^{-1}}{0.1mol\cdot L^{-1}/1mol\cdot L^{-1}}=4.76$$

**4. 解** 此题是用双指示剂法测定混合碱各组分的含量

$$V_1=20.50mL \quad V_2=24.08mL \quad V_2>V_1>0$$

故混合碱试样由 $NaHCO_3$ 和 $Na_2CO_3$ 组成

$$w(Na_2CO_3)=\frac{c(HCl)V_1M(Na_2CO_3)}{m_s}$$

$$=\frac{0.2120mol\cdot L^{-1}\times0.02050L\times106.0g\cdot mol^{-1}}{0.6020g}$$

$$=76.52\%$$

$$w(NaHCO_3)=\frac{c(HCl)(V_2-V_1)M(NaHCO_3)}{m_s}$$

$$=\frac{0.2120mol\cdot L^{-1}\times(0.02408-0.02050)L\times84.01g\cdot mol^{-1}}{0.6020g}$$

$$=10.59\%$$

**5. 解** $\varphi(Ag^+/Ag)=\varphi^{\ominus}(Ag^+/Ag)+0.0592Vlg[c(Ag^+)/c^{\ominus}]$

因为有沉淀产生，所以电极溶液中的 $Ag^+$ 浓度下降，当平衡后溶液中 $c(Cl^-)=0.5mol\cdot L^{-1}$ 时，

$$[c_{eq}(Ag^+)/c^{\ominus}][c_{eq}(Cl^-)/c^{\ominus}]=K_{sp}^{\ominus}=1.77\times10^{-10}$$

$c_{eq}(Ag^+)/c^{\ominus}=3.54\times10^{-10}$

将此数据代入上式：

$\varphi(Ag^+/Ag)=0.799V+0.0592Vlg(3.54\times10^{-10})=0.2395V$

# 综合自测练习题（V）

**一、填空题**（每空 1 分，共 30 分）

1. 100g 水中溶解 19.8g 蔗糖（$C_{12}H_{22}O_{11}$），此溶液的质量摩尔浓度为（　　　　）。

2. 某反应的速率常数的单位为 $mol\cdot L^{-1}\cdot s^{-1}$，则该反应的反应级数为（　　　　）；某反应的速率常数的单位为 $L^2\cdot mol^{-2}\cdot s^{-1}$，则该反应的反应级数为（　　　　）。

3. 如果 $2SO_2(g)+O_2(g)\rightleftharpoons2SO_3(g)$ 达平衡时，增加 $SO_2$ 浓度，则平衡（　　）移动；增大压强，平衡（　　）移动。

4. $R^{2+}$ 的最外层电子层结构为 $3s^23p^6$，则 R 原子的最外层电子排布式为（　　）。

5. $ns^2$ 中的两个电子自旋方向一定（　　　　）。

6. 分子间力一般包括取向力、诱导力和（　　　　）。

7. $C_2H_2$ 分子中，中心原子采用的杂化轨道类型为（　　　　）杂化；分子的空间构型为（　　　　）。

8. $NH_4Cl$ 溶液的 pH（　　　　）7；$Na_2CO_3$ 溶液的 pH（　　　　）7。

9. 能够抵抗外加少量酸、碱或适量的稀释而保持系统的 pH 基本不变的溶液称为（　　　　）。

10. 溶度积常数和其他平衡常数一样，只与难溶电解质的本性和（　　　　）有关，而与离子的浓度无关。

11. $K_4[Fe(CN)_6]$ 名称为（　　　　　　　　　），中心离子是（　　　　　），配位体是（　　　　　　），配位数是（　　　　　　）。

12. 形成配合物的基本条件是，中心离子具有（　　　　　），配体具有（　　　　　）。

13. $Fe(CO)_5$ 的名称是（　　　　　　　　　），其中心原子氧化数为（　　　　　）。

14. 影响 pH 突跃范围的因素是（　　　　　　　　）、（　　　　　　　　）。

15. 以含量为 99% 的硼砂作基准物质标定盐酸标准溶液会引起（　　　　）误差。

16. pH＝7.00 则其有效数字的位数为（　　　　）；0.005140 是（　　　　）位有效数字。

17. 常用的氧化还原滴定法有（　　　　　　）、（　　　　　　）、（　　　　　　）。

二、单项选择（每题 2 分，共 20 分）

1. 一封闭钟罩中放有一小杯纯水 A 和一小杯糖水 B，经过足够长的时间后观察到（　　）。

A. A 杯水在减少，B 杯水满后不再变化　　B. A 杯成空杯，B 杯水满后溢出

C. B 杯水在减少，A 杯水满后不再变化　　D. B 杯成空杯，A 杯水满后溢出

2. 下列叙述正确的是（　　　　）。

A. $\Delta_r G_m^{\ominus} < 0$ 的反应一定能自发进行。

B. 应用盖斯定律，不仅可以计算 $\Delta_r H_m^{\ominus}$，也可以计算 $\Delta_r G_m^{\ominus}$、$\Delta_r S_m^{\ominus}$。

C. 对于 $\Delta_r S_m^{\ominus} > 0$ 的反应，标准状态下低温时均能正向自发进行。

D. 指定温度下，元素稳定单质的 $\Delta_r H_m^{\ominus} = 0$，$\Delta_r G_m^{\ominus} = 0$，$S_m^{\ominus} = 0$。

3. 量子数 $n=3$，$m=0$ 时，可允许的最多电子数为（　　　　）。

A. 2　　　　　　B. 6　　　　　　　　C. 8　　　　　　D. 16

4. 一般情况下，对于常量组分而言，经过沉淀以后，当溶液中残留离子浓度小于（　　　）$mol \cdot L^{-1}$ 时，可定性地认为该离子已"沉淀完全"。

A. $1.0 \times 10^{-4}$　　　　　　　　　　B. $1.0 \times 10^{-5}$

C. $1.0 \times 10^{-6}$　　　　　　　　　　D. $1.0 \times 10^{-8}$

5. 下列阳离子中，与氨能形成配离子的是（　　　　）。

A. $K^+$　　　　　　B. $Ca^{2+}$　　　　　　C. $Mg^{2+}$　　　　　　D. $Cu^{2+}$

6. 对于电极 $Cr_2O_7^{2-}/Cr^{3+}$，溶液 pH 值上升，则（　　　　）。

A. 电极电势下降　　　　　　　　B. 电极电势上升

C. 电极电势不变　　　　　　　　D. $\varphi^{\ominus}(Cr_2O_7^{2-}/Cr^{3+})$ 下降

7. 用于常量分析的固体试样用量为（　　　　）。

A. 大于 1.0g　　　B. 0.1～10g　　　　　C. 大于 0.1g　　　D. 小于 0.1g

8. 双指示剂法测定混合碱的含量时，若 $V_1 > V_2 > 0$，则混合碱的成分为（　　　　）。

A. $Na_2CO_3$　　　　　　　　　　　B. $Na_2CO_3 + NaHCO_3$

C. $NaOH + Na_2CO_3$　　　　　　　D. $NaHCO_3$

9. 吸光光度法属于（　　　　）。

A. 滴定分析法　　B. 重量分析法　　　C. 仪器分析法　　　D. 化学分析法

10. 科学家推算，宇宙中可能存在第 119 号未知元素，位于第ⅠA 族，有人称为"类钫"。根据周期表中同主族元素的相似性和递变性，下列有关"类钫"的预测中正确的是（　　　　）。

A. 其原子半径小于钫的原子半径　　B. 其单质有较低的熔点

C. "类钫"与钫互为同位素　　　　　D. 其单质能与水反应，浮在水面，四处游动

三、判断题 [对的在（ ）中打"√"，错的在（ ）中打"×"（每题 1 分，共 5 分）]

1. 非极性分子中只有非极性共价键。（ ）

2. 反应物的浓度增大，则反应速率加快，所以反应速率常数增大。（ ）

3. 碳的稳定单质是金刚石。（ ）

4. $CO_3^{2-}$ 中 C 原子是采取 sp 杂化轨道成键的。（ ）

5. 用来直接配制标准溶液的物质称为基准物质，$KMnO_4$ 是基准物质。（ ）

四、简答题（每小题 4 分，共 20 分）

1. 有 A、B、C、D 元素，试按下列条件推断各元素的元素符号。

① A、B、C 为同一周期活泼金属元素，原子半径满足 A>B>C，已知 C 有 3 个电子层；

② D 为金属元素，它有 4 个电子层并有 6 个单电子。

2. 高锰酸钾具有氧化性，其氧化能力随介质酸性增强而增强，其还原产物也因介质的酸碱性不同而不同，写出高锰酸钾与硫代硫酸钠在酸性、碱性、中性介质中反应的离子方程式。

3. 溶度积规则是什么？

4. 邻苯二甲酸氢钾作为基准物质的优点是什么？

5. 沉淀为什么要进行陈化？哪些情况不需要陈化？

五、计算题（每题 5 分，共 25 分）

1. 某反应在 650K 时的速率常数为 $2.2 \times 10^{-6} s^{-1}$，在 750K 时的速率常数为 $6.0 \times 10^{-5} s^{-1}$，求：

（a）该反应的活化能？

（b）在 780K 时速率常数为多少？

2. 某温度下反应 $Fe^{2+}(aq) + Ag^{+}(aq) \Longrightarrow Fe^{3+}(aq) + Ag(s)$ 开始前，系统中各物质的浓度分别是 $c(Fe^{2+}) = 0.10 mol \cdot L^{-1}$，$c(Ag^{+}) = 0.10 mol \cdot L^{-1}$，$c(Fe^{3+}) = 0.01 mol \cdot L^{-1}$，已知该温度下标准平衡常数为 $K^{\ominus} = 2.98$，试计算：

（1）反应开始时向哪个方向进行？

（2）平衡时，$Ag^{+}$、$Fe^{2+}$、$Fe^{3+}$ 的浓度各为多少？

（3）$Ag^{+}$ 的转化率是多少？

3. 298K 时，已知 $Ag_2CrO_4$ 的 $K_{sp}^{\ominus}$ 为 $1.12 \times 10^{-12}$，求 $Ag_2CrO_4$ 在纯水中的溶解度。

4. 已知在 298K 时电极反应：

$$MnO_4^{-} + 8H^{+} + 5e^{-} \Longrightarrow Mn^{2+} + 4H_2O \quad \varphi^{\ominus}(MnO_4^{-}/Mn^{2+}) = 1.51V$$

$$c(MnO_4^{-}) = 0.5 mol \cdot L^{-1}, \quad c(Mn^{2+}) = 0.5 mol \cdot L^{-1}$$

求 pH = 2.0 时 $\varphi(MnO_4^{-}/Mn^{2+})$ 值。

5. 用克氏定氮法处理某食品试样 0.3000g，将试样中的氮转变为 $NH_3$，并用 HCl 标准溶液吸收，消耗 25.00mL $0.2016 mol \cdot L^{-1}$ 的 HCl 标准溶液，剩余的 HCl 用 $0.1288 mol \cdot L^{-1}$ NaOH 标准溶液返滴定，消耗 NaOH 溶液 10.25mL。计算此食品试样中氮的质量分数。已知：$M(N) = 14.01 g \cdot mol^{-1}$。

# 综合自测练习题（Ⅴ）参考答案

一、填空题

1. $0.5790 mol \cdot kg^{-1}$      2. 0，3      3. 正向，正向

4.$4s^2$      5. 相反      6. 色散力

7. sp，直线形      8. 小于，大于  9. 缓冲溶液

10. 温度      11. 六氰合铁（Ⅱ）酸钾，$Fe^{2+}$，$CN^-$，6

12. 空轨道，孤对电子  13. 五羰基合铁，0

14. 滴定剂和待滴定物的浓度，$K_a^{\ominus}$（$K_b^{\ominus}$）

15. 试剂      16. 二，四

17. 高锰酸钾法，重铬酸钾法，碘量法

二、单项选择

1. B   2. B   3. B   4. B   5. D   6. A   7. C   8. C   9. C   10. B

三、判断题

1. ×   2. ×   3. ×   4. ×   5. ×

四、简答题

1. **答**  A，Na，B，Mg，C，Al，D，Cr

2. **答**  $2MnO_4^- + 5SO_3^{2-} + 6H^+ == 2Mn^{2+} + 5SO_4^{2-} + 3H_2O$  （酸性介质）

$2MnO_4^- + SO_3^{2-} + 2OH^- == 2MnO_4^{2-} + SO_4^{2-} + H_2O$  （碱性介质）

$2MnO_4^- + 3SO_3^{2-} + H_2O == 2MnO_2 \downarrow + 3SO_4^{2-} + 2OH^-$  （中性介质）

3. **答**  在任何给定的难溶电解质溶液中，$Q_i$ 和 $K_{sp}^{\ominus}$ 之间的关系可能有三种情况。

（1）$Q_i < K_{sp}^{\ominus}$ 时，$\Delta G < 0$，溶液为不饱和溶液，体系中无沉淀生成，若溶液中有难溶电解质固体存在，固体将会溶解直至饱和为止。

（2）$Q_i = K_{sp}^{\ominus}$ 时，$\Delta G = 0$，溶液为饱和溶液，处于沉淀溶解平衡状态。

（3）$Q_i > K_{sp}^{\ominus}$ 时，$\Delta G > 0$，溶液为过饱和溶液，将生成沉淀，直至溶液饱和为止。

4. **答**  邻苯二甲酸氢钾（$KHC_8H_4O_4$）易制得纯品，易溶于水，不含结晶水，在空气中不吸湿，易保存，且摩尔质量较大，是标定碱理想的基准物质。

5. **答**  沉淀完成后，让初生成的沉淀留在母液中放置一段时间，这一过程称为陈化。在陈化过程中，由于微小晶体比粗大晶体的溶解度大，因而逐渐溶解，大晶体得以继续长大。陈化还可以使初生成的沉淀结构改变，由亚稳态晶形转变成稳态晶型，从而降低其溶解度。生长得不完整的晶体可以转变得更完整一些，并驱出已吸附的杂质，这是陈化最主要的作用。总之经过陈化后，可以得到比较完整、纯净和溶解度较小的沉淀。

当有混晶共沉淀，后沉淀时都不宜陈化。

五、计算题

1. **解**  （a）根据公式    $\lg \dfrac{k_2}{k_1} = \dfrac{E_a}{2.303R}\left(\dfrac{T_2 - T_1}{T_2 T_1}\right)$

代入相应的数值 $\lg \dfrac{6.0 \times 10^{-5} s^{-1}}{2.2 \times 10^{-6} s^{-1}} = \dfrac{E_a}{2.303 \times 8.314 J \cdot K^{-1} \cdot mol^{-1}}\left(\dfrac{750K - 650K}{750K \times 650K}\right)$

$$E_a = 1.34 \times 10^5 J \cdot mol^{-1}$$

（b）    $\lg \dfrac{k_2}{k_1} = \dfrac{E_a}{2.303R}\left(\dfrac{T_2 - T_1}{T_2 T_1}\right)$

$$\lg \dfrac{k_2}{2.2 \times 10^{-6} s^{-1}} = \dfrac{1.34 \times 10^5 J \cdot mol^{-1}}{2.303 \times 8.314 J \cdot K^{-1} \cdot mol^{-1}}\left(\dfrac{780K - 650K}{780K \times 650K}\right)$$

$$k_2 = 1.37 \times 10^{-4} s^{-1}$$

**2. 解** 反应开始时

(1) $Q = \dfrac{[c(Fe^{3+})/c^{\ominus}]}{[c(Fe^{2+})/c^{\ominus}][c(Ag^{+})/c^{\ominus}]}$

$\quad\quad = \dfrac{(0.01mol \cdot L^{-1})/(1.00mol \cdot L^{-1})}{[(0.10mol \cdot L^{-1})/(1.00mol \cdot L^{-1})][(0.10mol \cdot L^{-1})/(1.00mol \cdot L^{-1})]}$

$\quad\quad = 1.0$

$Q < K^{\ominus}$，$\Delta_r G_M < 0$，反应向正方向进行。

(2) 平衡时各组分的浓度：设生成 $x\ mol \cdot L^{-1}\ Fe^{3+}$ 则

$$Fe^{2+}(aq) + Ag^{+}(aq) \Longrightarrow Fe^{3+}(aq) + Ag(s)$$

初始浓度/$(mol \cdot L^{-1})$ $\quad\quad$ 0.10 $\quad\quad$ 0.10 $\quad\quad$ 0.01

平衡浓度/$(mol \cdot L^{-1})$ $\quad\quad$ 0.10−$x$ $\quad\quad$ 0.10−$x$ $\quad\quad$ 0.01+$x$

$$K^{\ominus} = \dfrac{[c_{eq}(Fe^{3+})/c^{\ominus}]}{[c_{eq}(Fe^{2+})/c^{\ominus}][c_{eq}(Ag^{+})/c^{\ominus}]}$$

$$2.98 = \dfrac{[(0.01+x)\ mol \cdot L^{-1}/(1.00mol \cdot L^{-1})]}{[(0.10-x)\ mol \cdot L^{-1}/(1.00mol \cdot L^{-1})][(0.10-x)\ mol \cdot L^{-1}/(1.00mol \cdot L^{-1})]}$$

$$x = 0.013mol \cdot L^{-1}$$

所以平衡时：$c_{eq}(Fe^{3+}) = 0.023mol \cdot L^{-1}$，$c_{eq}(Fe^{2+}) = c_{eq}(Ag^{+}) = 0.087mol \cdot L^{-1}$

(3) 消耗的 $Ag^{+}$ 浓度为 $\quad x = 0.013mol \cdot L^{-1}$

$$Ag^{+}\ 的转化率 = \dfrac{c_{消耗}(Ag^{+})}{c_{初始}(Ag^{+})} \times 100\% = \dfrac{0.013mol \cdot L^{-1}}{0.10mol \cdot L^{-1}} \times 100\%$$

$$= 13\%$$

**3. 解** $Ag_2CrO_4$ 为 $A_2B$ 型：

$$s = \sqrt[3]{\dfrac{K_{sp}^{\ominus}(c^{\ominus})^3}{4}} = \sqrt[3]{\dfrac{1.12 \times 10^{-12} \times (1mol \cdot L^{-1})^3}{4}} = 6.54 \times 10^{-5}mol \cdot L^{-1}$$

**4. 解** $\varphi(MnO_4^{-}/Mn^{2+}) = \varphi^{\ominus}(MnO_4^{-}/Mn^{2+}) + \dfrac{0.0592V}{5}lg\dfrac{[c(MnO_4^{-})/c^{\ominus}][c(H^{+})/c^{\ominus}]^8}{[c(Mn^{2+})/c^{\ominus}]}$

$pH = 2.0$，$c(H^{+}) = 0.01mol \cdot L^{-1}$

$$\varphi(MnO_4^{-}/Mn^{2+}) = 1.51V + \dfrac{0.0592V}{5}lg\left(\dfrac{0.01mol \cdot L^{-1}}{1.0mol \cdot L^{-1}}\right)^8$$

$$= 1.32V$$

**5. 解**

$$w(N) = \dfrac{[c(HCl)V(HCl) - c(NaOH)V(NaOH)]M(N)}{m_s}$$

$$= \dfrac{(0.2016mol \cdot L^{-1} \times 25.00mL \times 10^{-3} - 0.1288mol \cdot L^{-1} \times 10.25mL \times 10^{-3}) \times 14.01g \cdot mol^{-1}}{0.3000g} \times 100\%$$

$$= 17.37\%$$

# 综合自测练习题（Ⅵ）

**一、填空题**（每空 1 分，共 30 分）

1. 胶体凝聚的方法一般有（　　　　　）、（　　　　　）、（　　　　　）。

2. 101mg 胰岛素溶于 10.0mL 水中，配成的溶液在 25℃时的渗透压为 4.34kPa，则该胰岛素的分子量为（　　　　），摩尔质量为（　　　　）。

3. 电解质对溶胶聚沉能力的不同，用（　　　　）来表示。聚沉值越小，聚沉能力（　　　　）。

4. 在某反应中，加入催化剂可以（　　　　）反应速率，主要是因为（　　　　）反应的活化能，增加了（　　　　），反应速率常数 $k$（　　　　）。

5. 浓硫酸溶于水时反应为（　　　　）（填吸热或放热），其过程 $\Delta H$（　　　　）0，$\Delta S$（　　　　）0，$\Delta G$（　　　　）0（填＞或＜或＝）。

6. 一般来说，分子间力越大，物质熔点、沸点就越（　　　　）。

7. 卤素单质的氧化性是它们典型的化学性质，随着原子半径的增大，单质的氧化性由大到小的顺序为（　　　　）。

8. 不同的缓冲溶液其缓冲能力不同，常用（　　　　）来衡量缓冲能力的大小。

9. $[Ag(CN)_2]^-$ 的中心离子采用的杂化轨道为（　　　　），离子的空间构型为（　　　　）。

10. 电极电势 $\varphi$ 是很重要的数据，$\varphi$ 值的高低，代表了物质在水溶液中（　　　　）电子的能力。$\varphi$ 值愈高，电对中氧化型物质愈易（　　　　）电子，即（　　　　）能力愈强；$\varphi$ 值愈低，电对中还原型物质愈易（　　　　）电子，即（　　　　）能力愈强。

11. 条件稳定常数 $K_{MY}^{\ominus'}$ 的大小反映了在外界条件影响（EDTA 酸效应和金属离子副反应）下，配合物 MY 的实际稳定程度。显然，副反应系数越大，条件稳定常数（　　　　）。这说明了酸效应和配位效应越大，配合物的实际稳定性（　　　　）。

12. 化学家侯德榜先生是我国化学工业的奠基人，侯氏制碱法的创始人。侯氏制碱法中制得的"碱"的化学式（　　　　），属于（　　　　）（填"酸""碱""盐"）；等质量的碳酸钠和碳酸氢钠与足量盐酸反应时生成二氧化碳的量，前者（　　　　）后者（填"＞""＜"或"＝"）。

二、选择题（每题 2 分，共 20 分）

1. 高锰酸钾法中，所用的指示剂的类型是（　　　　）。

A. 氧化还原指示剂　　　　B. 特殊指示剂　　　　C. 酸碱指示剂　　　　D. 自身指示剂

2. EDTA 与金属离子形成配位化合物的配位比一般为（　　　　）。

A. 1：1　　　　　　B. 1：2　　　　　　C. 2：1　　　　　　D. 1：3

3. 下列不能用酸式滴定管盛装的是（　　　　）。

A. $KMnO_4$ 溶液　　　B. HCl 溶液　　　　C. NaOH 溶液　　　D. $K_2Cr_2O_7$ 溶液

4. 弱酸能被强碱直接滴定的条件是（　　　　）。

A. $\dfrac{c}{c^{\ominus}}K_a^{\ominus} \geqslant 10^{-8}$　　　　　　　　　　　B. $\dfrac{c}{c^{\ominus}}K_a^{\ominus} \leqslant 10^{-8}$

C. $\phi^{\ominus}(Sn^{4+}/Sn^{2+}) \geqslant 10^6$　　　　　　　D. $\dfrac{c}{c^{\ominus}}K_a^{\ominus} \leqslant 10^6$

5. 双指示剂法测定混合碱的含量时，若 $V_2 > V_1 > 0$ 则混合碱的成分为（　　　　）。

A. $Na_2CO_3$　　　　　　　　　　　　B. $Na_2CO_3 + NaHCO_3$

C. $NaOH + Na_2CO_3$　　　　　　　　D. $NaHCO_3$

6. EDTA 在水溶液中以七种型体存在，其中能与金属离子直接配位的型体是（　　　　）。

A. $H_3Y$　　　　　　B. $H_2Y^{2-}$　　　　　C. $HY^{3-}$　　　　　D. $Y^{4-}$

7. 用 $AgNO_3$ 处理 $[FeCl(H_2O)_5]Br$ 溶液，将产生沉淀，主要是（　　）。

A. $AgBr$　　　　　B. $AgCl$　　　　　C. $AgBr$ 和 $AgCl$　　　　D. $Fe(OH)_3$

8. 298K 时，难溶电解质 AB 的 $s=1.0\times10^{-6}$ mol·$L^{-1}$，其 $K_{sp}^{\ominus}$ 是（　　）。

A. $2.0\times10^{-12}$　　　　　　　　　　B. $1.0\times10^{-12}$

C. $4.0\times10^{-18}$　　　　　　　　　　D. $1.0\times10^{-18}$

9. 用 $\Delta_r G_m$ 判断反应方向和限度的条件是（　　）。

A. 定温、定压不做体积功　　　　　　B. 定温、定压

C. 定温、定压不做非体积功　　　　　D. 定压

10. 测得基元反应 A+B══C 的正反应的 $E_a=600$kJ·$mol^{-1}$，逆反应的 $E'_a=150$kJ·$mol^{-1}$，则反应的热效应是（　　）。

A. $450$kJ·$mol^{-1}$　　　B. $-450$kJ·$mol^{-1}$　　　C. $375$kJ·$mol^{-1}$　　　D. $750$kJ·$mol^{-1}$

三、判断题［对的在（　　）中打"√"，错的在（　　）中打"×"（每题1分，共5分）］

1. 难挥发非电解质溶液的蒸气压实际上就是溶液中溶剂的蒸气压。（　　）

2. 溶剂中加入难挥发溶质后，溶液的蒸气压总是降低，沸点总是升高。（　　）

3. 反应物的浓度增大，则反应速率加快，所以反应速率常数增大。（　　）

4. 对不同化学反应来说，活化能越大，活化分子数越多。（　　）

5. $Fe(s)$ 和 $Cl_2(l)$ 的 $\Delta_r H_m^{\ominus}$ 都为零。（　　）

四、简答题（每小题4分，共20分）

1. 重量分析法的一般过程是什么？

2. 在硫酸介质中，用草酸钠标定高锰酸钾时应注意的滴定条件是什么？

3. 写出下列难溶电解质的溶度积常数表达式

(a) $BaSO_4$　　　　　(b) $Mg(OH)_2$　　　　　(c) $Ag_2CrO_4$

4. 在某一周期，其零族元素的原子的序数为36，其中 A、B、C、D 四种元素，已知它们的最外层电子分别是 7、2、2、1，并且 A、B 元素的原子次外层电子数为 18，C、D 元素的原子的次外层电子数为 8，推断各元素在周期表中的位置、元素符号。

5. 吃咸的食物会口渴，为什么喝水后会缓解？

五、计算题（每题5分，共25分）

1. 在 100mL 水中，溶解 17.1g 蔗糖（$C_{12}H_{22}O_{11}$），溶液的密度为 1.0638g·$mL^{-1}$，求蔗糖溶液的物质的量浓度。

2. 浓度为 0.0020mol·$L^{-1}$ $BaCl_2$ 溶液和浓度为 0.0020mol·$L^{-1}$ $Na_2SO_4$ 溶液等体积混合后，问是否有 $BaSO_4$ 沉淀生成？已知 $K_{sp}^{\ominus}$（$BaSO_4$）$=1.08\times10^{-10}$。

3. 计算常温下 0.10mol·$L^{-1}$ HAc 溶液的 pH。已知 $K_a^{\ominus}$（HAc）$=1.75\times10^{-5}$。

4. 将锌片插入盛有 0.1mol·$L^{-1}$ $ZnSO_4$ 溶液的烧杯中，铜片插入盛有 0.1mol·$L^{-1}$ $Cu(NO_3)_2$ 溶液的烧杯中，组成一个原电池。求：（1）写出原电池符号；（2）写出电极反应式和电池反应式；（3）求该电池的电动势。已知：$\varphi^{\ominus}$（$Cu^{2+}/Cu$）$=0.342$V，$\varphi^{\ominus}$（$Zn^{2+}/Zn$）$=-0.7600$V。

5. 有工业硼砂（$Na_2B_4O_7\cdot10H_2O$）1.000g，用 0.01988mol·$L^{-1}$ HCl 24.52mL 恰好滴定至终点，计算试样中 $Na_2B_4O_7\cdot10H_2O$ 的质量分数。已知：$M$（$Na_2B_4O_7\cdot10H_2O$）$=381.4$g·$mol^{-1}$。

# 综合自测练习题（Ⅵ）参考答案

**一、填空题**

1. 加电解质，加相反电荷的胶体，加热

2. $5.76 \times 10^3$，$5.76 \times 10^3 \, \text{g} \cdot \text{mol}^{-1}$

3. 聚沉值，越大

4. 加快，降低，活化分子百分数，不变

5. 放热，$<$，$>$，$<$

6. 高

7. $F_2 > Cl_2 > Br_2 > I_2$

8. 缓冲容量

9. sp，直线形

10. 得失，得，氧化，失，还原

11. 越小，越小

12. $Na_2CO_3$，盐，$<$

**二、选择题**

1. D　　2. A　　3. C　　4. A　　5. B　　6. D　　7. A　　8. B　　9. C　　10. A

**三、判断题**

1. √　　2. √　　3. ×　　4. ×　　5. √

**四、简答题**

1. **答**　重量分析法的一般过程是：①称样；②试样溶解，配成稀溶液；③控制反应条件；④加入适量沉淀剂，使待测成分沉淀为难溶性化合物；⑤陈化；⑥过滤和洗涤；⑦烘干或灼烧；⑧称量；⑨计算待测成分的含量。

2. **答**　① 温度：将溶液加热至 $75 \sim 85\,℃$；温度不宜过高，超过 $90\,℃$ 时，$H_2C_2O_4$ 在酸性溶液中部分发生分解；温度也不宜过低，低于 $60\,℃$ 时，反应速率又太慢。

② 酸度：溶液应保持足够的酸度，一般在开始滴定时，溶液的酸度为 $0.5 \sim 1 \, \text{mol} \cdot \text{L}^{-1}$。酸度不够时，往往容易生成 $MnO_2$ 沉淀；酸度过高又会促使 $H_2C_2O_4$ 分解。

③ 滴定速度：由于标定反应是自动催化反应，开始滴定时滴定速度要慢些，待第一滴 $KMnO_4$ 红色褪去后，再滴入第二滴。如此前几滴 $KMnO_4$ 溶液完全作用生成一定量的 $Mn^{2+}$ 后，$Mn^{2+}$ 对这个反应有催化作用，滴定速度就可以稍快些，但不能太快，否则加入的 $KMnO_4$ 溶液来不及与 $C_2O_4^{2-}$ 反应，在热的酸性溶液中发生分解。若在滴定前加入几滴 $MnSO_4$ 溶液，滴定一开始反应速率就较快。

④ 终点判断：$KMnO_4$ 作为自身指示剂，终点时溶液颜色变为粉红色。由于空气中的还原性气体及尘埃等杂质落入溶液中能使 $KMnO_4$ 缓慢分解，而使粉红色消失，所以显色后经 $30\text{s}$ 不褪色即可认为到达滴定终点。

3. **答**　$K_{sp}^{\ominus}(BaSO_4) = [c_{eq}(Ba^{2+})/c^{\ominus}][c_{eq}(SO_4^{2-})/c^{\ominus}]$

$K_{sp}^{\ominus}[Mg(OH)_2] = [c_{eq}(Mg^{2+})/c^{\ominus}][c_{eq}(OH^-)/c^{\ominus}]^2$

$K_{sp}^{\ominus}(Ag_2CrO_4) = [c_{eq}(Ag^+)/c^{\ominus}]^2[c_{eq}(CrO_4^{2-})/c^{\ominus}]$

4. **答**　A：Br　第四周期，ⅦA

B：Zn　第四周期，ⅡB

C：Ca　第四周期，ⅡA

D：K　第四周期，ⅠA

5. **答**　是因为组织中渗透压升高，所以有口渴的感觉，但喝水后可以使渗透压降低。

**五、计算题**

1. **解**

$$V = \frac{m(A) + m(B)}{\rho} = \frac{17.1g + 100g}{1.0638g \cdot mL^{-1}} = 110.1mL$$

$$n_B = \frac{m(C_{12}H_{22}O_{11})}{M(C_{12}H_{22}O_{11})} = \frac{17.1g}{342g \cdot mol^{-1}} = 0.05mol$$

$$c_B = \frac{n_B}{V} = \frac{0.05mol}{110.1 \times 10^{-3}L} = 0.454mol \cdot L^{-1}$$

2. **解**　混合后，$c(Ba^{2+}) = 0.0010mol \cdot L^{-1}$，$c(SO_4^{2-}) = 0.0010mol \cdot L^{-1}$

$$Q_i = [c(Ba^{2+})/c^\ominus][c(SO_4^{2-})/c^\ominus]$$

$$= \frac{0.0010mol \cdot L^{-1}}{1mol \cdot L^{-1}} \times \frac{0.0010mol \cdot L^{-1}}{1mol \cdot L^{-1}}$$

$$= 1.0 \times 10^{-6}$$

由于 $Q_i > K_{sp}^\ominus$，所以有 $BaSO_4$ 沉淀生成。

3. **解**　因为 $\dfrac{K_a^\ominus c(HAc)}{c^\ominus} = \dfrac{1.75 \times 10^{-5} \times 0.10mol \cdot L^{-1}}{1mol \cdot L^{-1}} = 1.75 \times 10^{-6} > 20K_w^\ominus$

$$\frac{c(HAc)}{K_a^\ominus c^\ominus} = \frac{0.10mol \cdot L^{-1}}{1.75 \times 10^{-5} \times 1mol \cdot L^{-1}} = 5.7 \times 10^3 > 500$$

所以　$c_{eq}(H^+) = \sqrt{K_a^\ominus c^\ominus c(HA)}$

$$= \sqrt{1.75 \times 10^{-5} \times 1mol \cdot L^{-1} \times 0.10mol \cdot L^{-1}}$$

$$= 1.3 \times 10^{-3}mol \cdot L^{-1}$$

$$pH = 2.89$$

4. **解**　(1)　$(-)Zn(s) | ZnSO_4(0.1mol \cdot L^{-1}) \| CuSO_4(0.1mol \cdot L^{-1}) | Cu(s)(+)$

(2)　负极（锌电极）　$Zn = Zn^{2+} + 2e^-$　（氧化反应）

正极（铜电极）　$Cu^{2+} + 2e^- = Cu$　（还原反应）

总反应：　$Zn + Cu^{2+} = Zn^{2+} + Cu$

(3)　$\varphi(Zn^{2+}/Zn) = \varphi^\ominus(Zn^{2+}/Zn) + \dfrac{0.0592V}{2}lg[c(Zn^{2+})/c^\ominus]$

$$= -0.7600V + \frac{0.0592V}{2}lg(0.1mol \cdot L^{-1}/1mol \cdot L^{-1})$$

$$= -0.7896V$$

$$\varphi(Cu^{2+}/Cu) = \varphi^\ominus(Cu^{2+}/Cu) + \frac{0.0592V}{2}lg[c(Cu^{2+})/c^\ominus]$$

$$= 0.342V + \frac{0.0592V}{2}lg[0.1mol \cdot L^{-1}/1mol \cdot L^{-1}]$$

$$= 0.3124V$$

$$E = \varphi_+ - \varphi_- = 0.3124V - (-0.7896V) = 1.102V$$

5. 解 $$Na_2B_4O_7 \cdot 10H_2O + 2HCl \mathop{=\!=\!=} 4H_3BO_3 + 2NaCl + 5H_2O$$

$$
\begin{aligned}
w(Na_2B_4O_7 \cdot 10H_2O) &= \frac{c(HCl)VM(Na_2B_4O_7 \cdot 10H_2O)}{m_s} \\
&= \frac{0.01988\,mol \cdot L^{-1} \times 24.52\,mL \times 10^{-3} \times 381.4\,g \cdot mol^{-1}}{1.000\,g} \\
&= 18.59\%
\end{aligned}
$$

# 附　　录

## 附录1　常见物质的 $\Delta_f H_m^\ominus$，$\Delta_f G_m^\ominus$ 和 $S_m^\ominus$（298.15K，100kPa）

| 化学式 | $\Delta_f H_m^\ominus/(kJ/mol)$ | $\Delta_f G_m^\ominus/(kJ/mol)$ | $S_m^\ominus/(kJ/mol)$ |
|---|---|---|---|
| Ag(s) | 0 | 0 | 42.6 |
| Ag$^+$(aq) | 105.4 | 76.98 | 72.8 |
| AgCl(s) | −127.1 | −110 | 96.2 |
| AgBr(s) | −100 | −97.1 | 107 |
| AgI(s) | −61.9 | −66.1 | 116 |
| Ag$_2$O(s) | −31 | −11.2 | 121 |
| Al(s) | 0 | 0 | 28.3 |
| Al$_2$O$_3$(s,刚玉) | −1676 | −1582 | 50.9 |
| B(s) | 0 | 0 | 5.85 |
| B$_2$H$_6$(s) | 35.6 | 86.6 | 232 |
| B$_2$O$_3$(s) | −1272.8 | −1193.7 | 54.0 |
| H$_3$BO$_3$(s) | −1094.5 | −969.0 | 88.8 |
| Br$_2$(g) | 30.91 | 3.14 | 245.35 |
| Br$_2$(l) | 0 | 0 | 152.2 |
| HBr(g) | −36.4 | −53.6 | 198.7 |
| C(s,金刚石) | 1.9 | 2.9 | 2.4 |
| C(s,石墨) | 0 | 0 | 5.73 |
| CH$_4$(g) | −74.8 | −50.8 | 186.2 |
| C$_2$H$_4$(g) | 52.3 | 68.2 | 219.4 |
| C$_2$H$_6$(g) | −84.68 | −32.89 | 229.5 |
| C$_2$H$_2$(g) | 226.75 | 209.20 | 200.82 |
| C$_6$H$_{12}$O$_6$(s) | −1274.4 | −910.5 | 212 |
| CO(g) | −110.52 | −137.2 | 197.56 |
| CO$_2$(g) | −393.5 | −394.4 | 213.6 |
| Ca(s) | 0 | 0 | 41.4 |
| CaO(s) | −635.1 | −604.2 | 39.7 |
| CaCO$_3$(s,方解石) | −1206.9 | −1128.8 | 92.9 |
| Ca(OH)$_2$(s) | −986.1 | −896.8 | 83.39 |
| Cl$_2$(g) | 0 | 0 | 223 |
| HCl(g) | −92.5 | −95.4 | 186.6 |
| Cr(s) | 0 | 0 | 23.77 |
| Cu(s) | 0 | 0 | 33 |
| Cu$^{2+}$(aq) | 64.77 | 65.52 | −99.6 |
| CuSO$_4$(s) | −771.5 | −661.9 | 109 |
| F$_2$(g) | 0 | 0 | 202.7 |
| HF(g) | −271 | −273 | 174 |
| Fe(s) | 0 | 0 | 27.3 |
| Fe(OH)$_2$(s) | −569 | −486.6 | 88 |
| Fe(OH)$_3$(s) | −823 | −696.6 | 107 |

| 化学式 | $\Delta_f H_m^{\ominus}/(kJ/mol)$ | $\Delta_f G_m^{\ominus}/(kJ/mol)$ | $S_m^{\ominus}/(kJ/mol)$ |
|---|---|---|---|
| $H_2(g)$ | 0 | 0 | 130 |
| $H^+(aq)$ | 0 | 0 | 0 |
| $H_2O(g)$ | −241.8 | −228.6 | 188.7 |
| $H_2O(l)$ | −285.8 | −237.2 | 69.91 |
| $H_2O_2(l)$ | −187.8 | −120.4 | 109.6 |
| $I_2(s)$ | 0 | 0 | 116 |
| $I_2(g)$ | 62.4 | 19.4 | 261 |
| $HI(g)$ | 26.5 | 1.72 | 207 |
| $K(s)$ | 0 | 0 | 64.6 |
| $KCl(s)$ | −436.8 | −409.2 | 82.59 |
| $Mg(s)$ | 0 | 0 | 32.7 |
| $MgCl_2(s)$ | −641.3 | −591.79 | 89.62 |
| $Mn(s,\alpha)$ | 0 | 0 | 32.0 |
| $MnO_2(s)$ | −520.1 | −465.3 | 53.1 |
| $N_2(g)$ | 0 | 0 | 191.5 |
| $NH_3(g)$ | −46.11 | −16.5 | 192.3 |
| $N_2H_4(l)$ | 50.63 | 149.2 | 121 |
| $NH_4Cl(s)$ | −315 | −203 | 94.6 |
| $NO(g)$ | 90.4 | 86.6 | 210.65 |
| $NO_2(g)$ | 33.2 | 51.5 | 240 |
| $N_2O(g)$ | 81.55 | 103.6 | 220 |
| $N_2O_4(g)$ | 9.16 | 97.82 | 304 |
| $Na(s)$ | 0 | 0 | 51.2 |
| $NaCl(s)$ | −327.47 | −248.15 | 72.1 |
| $NaOH(s)$ | −425.6 | −379.5 | 64.45 |
| $O_2(g)$ | 0 | 0 | 205.03 |
| $O_3(g)$ | 143 | 163 | 238.8 |
| $P(s,白)$ | 0 | 0 | 41.1 |
| $Pb(s)$ | 0 | 0 | 64.9 |
| $PbS(s)$ | −100 | −98.7 | 91.2 |
| $S(s,斜方)$ | 0 | 0 | 31.8 |
| $H_2S(g)$ | −20.6 | −33.6 | 206 |
| $SO_2(g)$ | −296.8 | −300.2 | 248 |
| $SO_3(g)$ | −395.7 | −371.1 | 256.6 |
| $SiO_2(s,石英)$ | −910.9 | −856.7 | 41.8 |
| $SiF_4(g)$ | −1614.9 | −1572.7 | 282.4 |
| $SiCl_4(l)$ | −687.0 | −619.9 | 239.7 |
| $SnO_2(s)$ | −580.7 | −519.6 | 52.3 |
| $Ti(s)$ | 0 | 0 | 30.6 |
| $TiO_2(s,金红石)$ | −944.7 | −889.5 | 50.3 |
| $TiCl_4(l)$ | −804.2 | −737.2 | 252.3 |
| $Zn(s)$ | 0 | 0 | 41.6 |

| 化学式 | $\Delta_f H_m^\ominus/(kJ/mol)$ | $\Delta_f G_m^\ominus/(kJ/mol)$ | $S_m^\ominus/(kJ/mol)$ |
|---|---|---|---|
| $Zn^{2+}(aq)$ | −153.9 | −147.0 | −112 |
| $ZnO(s)$ | −348.3 | −318.3 | 43.6 |
| $ZnS(s,闪锌矿)$ | −206.0 | −210.3 | 57.7 |
| $C_2H_6O$ 乙醇(l) | −276.98 | −174.03 | 160.67 |
| $C_2H_4O_2$ 乙酸(l) | −484.09 | −389.26 | 159.83 |
| $C_4H_6O_2$ 乙酸乙酯(l) | −479.03 | −382.55 | 259.4 |
| $CHCl_3$ 氯仿(l) | −132.2 | −71.77 | 202.9 |
| $CHCl_3$ 氯仿(g) | −101.25 | −68.50 | 295.75 |
| $CCl_4$ 四氯化碳(l) | −132.84 | −62.56 | 216.19 |

数据主要摘自 Weast R C. CRC Handbook of Chemistry and Physics, 66th ed., 1985—1986。

# 附录 2　一些质子酸的解离常数（298K）

| 名称 | 化学式 | $K_a^\ominus$ | $pK_a^\ominus$ | 名称 | 化学式 | $K_a^\ominus$ | $pK_a^\ominus$ |
|---|---|---|---|---|---|---|---|
| 硼酸 | $H_3BO_3$ | $5.8\times10^{-10}$ | 9.24 | 二氯乙酸 | $C_2H_2O_2Cl_2$ | $5.0\times10^{-2}$ | 1.30 |
| 次溴酸 | $HBrO$ | $2.3\times10^{-9}$ | 8.63 | 一氯乙酸 | $C_2H_3O_2Cl$ | $1.36\times10^{-3}$ | 2.865 |
| 氢氰酸 | $HCN$ | $6.20\times10^{-10}$ | 9.21 | 一溴乙酸 | $C_2H_3O_2Br$ | $1.25\times10^{-3}$ | 2.092 |
| 碳酸 | $H_2CO_3$* | $4.45\times10^{-7}$ | 6.352 | 一碘乙酸 | $C_2H_3O_2I$ | $6.68\times10^{-4}$ | 3.175 |
|  |  | $4.69\times10^{-11}$ | 10.329 | 草酸 | $H_2C_2O_4$ | $5.60\times10^{-2}$ | 1.252 |
| 次氯酸 | $HClO$ | $1.10\times10^{-8}$ | 7.959 |  |  | $5.42\times10^{-5}$ | 4.266 |
| 氢氟酸 | $HF$ | $6.8\times10^{-4}$ | 3.17 | 柠檬酸 | $C_6H_8O_7$ | $7.44\times10^{-4}$ | 3.128 |
| 次碘酸 | $HIO$ | $2.3\times10^{-11}$ | 10.64 |  |  | $1.73\times10^{-5}$ | 4.761 |
| 碘酸 | $HIO_3$ | 0.49 | 0.31 |  |  | $4.02\times10^{-7}$ | 6.396 |
| 水 | $H_2O$ | $1.00\times10^{-14}$ | 14 | 乙二胺四乙酸(EDTA) | $H_6Y^{2+}$ | $1.26\times10^{-1}$ | 0.9 |
| 过氧化氢 | $H_2O_2$ | $2.2\times10^{-12}$ | 11.65 |  |  | $2.6\times10^{-2}$ | 1.6 |
| 磷酸 | $H_3PO_4$ | $7.1\times10^{-3}$ | 2.18 |  |  | $1.0\times10^{-2}$ | 2.0 |
|  |  | $6.23\times10^{-8}$ | 7.199 |  |  | $2.1\times10^{-3}$ | 2.68 |
|  |  | $4.5\times10^{-13}$ | 12.35 |  |  | $6.9\times10^{-7}$ | 6.16 |
| 氢硫酸 | $H_2S$ | $9.5\times10^{-8}$ | 7.02 |  |  | $5.5\times10^{-11}$ | 10.26 |
|  |  | $1.3\times10^{-14}$ | 13.9 | 苯甲酸 | $C_7H_6O_2$ | $6.28\times10^{-5}$ | 4.202 |
| 亚硫酸 | $H_2SO_3$ | $1.23\times10^{-2}$ | 1.91 | 苯酚 | $C_6H_6O$ | $1.0\times10^{-10}$ | 9.98 |
|  |  | $5.6\times10^{-8}$ | 7.18 | 水杨酸 | $C_7H_6O_3$ | $1.0\times10^{-3}$ | 2.98 |
| 硫酸 | $H_2SO_4$ | $1.02\times10^{-2}(K_{a_2}^\ominus)$ | 1.99 |  |  | $2.2\times10^{-14}$ | 13.66 |
| 硫代硫酸 | $H_2S_2O_3$ | 0.25 | 0.60 | 铵离子 | $NH_4^+$ | $5.70\times10^{-10}$ | 9.24 |
|  |  | $1.9\times10^{-2}$ | 1.72 | 质子化羟胺 | $HONH_3^+$ | $1.1\times10^{-6}$ | 5.96 |
| 甲酸 | $CH_2O_2$ | $1.80\times10^{-4}$ | 3.745 | 质子化乙二胺 | $(CH_2NH_3^+)_2$ | $1.42\times10^{-7}$ | 6.848 |
| 乙酸 | $C_2H_4O_2$ | $1.75\times10^{-5}$ | 4.757 |  |  | $1.18\times10^{-10}$ | 9.928 |
| 三氯乙酸 | $C_2HO_2Cl_3$ | 0.60 | 0.22 | 质子化六亚甲基四胺 | $(CH_2)_6N_4H^+$ | $7.4\times10^{-6}$ | 5.13 |

注：碳酸的浓度假定为 $c(H_2CO_3)+c(CO_2)$ 之和。

# 附录3 常见难溶电解质的溶度积常数（298K）

| 化合物 | $K_{sp}^{\ominus}$ | 化合物 | $K_{sp}^{\ominus}$ |
|---|---|---|---|
| $AgBr$ | $5.35 \times 10^{-13}$ | $Cu(OH)_2$ | $2.2 \times 10^{-20}$ |
| $Ag_2CO_3$ | $8.46 \times 10^{-12}$ | $CuS$ | $6.3 \times 10^{-36}$ |
| $AgCl$ | $1.77 \times 10^{-10}$ | $Cu_2S$ | $2.5 \times 10^{-48}$ |
| $Ag_2C_rO_4$ | $1.12 \times 10^{-12}$ | $FeCO_3$ | $3.2 \times 10^{-11}$ |
| $AgI$ | $8.52 \times 10^{-17}$ | $FeC_2O_4 \cdot 2H_2O$ | $3.2 \times 10^{-7}$ |
| $Ag_3PO_4$ | $8.89 \times 10^{-17}$ | $Fe(OH)_2$ | $4.87 \times 10^{-17}$ |
| $Ag_2S$ | $6.3 \times 10^{-50}$ | $Fe(OH)_3$ | $2.79 \times 10^{-39}$ |
| $Ag_2SO_4$ | $1.20 \times 10^{-5}$ | $FeS$ | $6.3 \times 10^{-18}$ |
| $Al(OH)_3$ | $1.3 \times 10^{-33}$ | $Hg(OH)_2$ | $3.0 \times 10^{-26}$ |
| $BaCO_3$ | $2.58 \times 10^{-9}$ | $Hg_2S$ | $1.0 \times 10^{-47}$ |
| $BaC_2O_4$ | $1.6 \times 10^{-7}$ | $HgS(红)$ | $4.0 \times 10^{-53}$ |
| $BaCrO_4$ | $1.17 \times 10^{-10}$ | $HgS(黑)$ | $1.6 \times 10^{-52}$ |
| $Ba_3(PO_4)_2$ | $3.4 \times 10^{-23}$ | $CaCO_3$ | $3.36 \times 10^{-9}$ |
| $BaSO_3$ | $5.0 \times 10^{-10}$ | $CaC_2O_4 \cdot H_2O$ | $2.32 \times 10^{-9}$ |
| $BaSO_4$ | $1.08 \times 10^{-10}$ | $CaC_rO_4$ | $7.1 \times 10^{-4}$ |
| $Co(OH)_2(新析出)$ | $1.6 \times 10^{-15}$ | $CaF_2$ | $3.45 \times 10^{-11}$ |
| $Co(OH)_3$ | $1.6 \times 10^{-44}$ | $Ca(OH)_2$ | $5.02 \times 10^{-6}$ |
| $Cr(OH)_3$ | $6.3 \times 10^{-31}$ | $Ca_3(PO_4)_2$ | $2.07 \times 10^{-33}$ |
| $CuBr$ | $6.27 \times 10^{-9}$ | $CaSO_4$ | $4.93 \times 10^{-5}$ |
| $CuCN$ | $3.47 \times 10^{-20}$ | $CdS$ | $8.0 \times 10^{-27}$ |
| $CuCO_3$ | $1.4 \times 10^{-10}$ | $CoCO_3$ | $1.4 \times 10^{-13}$ |
| $CuI$ | $1.27 \times 10^{-12}$ | $PbS$ | $8.0 \times 10^{-28}$ |
| $PbCO_3$ | $7.4 \times 10^{-14}$ | $NiCO_3$ | $1.42 \times 10^{-7}$ |
| $PbCl_2$ | $1.70 \times 10^{-5}$ | $PbI_2$ | $9.8 \times 10^{-9}$ |
| $PbC_2O_4$ | $4.8 \times 10^{-10}$ | $PbSO_4$ | $2.53 \times 10^{-8}$ |
| $PbC_rO_4$ | $2.8 \times 10^{-13}$ | $Sn(OH)_2$ | $5.45 \times 10^{-27}$ |
| $MgCO_3$ | $6.82 \times 10^{-6}$ | $SnS$ | $1.0 \times 10^{-25}$ |
| $Mg(OH)_2$ | $5.61 \times 10^{-12}$ | $SrCO_3$ | $5.60 \times 10^{-10}$ |
| $MnCO_3$ | $2.24 \times 10^{-11}$ | $SrSO_4$ | $3.44 \times 10^{-7}$ |
| $Mn(OH)_2$ | $1.9 \times 10^{-13}$ | $ZnCO_3$ | $1.46 \times 10^{-10}$ |
| $MnS(无定形)$ | $2.5 \times 10^{-10}$ | $ZnC_2O_4 \cdot 2H_2O$ | $1.38 \times 10^{-9}$ |
| $MnS(结晶)$ | $2.5 \times 10^{-13}$ | $Zn(OH)_2$ | $3.0 \times 10^{-17}$ |
| $Hg_2Cl_2$ | $1.43 \times 10^{-18}$ | $\alpha\text{-}ZnS$ | $1.6 \times 10^{-24}$ |
| $Hg_2I_2$ | $5.2 \times 10^{-29}$ | $\beta\text{-}ZnS$ | $2.5 \times 10^{-22}$ |

# 附录4 一些配离子的稳定常数 （298K）

| 配离子 | $K_f^{\ominus}$ | 配离子 | $K_f^{\ominus}$ |
|---|---|---|---|
| $[CuCl_2]^-$ | $3.1 \times 10^5$ | $[Co(en)_3]^{3+}$ | $4.90 \times 10^{48}$ |
| $[HgCl_4]^{2-}$ | $1.17 \times 10^{15}$ | $[Cu(en)_2]^+$ | $6.33 \times 10^{10}$ |
| $[PbCl_4]^{2-}$ | 39.8 | $[Cu(en)_3]^{2+}$ | $1.0 \times 10^{21}$ |
| $[PtCl_4]^{2-}$ | $1.0 \times 10^{16}$ | $[Fe(en)_3]^{2+}$ | $5.00 \times 10^9$ |
| $[SnCl_4]^{2-}$ | 30.2 | $[Mn(en)_3]^{2+}$ | $4.67 \times 10^5$ |
| $[Ag(CN)_2]^-$ | $1.3 \times 10^{21}$ | $[Ni(en)_3]^{2+}$ | $2.14 \times 10^{18}$ |
| $[Au(CN)_2]^-$ | $2.0 \times 10^{38}$ | $[Zn(en)_3]^{2+}$ | $1.29 \times 10^{14}$ |
| $[Cu(CN)_4]^{3-}$ | $2.0 \times 10^{30}$ | $[AlF_6]^{3-}$ | $6.94 \times 10^{19}$ |
| $[Fe(CN)_6]^{4-}$ | $1.0 \times 10^{35}$ | $[FeF_6]^{3-}$ | $1.0 \times 10^{16}$ |
| $[Fe(CN)_6]^{3-}$ | $1.0 \times 10^{42}$ | $[PbI_4]^{2-}$ | $2.95 \times 10^4$ |
| $[Ni(CN)_4]^{2-}$ | $2.0 \times 10^{31}$ | $[HgI_4]^{2-}$ | $6.76 \times 10^{29}$ |
| $[Zn(CN)_4]^{2-}$ | $5.0 \times 10^{16}$ | $[Ag(NH_3)_2]^+$ | $1.12 \times 10^7$ |
| $[Ag(SCN)_4]^{3-}$ | $1.20 \times 10^{10}$ | $[Cd(NH_3)_6]^{2+}$ | $1.38 \times 10^5$ |
| $[Ag(SCN)_2]^-$ | $3.72 \times 10^7$ | $[Cd(NH_3)_4]^{2+}$ | $1.32 \times 10^7$ |
| $[Co(SCN)_4]^{2-}$ | $1.00 \times 10^5$ | $[Co(NH_3)_6]^{2+}$ | $1.29 \times 10^5$ |
| $[Fe(SCN)_2]^+$ | $2.29 \times 10^3$ | $[Co(NH_3)_6]^{3+}$ | $1.58 \times 10^{35}$ |
| $[Hg(SCN)_4]^{2-}$ | $1.70 \times 10^{21}$ | $[Cu(NH_3)_2]^+$ | $4.44 \times 10^7$ |
| $[Ag(EDTA)]^{3-}$ | $2.09 \times 10^5$ | $[Cu(NH_3)_4]^{2+}$ | $4.8 \times 10^{12}$ |
| $[Al(EDTA)]^-$ | $2.0 \times 10^{16}$ | $[Fe(NH_3)_2]^{2+}$ | $1.6 \times 10^2$ |
| $[Ca(EDTA)]^{2-}$ | $4.9 \times 10^{10}$ | $[Mg(NH_3)_2]^{2+}$ | 20 |
| $[Cd(EDTA)]^{2-}$ | $2.9 \times 10^{16}$ | $[Ni(NH_3)_6]^{2+}$ | $5.49 \times 10^8$ |
| $[Co(EDTA)]^{2-}$ | $2.04 \times 10^{16}$ | $[Ni(NH_3)_4]^{2+}$ | $9.09 \times 10^7$ |
| $[Co(EDTA)]^-$ | $1.0 \times 10^{36}$ | $[Pt(NH_3)_6]^{2+}$ | $2.00 \times 10^{35}$ |
| $[Cu(EDTA)]^{2-}$ | $6.3 \times 10^{18}$ | $[Zn(NH_3)_4]^{2+}$ | $2.88 \times 10^9$ |
| $[Fe(EDTA)]^{2-}$ | $2.09 \times 10^{14}$ | $[Al(OH)_4]^-$ | $1.07 \times 10^{33}$ |
| $[Fe(EDTA)]^-$ | $1.26 \times 10^{25}$ | $[Cd(OH)_4]^{2-}$ | $4.17 \times 10^8$ |
| $[Hg(EDTA)]^{2-}$ | $5.01 \times 10^{21}$ | $[Cr(OH)_4]^-$ | $7.94 \times 10^{29}$ |
| $[Mg(EDTA)]^{2-}$ | $4.37 \times 10^8$ | $[Cu(OH)_4]^{2-}$ | $3.16 \times 10^{18}$ |
| $[Mn(EDTA)]^{2-}$ | $7.4 \times 10^{13}$ | $[Fe(OH)_4]^{2-}$ | $3.80 \times 10^8$ |
| $[Ni(EDTA)]^{2-}$ | $4.17 \times 10^{18}$ | $[Ag(S_2O_3)]^-$ | $6.62 \times 10^8$ |
| $[Zn(EDTA)]^{2-}$ | $3.16 \times 10^{16}$ | $[Ag(S_2O_3)_2]^{3-}$ | $2.88 \times 10^{13}$ |
| $[Ag(en)_2]^+$ | $5.00 \times 10^7$ | $[Cd(S_2O_3)_2]^{2-}$ | $2.75 \times 10^6$ |
| $[Co(en)_3]^{2+}$ | $8.69 \times 10^{13}$ | $[Cu(S_2O_3)]^{3-}$ | $1.66 \times 10^{12}$ |

# 附录5  常用标准电极电势（298K）

A. 在酸性溶液中

| 电对 | 电极反应 | $\varphi^{\ominus}/V$ |
|---|---|---|
| Li（Ⅰ）-（0） | $Li^+ + e^- \rightleftharpoons Li$ | -3.0403 |
| Cs（Ⅰ）-（0） | $Cs^+ + e^- \rightleftharpoons Cs$ | -3.02 |
| Rb（Ⅰ）-（0） | $Rb^+ + e^- \rightleftharpoons Rb$ | -2.98 |
| K（Ⅰ）-（0） | $K^+ + e^- \rightleftharpoons K$ | -2.931 |
| Ba（Ⅱ）-（0） | $Ba^{2+} + 2e^- \rightleftharpoons Ba$ | -2.912 |
| Sr（Ⅱ）-（0） | $Sr^{2+} + 2e^- \rightleftharpoons Sr$ | -2.899 |
| Ca（Ⅱ）-（0） | $Ca^{2+} + 2e^- \rightleftharpoons Ca$ | -2.868 |
| Na（Ⅰ）-（0） | $Na^+ + e^- \rightleftharpoons Na$ | -2.71 |
| Mg（Ⅱ）-（0） | $Mg^{2+} + 2e^- \rightleftharpoons Mg$ | -2.372 |
| H（0）-（-Ⅰ） | $1/2H_2 + e^- \rightleftharpoons H^-$ | -2.23 |
| Al（Ⅲ）-（0） | $[AlF_6]^{3-} + 3e^- \rightleftharpoons Al + 6F^-$ | -2.069 |
| Be（Ⅱ）-（0） | $Be^{2+} + 2e^- \rightleftharpoons Be$ | -1.847 |
| Al（Ⅲ）-（0） | $Al^{3+} + 3e^- \rightleftharpoons Al$ | -1.662 |
| Ti（Ⅱ）-（0） | $Ti^{2+} + 2e^- \rightleftharpoons Ti$ | -1.37 |
| Mn（Ⅱ）-（0） | $Mn^{2+} + 2e^- \rightleftharpoons Mn$ | -1.185 |
| V（Ⅱ）-（0） | $V^{2+} + 2e^- \rightleftharpoons V$ | -1.175 |
| Cr（Ⅲ）-（0） | $Cr^{3+} + 3e^- \rightleftharpoons Cr$ | -0.913 |
| Ti（Ⅳ）-（0） | $TiO^{2+} + 2H^+ + 4e^- \rightleftharpoons Ti + H_2O$ | -0.89 |
| B（Ⅲ）-（0） | $H_3BO_3 + 3H^+ + 3e^- \rightleftharpoons B + 3H_2O$ | -0.8700 |
| Zn（Ⅱ）-（0） | $Zn^{2+} + 2e^- \rightleftharpoons Zn$ | -0.7600 |
| Cr（Ⅲ）-（0） | $Cr^{3+} + 3e^- \rightleftharpoons Cr$ | -0.744 |
| Ga（Ⅲ）-（0） | $Ga^{3+} + 3e^- \rightleftharpoons Ga$ | -0.549 |
| Fe（Ⅱ）-（0） | $Fe^{2+} + 2e^- \rightleftharpoons Fe$ | -0.447 |
| Cr（Ⅲ）-（Ⅱ） | $Cr^{3+} + e^- \rightleftharpoons Cr^{2+}$ | -0.407 |
| Cd（Ⅱ）-（0） | $Cd^{2+} + 2e^- \rightleftharpoons Cd$ | -0.4032 |
| Pb（Ⅱ）-（0） | $PbI_2 + 2e^- \rightleftharpoons Pb + 2I^-$ | -0.365 |
| Pb（Ⅱ）-（0） | $PbSO_4 + 2e^- \rightleftharpoons Pb + SO_4^{2-}$ | -0.3590 |
| Co（Ⅱ）-（0） | $Co^{2+} + 2e^- \rightleftharpoons Co$ | -0.28 |
| P（Ⅴ）-（Ⅲ） | $H_3PO_4 + 2H^+ + 2e^- \rightleftharpoons H_3PO_3 + H_2O$ | -0.276 |
| Ni（Ⅱ）-（0） | $Ni^{2+} + 2e^- \rightleftharpoons Ni$ | -0.27 |
| Cu（Ⅰ）-（0） | $CuI + e^- \rightleftharpoons Cu + I^-$ | -0.180 |
| Ag（Ⅰ）-（0） | $AgI + e^- \rightleftharpoons Ag + I^-$ | -0.15241 |
| Sn（Ⅱ）-（0） | $Sn^{2+} + 2e^- \rightleftharpoons Sn$ | -0.1377 |
| Pb（Ⅱ）-（0） | $Pb^{2+} + 2e^- \rightleftharpoons Pb$ | -0.1264 |

| 电对 | 电极反应 | $\varphi^{\ominus}/V$ |
|---|---|---|
| W(Ⅵ)-(0) | $WO_3+6H^++6e^-\!=\!\!=\!W+3H_2O$ | $-0.090$ |
| Hg(Ⅱ)-(0) | $[HgI_4]^{2-}+2e^-\!=\!\!=\!Hg+4I^-$ | $-0.04$ |
| H(Ⅰ)-(0) | $2H^++2e^-\!=\!\!=\!H_2$ | $0$ |
| Ag(Ⅰ)-(0) | $[Ag(S_2O_3)_2]^{3-}+e^-\!=\!\!=\!Ag+2S_2O_3^{2-}$ | $0.01$ |
| Ag(Ⅰ)-(0) | $AgBr+e^-\!=\!\!=\!Ag+Br^-$ | $0.07116$ |
| S(0)-(-Ⅱ) | $S+2H^++2e^-\!=\!\!=\!H_2S$ | $0.142$ |
| Sn(Ⅳ)-(Ⅱ) | $Sn^{4+}+2e^-\!=\!\!=\!Sn^{2+}$ | $0.151$ |
| Ag(Ⅰ)-(0) | $AgCl+e^-\!=\!\!=\!Ag+Cl^-$ | $0.22216$ |
| Hg(Ⅰ)-(0) | $Hg_2Cl_2+2e^-\!=\!\!=\!2Hg+2Cl^-$ | $0.26791$ |
| V(Ⅳ)-(Ⅲ) | $VO^{2+}+2H^++e^-\!=\!\!=\!V^{3+}+H_2O$ | $0.337$ |
| Cu(Ⅱ)-(0) | $Cu^{2+}+2e^-\!=\!\!=\!Cu$ | $0.3417$ |
| Fe(Ⅲ)-(Ⅱ) | $[Fe(CN)_6]^{3-}+e^-\!=\!\!=\![Fe(CN)_6]^{4-}$ | $0.358$ |
| Hg(Ⅱ)-(0) | $[HgCl_4]^{2-}+2e^-\!=\!\!=\!Hg+4Cl^-$ | $0.38$ |
| Ag(Ⅰ)-(0) | $Ag_2CrO_4+2e^-\!=\!\!=\!2Ag+CrO_4^{2-}$ | $0.4468$ |
| S(Ⅳ)-(0) | $H_2SO_3+4H^++4e^-\!=\!\!=\!S+3H_2O$ | $0.449$ |
| Cu(Ⅰ)-(0) | $Cu^++e^-\!=\!\!=\!Cu$ | $0.521$ |
| I(0)-(-Ⅰ) | $I_2+2e^-\!=\!\!=\!2I^-$ | $0.5353$ |
| Mn(Ⅶ)-(Ⅵ) | $MnO_4^-+e^-\!=\!\!=\!MnO_4^{2-}$ | $0.558$ |
| As(Ⅴ)-(Ⅲ) | $H_3AsO_4+2H^++2e^-\!=\!\!=\!H_3AsO_3+H_2O$ | $0.560$ |
| Cu(Ⅱ)-(Ⅰ) | $Cu^{2+}+Cl^-+e^-\!=\!\!=\!CuCl$ | $0.56$ |
| O(0)-(-Ⅰ) | $O_2+2H^++2e^-\!=\!\!=\!H_2O_2$ | $0.695$ |
| Fe(Ⅲ)-(Ⅱ) | $Fe^{3+}+e^-\!=\!\!=\!Fe^{2+}$ | $0.771$ |
| Hg(Ⅰ)-(0) | $Hg_2^{2+}+2e^-\!=\!\!=\!2Hg$ | $0.7971$ |
| Ag(Ⅰ)-(0) | $Ag^++e^-\!=\!\!=\!Ag$ | $0.7994$ |
| N(Ⅴ)-(Ⅳ) | $2NO_3^-+4H^++2e^-\!=\!\!=\!N_2O_4+2H_2O$ | $0.803$ |
| Hg(Ⅱ)-(0) | $Hg^{2+}+2e^-\!=\!\!=\!Hg$ | $0.851$ |
| N(Ⅲ)-(-Ⅲ) | $HNO_2+7H^++6e^-\!=\!\!=\!NH_4^++2H_2O$ | $0.86$ |
| N(Ⅴ)-(Ⅲ) | $NO_3^-+3H^++2e^-\!=\!\!=\!HNO_2+H_2O$ | $0.934$ |
| N(Ⅴ)-(Ⅱ) | $NO_3^-+4H^++3e^-\!=\!\!=\!NO+2H_2O$ | $0.957$ |
| I(Ⅰ)-(-Ⅰ) | $HIO+H^++2e^-\!=\!\!=\!I^-+H_2O$ | $0.987$ |
| N(Ⅲ)-(Ⅱ) | $HNO_2+H^++e^-\!=\!\!=\!NO+H_2O$ | $0.983$ |
| V(Ⅴ)-(Ⅳ) | $VO_4^{3-}+6H^++e^-\!=\!\!=\!VO^{2+}+3H_2O$ | $1.031$ |
| N(Ⅳ)-(Ⅱ) | $N_2O_4+4H^++4e^-\!=\!\!=\!2NO+2H_2O$ | $1.035$ |
| N(Ⅳ)-(Ⅲ) | $N_2O_4+2H^++2e^-\!=\!\!=\!2HNO_2$ | $1.065$ |
| Br(0)-(-Ⅰ) | $Br_2+2e^-\!=\!\!=\!2Br^-$ | $1.065$ |
| I(Ⅴ)-(-Ⅰ) | $IO_3^-+6H^++6e^-\!=\!\!=\!I^-+3H_2O$ | $1.085$ |

| 电对 | 电极反应 | $\varphi^{\ominus}/V$ |
|---|---|---|
| Cl(Ⅶ)−(Ⅴ) | $ClO_4^- + 2H^+ + 2e^- \Longrightarrow ClO_3^- + H_2O$ | 1.189 |
| I(Ⅴ)−(0) | $IO_3^- + 6H^+ + 5e^- \Longrightarrow 1/2I_2 + 3H_2O$ | 1.195 |
| Mn(Ⅳ)−(Ⅱ) | $MnO_2 + 4H^+ + 2e^- \Longrightarrow Mn^{2+} + 2H_2O$ | 1.224 |
| O(0)−(−Ⅱ) | $O_2 + 4H^+ + 4e^- \Longrightarrow 2H_2O$ | 1.229 |
| Cr(Ⅵ)−(Ⅲ) | $Cr_2O_7^{2-} + 14H^+ + 6e^- \Longrightarrow 2Cr^{3+} + 7H_2O$ | 1.232 |
| N(Ⅲ)−(Ⅰ) | $2HNO_2 + 4H^+ + 4e^- \Longrightarrow N_2O + 3H_2O$ | 1.297 |
| Br(Ⅰ)−(−Ⅰ) | $HBrO + H^+ + 2e^- \Longrightarrow Br^- + H_2O$ | 1.331 |
| Cl(0)−(−Ⅰ) | $Cl_2 + 2e^- \Longrightarrow 2Cl^-$ | 1.35793 |
| Cl(Ⅶ)−(0) | $ClO_4^- + 8H^+ + 7e^- \Longrightarrow 1/2Cl_2 + 4H_2O$ | 1.39 |
| I(Ⅶ)−(−Ⅰ) | $IO_4^- + 8H^+ + 8e^- \Longrightarrow I^- + 4H_2O$ | 1.4 |
| Br(Ⅴ)−(−Ⅰ) | $BrO_3^- + 6H^+ + 6e^- \Longrightarrow Br^- + 3H_2O$ | 1.423 |
| Cl(Ⅴ)−(−Ⅰ) | $ClO_3^- + 6H^+ + 6e^- \Longrightarrow Cl^- + 3H_2O$ | 1.451 |
| Pb(Ⅳ)−(Ⅱ) | $PbO_2 + 4H^+ + 2e^- \Longrightarrow Pb^{2+} + 2H_2O$ | 1.455 |
| Cl(Ⅴ)−(0) | $ClO_3^- + 6H^+ + 5e^- \Longrightarrow 1/2Cl_2 + 3H_2O$ | 1.47 |
| Cl(Ⅰ)−(−Ⅰ) | $HClO + H^+ + 2e^- \Longrightarrow Cl^- + H_2O$ | 1.482 |
| Au(Ⅲ)−(0) | $Au^{3+} + 3e^- \Longrightarrow Au$ | 1.498 |
| Mn(Ⅶ)−(Ⅱ) | $MnO_4^- + 8H^+ + 5e^- \Longrightarrow Mn^{2+} + 4H_2O$ | 1.507 |
| Bi(Ⅴ)−(Ⅲ) | $NaBiO_3 + 6H^+ + 2e^- \Longrightarrow Bi^{3+} + Na^+ + 3H_2O$ | 1.60 |
| Cl(Ⅰ)−(0) | $2HClO + 2H^+ + 2e^- \Longrightarrow Cl_2 + 2H_2O$ | 1.611 |
| Mn(Ⅶ)−(Ⅳ) | $MnO_4^- + 4H^+ + 3e^- \Longrightarrow MnO_2 + 2H_2O$ | 1.679 |
| O(−Ⅰ)−(−Ⅱ) | $H_2O_2 + 2H^+ + 2e^- \Longrightarrow 2H_2O$ | 1.776 |
| O(0)−(0) | $O_3 + 2H^+ + 2e^- \Longrightarrow O_2 + H_2O$ | 2.076 |
| F(0)−(−Ⅰ) | $F_2 + 2e^- \Longrightarrow 2F^-$ | 2.866 |

## B. 在碱性溶液中

| 电对 | 电极反应 | $\varphi^{\ominus}/V$ |
|---|---|---|
| Mg(Ⅱ)−(0) | $Mg(OH)_2 + 2e^- \Longrightarrow Mg + 2OH^-$ | −2.690 |
| Al(Ⅲ)−(0) | $Al(OH)_3 + 3e^- \Longrightarrow Al + 3OH^-$ | −2.31 |
| Mn(Ⅱ)−(0) | $Mn(OH)_2 + 2e^- \Longrightarrow Mn + 2OH^-$ | −1.56 |
| Cr(Ⅲ)−(0) | $Cr(OH)_3 + 3e^- \Longrightarrow Cr + 3OH^-$ | −1.48 |
| Zn(Ⅱ)−(0) | $Zn(OH)_2 + 2e^- \Longrightarrow Zn + 2OH^-$ | −1.249 |
| Fe(Ⅱ)−(0) | $Fe(OH)_2 + 2e^- \Longrightarrow Fe + 2OH^-$ | −0.877 |
| H(Ⅰ)−(0) | $2H_2O + 2e^- \Longrightarrow H_2 + 2OH^-$ | −0.8277 |
| Au(Ⅰ)−(0) | $[Au(CN)_2]^- + e^- \Longrightarrow Au + 2CN^-$ | −0.60 |
| Fe(Ⅲ)−(Ⅱ) | $Fe(OH)_3 + e^- \Longrightarrow Fe(OH)_2 + OH^-$ | −0.56 |
| Cu(Ⅱ)−(0) | $Cu(OH)_2 + 2e^- \Longrightarrow Cu + 2OH^-$ | −0.222 |

| 电对 | 电极反应 | $\varphi^{\ominus}/V$ |
|---|---|---|
| Cr(Ⅵ)−(Ⅲ) | $CrO_4^{2-}+4H_2O+3e^- \Longrightarrow Cr(OH)_3+5OH^-$ | −0.13 |
| O(0)−(−Ⅰ) | $O_2+H_2O+2e^- \Longrightarrow HO_2^-+OH^-$ | −0.076 |
| N(Ⅴ)−(Ⅲ) | $NO_3^-+H_2O+2e^- \Longrightarrow NO_2^-+2OH^-$ | 0.01 |
| N(Ⅲ)−(Ⅰ) | $2NO_2^-+3H_2O+4e^- \Longrightarrow N_2O+6OH^-$ | 0.15 |
| Ag(Ⅰ)−(0) | $Ag_2O+H_2O+2e^- \Longrightarrow 2Ag+2OH^-$ | 0.342 |
| Cl(Ⅶ)−(Ⅴ) | $ClO_4^-+H_2O+2e^- \Longrightarrow ClO_3^-+2OH^-$ | 0.36 |
| Ag(Ⅰ)−(0) | $[Ag(NH_3)_2]^++e^- \Longrightarrow Ag+2NH_3(aq)$ | 0.373 |
| O(0)−(−Ⅱ) | $O_2+2H_2O+4e^- \Longrightarrow 4OH^-$ | 0.401 |
| Br(Ⅰ)−(0) | $2BrO^-+2H_2O+2e^- \Longrightarrow Br_2+4OH^-$ | 0.45 |
| Cl(Ⅰ)−(0) | $2ClO^-+2H_2O+2e^- \Longrightarrow Cl_2+4OH^-$ | 0.52 |
| Br(Ⅴ)−(Ⅰ) | $BrO_3^-+2H_2O+4e^- \Longrightarrow BrO^-+4OH^-$ | 0.54 |
| Mn(Ⅶ)−(Ⅳ) | $MnO_4^-+2H_2O+3e^- \Longrightarrow MnO_2+4OH^-$ | 0.595 |
| Mn(Ⅵ)−(Ⅳ) | $MnO_4^{2-}+2H_2O+2e^- \Longrightarrow MnO_2+4OH^-$ | 0.60 |
| Br(Ⅴ)−(−Ⅰ) | $BrO_3^-+3H_2O+6e^- \Longrightarrow Br^-+6OH^-$ | 0.61 |
| Cl(Ⅴ)−(−Ⅰ) | $ClO_3^-+3H_2O+6e^- \Longrightarrow Cl^-+6OH^-$ | 0.62 |
| Cl(Ⅰ)−(−Ⅰ) | $ClO^-+H_2O+2e^- \Longrightarrow Cl^-+2OH^-$ | 0.81 |
| O(−Ⅰ)−(−Ⅱ) | $HO_2^-+H_2O+2e^- \Longrightarrow 3OH^-$ | 0.878 |
| O(0)−(−Ⅱ) | $O_3+H_2O+2e^- \Longrightarrow O_2+2OH^-$ | 1.24 |

# 附录6 一些化合物的分子量

| 化合物 | 分子量 | 化合物 | 分子量 |
|---|---|---|---|
| AgBr | 187.77 | $CdCO_3$ | 172.42 |
| AgCl | 143.32 | $CdCl_2$ | 183.32 |
| $Ag_2CrO_4$ | 331.73 | CdS | 144.47 |
| AgI | 234.77 | $Ce(SO_4)_2$ | 332.24 |
| $AgNO_3$ | 169.87 | $CoCl_2 \cdot 6H_2O$ | 237.93 |
| AgSCN | 165.95 | $Co(NO_3)_2 \cdot 6H_2O$ | 291.03 |
| $AlCl_3$ | 133.34 | CoS | 90.99 |
| $AlCl_3 \cdot 6H_2O$ | 241.43 | $CoSO_4 \cdot 7H_2O$ | 281.10 |
| $Al(NO_3)_3$ | 213.00 | $CrCl_3$ | .158.35 |
| $Al(NO_3)_3 \cdot 9H_2O$ | 375.13 | $CrCl_3 \cdot 6H_2O$ | 266.45 |
| $Al_2O_3$ | 101.96 | $Cr(NO_3)_3$ | 238.01 |
| $Al(OH)_3$ | 78.00 | $Cr_2O_3$ | 151.99 |
| $Al_2(SO_4)_3$ | 342.14 | CuCl | 98.99 |
| $As_2O_3$ | 197.84 | $CuCl_2$ | 134.45 |

| 化合物 | 分子量 | 化合物 | 分子量 |
|---|---|---|---|
| $As_2O_5$ | 229.84 | $CuCl_2 \cdot 2H_2O$ | 170.48 |
| $BaCl_2$ | 208.24 | $CuI$ | 190.45 |
| $BaC_2O_4$ | 225.35 | $Cu_2O$ | 143.09 |
| $Ba(OH)_2$ | 171.34 | $CuS$ | 95.61 |
| $BaSO_4$ | 233.39 | $CuSO_4$ | 159.60 |
| $CO$ | 28.01 | $CuSO_4 \cdot 5H_2O$ | 249.68 |
| $CO_2$ | 44.01 | $FeCl_2 \cdot 4H_2O$ | 198.81 |
| $CO(NH_2)_2$ | 60.06 | $FeCl_3 \cdot 6H_2O$ | 270.30 |
| $CaCO_3$ | 100.09 | $FeSO_4 \cdot (NH_4)_2SO_4 \cdot 6H_2O$ | 392.13 |
| $CaC_2O_4$ | 128.10 | $FeNH_4(SO_4)_2 \cdot 12H_2O$ | 482.18 |
| $CaCl_2$ | 110.99 | $Fe(NO_3)_3 \cdot 9H_2O$ | 404.00 |
| $CaCl_2 \cdot 6H_2O$ | 219.08 | $FeO$ | 71.846 |
| $CaO$ | 56.08 | $Fe_2O_3$ | 159.69 |
| $Ca(OH)_2$ | 74.09 | $Fe_3O_4$ | 231.54 |
| $Ca_3(PO_4)_2$ | 310.18 | $Fe(OH)_3$ | 106.87 |
| $CaSO_4 \cdot 2H_2O$ | 172.17 | $FeS$ | 87.91 |
| $FeSO_4$ | 151.90 | $KClO_4$ | 138.55 |
| $FeSO_4 \cdot 7H_2O$ | 278.01 | $KCN$ | 65.116 |
| $H_3AsO_3$ | 125.94 | $K_2CO_3$ | 138.21 |
| $H_3AsO_4$ | 141.94 | $K_2CrO_4$ | 194.19 |
| $H_3BO_3$ | 61.83 | $K_2Cr_2O_7$ | 294.19 |
| $HBr$ | 80.912 | $K_3[Fe(CN)_6]$ | 329.25 |
| $HCN$ | 27.03 | $K_4[Fe(CN)_6]$ | 368.35 |
| $HCOOH$ | 46.026 | $KI$ | 166.00 |
| $CH_3COOH$ | 60.05 | $KIO_3$ | 214.00 |
| $H_2CO_3$ | 62.025 | $KMnO_4$ | 158.03 |
| $H_2C_2O_4 \cdot 2H_2O$ | 126.07 | $KNO_3$ | 101.10 |
| $HCl$ | 36.461 | $KNO_2$ | 85.104 |
| $HF$ | 20.006 | $K_2O$ | 94.196 |
| $HI$ | 127.91 | $KOH$ | 56.106 |
| $HIO_3$ | 175.91 | $KSCN$ | 97.18 |
| $HNO_3$ | 63.013 | $K_2SO_4$ | 174.25 |
| $H_2O$ | 18.00 | $MgCO_3$ | 84.314 |

| 化合物 | 分子量 | 化合物 | 分子量 |
|---|---|---|---|
| $H_2O_2$ | 34.015 | $MgCl_2 \cdot 6H_2O$ | 203.30 |
| $H_3PO_4$ | 97.995 | $MgC_2O_4$ | 112.33 |
| $H_2S$ | 34.08 | $Mg(NO_3)_2 \cdot 6H_2O$ | 256.41 |
| $H_2SO_3$ | 82.07 | $MgNH_4PO_4$ | 137.32 |
| $H_2SO_4$ | 98.07 | $MgO$ | 40.304 |
| $HgCl_2$ | 271.50 | $Mg(OH)_2$ | 58.32 |
| $Hg_2Cl_2$ | 472.09 | $Mg_2P_2O_7$ | 222.55 |
| $HgI_2$ | 454.40 | $MgSO_4 \cdot 7H_2O$ | 246.47 |
| $Hg_2(NO_3)_2$ | 525.19 | $MnCO_3$ | 114.95 |
| $Hg(NO_3)_2$ | 324.60 | $MnCl_2 \cdot 4H_2O$ | 197.91 |
| $HgO$ | 216.59 | $Mn(NO_3)_2 \cdot 6H_2O$ | 287.04 |
| $HgS$ | 232.65 | $MnO_2$ | 86.937 |
| $KAl(SO_4)_2 \cdot 12H_2O$ | 474.38 | $MnS$ | 87.00 |
| $KBr$ | 119.00 | $MnSO_4 \cdot 4H_2O$ | 223.06 |
| $KBrO_3$ | 167.00 | $NO$ | 30.006 |
| $KCl$ | 74.551 | $NO_2$ | 46.006 |
| $KClO_3$ | 122.55 | $NH_3$ | 17.03 |
| $CH_3COONH_4$ | 77.083 | $Na_2S_2O_3 \cdot 5H_2O$ | 248.17 |
| $NH_4Cl$ | 53.491 | $NiCl_2 \cdot 6H_2O$ | 237.69 |
| $(NH_4)_2CO_3$ | 96.086 | $NiO$ | 74.69 |
| $(NH_4)_2C_2O_4$ | 124.10 | $Ni(NO_3)_2 \cdot 6H_2O$ | 290.79 |
| $(NH_4)_2C_2O_4 \cdot H_2O$ | 142.11 | $NiSO_4 \cdot 7H_2O$ | 280.85 |
| $NH_4SCN$ | 76.12 | $P_2O_5$ | 141.94 |
| $NH_4HCO_3$ | 79.055 | $PbCO_3$ | 267.20 |
| $(NH_4)_2MoO_4$ | 196.01 | $PbCl_2$ | 278.10 |
| $NH_4NO_3$ | 80.043 | $PbCrO_4$ | 323.20 |
| $(NH_4)_2S$ | 68.14 | $Pb(CH_3COO)_2$ | 325.30 |
| $(NH_4)_2SO_4$ | 132.13 | $PbI_2$ | 461.00 |
| $NH_4VO_3$ | 116.98 | $Pb(NO_3)_2$ | 331.20 |
| $Na_2B_4O_7$ | 201.24 | $PbO$ | 223.20 |
| $Na_2B_4O_7 \cdot 10H_2O$ | 381.37 | $PbO_2$ | 239.20 |
| $NaBiO_3$ | 279.97 | $Pb_3O_4$ | 685.60 |
| $NaCN$ | 49.007 | $PbS$ | 239.30 |

| 化合物 | 分子量 | 化合物 | 分子量 |
|---|---|---|---|
| $Na_2CO_3$ | 105.99 | $PbSO_4$ | 303.30 |
| $Na_2CO_3 \cdot 10H_2O$ | 286.14 | $SO_2$ | 64.06 |
| $Na_2C_2O_4$ | 134.00 | $SO_3$ | 80.06 |
| $CH_3COONa$ | 82.03 | $Sb_2O_3$ | 291.50 |
| $NaCl$ | 58.44 | $SiF_4$ | 104.08 |
| $NaClO$ | 74.442 | $SiO_2$ | 60.084 |
| $NaHCO_3$ | 84.007 | $SnCl_2 \cdot 2H_2O$ | 225.63 |
| $Na_2HPO_4 \cdot 12H_2O$ | 358.14 | $SrSO_4$ | 183.68 |
| $Na_2H_2Y \cdot 2H_2O$ | 372.24 | $TiO_2$ | 79.87 |
| $NaNO_2$ | 68.995 | $WO_3$ | 231.84 |
| $NaNO_3$ | 84.995 | $ZnCO_3$ | 125.39 |
| $Na_2O$ | 61.979 | $ZnC_2O_4$ | 153.40 |
| $Na_2O_2$ | 77.978 | $ZnCl_2$ | 136.29 |
| $NaOH$ | 39.997 | $Zn(CH_3COO)_2 \cdot 2H_2O$ | 219.50 |
| $Na_3PO_4$ | 163.94 | $Zn(NO_3)_2 \cdot 6H_2O$ | 297.48 |
| $Na_2S$ | 78.04 | $ZnO$ | 81.38 |
| $Na_2SO_3$ | 126.04 | $ZnS$ | 97.44 |
| $Na_2SO_4$ | 142.04 | $ZnSO_4 \cdot 7H_2O$ | 287.54 |

# 参 考 文 献

[1] 黄蔷蕾，呼世斌．无机及分析化学．北京：中国农业出版社，2004.

[2] 徐家宁，史苏华，宋天佑．无机化学考研复习指导．北京：科学出版社，2009.

[3] 北京大学化学学院普通化学原理教学组．普通化学原理习题解析．北京：北京大学出版社，2006.

[4] 赵士铎，周乐，董元彦，张曙生．化学历年真题与全真模拟题解析．北京：中国农业出版社，2016.

[5] 陈德余，张胜建．无机及分析化学．北京：科学出版社，2012.

[6] 徐伟民．无机及分析化学例题与习题．北京：科学出版社，2013.

[7] 张丽荣，于杰辉，王莉，徐家宁．无机化学核心教程学习指导．北京：科学出版社，2012.

[8] 杨旭哲，唐然肖．化学考研攻略及冲刺训练．北京：科学出版社，2007.

[9] 黄蔷蕾，冯贵颖．无机及分析化学习题精解与学习指南．北京：高等教育出版社，2002.

[10] 王秀彦，马凤霞．无机及分析化学．2版．北京：化学工业出版社，2016.

[11] 宋天佑，程鹏，徐家宁，张丽荣．无机化学：上册．4版．北京：高等教育出版社，2019.

[12] 秦学．无机化学与化学分析学习指导．北京：高等教育出版社，2016.

[13] 韩忠霄，孙乃有．无机及分析化学．4版．北京：化学工业出版社，2020.

[14] 王莉，张丽荣，于杰辉，宋天佑．无机化学习题解答．4版．北京：高等教育出版社，2019.

[15] 杨桂霞，程志强，赵成爱．无机及分析化学．北京：高等教育出版社，2022.

[16] 李承辉，鲍松松，鲁艺，王凤彬，吴洁．无机及分析化学习题解答．北京：高等教育出版社，2022.

# 元素周期表

IUPAC 2013

**图例说明**

- 95 — 原子序数
- Am 镅▲ — 元素符号(红色的为放射性元素),元素名称(注▲的为人造元素)
- $5f^77s^2$ — 价层电子构型
- +2,+3 氧化态(单质的氧化态为0,未列入;常见的为红色)
- 243.06138(2)◆ — 以 $^{12}C=12$ 为基准的原子量(注◆的是半衰期最长同位素的原子量)

区分:s区元素、p区元素、d区元素、ds区元素、f区元素、稀有气体

电子层:K、L、M、N、O、P、Q

| 族 / 周期 | ⅠA(1) | ⅡA(2) | ⅢB(3) | ⅣB(4) | ⅤB(5) | ⅥB(6) | ⅦB(7) | ⅧB(8) | ⅧB(9) | ⅧB(10) | ⅠB(11) | ⅡB(12) | ⅢA(13) | ⅣA(14) | ⅤA(15) | ⅥA(16) | ⅦA(17) | ⅧA(0)(18) |
|---|---|---|---|---|---|---|---|---|---|---|---|---|---|---|---|---|---|---|
| 1 | 1 H 氢 $1s^1$ 1.008 | | | | | | | | | | | | | | | | | 2 He 氦 $1s^2$ 4.002602(2) |
| 2 | 3 Li 锂 $2s^1$ 6.94 | 4 Be 铍 $2s^2$ 9.0121831(5) | | | | | | | | | | | 5 B 硼 $2s^22p^1$ 10.81 | 6 C 碳 $2s^22p^2$ 12.011 | 7 N 氮 $2s^22p^3$ 14.007 | 8 O 氧 $2s^22p^4$ 15.999 | 9 F 氟 $2s^22p^5$ 18.998403163(6) | 10 Ne 氖 $2s^22p^6$ 20.1797(6) |
| 3 | 11 Na 钠 $3s^1$ 22.98976928(2) | 12 Mg 镁 $3s^2$ 24.305 | | | | | | | | | | | 13 Al 铝 $3s^23p^1$ 26.9815385(7) | 14 Si 硅 $3s^23p^2$ 28.085 | 15 P 磷 $3s^23p^3$ 30.973761998(5) | 16 S 硫 $3s^23p^4$ 32.06 | 17 Cl 氯 $3s^23p^5$ 35.45 | 18 Ar 氩 $3s^23p^6$ 39.948(1) |
| 4 | 19 K 钾 $4s^1$ 39.0983(1) | 20 Ca 钙 $4s^2$ 40.078(4) | 21 Sc 钪 $3d^14s^2$ 44.955908(5) | 22 Ti 钛 $3d^24s^2$ 47.867(1) | 23 V 钒 $3d^34s^2$ 50.9415(1) | 24 Cr 铬 $3d^54s^1$ 51.9961(6) | 25 Mn 锰 $3d^54s^2$ 54.938044(3) | 26 Fe 铁 $3d^64s^2$ 55.845(2) | 27 Co 钴 $3d^74s^2$ 58.933194(4) | 28 Ni 镍 $3d^84s^2$ 58.6934(4) | 29 Cu 铜 $3d^{10}4s^1$ 63.546(3) | 30 Zn 锌 $3d^{10}4s^2$ 65.38(2) | 31 Ga 镓 $4s^24p^1$ 69.723(1) | 32 Ge 锗 $4s^24p^2$ 72.630(8) | 33 As 砷 $4s^24p^3$ 74.921595(6) | 34 Se 硒 $4s^24p^4$ 78.971(8) | 35 Br 溴 $4s^24p^5$ 79.904 | 36 Kr 氪 $4s^24p^6$ 83.798(2) |
| 5 | 37 Rb 铷 $5s^1$ 85.4678(3) | 38 Sr 锶 $5s^2$ 87.62(1) | 39 Y 钇 $4d^15s^2$ 88.90584(2) | 40 Zr 锆 $4d^25s^2$ 91.224(2) | 41 Nb 铌 $4d^45s^1$ 92.90637(2) | 42 Mo 钼 $4d^55s^1$ 95.95(1) | 43 Tc 锝 $4d^55s^2$ 97.90721(3)◆ | 44 Ru 钌 $4d^75s^1$ 101.07(2) | 45 Rh 铑 $4d^85s^1$ 102.90550(2) | 46 Pd 钯 $4d^{10}$ 106.42(1) | 47 Ag 银 $4d^{10}5s^1$ 107.8682(2) | 48 Cd 镉 $4d^{10}5s^2$ 112.414(4) | 49 In 铟 $5s^25p^1$ 114.818(1) | 50 Sn 锡 $5s^25p^2$ 118.710(7) | 51 Sb 锑 $5s^25p^3$ 121.760(1) | 52 Te 碲 $5s^25p^4$ 127.60(3) | 53 I 碘 $5s^25p^5$ 126.90447(3) | 54 Xe 氙 $5s^25p^6$ 131.293(6) |
| 6 | 55 Cs 铯 $6s^1$ 132.90545196(6) | 56 Ba 钡 $6s^2$ 137.327(7) | 57~71 La-Lu 镧系 | 72 Hf 铪 $5d^26s^2$ 178.49(2) | 73 Ta 钽 $5d^36s^2$ 180.94788(2) | 74 W 钨 $5d^46s^2$ 183.84(1) | 75 Re 铼 $5d^56s^2$ 186.207(1) | 76 Os 锇 $5d^66s^2$ 190.23(3) | 77 Ir 铱 $5d^76s^2$ 192.217(3) | 78 Pt 铂 $5d^96s^1$ 195.084(9) | 79 Au 金 $5d^{10}6s^1$ 196.966569(5) | 80 Hg 汞 $5d^{10}6s^2$ 200.592(3) | 81 Tl 铊 $6s^26p^1$ 204.38 | 82 Pb 铅 $6s^26p^2$ 207.2(1) | 83 Bi 铋 $6s^26p^3$ 208.98040(1) | 84 Po 钋 $6s^26p^4$ 208.98243(2)◆ | 85 At 砹 $6s^26p^5$ 209.98715(5)◆ | 86 Rn 氡 $6s^26p^6$ 222.01758(2)◆ |
| 7 | 87 Fr 钫 $7s^1$ 223.01974(2)◆ | 88 Ra 镭 $7s^2$ 226.02541(2)◆ | 89~103 Ac-Lr 锕系 | 104 Rf 𬬻▲ $6d^27s^2$ 267.122(4)◆ | 105 Db 𬭊▲ $6d^37s^2$ 270.131(4)◆ | 106 Sg 𬭳▲ $6d^47s^2$ 269.129(3)◆ | 107 Bh 𬭛▲ $6d^57s^2$ 270.133(2)◆ | 108 Hs 𬭶▲ $6d^67s^2$ 270.134(2)◆ | 109 Mt 䥑▲ $6d^77s^2$ 278.156(5)◆ | 110 Ds 𫟼▲ 281.165(4)◆ | 111 Rg 𬬻▲ 281.166(6)◆ | 112 Cn 鎶▲ 285.177(4)◆ | 113 Nh 鉨▲ 286.182(5)◆ | 114 Fl 𫓧▲ 289.190(4)◆ | 115 Mc 镆▲ 289.194(6)◆ | 116 Lv 𫟷▲ 293.204(4)◆ | 117 Ts 鿬▲ 293.208(6)◆ | 118 Og 鿫▲ 294.214(5)◆ |

**★ 镧系**

| 57 La 镧 $5d^16s^2$ 138.90547(7) | 58 Ce 铈 $4f^15d^16s^2$ 140.116(1) | 59 Pr 镨 $4f^36s^2$ 140.90766(2) | 60 Nd 钕 $4f^46s^2$ 144.242(3) | 61 Pm 钷▲ $4f^56s^2$ 144.91276(2)◆ | 62 Sm 钐 $4f^66s^2$ 150.36(2) | 63 Eu 铕 $4f^76s^2$ 151.964(1) | 64 Gd 钆 $4f^75d^16s^2$ 157.25(3) | 65 Tb 铽 $4f^96s^2$ 158.92535(2) | 66 Dy 镝 $4f^{10}6s^2$ 162.500(1) | 67 Ho 钬 $4f^{11}6s^2$ 164.93033(2) | 68 Er 铒 $4f^{12}6s^2$ 167.259(3) | 69 Tm 铥 $4f^{13}6s^2$ 168.93422(2) | 70 Yb 镱 $4f^{14}6s^2$ 173.045(10) | 71 Lu 镥 $4f^{14}5d^16s^2$ 174.9668(1) |
|---|---|---|---|---|---|---|---|---|---|---|---|---|---|---|

**★ 锕系**

| 89 Ac 锕 $6d^17s^2$ 227.02775(4)◆ | 90 Th 钍 $6d^27s^2$ 232.0377(4) | 91 Pa 镤 $5f^26d^17s^2$ 231.03588(2) | 92 U 铀 $5f^36d^17s^2$ 238.02891(3) | 93 Np 镎▲ $5f^46d^17s^2$ 237.04817(2)◆ | 94 Pu 钚▲ $5f^67s^2$ 244.0642(4)◆ | 95 Am 镅▲ $5f^77s^2$ 243.06138(2)◆ | 96 Cm 锔▲ $5f^76d^17s^2$ 247.07035(3)◆ | 97 Bk 锫▲ $5f^97s^2$ 247.07031(4)◆ | 98 Cf 锎▲ $5f^{10}7s^2$ 251.07959(3)◆ | 99 Es 锿▲ $5f^{11}7s^2$ 252.0830(3)◆ | 100 Fm 镄▲ $5f^{12}7s^2$ 257.09511(5)◆ | 101 Md 钔▲ $5f^{13}7s^2$ 258.09843(3)◆ | 102 No 锘▲ $5f^{14}7s^2$ 259.1010(7)◆ | 103 Lr 铹▲ $5f^{14}6d^17s^2$ 262.110(2)◆ |
|---|---|---|---|---|---|---|---|---|---|---|---|---|---|---|